普通高等教育"十一五"国家级规划教材

能源工程概论

王家臣　仲淑姮　张　驎　唐龙海　编

中国矿业大学出版社

图书在版编目(CIP)数据

能源工程概论/王家臣等编. —徐州:中国矿业大学出版社,2013.7
ISBN 978-7-5646-1870-4

Ⅰ.①能… Ⅱ.①王… Ⅲ.①能源—概论 Ⅳ.①TK01

中国版本图书馆 CIP 数据核字(2013)第 079984 号

书　　名	能源工程概论
编　　者	王家臣　仲淑娅　张　驎　唐龙海
责任编辑	姜志方
出版发行	中国矿业大学出版社有限责任公司
	(江苏省徐州市解放南路　邮编 221008)
营销热线	(0516)83885307　83884995
出版服务	(0516)83885767　83884920
网　　址	http://www.cumtp.com　E-mail:cumtpvip@cumtp.com
印　　刷	徐州中矿大印发科技有限公司
开　　本	787×1092　1/16　印张 16　字数 400 千字
版次印次	2013 年 7 月第 1 版　2013 年 7 月第 1 次印刷
定　　价	30.00 元

(图书出现印装质量问题,本社负责调换)

前　言

　　能源、空气、水、食物和阳光是人类赖以生存的五大要素,而且随着社会发展以及化石能源的不可再生性,能源问题越来越突出,其重要性也更加凸显。为了普及能源知识,针对高等院校地矿类学科专业特点,在中国矿业大学(北京)使用了多年讲义的基础上,编写了这本《能源工程概论》。本书也是普通高等教育"十一五"国家级规划教材,内容主要包括能源和能源的利用史,煤炭开发与利用,石油与天然气开采,水能开发与利用和新能源等。

　　本书的参考学时是48学时,各院校可根据各自专业特点,选择不同的教学内容。

　　本书由王家臣、仲淑姮、张嶙、唐龙海共同编写,其中王家臣任主编。具体编写人员分工如下:王家臣第一章、第二章1～7节,仲淑姮第二章8～10节、第三章、第五章,张嶙、唐龙海第四章,全书由王家臣、仲淑姮进行统稿。

　　本书编写过程中,编者参考和引用了许多文献资料及他人研究成果,尽可能地列入了书后面的参考文献,在此表示感谢,若有个别遗漏,表示歉意。

　　由于编者知识水平有限,书中难免有不妥之处,敬请读者提出宝贵意见。

编者

2013年1月

目录

1 能源和能源利用史 ·· 1
  1.1 能源概念 ·· 1
  1.2 能源分类与利用史 ··· 4
  1.3 我国能源特点 ·· 8

2 煤炭开发与利用 ·· 10
  2.1 概述 ·· 10
  2.2 煤炭成因与工业用途 ··· 13
  2.3 煤炭开采的基本概念 ··· 22
  2.4 煤炭地下开采技术 ·· 24
  2.5 煤炭露天开采技术 ·· 36
  2.6 绿色矿山建设 ·· 42
  2.7 煤层气开采 ·· 51
  2.8 煤炭利用的洁净 ··· 60
  2.9 煤炭的二次能源开发 ··· 76
  2.10 煤的能源综合利用模式 ·· 117

3 石油与天然气开采 ··· 121
  3.1 石油和天然气成因 ·· 121
  3.2 石油和天然气开采 ·· 154
  3.3 油气储运技术 ·· 166

4 水能开发与利用 ·· 187
  4.1 水循环与水能资源 ·· 187
  4.2 水电能资源利用原理 ··· 193
  4.3 水电能资源开发的基本方式 ··· 199
  4.4 我国水电能资源现状 ··· 201
  4.5 三峡水电站介绍 ··· 205
  4.6 小水电开发与利用 ·· 208

5 新能源开发 ······ 211

5.1 核能开发 ······ 211
5.2 太阳能开发 ······ 218
5.3 风能开发 ······ 221
5.4 海洋能开发 ······ 229
5.5 天然气水合物 ······ 231
5.6 地热能开发 ······ 234
5.7 生物质能开发 ······ 239
5.8 氢能开发 ······ 240

参考文献 ······ 246

1 能源和能源利用史

1.1 能源概念

1.1.1 能源定义

能源(Energy Source),亦称能量资源或能源资源,就是能量的来源,是向自然界提供能量转化的物质,是指为人类提供电能、热能、机械能、化学能等的物质资源。能源是在一定条件下可转换成人类所需的燃料或动力来源的物质。能源既包括煤、石油、天然气、煤层气、水能等常规能源,也包括太阳能、风能、生物质能、地热能、海洋能和核能等新能源。有些能源储量非常有限,如煤炭、石油等,不能再生;有些能源如水能、太阳能、风能、生物质能等,是可以再生的。随着人类社会生产和科学技术的发展,能源的范围也将不断扩大。

人类发展的历史进程与能源密切相关。回顾人类发展历史,每一次高效的新能源利用,都会使社会进入一个新时代,产生一次新飞跃。人类对能源的利用是从薪柴燃火开始的。火为原始人提供了温暖、光明和熟食,也是人们防御和围猎动物的工具。随着社会发展和需要,人类社会从古代的薪柴时代逐渐进入了煤炭时代和石油时代。

能源的计量通常以标准煤或油当量为单位,即按石油或煤的热当量值计算各种能源的能源计量单位。国际能源机构(IEA)规定,1 kg 油当量(1 kgoe)=10 000 kcal/kg=41 868 kJ/kg 或 41.9 GJ/t;1 kg 煤当量(1 kgce)=7 000 kcal/kg=29 307 kJ/kg 或 29.3 GJ/t。按照热值计算,1 油当量相当于 1.429 煤当量,此规定适用于经济合作与发展组织和联合国统计能源,因此世界通用。

目前国际上通常采用油当量。煤炭、原油和天然气换算成油当量或煤当量的系数,各国都不相同,而且按品种和用途细分,并随时间变化。例如,据以计算换算系数的发电用煤的热值,2005 年加拿大为 7 127 kcal/kg(29.79 MJ/kg),澳大利亚为 6 600 kcal/kg(27.59 MJ/kg),日本为 5 795 kcal/kg(24.22 MJ/kg),美国为 5 556 kcal/kg(23.22 MJ/kg)。

我国仍采用标准煤(即煤当量)作为计算各种能源的计量单位。1 kg 标准煤=29.3 MJ/kg。国标中原煤换算成标准煤时,换算系数为 0.714;原油的换算系数为 1.429;天然气换算系数为 1.33。

能源效率是指单位能源所带来的经济效益多少,也就是能源利用效率,可用单位产值能耗、单位产品能耗、单位建筑面积能耗等指标来度量。

1.1.2 能源重要性

在当今世界,能源的发展、能源和环境是全世界、全人类共同关心的问题,也是我国社会经济发展的重要问题。近 20 a 来,引起国际社会争端的基本诱因主要是能源,或者说,大部分国际社会争端和战争的诱因是争夺能源。可以预见,能源将成为制约社会发展的最关键因素之一,未来国家命运取决于对能源的掌控。能源的开发和有效利用程度以及人均消费量是生产技术和生活水平的重要标志。

  能源是国民经济发展的基础,是人类赖以生存的五大要素之一(阳光、空气、水、食物、能源),也是 21 世纪的热门话题。社会的进步和发展离不开能源。过去的 200 多年,建立在煤炭、石油、天然气等化石能源基础上的能源体系极大地推动了人类社会的发展。然而,近些年来,人们也看到了化石能源开采过程中所带来的一些不良后果,如资源日益枯竭,环境不断恶化,水资源遭到破坏等,因此进入 21 世纪后,全球范围内都在广泛开展新能源研究,努力寻求一种清洁、安全、可靠的可持续能源系统,这也是全球的未来能源发展战略。然而新的可再生能源系统的建立是一个长期的过程,要想使其成为能源开发与消费的主体,至少需要数十年,甚至上百年的时间。目前世界范围内仍然以化石能源为主,其在能源消费总量构成中占 90% 以上。因此在今后一个相当长的时间内,化石能源的开采与利用仍然是能源开发与消费的主体,并占有统治地位。世界范围内一次能源消费中,石油 40%,煤炭 27%,天然气 23%,核电 7%,水电 3%。我国的一次能源消费结构见表 1-1 所列。

表 1-1   我国一次能源消费结构(%)

年份	原油	天然气	煤	核能	水力发电	再生能源	能源消费总量(油当量)/Mt
2003	22.1	2.4	69.3	0.8	5.3		1 204.2
2004	22.4	2.5	68.7	0.8	5.6		1 423.5
2005	20.9	2.6	69.9	0.8	5.7		1 566.7
2006	20.4	2.9	70.2	0.7	5.7		1 729.8
2007	19.5	3.4	70.5	0.8	5.9		1 862.8
2008	18.8	3.6	70.2	0.8	6.6		2 002.5
2009	17.7	3.7	71.2	0.7	6.4	0.3	2 187.7
2010	17.6	4.0	70.5	0.7	6.7	0.5	2 432.2

据 BP(英国石油公司)发布的《世界能源统计回顾 2011》。

  我国是世界上能源生产与消费大国,2010 年能源消费量已经超过美国,跃居世界第一位。一次能源消费总量排名世界前十位的国家依次是中国、美国、俄罗斯、印度、日本、德国、加拿大、韩国、巴西、法国,见表 1-2。2010 年,我国一次能源消费量为 24.32×10^8 t 油当量,同比增长 11.2%,占世界总消费量的 20.3%。美国一次能源消费量为 22.86×10^8 t 油当量,同比增长 3.7%,占世界总消费量的 19.0%。中、美这两个世界最大的能源消费国消费的能源占世界消费总量的 39.3%。

  分区域来看,亚太地区能源消费量居各区域之首,达到 45.74×10^8 t 油当量,占世界消费总量的 38.1%,同比增长 8.5%,增速也居各区域之首,显示了亚太地区是世界经济最活跃的地区。欧洲和欧亚大陆居第二位,能源消费总量为 29.72×10^8 t 油当量,占世界的 24.8%,同比增长 4.1%。北美地区能源消费量为 27.72×10^8 t 油当量,占世界的 23.1%,同比增长 3.3%。这三大区域消费的能源就占了世界总量的 86%。

表 1-2　　2005～2010 年世界一次能源消费量(油当量)排行(单位:Mt)

排名	国家与地区	2005	2006	2007	2008	2009	2010	比 2009 增长/%	占世界比重/%
1	中国	1 691.5	1 858.1	1 996.8	2 079.9	2 187.7	2 432.2	11.2	20.30
2	美国	2 351.2	2 332.7	2 372.7	2 320.2	2 204.1	2 285.7	3.7	19.00
3	俄罗斯	657.4	675.3	685.8	691.0	654.7	690.9	5.5	5.80
4	印度	364.0	381.4	414.5	444.6	480.0	524.2	9.2	4.40
5	日本	527.2	528.3	523.6	516.2	473.0	500.9	5.9	4.20
6	德国	333.2	339.5	324.2	326.8	307.4	319.5	3.9	2.70
7	加拿大	325.3	323.6	329.0	326.6	312.5	316.7	1.3	2.60
8	韩国	220.6	222.7	231.3	235.3	236.7	255.0	7.7	2.10
9	巴西	207.2	212.7	225.4	235.1	234.1	253.9	8.5	2.10
10	法国	261.2	259.2	256.7	257.8	244.0	252.4	3.4	2.10
11	伊朗	177.0	185.7	189.6	197.4	205.9	212.5	3.2	1.80
12	英国	228.3	225.6	218.2	214.9	203.6	209.1	2.7	1.70
13	沙特阿拉伯	152.3	158.5	165.2	179.6	187.8	201.1	7.0	1.70
14	意大利	186.2	185.4	182.4	180.7	168.3	172.0	2.3	1.40
15	墨西哥	159.0	164.9	166.2	171.2	167.1	169.1	1.2	1.40
16	西班牙	153.4	154.1	158.6	157.1	146.1	149.7	2.5	1.20
17	印度尼西亚	120.5	122.0	129.6	123.6	132.2	140.0	5.9	1.20
18	非洲其他地区	115.9	114.2	120.1	126.2	125.2	129.5	3.4	1.10
19	南非	113.5	115.4	118.0	116.2	118.8	120.9	1.7	1.00
20	中东其他地区	89.0	97.0	100.3	107.3	112.7	120.7	7.1	1.00
21	澳大利亚	117.7	124.2	125.2	124.3	125.6	118.2	−5.8	1.00
22	乌克兰	136.1	137.5	135.2	131.9	112.0	118.0	5.4	1.00

据 BP 发布的《世界能源统计回顾 2011》,占世界比重 1.00% 以上的国家和地区。

其他三个区域消费的能源仅占世界总量的 14%。其中,中东消费 $7.01×10^8$ t 油当量,占世界的 5.8%,同比增长 5.4%;中南美洲消费 $6.12×10^8$ t 油当量,占世界的 5.1%,同比增长 4.6%;非洲消费 $3.73×10^8$ t 油当量,仅占世界的 3.1%,同比增长 3.4%。

分区域组织来看,2010 年,OECD(经济合作与发展组织)成员国共消费了 $55.68×10^8$ t 油当量,占世界总量的 46.5%,同比增长 3.5%;非 OECD 成员国消费了 $64.34×10^8$ t 油当量,占世界总量的 53.6%,同比增长 7.5%;欧盟 27 国消费了 $17.33×10^8$ t 油当量,占世界总量的 14.4%,同比增长 3.2%;前苏联加盟共和国消费了 $10.23×10^8$ t 油当量,占世界总量的 8.5%,同比增长 5.3%。

虽然我国能源消费总量跃居世界第一位,但人均能源消费甚低,还没达到世界的平均值,约为美国的 1/5。近 30 a 来我国经济一直保持持续的高速增长,必然以消耗大量的能源来支撑。近年来,我国在提高能源效率、淘汰高能耗产业和企业等方面取得了长足进步,但是我国的能源效率与先进国家相比仍有很大差距,能源消费的增长速率仍然高于经济增长速率。在未来,即使降低能耗,充分发挥能源效率,走节约化发展的道路,但我国经济总量巨大,已经排在世界第二位,未来经济的高速增长,也必然对能源的需求呈现强劲的增长趋势。

能源服务于生产与生活的各个行业,但是由于行业差异,对能源的消费有很大不同,表1-3 是我国不同行业 2007 年所消费的能源比例。

表 1-3　　　　　　　　2007 年我国各行业的能源消费量

排　名	行　业	消费量(标准煤)/Mt	比例/%
1	制造业	1 562.188 0	58.83
2	生活消费	267.897 1	10.09
3	交通运输、仓储和邮政业	206.433 7	7.77
4	电力、煤气及水生产和供应业	198.927 2	7.49
5	采掘业	140.557 7	5.29
6	农、林、牧、渔、水利业	82.445 7	3.10
7	批发、零售业和住宿、餐饮业	59.621 1	2.24
8	建筑业	40.314 4	1.52
9	其他行业	97.444 0	3.67

1.2　能源分类与利用史

1.2.1　能源分类

能源种类繁多,经过人类不断的开发与研究,更多新型能源已经开始能够满足人类需求。根据不同的划分方式,能源也可分为不同的类型。以能源根本蕴藏方式的不同,可将能源分为三大类:

第一类能源是来自地球外部天体的能源(主要是指太阳能)。人类现在使用的能量主要来自太阳能,故太阳有"能源之母"的说法。现在,除了直接利用太阳的辐射能之外,还大量间接地使用太阳能源。例如目前使用最多的煤、石油、天然气等化石资源,就是千百万年前绿色植物在阳光照射下经光合作用形成有机质而长成的根茎及食用它们的动物遗骸,在漫长的地质变迁中所形成的。此外如生物质能、风能、海洋能等,也都是太阳能经过某些方式转换而形成的。

第二类能源是地球自身蕴藏的能量。这里主要指地热能资源以及原子能燃料,还包括地震、火山喷发和温泉等自然呈现出的能量。据估算,地球以地下热水和地热蒸汽形成储存的能量,是煤储能的 1.7×10^8 倍。地热能是地球内放射性元素衰变辐射的粒子或射线所携带的能量。此外,地球上的核裂变燃料(铀、钍)和核聚变燃料(氘、氚)是原子能的储存体。即使将来每年耗能比现在多 1 000 倍,这些核燃料也足够人类用 100×10^8 a。

第三类能源是地球和其他天体引力相互作用而形成的。这主要指地球和太阳、月球等天体间有规律运动而形成的潮汐能。地球是太阳系的八大行星之一。月球是地球的卫星。由于太阳系其他七颗行星或距地球较远,或质量相对较小,结果只有太阳和月亮对地球有较大的引力作用,导致地球出现潮汐现象。海水每日潮起潮落各两次,这是引力对海水做功的结果。潮汐能蕴藏着极大的机械能,潮差常达十几米,是雄厚的发电原动力。

能源还可按相对比较方法进行分类,可分为一次能源和二次能源、可再生能源和非可再生能源、传统能源和新能源、燃料能源与非燃料能源等。

1.2.1.1 一次能源与二次能源

一次能源是指直接取自自然界,没有经过加工转换的各种能量和资源,包括原煤、原油、煤层气、天然气、油页岩、页岩气、核能、太阳能、水能、风能、波浪能、潮汐能、地热、生物质能和海洋温差能等。

二次能源是指无法从自然界直接获取,由一次能源加工转化而便于人类使用的能源。二次能源包括电能、氢能(也可以将其列为新能源)、汽油、煤油、柴油、煤气(地下气化生成的也可列为新能源)、液化气、人工 CH_4、火药、酒精、硝酸甘油等。

二次能源是联系一次能源和能源用户的中间纽带。二次能源又可分为"过程性能源"和"含能体能源"。当今电能就是应用最广的"过程性能源";柴油、汽油则是应用最广的"含能体能源"。由于目前"过程性能源"尚不能大量地直接贮存,因此汽车、轮船、飞机等机动性强的现代交通运输工具就无法直接使用从发电厂输出来的电能,只能采用像柴油、汽油这一类"含能体能源"。可见,过程性能源和含能体能源是不能互相替代的,各有自己的应用范围。随着传统能源的短缺,人们就将目光投向寻求新的"含能体能源"。

1.2.1.2 可再生能源和非可再生能源

在自然界中可以不断再生并有规律地得到补充的能源,称之为可再生能源。可再生能源包括太阳能、水能、风能、生物质能、波浪能、潮汐能、海洋温差能等,它们在自然界可以循环再生,不会因长期使用而减少。经过亿万年形成的、短期内无法恢复的能源,称之为非可再生能源。非可再生能源包括原煤、原油、天然气、煤层气、油页岩、页岩气、核能等,它们是不能再生的。其中,煤炭、石油和天然气是千百万年前埋在地下的动植物遗骸经过漫长的地质年代形成的,又称为化石能源。它们是当今世界一次能源的三大支柱,构成了全球能源家族结构的基本框架。它们随着大规模开采利用,其储量越来越少,总有枯竭之时。

1.2.1.3 传统能源与新能源

传统能源又称为常规能源。它是指在相当长的历史时期和一定的科学技术水平下,已经被人类大规模生产和广泛利用的能源,如煤炭、石油、天然气、水能、电能、核裂变能等。

新能源是指传统能源之外的各种能源形式,指刚开始开发利用或正在积极研究、有待推广的能源,如太阳能、地热能、风能、海洋能、生物质能和核聚变能等。相对于常规能源而言,在不同的历史时期和科技水平情况下,新能源有不同的内容。

根据上述分类,将各种能源简单列表于表1-4。

1.2.2 能源利用史

人类社会的发展史也是一部对能源的利用史,对能源的利用程度也反映了人类社会的进步与文明程度。一般说来,对能源的认识和开发利用过程可分为四个时期,即薪柴时期、煤炭时期、石油时期、多种能源并存时期。顾名思义,不同的能源时期反映了不同时期的主导能源开发和使用情况。

表 1-4　　　　　　　　　　　　　　能源分类简表

类别		来自地壳内部的能源	来自地壳外部的能源
一次能源	可再生能源	地热能	太阳能、风能、水能、生物质能、海水温差能、海洋波浪能、海水盐差能
	非可再生能源	核能、煤炭、石油、天然气、油页岩、煤层气	
二次能源		焦炭、煤气、电力、氢、蒸汽、酒精、汽油、柴油、煤油、电石、液化气	

1.2.2.1 薪柴时期

薪柴时期，即以"薪柴"作为主导能源的时期。作为可直接利用的燃料，薪柴的利用贯穿着整个人类的文明发展史。人类从原始穴居开始，以树枝、杂草等生物能源作为原料，用于熟食和取暖，并以人力、畜力和一些简单的水力、风力机械等自然资源取得动力，从事日常的生产活动。以生物质能为主要能源的薪柴时期延续了漫长的时间，利用薪柴使人们摆脱了完全依附自然生存的状态，开拓了物质文明的新局面。薪柴的广泛使用，适应了以刀耕火种为特征的早期农耕文明发展的需要。在漫长的岁月里，人类一直以柴草作为能量的主要来源。几千年来，能源利用上没有什么突破，人类社会的进步也不大。从世界范围来说，19世纪末以前，许多国家都处于薪柴时期。1860年，在世界能源消费中，薪柴和农作物秸秆占世界能源总消费的73.8%，而煤炭仅占25.3%。

薪柴主要来自于对森林资源的砍伐。薪柴时期的能源消耗主要依靠燃烧木本或草本植物来获得，而这种消耗主要是用来满足人们最基本的生存需要，如熟食、取暖和照明等。

薪柴时期对森林的乱砍滥伐，对现有森林资源造成了极大的影响，在一定程度上造成了对环境的破坏。我们可以想象，由于受劳动条件制约，当时砍伐的主要是一些树苗，而且这种连续的砍伐没有给森林资源以再生的时间，导致了森林面积减少和严重的水土流失等，使大自然遭到破坏。

18世纪以后，人类对煤炭资源的发现和利用，使社会经济步入了新的历史阶段，但这并不能说明薪柴时期结束，即使在科学技术高度发达的今天，薪柴的利用还是相当广泛的。在第三世界国家的农村，薪柴依然为农村经济默默地贡献着。在能源相对枯竭的地区，薪柴的作用更是不容忽视。在我国广大农村中，节柴改灶的措施正在广泛展开，对森林资源的合理采伐、对水力资源的充分利用等，都是薪柴时期在现时代的延续。

1.2.2.2 煤炭时期

人类开发利用煤炭资源的历史悠久。早在2500多年前的我国东周时期，就已经有了利用煤炭的记载，西汉时期出现利用煤炭炼铁，600 a前就有用焦炭炼铁的记载。18世纪60年代，产业革命从英国开始爆发，使能源结构发生了第一次革命性变化，能源消费开始进入煤炭时代。1881年美国人爱迪生建成了世界上第一个发电站，同时还研制成功了实用的发电机和电灯，电力被广泛应用，人类社会进入了电气化时代，极大地促进了煤炭的应用。在1860～1910年的半个世纪里，煤炭的消费总量增加了37.3倍，由占全世界能源的25.3%增长到63.5%，而柴草却由占73.8%下降到31.7%。煤炭的广泛应用象征人类进入工业化的时代。至今，煤炭仍是人类利用的重要能源之一。

煤炭既可以作为动力燃料，又是化工和制焦炼铁的原料，故有"工业粮食"之称。工业界和民间常用煤炭作为燃料以获取生产和生活所需的热量或动力。世界历史上,揭开工业文明篇章的瓦特蒸汽机,便是以煤炭作为燃料驱动的。煤炭燃烧产生的热能转化为电能,通过输电设备进行长途输运,输送到厂矿企业及家庭,为生产、生活提供更高品质的能源。以煤炭为原料的火力发电,占我国电力结构的比重很大,同时也是世界电能的主要来源之一。在世界电力生产中,燃煤发电高居首位。我国煤炭产量的1/3以上用于发电,美国煤炭产量的70%用于发电。

我国的能源消费结构长期以来一直以煤炭为主,这是能源消费的一大特征。近几年,在我国一次能源的产量、消费量及构成中,尽管煤炭生产与消费量的比例有所下降,但煤炭消费的主导地位没有改变。预计到2050年煤炭在一次能源消费中的比例仍将在50%以上,因此在一定的时期内,煤炭在我国一次能源中仍将占有重要地位。

1.2.2.3 石油时期

19世纪末20世纪初的第二次科技革命,使内燃机开始走上了历史舞台,以内燃机为动力设备的机车开始大规模地进入人类社会,20世纪汽车和飞机的普遍使用,极大地促进了石油工业的迅速发展,石油在整个能源结构中所占的比重也在不断上升。1859年美国打出第一口油井。第二次世界大战后的十几年间,发达国家基本完成了石油代替煤炭成为首要能源的历史性变革。1967年石油在一次能源中的比例达到40.4%,超过了煤炭(38.8%),从此能源的消费步入了石油时期。石油的广泛利用,人类创造了伟大的文明。

石油时期大体可以概括为三个阶段:

① 煤油时代:近代石油工业从19世纪50年代开始缓慢发展起来,当时人们仅从石油中提炼煤油,用来点灯照明。煤油灯成为昔日世界上最时髦、最明亮的灯。至于石油中比煤油轻的汽油组分和比煤油重的其他组分,则被当做易燃易爆的危险品或者是脏、臭的废品而弃之。

② 汽油时代:1878年内燃机研制取得成功,1885年第一台汽车问世,而最初的汽车被称为自动车,因为汽车的发动机是通过燃烧汽油或柴油产生动力的,所以简称为汽车。大量的汽车需要汽油燃料,汽车问世之后相继出现的摩托车、螺旋桨飞机、汽艇等同样也是使用内燃机提供动力,它们也需要汽油作为燃料。但石油组分中汽油的含量有限,于是把别的组分加热裂化成汽油组分的裂化工艺应运而生,从而促进了石油工业的发展。1900~1940年,石油主要用来提炼汽油,因此称为汽油时代。

③ 燃料和化工原料时代:1940年以后,以石油产品作为优质原料,化学工业逐渐形成了新兴的以石油和天然气为原料的石油化学工业。1951~1967年,美国等发达国家基本完成了石油代替煤炭成为首要能源的历史性变革;近代喷气式飞机和航天事业的发展,要求更高质量的石油产品作为燃料,在这样的背景下,石油工业发展到了燃料和化工原料时代。

一般认为,在今后的几十年内,随着世界探明石油天然气储量的增加,以及石油天然气田采收率的提高,石油天然气作为主要能源的地位不会改变。从世界石油天然气能源的发展趋势看,待发现的常规石油资源仍有很大的潜力,未来的能源结构中,以煤炭、石油和天然气等为支柱能源的局面很可能会发生改变。常规原油、重油和超重油、天然气等油气烃类资源,以及核能、太阳能等新能源,将各自成为一大能源支柱。但这种变化不仅不会削弱石油在能源结构中的地位,反而恰恰证明石油时期将得以延续。

1.2.2.4 多种能源并存时期

随着社会发展,对能源的需求持续增长,家庭生活水平提高,人均能源消费量逐步提高,传统的化石能源难以持续地满足人类社会对能源的需求,同时化石能源的开采过程中对环境的破坏和扰动严重,因此从长远来看,能源发展必须逐渐过渡到可持续的轨道上来。事实上,在经济高速增长的今天,整个社会面临着经济增长和环境保护的双重压力,采用洁净能源和可持续能源是必然和被迫的选择。

各国的能源消耗都是多元化发展的,其中风力发电和太阳能发电增长比较迅速,而煤炭和石油几乎处于停滞状态。能源发展的趋势正向着洁净能源和可持续能源发展的方向,建立多种能源并存的能源体系,发挥每种能源自身的优势服务于不同的行业是目前和未来的能源系统的根本框架。

1.3 我国能源特点

1.3.1 能源结构特点

在当今的世界能源结构中,煤炭资源储量丰富,而石油、天然气相对贫乏。中国更是一个相对富煤、贫油、少气的国家。在 21 世纪前 50 a 内,世界能源的发展趋势仍将以化石燃料为主。随着石油、天然气资源的日渐短缺和洁净煤技术的进一步发展,煤炭的重要性和地位还会逐渐提升。根据我国资源状况和煤炭在能源生产及消费结构中的比例,以煤炭为主体的能源结构在相当长一段时间内不会改变。我国能源资源的基本特点(富煤、贫油、少气)决定了煤炭在一次能源中的重要地位。我国煤炭资源总量为 5.6×10^{12} t,其中已探明储量为 1×10^{12} t,占世界总储量的 11%(石油占 2.4%,天然气占 1.2%)。我国常规能源(包括煤、油、气和水能,按使用 100 a 计算)探明总资源量中,煤炭占 87.4%,石油占 2.8%,天然气占 0.3%,水能占 9.5%。煤炭在我国能源资源中占绝对优势,油气资源量很少。

新中国成立以来,煤炭在全国一次能源生产和消费中的比例长期占 70% 左右,见表 1-1 和表 1-5。

表 1-5 我国"十一五"期间的主要能源生产结构

能源类别	年 份				
	2006	2007	2008	2009	2010
煤 炭/%	77.8	77.7	76.8	77.3	77.2
石 油/%	11.3	10.8	10.3	9.9	9.6
天然气/%	3.4	3.7	4.1	4.1	4.1
水电+核能/%	7.5	7.8	8.6	8.7	8.8

截至 2005 年底,世界和我国主要化石能源的探明储量见表 1-6。表 1-6 表明,我国能源总体形势不容乐观,与世界相比,资源量偏少,尤其是人均能源资源量更少,煤炭、石油和天然气人均剩余可采量分别只有世界平均水平的 58.6%、7.69% 和 7.05%,但相对而言,煤炭是我国最安全、最经济、最可靠的能源。我国煤炭资源总量远远超过石油和天然气资源;随

着高新技术的推广应用,煤炭生产成本正在并将继续降低;洁净煤技术已取得重大突破。这都将使煤炭成为廉价、洁净、可靠的能源。目前,世界石油价格居高不下,煤炭的成本优势更加明显。

表 1-6　　　　　　　　　世界和我国化石能源探明储量

能源类别	详查储量 世界	详查储量 中国	储采比 世界	储采比 中国	中国占世界储量/%
煤　炭	9090×10^8 t	1145×10^8 t	155	52	12.6
石　油	1635×10^8 t	21.8×10^8 t	40.6	12	1.3
天然气	179×10^{12} m³	2.35×10^{12} m³	65	47	1.3

1.3.2 能源储量与分布特点

① 我国能源资源总量比较丰富。中国拥有较为丰富的化石能源资源。其中,煤炭占主导地位。2006 年,煤炭保有资源量 10345×10^8 t,剩余探明可采储量约占世界的 13%,列世界第三位。已探明的石油、天然气资源储量相对不足,油页岩、页岩气、煤层气等非常规化石能源储量潜力较大。中国拥有较为丰富的可再生能源资源。水力资源理论蕴藏量折合年发电量为 6.19×10^{12} kW·h,经济可开发年发电量约 1.76×10^{12} kW·h,相当于世界水力资源量的 12%,列世界首位。

② 人均能源资源拥有量较低。中国人口众多,人均能源资源拥有量在世界上处于较低水平。煤炭和水力资源人均拥有量相当于世界平均水平的 50%,石油、天然气人均资源量仅为世界平均水平的 1/15 左右。耕地资源不足世界人均水平的 30%,制约了生物质能源的开发。

③ 能源资源赋存分布不均衡。中国能源资源分布广泛但不均衡。煤炭资源主要赋存在华北、西北地区,水力资源主要分布在西南地区,石油、天然气资源主要赋存在东、中、西部地区和海域。中国主要的能源消费地区集中在东南沿海经济发达地区,资源赋存与能源消费地域存在明显差别,形成了逆向分布。大规模、长距离的北煤南运、北油南运、西气东输、西电东送,是中国能源流向的显著特征和能源运输的基本格局。

④ 能源资源开发难度较大。与世界相比,中国煤炭资源地质开采条件较差,大部分储量需要井工开采,极少量可供露天开采。石油天然气资源地质条件复杂,埋藏深,勘探开发技术要求较高。未开发的水力资源多集中在西南部的高山深谷,远离负荷中心,开发难度和成本较大。非常规能源资源勘探程度低,经济性较差,缺乏竞争力。

2 煤炭开发与利用

2.1 概述

2.1.1 煤炭的重要性

煤炭是世界上储量最多、分布最广的常规能源,也是最廉价的能源。据世界能源委员会的评估,煤炭占世界化石燃料可采资源量的 66.8%。在国际上,按同等热值计算,燃用天然气、石油的运行成本一般为燃用动力煤的 2~3 倍。煤炭储量最大的十个国家依次为美国、俄罗斯、中国、印度、澳大利亚、南非、乌克兰、哈萨克斯坦、波兰和巴西,见表 2-1[来自《中国能源产业图册(2006—2007)》]。

表 2-1　　截至 2005 年底世界煤炭探明储量排名(前十名)

排　名	国　家	探明储量/Mt	所占世界总量份额/%	储采比/a
1	美　国	246 643	27.1	234
2	俄罗斯	157 010	17.3	>500
3	中　国	114 500	12.6	52
4	印　度	92 445	10.2	207
5	澳大利亚	78 500	8.6	210
6	南　非	48 750	5.4	190
7	乌克兰	34 153	3.8	424
8	哈萨克斯坦	31 279	3.4	325
9	波　兰	14 000	1.5	90
10	巴　西	10 113	1.1	>500

煤炭资源在地球上分布很不均匀,总的来讲,北半球多于南半球。最主要的煤带分布在北半球的欧亚大陆上,从我国的华北向西经新疆,横贯哈萨克斯坦、俄罗斯、乌克兰、波兰、德国、法国直到英国(如图 2-1 所示),北美洲的美国和加拿大也有一个煤带。这两个煤带储量占全球的 96%,为西欧和北美最初的工业化生产奠定了物质基础。南半球的三块大陆数量均较少,断续分布在澳大利亚和南非,但煤质好,也是世界上重要的煤炭出口国。表 2-2 为截至 2005 年底世界各地区的化石能源储量分布、占世界的百分比和可采年限,可采年限计算是基于 2005 年能源种类产量。

2 煤炭开发与利用

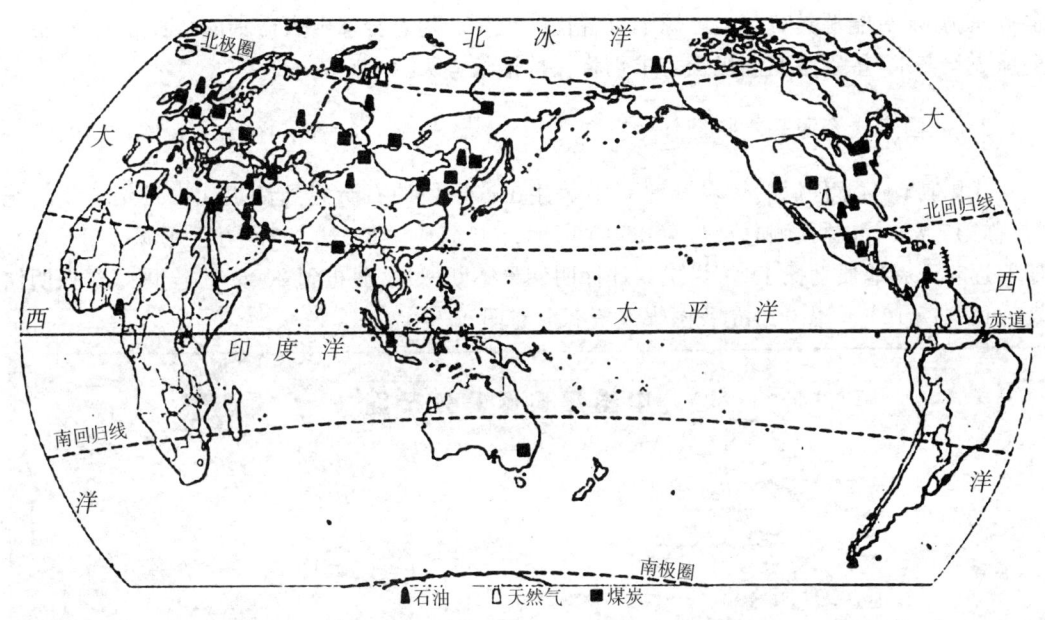

图 2-1 世界煤炭、石油、天然气分布图

表 2-2　世界各地区的化石能源剩余探明储量与可采年限(截至 2005 年底)

地　区	煤　炭 储量/Gt	煤炭 占世界总量比例/%	煤炭 可采年限/a	石　油 储量/Gt	石油 占世界总量比例/%	石油 可采年限/a	天然气 储量/Gt	天然气 占世界总量比例/%	天然气 可采年限/a
亚太地区	296.889	32.66	92	5.404	3.4	13.8	1.484	8.3	41.2
北美洲	254.432	27.99	231	7.807	5.0	11.9	0.746	4.1	19.9
前苏联地区	227.254	25.0	487	16.834	10.2	28.4	5.832	32.4	76.7
欧洲	59.841	6.58	82.5	2.373	1.4	8.3	0.569	3.2	18.9
非洲	50.336	5.54	200	15.202	9.5	31.8	1.439	8.0	88.3
拉丁美洲	19.893	2.19	269	14.78	8.6	40.7	0.702	3.9	51.8
中　东	0.419	0.04	380.9	101.167	61.9	81	7.213	40.1	312

煤炭被人们誉为"黑色的金子"、"工业的食粮",它是 18 世纪以来人类世界使用的主要能源之一。煤的用途非常广泛,我们的生产和生活都离不开它。由于煤的类型和用途不同,各种行业对煤的要求也不同。20 世纪以来,煤主要用于电力生产和钢铁工业中炼焦。《世界能源统计回顾 2011》报告数据显示,2010 年全球煤炭产量合计 72.73×10^8 t,较上年增长 6.3%。其中,中国煤炭产量为 32.40×10^8 t,同比增长 9.0%,占世界煤炭总产量的 48.3%。煤炭为我国提供了 70%以上的能源生产和消费,是我国的基础能源。2012 年,我国煤炭产量达 37.5×10^8 t,占世界煤炭产量的一半以上。

虽然煤的重要位置已被石油所代替,但在今后相当长的一段时间内,由于石油日渐减少,而煤炭储量巨大,随着科学技术的飞速发展,煤炭液化、煤炭气化等新技术日趋成熟。因此,煤炭是人类生产生活中无法替代的能源之一。煤炭作为一种经济性的能源资源具有一定竞争力,煤炭能源具有其他能源不可替代的地位。随着全球电力需求的增长和工业发展,全球煤炭需求,特别是亚洲煤炭需求仍将保持增长势头。

2.1.2 我国煤炭资源基本特征

我国具有工业价值的煤炭资源主要赋存在古生代的石炭纪到新生代古近纪—新近纪(曾称第三纪),资源预测总量为 5.06×10^{12} t(北方至垂深 2 000 m,南方至垂深 1 500 m)。随着逐年开展地质勘探工作,煤炭累计探明储量不断增加,截止到 2006 年,全国煤炭探明储量为 $1 145\times10^8$ t。图 2-2 是我国煤炭资源分布图。

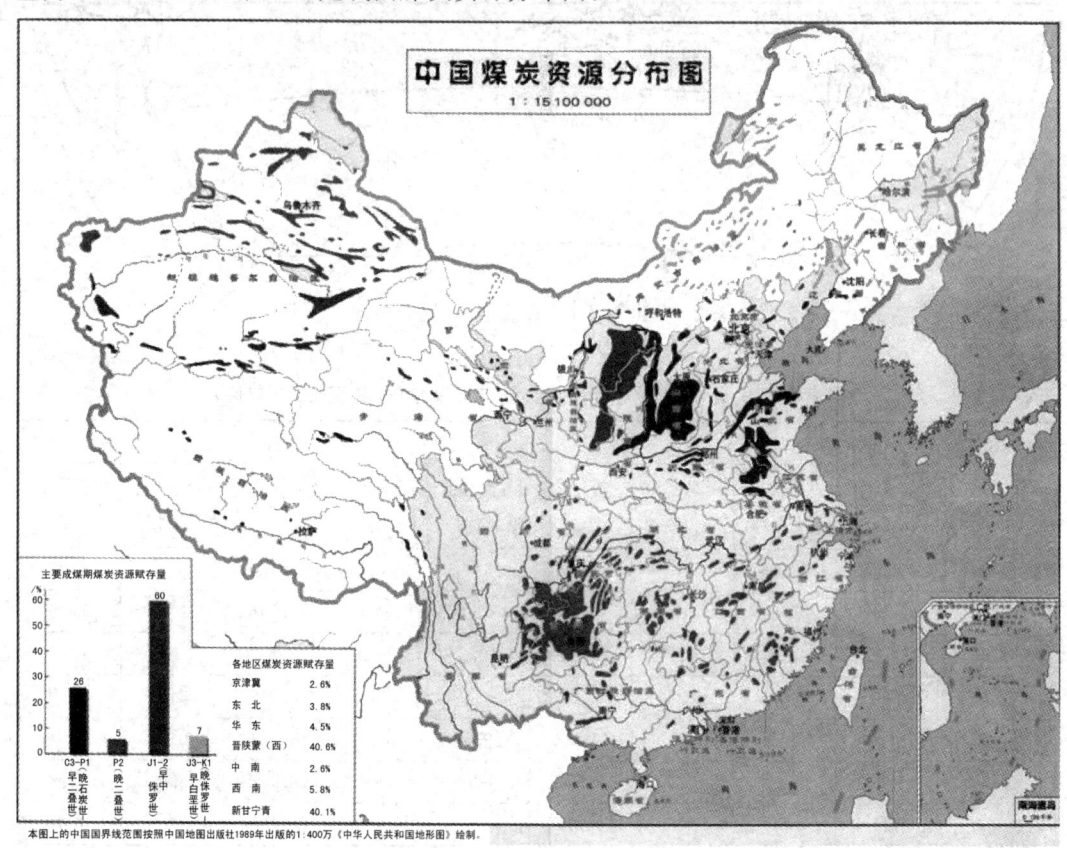

图 2-2 中国煤炭资源分布图

我国煤炭资源在地理分布上有如下特点:

① 分布广泛。在全国 34 个省级行政区中,除上海市、香港特别行政区和澳门特别行政区外,都有不同质量和数量的煤炭资源,全国 63% 的县级行政区中都分布着煤炭资源。

② 西多东少,北多南少。在我国 5.06×10^{12} t 煤炭资源总量中,分布在大兴安岭—太行山—雪峰山以西的晋、陕、内蒙古、宁、甘、青、新、川、渝、黔、滇、藏 12 个省(区)的煤炭资源量达 4.74×10^{12} t,占全国总量的 93.6%,而该线以南的 14 个省(区)只有 0.32×10^{12} t,仅占总量的 6.4%。这种客观的地质条件形成的不均衡分布格局,决定了我国北煤南运、西煤东调的长期发展态势,使煤炭基地远离了消费市场,煤炭资源中心远离了消费中心,加剧了远距离输送煤炭的压力。

③ 相对集中。我国煤炭资源除有分布广泛、西多东少、北多南少的特点外,还有分布不平衡、某些地区相对集中的特点。在全国 $5.06×10^{12}$ t 的资源总量中,新疆占 $1.6×10^{12}$ t、内蒙古占 $1.2×10^{12}$ t、山西占 $0.68×10^{12}$ t、陕西占 $0.29×10^{12}$ t、宁夏占 $0.199×10^{12}$ t、甘肃占 $0.19×10^{12}$ t、贵州占 $0.186×10^{12}$ t、河北占 $0.115×10^{12}$ t、河南占 $0.114×10^{12}$ t、安徽占 $0.104×10^{12}$ t、山东占 $0.1×10^{12}$ t。以上 11 个省、自治区具有资源总量 $4.778×10^{12}$ t,占全国煤炭资源总量的 94.4%。

④ 优质动力煤丰富。我国煤类齐全,从褐煤到无烟煤各个煤化阶段的煤都有赋存,能为各工业部门提供冶金、化工、气化、动力等各种用途的煤源,但各种煤类的数量不均衡,地区间的差别也很大。我国虽然煤类齐全,但真正具有潜力的是低变质烟煤,而优质无烟煤和优质炼焦用煤不多,属于稀缺煤种。

⑤ 煤层埋藏较深,适于露天开采的储量很少。据第二次全国煤田预测结果,煤层埋深在 600 m 以上的预测煤炭资源量占全国预测资源总量的 26.8%,600～1 000 m 的占 20%,1 000～1 500 m 的占 25.1%,1 500～2 000 m 的占 28.1%。据全国煤炭保有储量的粗略统计,煤层埋深小于 300 m 的约占 30%,300～600 m 的约占 40%,600～1 000 m 的约占 30%。一般来说,京广铁路以西的煤田,煤层埋藏较浅,不少地方可以采用平硐或斜井开采;京广铁路以东的煤田,煤层埋藏较深,特别是鲁西、苏北、皖北、豫东、冀南等地区,煤层多赋存在大平原之下,上覆新生界松散层多在 200～400 m,有的已达 600 m 以上,建井困难,而且多需特殊凿井。与世界主要产煤国家相比较,我国煤层埋藏较深。同时,由于沉积环境和成煤条件等多种地质因素的影响,我国多以薄—中厚煤层为主,巨厚煤层很少。因此可以作为露天开采的储量不多。

我国适宜露天开采的煤田主要有 13 个,已划归露天开采和可以划归露天开采储量共计为 $412.43×10^8$ t,仅占全国煤炭保有储量的 4.1%。而且在我国可以划归露天开采的储量中,煤化程度普遍较低,最高为气煤,多数为褐煤。

⑥ 伴生矿产种类多,资源丰富。我国含煤地层和煤层中的共生、伴生矿产种类很多。含煤地层中有高岭岩(土)、耐火黏土、铝土矿、膨润土、硅藻土、油页岩、石墨、硫铁矿、石膏、硬石膏、石英砂岩和煤层气(瓦斯)等;煤层中除有煤层气外,还有镓、锗、铀、牡、钒等微量元素和稀土金属元素;地层的基底和盖层中有石灰岩、大理岩、岩盐、矿泉水和泥炭等,共 30 多种,分布广泛,储量丰富。有些矿种还是我国的优势资源。

⑦ 煤矿开采条件差。我国煤矿的地质条件复杂,开采条件较差,在世界上产煤国家中属中等偏下,露天开采量不到总量的 10%,矿井平均开采深度超过 400 m,最深达 1 160 m,国有重点煤矿高瓦斯和瓦斯突出矿井占 48%,有自然发火危险的矿井占 57.6%,有粉尘爆炸危险的矿井占 88.1%。同时我国煤矿的煤岩赋存条件也给高效安全开采带来困难,如薄煤层比例较大,煤层软、顶板软、底板软煤层较多,部分煤层顶板坚硬,地质构造多,煤层的连续性差,大倾角煤层比例较大,受到底板水、顶板水的威胁等。

2.2 煤炭成因与工业用途

2.2.1 地质年代

地球大约形成于 $45×10^8$ a 前,这颗岩石行星最初只是漂浮在太空里的尘埃,这些尘埃源自于巨大古老的恒星在寿命终止时的大爆炸。为了描述地球的历史,人们将地球自形成以来划分为 5 个"代",从古到今是:太古代、元古代、古生代、中生代和新生代。有些代还进一步划分为若干"纪",如古生代从远到近划分为寒武纪、奥陶纪、志留纪、泥盆纪、石炭纪和二叠纪;中生代划分为三叠纪、侏罗纪和白垩纪;新生代划分为古近纪—新近纪和第四纪。这就是地球历史时期的最粗略划分,我们称之为"地质年代",不同地质年代有不同特征。

距今 $24×10^8$ a 以前的太古代,地球表面已经形成了原始的岩石圈、水圈和大气圈。但那时地壳很不稳定,火山活动频繁,岩浆四处横溢,海洋面积广大,陆地上尽是些秃山。这时是铁矿形成的重要时代,最低等的原始生命开始产生。

距今 $24×10^8$～$6×10^8$ a 的元古代,这时的地球上大部分仍然被海洋掩盖着。到了晚期,地球上出现了大片陆地。"元古代"的意思,就是原始生物的时代,这时出现了海生藻类和海洋无脊椎动物。

距今 $6×10^8$～$2.5×10^8$ a 是古生代。"古生代"的意思是古老生命的时代。这时,海洋中出现了几千种动物,海洋无脊椎动物空前繁盛。以后出现了鱼形动物,鱼类大批繁殖起来。一种用鳍爬行的鱼出现了,并登上陆地,成为陆上脊椎动物的祖先。两栖类也出现了。北半球陆地上出现了蕨类植物,有的高达 30 多米。这些高大茂密的森林,后来变成大片的煤田。

距今 $2.5×10^8$～$0.7×10^8$ a 的中生代,历时约 $1.8×10^8$ a。这是爬行动物的时代,恐龙曾经称霸一时,这时也出现了原始的哺乳动物和鸟类。蕨类植物日趋衰落,而被裸子植物所取代。中生代繁茂的植物和巨大的动物,后来就演变成了许多巨大的煤田和油田。中生代还形成了许多金属矿藏。

新生代是地球历史上最新的一个阶段,时间最短,距今只有 $7\,000×10^4$ a 左右。这时,地球的面貌已同今天的状况基本相似了。新生代被子植物大发展,各种食草、食肉的哺乳动物空前繁盛。自然界生物的大发展,最终导致人类的出现,古猿逐渐演化成现代人,一般认为,人类是第四纪出现的,距今约有 $240×10^4$ a 的历史。为了清楚地表示地球的各个年代,形成了地质年代表,如图 2-3 所示。

2.2.2 成煤作用

我国是世界上较早发现煤和使用煤的国家,在新石器时代,我国就已认识到了煤的可雕刻性,用煤玉(也叫煤精,是一种质地致密坚硬的煤)来雕刻成各种装饰艺术品。

而就认识煤的可燃性功能来说,我国差不多从两汉时就已知道了以煤作燃料,在两晋、南北朝初期就已有了以煤炼铁和炊事的明确记载,但人们一直不清楚煤是怎样形成的。后来,人们在煤层中及其附近的岩层中,发现了植物化石,甚至在煤层中还发现了仍然保留着树干外形的煤炭,于是人们认识到,煤的形成肯定与植物有关。随着科学技术的发展,尤其是发明了显微镜以后,人们终于揭开了这个千年之谜:煤是由植物转变而来的。

煤是古代植物遗体的堆积层埋在地下后,经过长时期的地质作用而形成的。据研究,几乎所有的植物遗体,只要具备了成煤的条件,都可以转化成煤。不过,低等植物遗体所形成的煤,分布范围小,厚度薄,很少被人利用。那些分布广、规模大、利用广泛的煤,都是高等植物的遗体(主要是古代的蕨类、松柏类以及一些被子植物的遗体)形成的。

在地球的历史上,最有利于成煤的地质年代主要是古生代的石炭纪、二叠纪,中生代的

宙	代	纪	世	距今年数/a	生物的进化	
显生宙	新生代	第四纪	全新世	1万		人类时代 现代动物 现代植物
			更新世	200万		
		新近纪	上新世	600万		被子植物和 兽类时代
			中新世	2 200万		
		古近纪	渐新世	3 800万		
			始新世	5 500万		
			古新世	6 500万		
	中生代	白垩纪		1.37亿		裸子植物和 爬行动物时代
		侏罗纪		1.95亿		
		三叠纪		2.30亿		
	古生代	二叠纪		2.85亿		蕨类和 两栖类时代
		石炭纪		3.50亿		
		泥盆纪		4.05亿		裸蕨植物 鱼类时代
		志留纪		4.40亿		
		奥陶纪		5.00亿		真核藻类和 无脊椎动物时代
		寒武纪		6.00亿		
隐生宙	元古	震旦纪		13.0亿		
				19.0亿		细菌藻类时代
				34.0亿		
	太古			46.0亿	地球形成与化学进化期	
				>50亿	太阳系行星系统形成期	

图 2-3 地质年代表

侏罗纪以及新生代的古近纪—新近纪。在这几个时期内,地球上的气候非常温暖潮湿,地球表面到处长满了高大的绿色植物,尤其在湖沼、盆地等低洼地带和有水的环境里,封印木、鳞木等古代蕨类植物生长得特别茂盛。

当时,高大的树木倒下以后,就会被水淹没,这就造成了倒木和氧隔绝的情况。在缺氧的环境里,植物体不会很快地分解、腐烂。随着倒木数量的不断增加,最终形成了植物遗体的堆积层。这些古代植物遗体的堆积层在微生物作用下,不断被分解,又不断化合,渐渐形成了泥炭层,这是煤形成的第一步。

由于地壳的运动,泥炭层下沉了。泥炭层被泥沙、岩石等沉积物覆盖起来。这时,泥炭层一方面受到上面的泥沙、岩石等的沉重压力,另一方面,也是更重要的方面,泥炭层又受到地热作用。在这样条件下,泥炭层开始进一步发生变化:先是脱水,被压紧,从而密度加大,而且石炭的含量逐渐增加,氧的含量逐渐减少,腐殖酸的含量逐渐降低。完成这几个过程以后,泥炭就变成了褐煤。

褐煤如果继续不断地受到增高的温度和压力作用,就会引起内部分子结构、物理性质和化学性质进一步变化,褐煤就逐渐变成了烟煤或无烟煤了。

上述描述反映了从植物遗体堆积到转变为煤的一系列演变过程,这一过程称为成煤作用。成煤作用大致可分为两个阶段:第一阶段,泥炭化阶段;第二阶段,煤化阶段。

在泥炭化阶段,低等植物及浮游生物遗体经腐泥化作用形成腐泥,高等植物遗体经泥炭化作用形成泥炭;在煤化阶段,腐泥转变为腐泥煤,泥炭经煤成岩作用转变为褐煤,褐煤经煤变质作用转变为烟煤和无烟煤等。褐煤、烟煤、无烟煤均属腐植煤类。

2.2.3 成煤的必要条件

自然界煤的分布无论从时间和空间上都是极不均衡的。在漫长的地史长河中,也只有短暂的几个地质时期形成了有经济价值的煤。而其他地质时期则没有出现具备经济价值的煤,有的地质时期甚至没有成煤作用发生。即使在同一地质时期,有的地区发生了成煤作用,有的地区则没有发生;有的地区形成的煤层厚,有的地区形成的煤层薄。由此可见,成煤作用的发生是受某些条件控制的,这些条件称为成煤的控制因素。成煤的必要条件归纳如下。

① 植物条件。植物分为低等植物和高等植物。低等植物主要是由单细胞或多细胞构成的丝状或叶片状植物体,最大特点是没有根、茎、叶等器官的分化,构造比较简单,多数生活在水中,如菌类和藻类;高等植物的最大特点是有根、茎、叶等器官的分化,如苔藓植物、蕨类植物、裸子植物、被子植物等。除苔藓植物外,其他植物常能形成高大的乔木,具有粗壮的茎和根。在漫长的 $45×10^8 a$ 的地史上,有过三次高等植物的极盛期,即石炭纪、二叠纪的蕨类植物,三叠纪、侏罗纪的裸子植物,新近纪—古近纪的被子植物。这三个时期的高等植物为成煤提供了丰富的原始物质。

植物是成煤的原始物质。没有大量植物尤其是高等植物的生长、繁盛,就不可能形成具有经济价值的煤。我国三个主要聚煤期就分别与蕨类植物、裸子植物及被子植物的繁盛时期对应。

② 气候条件。潮湿、温暖的气候条件是成煤最有利的条件之一。在热带、温带和寒带都可以形成泥炭沼泽,但温度的高低影响植物生长速度和生长量以及植物群种类的差异,也影响植物遗体的分解速度。在寒冷气候条件下,由于温度低,植物生长慢,微生物活动极弱,植物遗体分解缓慢;在高温条件下,虽然可使植物繁殖快,增长快,但又促使植物遗体快速分解,破坏了泥炭的大量堆积。因此,温度过高或过低都不利于泥炭的大量堆积,最有利的应该是温暖的气候条件。

泥炭的积累速度不仅与温度有关,还与沼泽覆水程度有关。而沼泽的覆水程度与湿度有关。当年降水量大于年蒸发量时,才有可能发生成煤作用。

一般认为温度与湿度比较,湿度对成煤更为重要,无论在热带、温带或寒带,只要有足够的湿度,都有可能发生成煤作用。

③ 地理条件。地理条件指的是成煤场所。地史上有相当多的植物死亡后,因没有有利的堆积场所而被氧化分解了。所以,要形成分布面积较广的煤层,还必须有适于发生大面积沼泽化的自然地理场所。

④ 地壳运动条件。地壳下沉形成有利的沉积场所——沼泽地。如果地壳下沉过快,沼泽地水深就会加大,逐渐转变成湖泊,使得成煤作用中止;地壳下沉过慢,植物遗体堆积相对加快,沼泽地地形增高、水量逐渐减少,沼泽环境转变为其他不利植物繁盛的环境,也就不利

于成煤作用的进行。所以,只有地壳沉降速度与植物遗体堆积速度平衡时,即地壳下沉空间与植物遗体堆积空间近似相等时,才能始终保持沼泽环境,成煤作用才能持续。

当然,要使泥炭层得以保存和转变成煤,还必须伴有地壳大幅度的快速沉降,在泥炭层之上很快沉积其顶板岩层,最后经过煤变质作用,泥炭层才能转变为煤层。

综上所述,植物、气候、地理、地壳运动都是成煤的必要条件,缺一不可,同时具备四个条件的时间越长,就越有利于成煤,如图2-4所示。

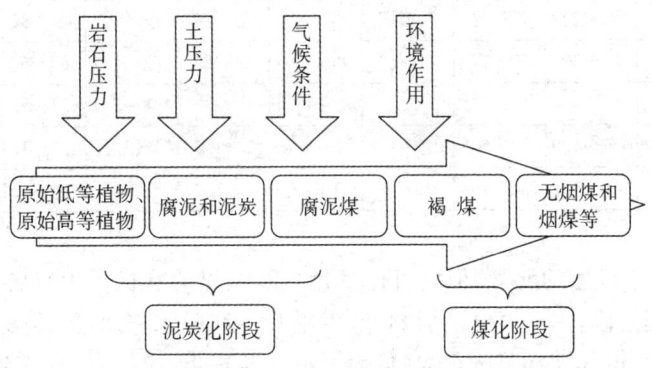

图 2-4 成煤过程示意图

我国开滦、阳泉等煤田是在古生代的石炭纪至二叠纪时期形成的,这个时期的成煤植物是古代的蕨类植物。大同—宁武煤田是在中生代的侏罗纪形成的,这个时期的成煤植物有古代的苏铁、松柏类、银杏类等裸子植物。抚顺煤田和云南的小龙潭煤田是在新生代的古近纪—新近纪形成的,这个时期的成煤植物是古代裸子植物中的松柏类和原始的被子植物。

2.2.4 煤的分类

不同的煤种有不同的用途,这是由它的化学组成、性质所决定的。因此,研究煤的物质组成和性质,对于评价煤质和确定煤的综合利用,都具有重要的实际意义。

2.2.4.1 煤的化学组成

不同的煤,其各种元素的含量和化学结构是不同的,这就造成了煤在化学性质和物理性质上的差异性,并使其在加工利用过程中表现出不同的工艺性质。

煤是一种非均质体,它的化学组成十分复杂,但归纳起来可分为有机质和无机质两大类。有机质是煤的主体,是煤炭加工利用的对象。煤的许多用途主要是由煤中有机质的性质决定的。煤中的有机质主要由C、H、O、N、S等五种元素组成,其中又以C、H、O为主,其总和占有机质的95%以上。无机质包括矿物质及水分,当然其中也含有少量的C、H、O、S等元素,它们绝大多数是煤中有害成分,对煤的加工利用有一定影响。

碳(C)是煤中有机质的主要成分,也是煤燃烧过程中产生热量的重要元素。每1 kg纯碳完全燃烧时能放出34.107 MJ的热量,煤中碳含量越多,煤的发热量也越高。煤中碳含量随煤的变质程度的加深而增加(见表2-3)。

氢(H)是煤中有机质的第二个主要成分,也是煤燃烧过程中产生热量的重要元素。每1 kg氢完全燃烧时能产生143.248 MJ的热量,为碳元素的4.2倍。氢含量与成煤原始物质密切相关。腐泥煤的氢含量比腐植煤高,一般在6%以上,有的高达11%,这是因为形成腐泥煤的低等植物富含氢元素的缘故。而腐植煤的氢含量一般在0.8%～6.5%。从表2-3中可以看出，氢含量总的变化趋势是随着变质程度的加深而减少；但在烟煤系列中，以低变质阶段的气煤氢含量最高，一般都在6%左右。

表2-3　　　　　　　　煤中碳、氢、氧、氮四种元素组成的百分含量

元素名称	煤中的百分含量/%									
	腐泥煤	泥炭	褐煤	长焰煤	气煤	肥煤	焦煤	瘦煤	贫煤	无烟煤
C	75～80	50～60	60～77	74～80	80～89	87～89	87～91	88～92	90	
H	>6	6			5.0～6.4		4.8～5.5	4.4～5.0	2.4～4.6	
N	0.5～5.7	0.6～4.0	0.2～2.5	0.7～1.8	1～1.7	1～1.6	1～1.5	0.9～1.4	0.7～1.8	0.3～1.5
O			40～30	30～15	16～9	12～8	7～3.7	5.4～3	4.7～3.1	2.5～1	3.7～1

氧（O）是煤中不可燃的元素，但它可以助燃。氧在煤的有机质中以各种官能团的形式存在。在煤化作用阶段，由于温度的影响，产生脱CO_2和脱水作用，因此煤中氧含量随煤化程度的加深而减少，但其波动范围很大（见表2-3）。从褐煤、长焰煤、气煤到肥煤，氧含量下降显著；从焦煤、瘦煤、贫煤到无烟煤，氧含量的下降幅度较小。

氮（N）在煤的有机质中含量比较少，它主要来自成煤植物中的蛋白质，也有一部分可能是成煤过程中细菌活动的产物。腐植煤中氮含量低而变化小，通常波动在0.5%～2%之间；腐泥煤氮含量高而波动大，为0.5%～5.7%。在煤中，氮与碳结合得很牢固，煤化作用对其影响不大，一般随煤化程度加深而略趋于减少，但其规律性不甚明显。在高温加工中，氮转化为氨（NH_3）以及其他氮的化合物。

煤中的硫（S）通常分为无机硫和有机硫（S_o）两部分，有时也有微量的元素硫（S_e），无机硫又分为硫化物硫（S_p）和硫酸盐硫（S_s），硫化物硫亦称黄铁矿硫（S_p）。煤中的硫主要以黄铁矿硫为主，其他硫化物硫含量都较低。有机硫是成煤植物本身含有的硫，以及在成煤过程中转化到有机质中的硫。一般把煤中硫的总和称为全硫（S_t）。据煤的干燥基全硫含量$S_{t,d}$（%）将冶炼用焦煤分为6级（GB/T 15224.2—2010）：

级别名称	代号	干燥基全硫分$S_{t,d}$/%
特低硫煤	SLS	<0.40
低硫分煤	LS	0.40～0.70
中低硫煤	MLS	0.71～0.95
中硫分煤	MS	0.96～1.20
中高硫煤	MHS	1.21～1.50
高硫分煤	HS	1.51～2.50

硫是煤中有害元素之一。炼焦时如果煤中含有超标的硫，就会使钢铁热脆成为废品；煤作为燃烧和气化燃料时，产生的SO_2气体会腐蚀设备；当SO_2排入大气也成为"公害"；在煤的贮存过程中，特别是FeS_2含量多的煤，易氧化使煤堆温度升高而自燃。但煤中的硫也是

一种重要的化工原料,是制造硫酸的重要元素。

煤中的磷(P)主要是以无机磷化物的形态存在,但也存在微量的有机磷。磷在煤中的含量极低,一般低于0.1%,最高也不高于1%。

虽然磷在煤中的含量极低,但其危害却很大。炼焦时,磷几乎都转入焦炭,会使钢材具有冷脆性。因此,炼焦用煤要求磷含量在0.02%~0.03%以下。

煤中还存在许多种稀有元素以及放射性元素,如锗(Ge)、镓(Ga)、铀(U)、钒(V)、砷(As)、氯(Cl)等。

2.2.4.2 煤的质量指标

① 水分(M)。煤含有水分,煤中水是非可燃成分,其含量的多少与煤的变质程度及外界条件等有关。水分随变质程度而变化,泥炭中水分最大,可达40%~50%;褐煤次之,约为10%~40%;烟煤含量较低,一般为1%~8%;无烟煤则又有增加的趋势,这是因为无烟煤中的孔隙增加的原因。

煤中水分按其结合状态可分为化合水和游离水两大类。化合水(又称结晶水)是与煤中矿物成分呈化合形态的水;游离水是煤的内部毛细管吸附或表面附着的水。游离水又分为外在水分(M_f)和内在水分(M_{inh})。外在水分是附着煤的表面和被煤的表面大毛细管吸附的水,这种水在空气中干燥时很容易蒸发;内在水分是煤的内部小毛细管所吸附的水,在常温下它不能失去,只有加热到一定温度时才能失去。外在水分与内在水分之和称为全水分(M_t)。

煤中水分对工业利用有一定的影响。在运输中,它增加了运输成本;燃烧时,它降低了煤的发热量;贮存时,它可使煤碎裂,并加快氧化。但有时水分又变得有利,如煤中水分可作为加氢液化和加氢气化的供氢体。

② 灰分(A)。煤的灰分是指煤中所有可燃物完全燃烧,煤中矿物质在一定温度下发生一系列分解、化合等复杂反应后剩下的残留物,所以称灰分产率更为确切些。煤中常见的矿物质主要包括黏土矿物、方解石、黄铁矿、石英及其他硫酸盐、氯化物和氟化物等微量成分。按灰分的高低,将炼焦精煤分为5级(GB/T 15224.1—2010)。

级别名称	代号	灰分范围 A_d/%
特低灰煤	SLA	≤6.00
低灰煤	LA	6.01~8.00
中灰煤	MA	8.01~10.00
中高灰煤	MHA	10.01~12.50
高灰煤	HA	>12.50

灰分是煤中的有害物质,灰分越高,煤的质量越差。灰分降低发热量,增加运输成本,增多出渣量,降低焦炭质量。但煤灰也可作为一种资源开发利用,如将煤灰用做部分建材的原料;往煤的液态渣里喷入磷矿石,制成复合磷肥;可从煤灰中提取聚合铝、氯化铝及其他稀有元素等。

③ 挥发分(V)。在隔绝空气的条件下,将煤在(900±10)℃温度下加热7 min时,煤中的有机质和一部分矿物质就会分解成气体和液体(蒸汽状态)逸出,逸出物减去煤中的水分

即为挥发分。因为挥发分不是煤中固有物质,而是煤在特定温度下的热分解产物,所以叫"挥发分产率",而不叫"挥发分含量"。挥发分产率在一定程度上反映了煤中有机质的性质、煤的变质程度,因此它是目前我国煤炭分类的第一指标。

根据挥发分可判断煤的变质程度。一般泥炭的挥发分可高达70%,褐煤为40%~60%,烟煤为10%~50%,无烟煤小于10%。

④ 固定碳(FC)。测定煤的挥发分时,剩下的不挥发物称为焦渣,焦渣减灰分即为固定碳。所以,固定碳是煤在隔绝空气的高温加热条件下,煤中有机质分解的残余物。

⑤ 黏结指数($G_{R,I}$或简记为G)。煤的黏结性是评价炼焦用煤的主要指标,也是评价低温干馏用煤、气化用煤和动力用煤的指标之一。冶金工业需要大量优质焦炭作为燃料和还原剂。焦炭必须具有一定的块度和机械强度,这就要求煤具有黏结性和结焦性。煤的黏结性是煤粒(一般直径小于0.2 mm)在隔绝空气受热后,能否黏结其本身或惰性物质(即无黏结能力的物质)成焦块的性质。煤的结焦性是煤粒隔绝空气受热后,能否生成优质焦炭的性质。煤的黏结性强是煤的结焦性好的必要条件。即结焦性好的煤,其黏结性必然好;但黏结性好的煤,其结焦性不一定好。

⑥ 胶质层最大厚度(Y)。胶质层最大厚度(Y)是指烟煤在加热到一定温度后,所形成的胶质层最大厚度,是烟煤胶质层指数测定中利用探针测出的胶质体上、下层面差的最大值。它是煤炭分类的重要标准之一。动力煤胶质层厚的,容易结焦;冶炼精煤对胶质层厚度有明确要求。

⑦ 发热量(Q)。煤发热量是指单位质量的煤完全燃烧时所产生的热值。煤发热量是计算热平衡、耗煤量、热效率等的依据,也常作煤炭分类的一个重要指标。

煤的发热量随变质程度的加深而变化。如表2-4所列,在焦煤以前,发热量是逐渐增加的;到焦煤阶段,发热量达到最高点,这主要是碳含量增高的原因;焦煤往后,由于氢含量减少太快,发热量又略有降低。

表 2-4　　　　　　　　　　煤的发热量和变质程度的关系

牌　号	无烟煤	贫煤	贫瘦煤	焦煤	气、肥煤	长焰煤	褐煤
V_{daf}/%	<10	>10~15	>15~20	>20~25	>30~50	>37~50	>40~65
$Q_{gr,d}$/(kJ·g^{-1})	32.2~36.17	35.33~36.38	35.54~36.8	35.75~37.01	31.99~37.01	30.52~34.08	25.088~30.944

2.2.4.3　煤的分类及用途

首先根据煤的煤化程度,将所有煤分为褐煤、烟煤和无烟煤。对于褐煤和无烟煤,再分别按其煤化程度和工业利用的特点分为2个和3个小类。烟煤按挥发分大于10%~20%、大于20%~28%、大于28%~37%和大于37%的4个阶段分为低、中、中高及高挥发分烟煤。关于烟煤黏结性,则按黏结指数G区分:0~50为不黏结和微黏结煤,大于50~65为中等偏强黏结煤,大于65则为强黏结煤。对于强黏结煤,又把其中胶质层最大厚度Y值大于25 mm或奥亚膨胀度b大于150%(对于V_{daf}大于28%的烟煤,b大于220%)的煤定为特强黏结煤。这样,在烟煤部分,可分为24个单元,并用相应的数码表示。

新的分类国家标准对各类煤的若干特征表述如下:

① 无烟煤(WY)。挥发分低,固定碳高,相对密度大(纯煤真相对密度最高可达1.90),

燃点高,燃烧时不冒烟。对这类煤,可分为:01号为老年无烟煤;02号为典型无烟煤;03号为年轻无烟煤。无烟煤主要是民用和制造合成氨的造气原料,低灰、低硫和可磨性好的无烟煤不仅可以做高炉喷吹及烧结铁矿石用的燃料,而且还可以制造各种碳素材料,如碳电极、阳极糊和活性炭的原料等。

② 贫煤(PM)。变质程度最高的一种烟煤,不黏结或微弱黏结,在层状炼焦炉中不结焦,燃烧时火焰短,耐烧,主要是发电燃料,也可作民用和工业锅炉的掺烧煤。

③ 贫瘦煤(PS)。黏结性较弱的高变质、低挥发分烟煤,结焦性比典型瘦煤差,单独炼焦时,生成的焦粉甚少。如在炼焦配煤中配入一定比例的这种煤,也能起到瘦化作用。这种煤也可作发电、民用及锅炉燃料。

④ 瘦煤(SM)。低挥发分的中等黏结性的炼焦用煤。焦化过程中能产生一定数量的胶质体。单独炼焦时,能得到块度大、裂纹少、抗碎强度高的焦炭,但这种焦炭的耐磨强度稍差,作为炼焦配煤使用效果较好。这种煤也可作发电和一般锅炉等燃料,也可供铁路机车掺烧使用。

⑤ 焦煤(JM)。中等或低挥发分的以及中等黏结或强黏结性的烟煤,加热时产生热稳定性很高的胶质体,如用来单独炼焦,能获得块度大、裂纹少、抗碎强度高的焦炭。这种焦炭的耐磨强度也很高。但单独炼焦时,由于膨胀压力大,易造成推焦困难,一般作为炼焦配煤用,效果较好。

⑥ 1/3焦煤(1/3JM)。中高挥发分的强黏结性煤,是介于焦煤、肥煤和气煤之间的过渡煤种,单独炼焦时能生成熔融性良好、强度较高的焦炭,炼焦时这种煤的配入量可在较宽范围内波动,但都能获得强度较高的焦炭。1/3焦煤也是良好的炼焦配煤用的基础煤。

⑦ 肥煤(FM)。中等及中高挥发分的强黏结性的烟煤,加热时能产生大量的胶质体。肥煤单独炼焦时,能生成熔融性好、强度高的焦炭,其耐磨强度也比焦煤炼出的焦炭好,因而是炼焦配煤中的基础煤。但单独炼焦时,焦炭上有较多的横裂纹,而且焦根部分常有蜂焦。

⑧ 气肥煤(QF)。一种挥发分和胶质体厚度都很高的强黏结性肥煤,有人称之为"液肥煤"。这种煤的结焦性介于肥煤和气煤之间。单独炼焦时能产生大量气体和液体化学产品。气肥煤最适于高温干馏制煤气,也可用于配煤炼焦,以增加化学产品产率。

⑨ 气煤(QM)。一种变质程度较低的炼焦煤。加热时能产生较多的挥发分和较多的焦油。胶质体的热稳定性低于肥煤,也能单独炼焦,但焦炭的抗碎强度和耐磨强度均稍差于其他炼焦煤,而且焦炭多呈长条而较易碎,并有较多的纵裂纹。在配煤炼焦时多配入气煤,可增加气化率和化学产品回收率。气煤也可以高温干馏来制造城市煤气。

⑩ 1/2中黏煤(1/2ZN)。一种中等黏结性的中高挥发分烟煤。这种煤有一部分在单煤炼焦时能生成一定强度的焦炭,可作为配煤炼焦的煤种;黏结性较弱的另一部分单独炼焦时,生成的焦炭强度差,粉焦率高。因此,1/2中黏煤可作为气化用煤或动力用煤,在配煤炼焦中也可适量配入。

▎弱黏煤(RN)。一种黏结性较弱的低变质到中等变质程度的烟煤。加热时,产生的胶质体较少,炼焦时,有的能生成强度很差的小块焦,有的只有少部分能结成碎屑焦,粉焦率很高,因此,这种煤多适于作气化原料和电厂、机车及锅炉的燃料煤。

▎不黏煤(BN)。多是在成煤初期就已经受到一定氧化作用的低变质到中等变质程度的烟煤,加热时基本上不产生胶质体。这种煤的水分大,有的还含有一定量的次生腐殖酸;

含氧量有的高达10%以上。不黏煤主要作气化和发电用煤,也可作动力和民用燃料。

- 长焰煤(CY)。变质程度最低的烟煤,从无黏结性到弱黏结性的均有,最年轻的长焰煤还含有一定数量的腐殖酸,贮存时易风化碎裂。煤化度较高的长焰煤加热时还能产生一定数量的胶质体,结成细小的长条形焦炭,但焦炭强度甚差,粉焦率也相当高,因此,长焰煤一般作气化、发电和机车等燃料用煤。

- 褐煤(HM)。分为两小类:透光率P_M大于30%~50%的年老褐煤和P_M小于或等于30%的年轻褐煤。褐煤的特点是:水分大,相对密度小,不黏结,含有不同数量的腐殖酸。煤中含氧量常高达15%~30%,化学反应性强,热稳定性差,块煤加热时破碎严重,存放在空气中易风化变质、碎裂成小块乃至粉末状。发热量低,煤灰熔点也大都较低,煤灰中常含较多的氧化钙和较低的三氧化二铝。因此,褐煤多作为发电燃料,也可作气化原料和锅炉燃料。有的褐煤可用来制造磺化煤或活性炭,有的可作为提取褐煤蜡(苯萃取物)的原料。另外,年轻褐煤也适用于制作腐殖酸铵等有机肥料,用于农田和果园,能促进增产。

2.3 煤炭开采的基本概念

2.3.1 煤层分类

同一地质时期形成的,并大致连续发育的含煤岩系的分布区域称为煤田。一个煤田中的煤层数目、层间距和赋存特征各不相同。有的煤田只有一层煤,有的会有多层煤。

一般说来,煤田的范围都很大,在开发过程中,要把一个煤田划归为一个矿区或者几个矿区进行开采。当煤田较小时,一个矿区也可能开发相邻的多个煤田。实际开发过程中,还会把矿区划分为一个或多个矿井进行开采,划归为一个矿井开采的那部分煤田称为井田。

矿井是指形成地下煤炭生产系统的井巷、硐室、装备、地面建筑物和构筑物的总称。确定一个矿井的井田范围与矿井设计能力、服务年限、矿区总体设计等密切相关。

煤是沉积形成的,煤层通常是层状的,根据当前煤炭地下开采技术,我国煤层主要按照倾角和厚度两个方面进行分类,见表2-5。

表 2-5　　　　　　　　　　　　煤层分类

按煤层倾角分类		按煤层厚度分类	
分 类	倾 角	分 类	厚 度/m
近水平煤层	<8°	薄煤层	<1.3
缓倾斜煤层	8°~25°	中厚煤层	1.3~3.5
倾斜煤层	25°~45°	厚煤层	>3.5
急倾斜煤层	>45°		

煤层厚度、倾角、形态、埋藏深度和煤层结构等是影响选择煤层开采方法的主要因素。我国南方煤层普遍较薄,稳定性也差,开采难度大、产量低,北方和西部煤层一般赋存较稳定,厚度也大,适合大规模开采。最近西部地区,如新疆等,也探明了特厚煤层,以及一些倾角大、厚度薄的煤层。

2.3.2 煤炭开采方法

煤炭的基本开采方法分为地下开采和露天开采。地下开采,也称为井工开采,是指由地面向地下开掘井巷采出煤炭的方法。露天开采是指直接由地表剥离覆盖层并采出煤炭的方法。

露天开采具有简单、安全、作业条件好、机械化程度高、效率高、回收率高等优点,对于埋藏较浅、煤层厚度大的煤田首先应选择露天开采。但是露天开采对植被破坏严重,剥离的岩石和土会占用大量土地进行堆积,生产过程受气候条件影响大。

与露天开采相比,地下开采过程要复杂得多,难度也大,但是地下开采适用的煤层范围较广泛。对于开采瓦斯含量高、具有冲击地压倾向、水患威胁等煤层时,开采的安全技术与灾害防治技术难度较大。

世界各国由于煤层赋存条件不同,采用露天开采的比例有很大差别,但是除中国外,世界主要产煤国家均是以露天开采为主,见表2-6。

表2-6　　　　　　世界主要产煤国家露天开采的比例

美 国	60%	印 度	62%	澳大利亚	70%
加拿大	90%	俄罗斯	62%	南 非	50%

我国煤炭露天开采的比例一直在5%左右,近年来随着西部煤炭资源的大量开发,露天开采的比例逐步上升,已经达到10%,以后有可能达到20%。

地下开采方法要比露天开采方法多,通常可以分为柱式和壁式体系采煤法,如图2-5所示。

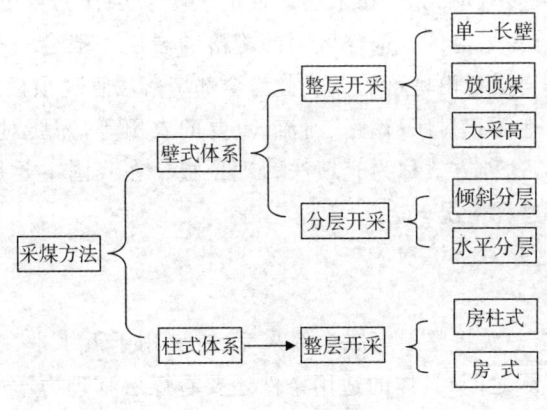

图2-5 地下采煤方法分类

根据各国的煤层条件和采煤技术与装备情况,所使用的采煤方法是不同的,见表2-7。

在壁式体系采煤法中,根据落煤方式不同,又可以分为炮采(钻眼、爆破落煤)、普通机械化开采(采煤机落煤和装煤、单体支架支护顶板)和综合机械化开采(采煤机落煤和装煤、自移式液压支架支护顶板)等工艺。目前世界各主要产煤国家主要是采用综合机械化采煤工艺,在地下长壁开采中,占95%以上。我国的综合机械化开采程度与国外先进国家有一定差距,但是在逐渐缩小。国有重点煤矿的综合机械化程度在85%以上,这主要和煤炭赋存条件有很大关系,在北方及西部地区,综合机械化程度在95%以上,但是在西南地区这一比例很低,在45%左右。国有地方煤矿和乡镇及个体煤矿,综合机械化程度要低些,尤其是个体煤矿的综合机械化程度在30%左右。近几年来,山东、山西、河北、河南等开展了煤矿资源整合与并购重组等,对一些小煤矿进行了全面的技术改造与升级,使我国煤矿的机械化程度大幅度提高,也改善了煤矿开采的安全条件。

表 2-7　　　　　　　　各主要产煤国家使用的采煤方法状况

国　别	壁式采煤法	柱式采煤法
中　国	90%(国有重点煤矿)	
美　国	50%	41%(连续采煤机)
俄罗斯	86%	
印　度	5%	65%(传统)、30%(机械化)
澳大利亚	85%	
南　非	33%	67%
加拿大	85%	

2.4　煤炭地下开采技术

地下开采的基本方法是通过井、巷到达煤层,在煤层形成开采煤炭的工作空间,这个工作空间需要进行人工支护。随着开采进行,采煤工作空间逐渐移动,这个移动的采煤空间也称为采场或工作面。绝大多数情况下,在采场后面的上覆岩层任其自由垮落。在采场后面被垮落岩石充填的部分称为采空区。采空区上部垮落的岩层一般会一直波及地面,形成地表塌陷区,这种任其上覆岩层自由垮落的方式称为全部垮落法管理顶板。在地面需要保护、不允许塌陷的情况下,如地面有村庄、铁路、河流、重要的农田等,需要对采空区进行人工充填,以避免上覆岩层垮落,这种方式称为充填法管理顶板。在我国主要是垮落法管理顶板,除特殊说明以外,都是指这种情况。

2.4.1　单一长壁采煤法

单一长壁采煤法是指一次将整层煤层全部采完,主要用于近水平、缓倾斜和倾斜煤层。煤层的厚度在1.0~7.0 m之间,具体的适用条件还要看煤层物理力学性质、工程地质与水文地质条件等。一般说来,比较合适的条件是煤层倾角小于25°,煤层厚度在2~5 m之间。煤层倾角过大,工作面支架和设备的稳定控制难度大。煤层厚度大于5 m时,煤壁片帮不容易控制,需采取特殊的支架设计与开采工艺等。煤层过薄,工作面支架和采煤机等需要特殊设计,但是设备的最低高度是有极限的,工作面作业条件也不好,因此对于薄煤层开采在研制无人工作面和遥控等技术,在国内已经有了重要进展。

综合机械化开采时一次开采的煤层厚度和可开采的倾角随着开采技术和煤矿机械制造业的进步而拓展着范围,如我国综合机械化开采的煤层最大倾角达到了50°,煤层最大厚度达 7 m,这些指标在全世界都是领先的。最小的煤层开采厚度达 1 m。根据开采的煤层厚度情况,将一次开采大于 3.5 m 的工作面称为大采高工作面,我国在大采高开采方面处于世界先进水平,全世界最大采高工作面和最大型矿井均在我国。

根据工作面的布置方向,单一长壁开采又可分为走向长壁开采和倾斜长壁开采。如果工作面沿煤层倾斜方向布置,沿煤层走向方向推进称为走向长壁开采,如图 2-6(a)所示。如果工作面沿煤层走向方向布置,沿煤层倾斜方向推进称为倾斜长壁开采,如图 2-6(b)、(c)所示。当工作面向煤层的下向推进时,称为倾斜长壁俯斜开采;当工作面向煤层的上向推进时,称为倾斜长壁仰斜开采。

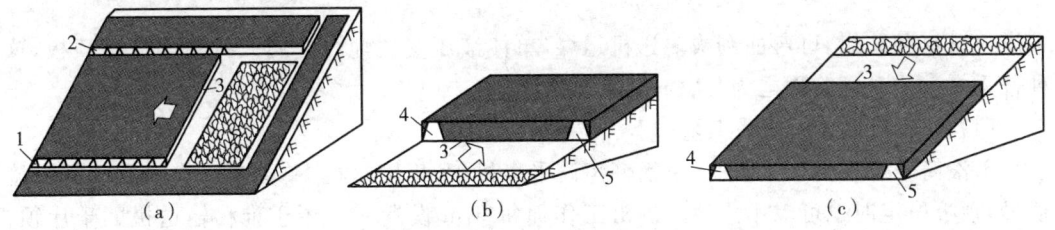

图 2-6 单一长壁采煤法示意图
(a) 走向长壁;(b) 倾斜长壁(仰斜);(c) 倾斜长壁(俯斜)
1——区段运输平巷;2——区段回风平巷;3——采煤工作面;4,5——分带运输,回风斜巷

单一长壁开采的主要工艺有爆破采煤、普通机械化采煤和综合机械化采煤。在条件适宜煤层要采用综合机械化采煤。

2.4.1.1 爆破采煤

爆破采煤工艺简称"炮采"。爆破采煤的工艺包括打眼、爆破落煤和装煤、人工装煤、刮板输送机运煤、移置输送机、人工支护和回柱放顶等主要工序。

(1) 落煤

爆破落煤,由打眼、装药、填炮泥、连炮线及爆破等工序组成。要求保证规定进度,工作面平直,不留顶煤和底煤,不破坏顶板,不崩倒支柱和不崩翻工作面输送机,尽量降低炸药和雷管的消耗。因此,要根据煤的硬度、厚度、节理和裂隙发育状况及顶板条件,正确确定钻眼爆破参数,包括炮眼排列、角度、深度、装药量、一次起爆的炮眼数量以及爆破次序。

(2) 装煤

炮采工艺的装煤方式主要有以下三种:① 爆破装煤。如图 2-7 所示,炮采工作面大多采用可弯曲刮板输送机运煤,在单体液压支柱及铰接顶梁构成的悬臂梁支架掩护下,输送机贴近煤壁,有利于爆破装煤,爆破装煤率可达 31%～37%。② 人工装煤。在爆破作业后没有装入刮板输送机的散煤需要人工装煤。因此,浅进度可以减少煤壁处人工装煤量;提高爆破技术水平,也可以减少人工装煤量。③ 机械装煤。人工装煤速度慢,工作量大,劳动强度大,我国目前研制了多种装煤机械,使用效果较好的是在输送机煤壁侧装上铲煤板,爆破后部分煤自行装入输送机,然后工人用锹将部分煤扒入输送机,余下的部分底部松散煤靠大推力千斤顶的推移用铲煤板将其装入输送机。

2.4.1.2 普通机械化采煤

普通机械化采煤工艺,简称"普采",其特点是用采煤机械同时完成落煤和装煤工序,而运煤、顶板支护和采空区处理与炮采工艺基本相同。目前,我国绝大多数普采工作面由滚筒

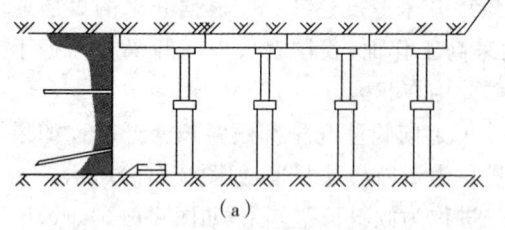 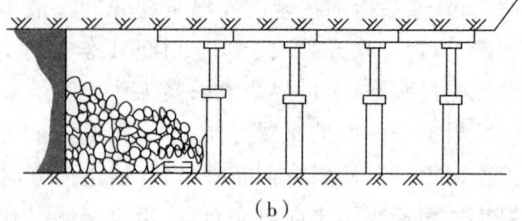

图 2-7 爆破装煤
(a)爆破前；(b)爆破后

采煤机破煤和装煤，可弯曲刮板输送机运煤，单体液压支柱配合金属铰接顶梁支护顶板，这种普采在某些矿区又称之为"高档普采"。

(1) 单滚筒采煤机普采工艺

单滚筒采煤机配套设备有：单摇臂滚筒采煤机、刮板输送机、单体液压支柱及金属铰接顶梁，顶板稳定时也可以不用顶梁。沿工作面每 6 m 设置一个用于推移输送机的千斤顶，这些液压千斤顶可用设置在平巷内的乳化液泵站通过管路进行集中供液控制。

普采工作面两巷断面一般较小，刮板输送机的机头和机尾通常都设在工作面内，工作面两端需要人工钻眼爆破开切口。每班开始生产时，采煤机自工作面下切口开始割煤，滚筒截深为 0.6～1.0 m，采煤机向上运行时升起摇臂，滚筒沿顶板割煤，并利用滚筒螺旋及弧形挡煤板装煤，如图 2-8 所示。工人随机挂梁，托住刚暴露的顶板，采煤机运行至工作面上切口后，翻转弧形挡煤板，将摇臂降下，自上而下地用滚筒割底煤，并装余煤。采煤机下行时负荷较小，牵

图 2-8 单滚筒采煤机

引速度较快。滞后采煤机 10～15 m，依次开动千斤顶推移输送机，同时，输送机槽上的铲煤板也将机道上的浮煤铲入输送机上运出。

推移完输送机后，开始支设单体液压支柱。支柱间的柱距，即沿煤壁方向的间距为 0.6 m；排距，即垂直于煤壁方向的距离，等于滚筒截深。当采煤机割底煤至工作面下切口时，支设好下端头处的支架，移直输送机，采用直接推入法进刀，使采煤机滚筒进入新的位置，以便进行下一循环的割煤。

采煤机完整地割完一刀煤，并且相应完成推移输送机、支架和进刀工序后，工作面由原来的 3 排支柱控顶变为 4 排支柱控顶。为了有效控制顶板，要回掉 1 排支柱，让采空区顶板自行垮落，重新恢复工作面 3 排支柱控顶，同时检修有关设备。普采工作面这一生产工艺全过程称为一个采煤循环。

(2) 双滚筒采煤机普采

单滚筒采煤机的缺点是对采高较大的工作面要分顶底刀两次截割，增加了顶板悬露面积与时间；其次是需要人工开缺口，工作面效率较低。所以随着开采设备的不断更新和开采技术的不断改进，目前普采工作面普遍使用较大功率的双滚筒采煤机(如图 2-9 所示)，使其

前后滚筒分别割顶底煤,实现一次采全高。采煤机可以斜切进刀,不必人工开切口,实现无链牵引,确保了安全同时提高了劳动生产率。对于工作面输送机,采用双速电机、侧卸机头和封底溜槽等新技术,并装设无链牵引齿轨,增加输送长度,提高输送能力,有效解决了重载启动问题。支护方面,采用单体液压支柱和铰接顶梁,或加金属长托梁,同时,可根据顶板条件配用切顶支柱。对于采高在 2.5 m 以上的工作面,选用轻型合金单体液压支柱。

图 2-9　双滚筒采煤机

双滚筒采煤机普采工作面布置如图 2-10 所示,工作面采用 DZ—22 型单体支柱配合 HDJA—2600 型带梁耳和插销的长钢梁及 HDJA—1000 型铰接顶梁支护。工艺过程为割煤、降柱串梁或挂梁、推移输送机、支柱、回柱放顶。

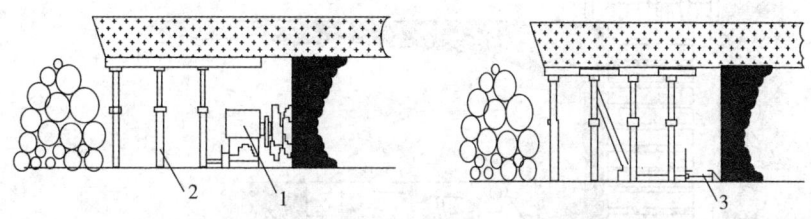

图 2-10　双滚筒采煤机工作面
1——采煤机;2——单体液压支柱;3——刮板输送机

2.4.1.3　综合机械化采煤

综合机械化采煤(简称综采)工作面一般采用双滚筒采煤机,各工序简化为割煤、移架和推移输送机。采煤机骑在输送机上割煤和装煤,一般前滚筒割顶煤,后滚筒割底煤。液压支架与工作面刮板输送机之间用千斤顶连接,可互为支点,实现推移刮板输送机和移动液压支架。移架时,支柱卸载,顶梁脱离顶板或不完全脱离顶板,移架千斤顶收缩,支架前移,而后支柱重新加载,支架的移架工序同时实现了普采的支护和处理采空区两道工序。割煤后可及时依次移设液压支架和输送机,也可以先逐段依次推移输送机,再一次移设支架。图2-11和图 2-12 分别是液压支架和综采工作面照片。综采工作面布置如图 2-13 所示。

综采面采煤机的割煤方式需要考虑顶板管理、移架、进刀方式和端头支护等因素,主要有以下两种:一种是往返一次割两刀,也叫做穿梭割煤,多用于煤层赋存稳定、倾角较缓的综采面,工作面为端部进刀。另一种是往返一次割一刀,即单向割煤,工作面中间或端部进刀;该方式适用于顶板稳定性差的综采面、煤层倾角大、不能自上而下移架或输送机易下滑、只能自下而上推移的综采面,采高大而滚筒直径小、采煤机不能一次割全高的综采面,采煤机装煤效果差、需要单独牵引装煤行程的综采面,割煤时产生煤尘多、降尘效果差、移架工不能在采煤机的回风平巷一端工作的综采面。

采煤机的进刀方式分为直接推入法进刀,工作面端部斜切进刀,中部斜切进刀,滚筒钻入法进刀。其中,综采面斜切进刀要求运输及回风平巷有足够宽度,工作面输送机机头(尾)尽量伸向平巷内,以保证采煤机滚筒能割至平巷的内侧帮,并尽量采用侧卸式机头;中部斜

图 2-11 综采液压支架

图 2-12 综采工作面

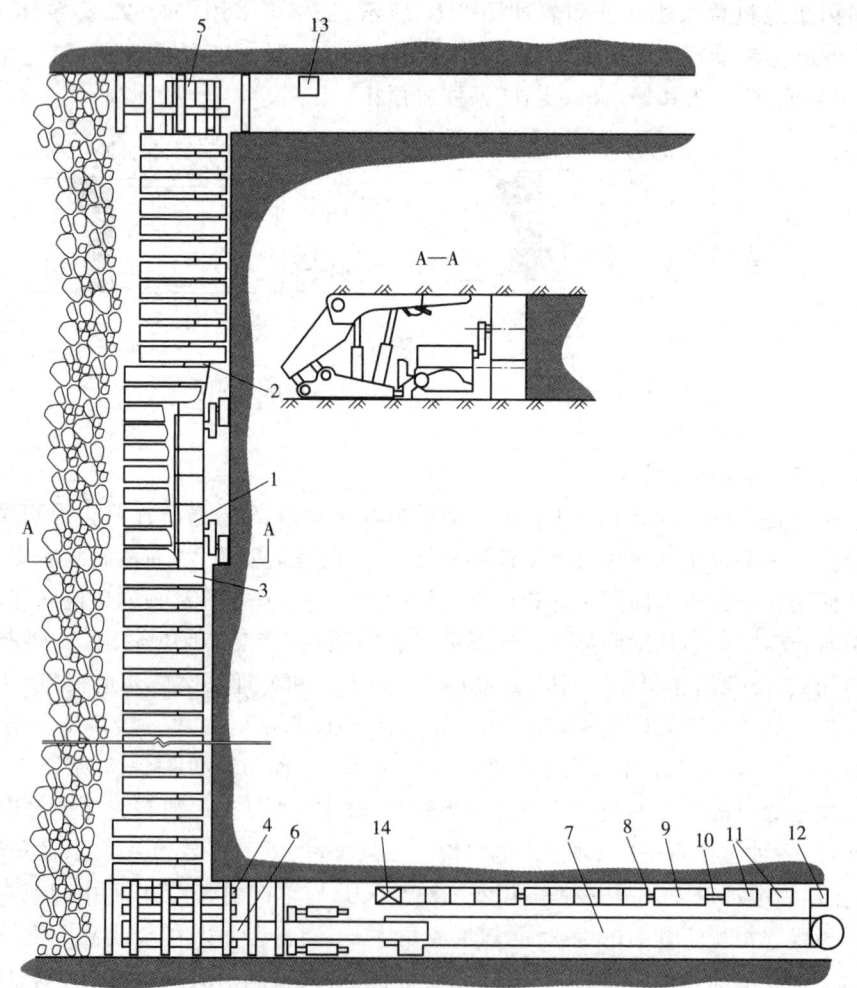
图 2-13 综合机械化采煤工作面布置图

1——采煤机；2——刮板输送机；3——液压支架；4——下端头支架；5——上端头支架；
6——转载机；7——胶带输送机；8——配电箱；9——乳化液泵站；10——设备列车；
11——变电站；12——喷雾泵站；13——液压安全绞车；14——集中控制台

切进刀可以提高开机率,但是它只适用于综采面较短,采煤机具有较高的空牵引速度,端头工作空间狭小以及采煤机装煤效果较差的综采面。

2.4.2 厚煤层开采

在我国现有煤炭储量和产量中,厚煤层(厚度>3.5 m)的产量和储量均占 45% 左右,是我国实现高产高效开采的主力煤层。我国的厚煤层开采主要是采用分层开采、大采高开采(采高>3.5 m)和放顶煤开采。其中分层开采是一种传统的厚煤层开采工艺;近年来随着国内外支架、采煤机等煤机行业的技术进步,大采高开采在我国得到快速发展;放顶煤开采是 20 世纪 80 年代初从欧洲引入我国的一种开采工艺,随之在我国迅速发展并推广应用。

2.4.2.1 分层开采

在 20 世纪 80 年代之前,厚煤层主要以分层开采为主,即平行于厚煤层面将煤层分为若干个 2.0~3.0 m 左右的分层自上而下逐层开采(个别也有自下而上逐层开采的)。当自上而下逐层开采时,上一分层开采后,下一分层是在上分层垮落的顶板下进行,为确保下分层回采安全,上分层必须铺设人工假顶或形成再生顶板。目前多采用在分层间铺设金属网,作为下一分层开采的"假顶",如图 2-14 所示。下分层开采在"假顶"保护下作业,称为下行分层开采。有的矿区为了进行地面保护,或在易自燃的特厚煤层条件下采用了上行充填开采,如水砂充填、风力充填等,称为上行分层开采。

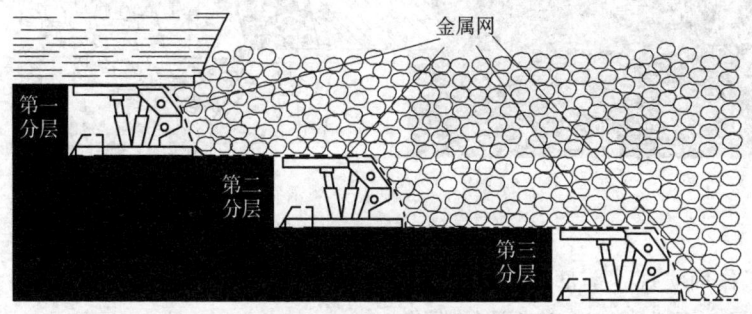

图 2-14 分层开采示意图

同一区段内上下分层工作面可以在保持一定错距的条件下,同时进行回采,称之为"分层同采";也可以在区段内采完一个分层后,经过一定时间,待顶板垮落基本稳定后,再掘进下分层平巷,然后进行回采,称之为"分层分采"。一般来说,下分层回采滞后时间不少于四个月。

由于煤层厚度经常发生变化,而人工假顶或再生顶板的下沉量较大,在机采分层工作面应特别重视采高控制,主要是保证底分层有足够的采高,以免给底分层开采造成困难。根据我国目前的技术条件,较合适的炮采和普采工作面分层厚度为 2 m 左右,最大不超过 2.4 m;综采工作面分层厚度为 3 m 左右,一般不超过 3.2 m,但是根据实际情况,分层高度可达 5~6 m。

2.4.2.2 放顶煤开采

自从 1982 年综放开采技术引入我国以来,至今已有 30 多年的时间。在此期间,综放开采技术在我国获得了巨大发展,取得了举世瞩目的成绩,已经成为我国煤炭开采技术近 30 a

来取得的标志性成果之一。

综放开采技术于20世纪60年代始于欧洲,当时主要用于边角煤和煤柱开采,最高月产只有$4.96×10^4$ t(法国的布朗齐矿),并未将这项具有巨大潜力的开采技术进一步发展。

我国在1984年运用国产综放支架装备了第一个缓倾斜综放工作面,但效果并不理想,后来转向了急倾斜分段综放试验,取得了成功。1987年以后,综放技术开始在缓倾斜软煤以及中硬煤中进行试验,到1990年已经达到了工作面月产$14×10^4$ t的水平。目前已经达到月产$120×10^4$ t的水平。

放顶煤开采的实质就是在厚煤层中,沿煤层(或分段)底部设置一个正常采高的长壁工作面,用常规的方法进行回采,利用矿山压力作用或辅以人工松动的方法,使支架上方的顶煤破碎成散体后由支架后方(或上方)的放煤口放出,并经由工作面后部刮板输送机送出工作面,综采放顶煤开采示意图如图2-15所示。

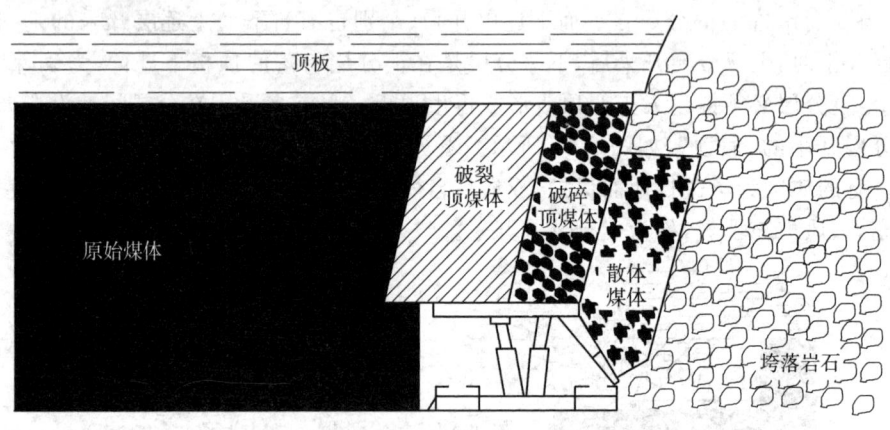

图2-15 放顶煤开采示意图

放顶煤工作面实现了前部采煤机割煤,后部放顶煤,两部刮板输送机同时生产,达到采放平行作业,因此可以取得高产高效的效果。

按工作面布置方式分类可将放顶煤开采分为一次采全厚放顶煤开采、预采顶分层的放顶煤开采、多层放顶煤开采、急倾斜水平分段放顶煤开采;按机械化程度可将放顶煤开采分为炮采放顶煤开采、普通机械化放顶煤开采、滑移顶梁支架放顶煤开采、悬移支架放顶煤开采和综合机械化放顶煤开采。

除与普通长壁综采一样的割煤、移架、推移输送机工序外,综采放顶煤工作面还增加了放煤工序,其中一般情况下,工作面一半以上的煤量来自于放煤,因此从时间和空间上合理安排采煤与放煤的关系就成为放顶煤工作面生产工艺中必须解决的基本问题。图2-16所示为双输送机放顶煤工作面布置方式,也是最常用的方式。这种布置方式的一般工艺方式是:采煤机割煤,其后跟机移架,推移前部输送机,然后打开放煤口放煤,最后拉后部输送机,工作面全部工序完成后,即完成了一个完整的综放循环。

2.4.2.3 大采高开采

近年来大采高开采技术在我国获得了迅速发展,尤其是大采高液压支架与采煤机的发展已经取得举世瞩目的成就,由此促进了大采高开采技术的进步。

大采高开采的优点是工作面产量大、效率高,缺点是设备投资大、煤壁片帮控制难度大。

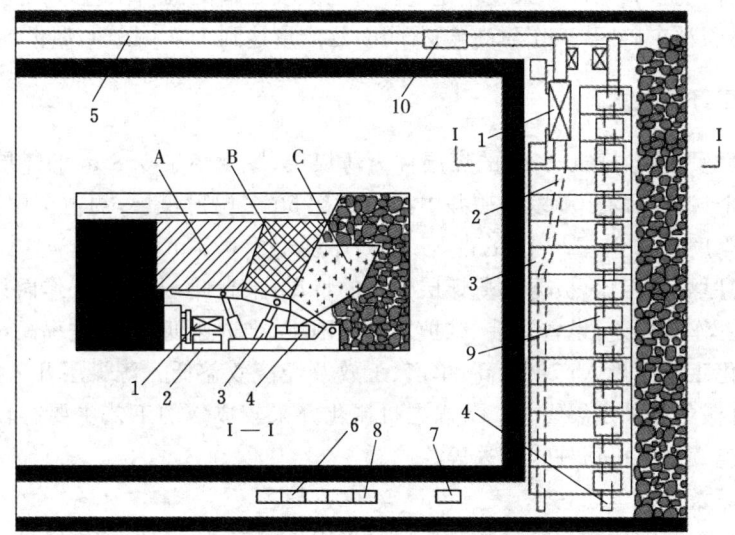

图 2-16 综采放顶煤工作面设备布置
1——采煤机；2——前输送机；3——放顶煤液压支架；4——后输送机；5——平巷胶带输送机；
6——配电设备；7——安全绞车；8——泵站；9——放煤窗口；10——转载破碎机；
A——不充分破碎煤体；B——较充分破碎煤体；C——待放出煤体

大采高开采除煤层地质条件和合理的采矿设计外,重要的是要研制适应大采高开采的液压支架和采煤机。国外大采高开采技术的研究始于20世纪70年代中期,我国从1978年起,从德国引进了G320—20/37,G320—23/45等型号的大采高液压支架及相应的采煤、运输设备,试采3.3～4.3 m厚煤层取得成功,平均月产达到70 819 t,达到了当时我国最好水平。与此同时也开始研制和试验国产的大采高液压支架和采煤机,经过了多年的努力,现已取得了明显的进展。1980年邢台东庞矿使用BYA329—23/45型国产两柱掩护式液压支架及相配套的大采高综采设备,在厚度为4.3～4.8 m的厚煤层中进行了工业性试验并取得成功。以后又相继在其他几个采煤工作面使用,支架状态良好,试验期间平均月产6.3×10^4 t,最高月产达12×10^4 t,平均回采工效31.82 t/工。

2002年,晋城煤业集团开始研究适合晋城矿区的大采高技术,2003年与郑州煤矿机械集团合作研制了ZY8600/25.5/55型两柱掩护式大采高液压支架,最高月产达67×10^4 t,随后又研制和使用了ZY9400/28/62型两柱掩护式大采高液压支架,工作面年产达800×10^4 t水平,最高日产达2.7×10^4 t。

2007年,郑州煤矿机械集团针对神华集团神东分公司上湾矿的煤层条件,研制出了ZY10800/28/63D型两柱掩护式大采高液压支架,并于2007年4月在井下进行工业实验,最高月产量达109.5×10^4 t,最高日产量达5.1×10^4 t。

实践表明,绝大部分大采高工作面均取得了较好的技术经济效果。一般情况下,其主要的技术经济指标要优于分层综采工作面,在条件合适的情况下,也要优于综放工作面。因此,虽然大采高技术在我国真正的大面积使用时间不长,但发展迅速,在合适的煤层地质条件下(如煤层倾角较小、煤层硬度较大、煤层厚度在4～7 m之间、煤层顶底板较平整、地质构造不发育等情况),大采高综采技术是一种有巨大发展潜力的新工艺。目前我国最高的工作面在神华集团神东矿区,工作面高度达 7 m,月产量达到 $140×10^4$ t,属世界之最。

2.4.3 薄煤层开采技术

我国一般把厚度小于 1.3 m 的煤层称为薄煤层,厚度小于 0.8 m 的煤层属极薄煤层。我国在近 80 个矿区中的 400 多个矿井中,赋存着 750 多层薄煤层,约占全国总可采储量的 19.9%,其中厚度在 0.8～1.3 m 的占 86.2%,厚度小于 0.8 m 的占 13.8%。

与厚和中厚煤层相比,极薄和薄煤层开采的特点:采高低,人员在工作面只能爬行,甚至以卧姿作业;工作条件差,设备安装、维护及操作困难;推进速度快,掘进率高,工作面接替困难;长壁机械化工作面投入产出比高,单产、工效及经济效益低。薄煤层开采的特殊性造成薄煤层长壁机械化开采发展缓慢。薄煤层机械化开采较成熟的工艺主要有长壁式开采、螺旋钻机开采、连续采煤机房柱式开采等。

2.4.3.1 薄煤层综采工艺

对于赋存稳定、地质构造简单的薄煤层可采用长壁综采。与厚和中厚煤层开采相比,薄煤层开采所不同的是割煤设备,除了滚筒采煤机以外还可以采用刨煤机,两种割煤设备的空间高度都受煤层厚度的限制,因此需要使用专用的矮机身滚筒采煤机或刨煤机。采用滚筒采煤机时,其开采工艺与中厚煤层的单一长壁开采相同。采用刨煤机开采时,工艺上略有差异。

刨煤机主要适于煤层倾角小于 25°,工作面坡度稳定,煤体单向抗压强度小于 25 MPa,煤体硬度小于底板硬度以及地质条件稳定的煤层。如果煤体单向抗压强度大于 25 MPa,则需使用动力刨煤机。

开采时,刨刀沿工作面煤壁往返刨割煤炭,刨下的煤靠犁形板装入刮板输送机,其驱动装置设于工作面端部的平巷。刨煤机在生产中具有破煤能耗少、煤的块度大、粉尘少、产量和效率较高、劳动强度低等优点。另外,刨煤机本身还具有结构简单、造价低、检修方便等优点。刨煤机类型很多,目前国内外使用的主要是静力刨,即刨刀靠锚链拉力对煤体施以静压力破煤。静力刨按其结构特点可分为三类,如图 2-17 所示。

2.4.3.2 螺旋钻机采煤工艺

螺旋钻机采煤是一种最简单的薄煤层或极薄煤层开采方法,在我国刚刚起步,它属于一种无人工作面开采方法。其最大特点是仅在巷道中用螺旋钻采煤机即可将两侧 50～70 m 范围内的煤采出。工人在支护条件良好的巷道中工作,彻底地改变了薄煤层回采工人在工作面内爬行的工作状况,安全有了可靠的保障。

开采时,从已开掘的平巷中,用螺旋钻机向巷道两侧的煤层中钻进,螺旋钻机的钻头上装有截齿,依靠截齿的钻进与截割,螺旋钻杆钻入煤体。钻下的煤由螺旋叶片带出,卸入巷道中,由刮板输送机运出。专用局部通风机提供压入式供风,解决钻孔内的瓦斯问题。风筒上附带有高压喷雾管路,以解决降温及防尘问题。根据钻具上传感器反馈回来的信号,工作人员通过多功能操作台调节、控制钻进速度和钻孔方向。

螺旋钻采煤机单向钻进深度 70 m 左右,可在同一巷道前后安装 2 台设备,分别回采巷道两侧的煤层;也可在 2 条相距 140～145 m 巷道中分别安装 1 台设备相对回采两巷间的煤层。为了提高螺旋钻采煤法的生产效益,达到集约化生产,可在两条相距 140～145 m 的巷

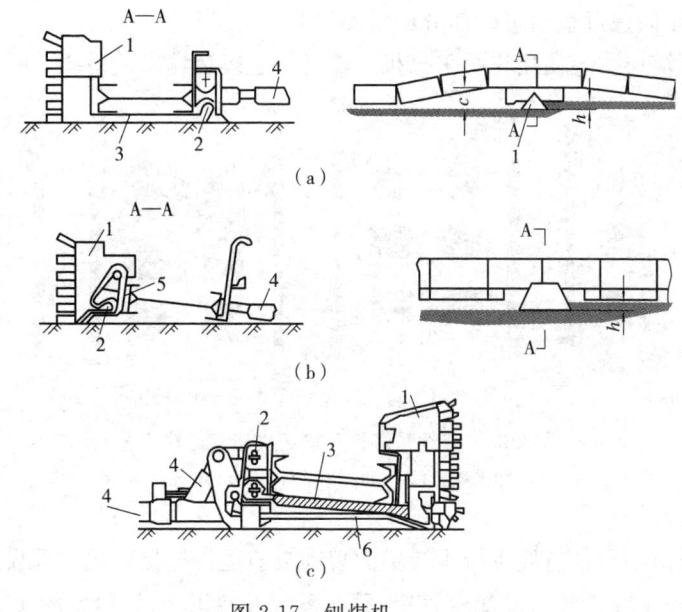

图 2-17 刨煤机
(a) 拖钩刨；(b) 滑行刨；(c) 拖钩—滑行刨
1——煤刨；2——牵引链；3——拖板；4——千斤顶；5——滑架；6——滑板

道中分别安装 2 台螺旋钻采煤机,前边 1 台回采两巷间的煤层,后边 1 台回采巷道另一侧的煤层。钻采工作面设备布置和螺旋钻机采煤示意图如图 2-18 和图 2-19 所示。

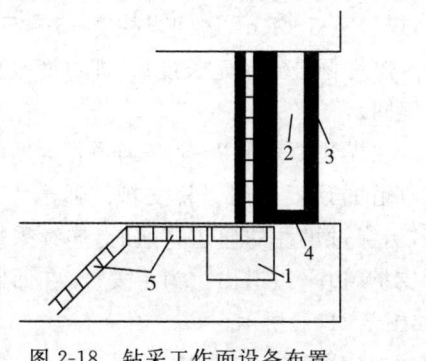

图 2-18 钻采工作面设备布置
1——螺旋钻机；2——钻孔；3——煤柱；
4——密闭；5——刮板输送机

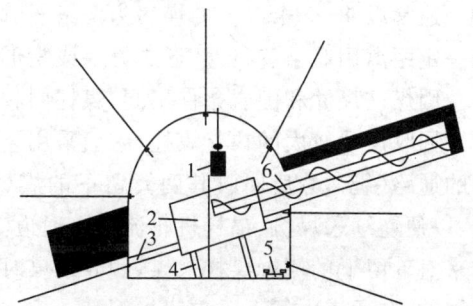

图 2-19 螺旋钻机采煤示意图
1——单轨吊；2——螺旋钻采煤机；3——固定油缸；
4——调斜油缸；5——刮板输送机；6——节式钻杆

钻孔区的顶板管理有 3 种方法:在巷道双侧回采时,每侧的两钻孔间应根据顶板岩性及矿压情况留 0.25~0.6 m 隔离煤柱;在两条巷道对采时,钻孔底部可根据顶板岩性条件不留煤柱或留 4~5 m 煤柱。回采后应将所有的钻孔孔口封闭。对于要控制地表下沉的工作区域,可利用螺旋钻采煤机反转或专用的充填机将矸石充填到钻孔内,可每隔 2~3 个钻孔充填一个钻孔。

2.4.3.3 连续采煤机房柱式采煤工艺

连续采煤机房柱式开采的特点是采掘合一,边掘边采,利用煤柱作为临时或永久支护支撑顶板,煤柱在回采过程中可以部分或全部回收。

近水平薄煤层主要使用连续采煤机—输送机连续运输工艺系统,如图 2-20 所示。

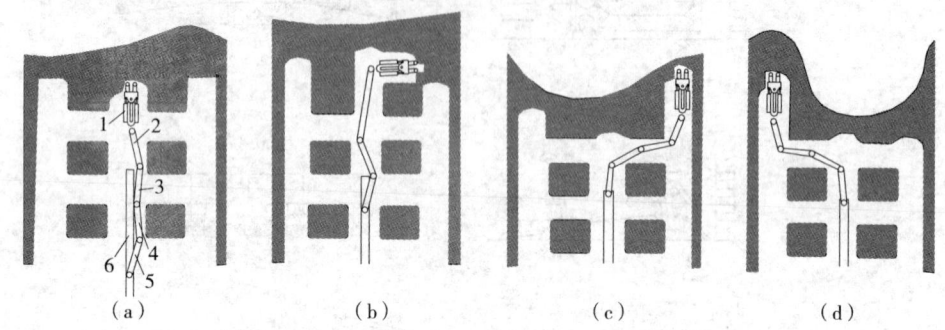

图 2-20　连续采煤机—输送机连续运输工艺系统
1——连续采煤机;2,3,4,5——万向接长机;6——胶带输送机

运输系统由多台带有履带行走装置的短刮板输送机铰接而成。采煤机后第一台为桥式转载机,设有一个容量较大的受载容器,后面多台万向接长机,每台约 10 m 长,便于转弯运行,最后一台万向接长机尾部与胶带输送机尾部相接。

一般采用纵向螺旋滚筒采煤机,两个带截齿的纵向螺旋滚筒一次钻进 1.1 m,可左右摆动 45°,一次采宽可达到 6～7 m,利用两滚筒相向对滚,将破碎的煤推装到连续采煤机中的刮板输送机上,运至采煤机尾部。采煤后若顶板不太稳固,可先用金属支柱临时支护,而后再用锚杆永久支护,边打锚杆边回撤临时支护,一般一台采煤机配备 2 台顶板锚杆机。

通常以 4～5 个以上的煤房为一组同时掘进,煤房宽 5～7 m,房间煤柱宽 15～25 m,每隔一定距离用联络巷贯通,形成方块或矩形煤柱。煤房掘进到预定长度后,即可回收房间煤柱。因煤柱尺寸和围岩条件不同,煤柱回收工艺不同。

回收尺寸较大的块状煤柱,一般采用袋翼式。在煤柱中采出 2～3 条通道作为回收煤柱时的通路(袋),然后回收其两翼留下的煤(翼),通道的顶板仍用锚杆支护。通道不少于 2 条,以便连续采煤机、锚杆机轮流进入通道工作。当穿过煤柱的通道打通时,连续采煤机斜过来对着留下的侧翼煤柱采煤,侧翼采煤时不再支护,边采边退出。为了安全,在回收侧翼煤柱前,在通道中靠近采空区每侧打一排支柱,如图 2-21(a)所示。

当煤柱宽度在 10～12 m 左右时可直接在煤房内向两侧煤柱进刀,如图 2-21(b)所示。

当煤柱尺寸较小时,一般采用劈柱法,如图 2-21(c)所示。在煤柱中间形成一条通路,连续采煤机与锚杆机分别在两个煤柱通路中交叉轮流作业,然后再分别回收两侧煤柱。

2.4.4　充填开采技术

随着科技进步、矿山采掘设备的发展和人们对于环境保护的日益重视,充填法处理采空区的方法已经越来越被接受和推广。充填采矿法具有回采率高,对地表环境破坏小等其他方法不可替代的优点。按照充填材料和输送方式,将矿山采空区充填分为干式充填、水力充填和胶结充填。

干式充填是将采集的块石、沙石、土壤、工业废渣等惰性材料,按规定的粒度组成,对所提供的物料经破碎、筛分和混合形成的干式充填材料,用人力、重力或机械设备运送到待充

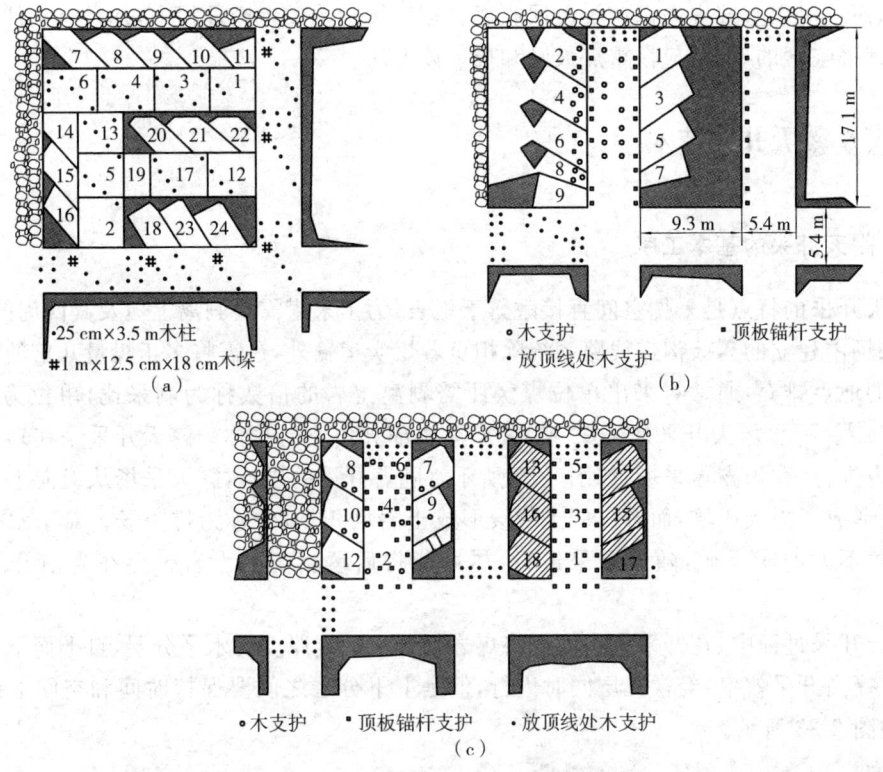

图 2-21 房柱式采煤法煤柱回收
(a)袋翼式;(b)外进式;(c)劈柱式

区,形成可压缩的松散充填体。

水力充填是以水为输送介质,利用自然压头或水泵,由制备站沿管道或管道相连的钻孔,将山砂、河砂、破碎沙、尾砂或水淬炉渣等水利充填材料输送和充填到采空区。水力充填的基本设备包括分级脱泥设备、砂仓砂浆制备设施、输送管道、采场脱水设施以及井下排水和排泥设施。管道水力输送和充填管道式水力充填是最重要的工艺和设施。砂浆在管道里流动的阻力,靠砂浆柱自然压头或砂浆泵产生管道输送压力来克服。选择输送管道直径时,需要先按充填能力、砂浆的浓度和性态算出砂浆的临界流速、合理流速和水力坡度等。

胶结充填是将采集和加工的细砂等惰性材料掺入适量的胶凝材料,加水混合搅拌制备成胶结充填材料,沿钻孔、管、槽等向采空区输送和堆放浆体,然后使浆体在采空区中脱去多余的水(或不脱水),形成具有一定强度和整体性的充填体;或者将采集和加工好的砾石、块石等惰性材料,按照配比掺入适量的胶凝材料和细粒级(或不加细粒级)惰性材料,加水混合形成低强度混凝土;或将地面制备成水泥砂浆或净浆,与砾石、块石等分别送入井下,将砾石、块石等材料先放入采空区,然后采用压注、自淋、喷洒等方式,将砂浆或净浆包裹在砾石、块石等的表面,胶结形成具有自立性和较高强度的充填体。

采用全部垮落法处理采空区简单可靠、费用少,是我国和世界范围内普遍采用的方法,但是随着采矿活动的进行,采空区面积越来越大,矿区地表沉陷面积大大增加,对环境和人们生活造成了越来越大的影响。所以人们渐渐认识到,垮落法处理采空区的方法不能持续使用下去,采矿工作者们重新开始考虑用充填法处理采空区。充填法不仅保护地表农田和建筑物,而且可以有效提高矿产资源回收率。在后续的采矿生产过程中,凡是有条件使用充填法处理采空区的矿井,应该重点鼓励和推广该方法。

2.5 煤炭露天开采技术

2.5.1 露天开采的基本工序

露天开采的特点是采掘空间直接敞露于地表,为了采煤需要剥离上覆及其四周的土岩。因此,采场内建立的露天沟道线路系统除担负着煤炭运输外,还需将多于煤量几倍的土岩运往选定的地点排弃,通常将采出单位煤炭所需剥离土岩的倍数称为剥采比,单位为 m^3/t, t/t, m^3/m^3。所以露天开采是采煤(矿)和剥离两部分作业的总称。露天开采是在划定的开采境界内进行,称为露天采场,如图2-22所示。随着开采的进行,露天采场从上向下逐渐延深,最终形成了露天矿坑,而排弃的土岩会形成土岩堆积场,常称为排土场。对于水平或者煤层倾角不大的露天矿,随着开采进行,尽可能将后续剥离的土岩排弃在先前开采的矿坑内。

露天开采过程中,在开采境界内要将煤岩划分成一定厚度的水平分层,自上而下逐层开采,为了提高开采效率,经常几层同时进行,但是上下分层之间要保持时间和空间上的协调关系,如图2-23所示。

图2-22 安太堡露天煤矿采场

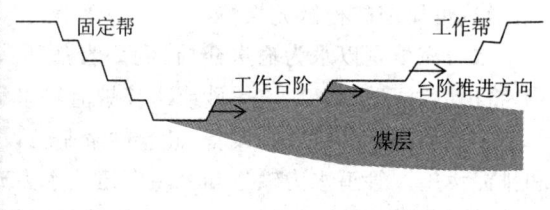

图2-23 露天开采示意图

在露天开采过程中,一般说来,要经历煤岩松碎、采装、运输、排卸四个基本工序。

2.5.1.1 煤岩松碎工作

煤岩松碎是露天开采的第一个工序,目的是将坚硬的固体煤岩通过人工方式进行松动和破碎,成一定块度的松散体,以便后续挖掘机等机械设备的采装。挖掘设备的切割力是有限度的,除软岩可以直接采掘外,对中硬以上的煤岩必须进行预先松碎后方能采掘。

常用的煤岩松碎方式是穿孔、爆破,通过穿孔钻机在工作台阶上进行穿孔。常用的穿孔机械是牙轮钻机,如图2-24所示。根据爆破作业需要,可以穿凿垂直孔和倾斜孔,垂直孔易于穿孔和装药,倾斜孔的炸药作用较均匀,目前常用的是垂直孔。有时为了增加底部爆破威力,在前排炮孔底部进行扩孔(图2-25)。

2 煤炭开发与利用

图 2-24 牙轮钻机

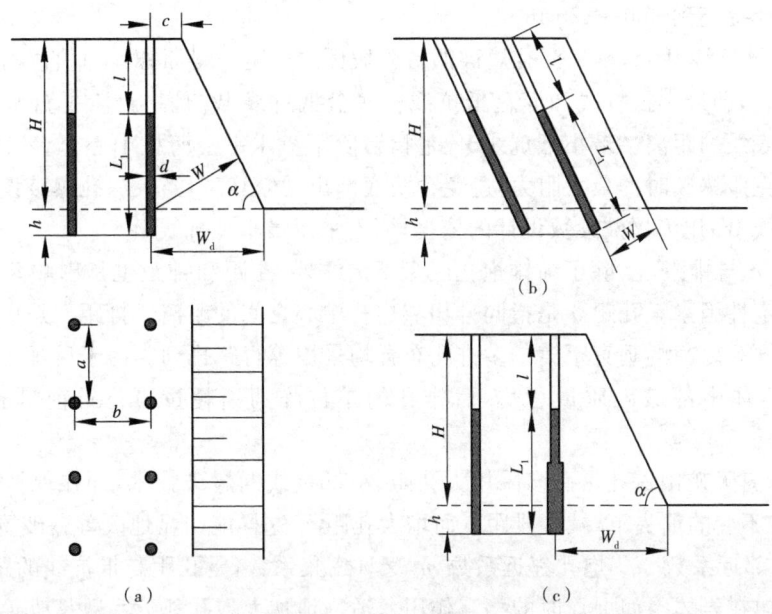

图 2-25 露天矿深孔爆破

爆破工作是指将矿用工业炸药按一定的要求装入炮孔中,利用炸药爆炸产生的能量将矿岩破碎至一定的程度,并形成一定几何尺寸的爆堆(图 2-26)。露天矿爆破质量的优劣直接影响到采装和运输工作的效率,它不仅与矿岩性质、地质条件、炸药性能有关,而且与所采用的爆破方法、起爆方法及布孔方式和参数等有关。

实际爆破中,常用多排孔微差爆破,指炮孔排数在三排以上的微差爆破。这种爆破方法一次爆破量大,具有减震、控制爆破方向、充分利用炸药能量和改善爆破质量等优点,是目前国内外露天矿广泛采用的台阶生产爆破方式。多排孔微差爆破时必须合理确定孔网参数、装药结构和单位矿岩的炸药消耗量,正确选择适宜的延迟时间间隔和起爆顺序。这是因为上述参数将影响爆破作用的时间、空间和能量的利用。如图 2-25 所示,常用的爆破参数有:

① 孔径 d。目前,露天深孔爆破的发展趋势是增大炮孔直径,并配备大型装载与破碎

· 37 ·

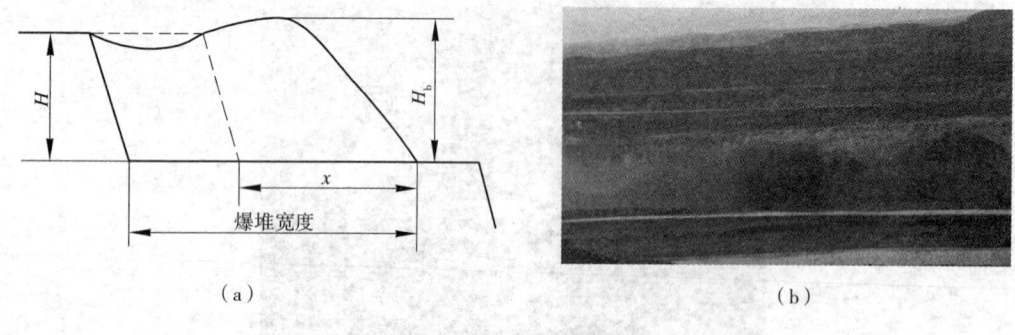

图 2-26 露天矿爆堆
H——台阶高度；H_b——爆堆高度；x——前冲距离

设备,以提高矿山的开采强度与生产效率,节省生产成本。深孔直径一般为 250～310 mm,有的已将孔径提高到 380～420 mm。

② 底盘抵抗线 W_d。露天深孔爆破的台阶坡面往往是一斜面,对于垂直深孔而言,就存在两种抵抗线,即最小抵抗线和底盘抵抗线。底盘抵抗线 W_d 是指台阶平盘水平上药柱中心至台阶坡底线的距离。最小抵抗线 W 是指台阶平盘水平上药柱中心至台阶坡面的最小距离。为了克服爆破时的最大阻力,避免台阶底部出现"根底",露天深孔爆破设计时一般采用底盘抵抗线 W_d 作为爆破参数设计的依据,而不采用最小抵抗线 W。

③ 孔距 a 与排距 b。除了前排炮孔底盘抵抗线外,孔距和排距也是影响药包在岩体空间分布的决定性因素。孔距 a 是指同排相邻炮孔中心之间的距离。排距 b 是指平行于台阶坡顶线相邻炮孔之间的垂直距离。多排孔布置均采用等行距排列。由于后排孔的起爆处于挤压状态,岩体中部破碎质量恶化,后排孔的单位炸药消耗量应比最前排孔增加 10%～20%。

近年来,露天矿山深孔爆破多采用大孔距、小抵抗线的爆破技术,即在保持每个炮孔担负面积 $a \times b$ 不变的前提下,减小排距 b 而增大孔距 a,这样能明显地改善爆破质量。

④ 炮孔邻近系数 m。炮孔邻近系数 m,又称密集系数,是孔距与抵抗线的距离之比值,其影响群药包在岩体空间爆炸时的相互作用。适当地加大炮孔邻近系数是改善爆破质量的途径之一。我国中深孔爆破一般取 $m=0.9～1.5$,大孔距爆破时 m 值可达 4～8。当 m 值小于 0.6 时,将大大恶化破碎质量。

⑤ 超深 h。超深是指炮孔的孔底至台阶水平的垂直距离。超深的目的在于降低装药中心,增强对深孔底部岩石的爆破作用,克服台阶底盘抵抗线的阻力,避免爆破后在台阶底部残留岩柱。若超深不够,则岩石破碎效果差,在台阶底部产生"根底",影响挖掘机作业效率;过大的超深将增加爆破震动强度,破坏下一个台阶平盘的完整性,影响下一个循环的作业。

⑥ 炮孔填塞长度 l。炮孔填塞长度是指孔内药柱顶面至孔口不装药的距离。炮孔填塞是为了延长爆生气体在岩体内的作用时间,提高炸药能量利用率,减弱碎石飞散。填塞长度不足,爆炸能量会从孔口冲出,造成岩块飞散,降低爆破质量;填塞长度过长,不仅浪费钻孔,而且易在孔口填塞段产生大块。

⑦ 炸药单耗 q。炸药单耗量是指爆破单位体积(或质量)矿岩(1 m³ 或 1 t)平均所需

的炸药量。由于岩石的坚固性以及岩体结构和构造的差异,岩石的可爆性不同,则炸药的单位消耗量也不相同。其值可通过试验确定,或参照有关设计资料进行选用。

⑧ 微差间隔时间 τ。微差间隔时间是指在微差爆破条件下,相邻两段炮孔先后起爆的间隔时间。微差间隔时间的选取,主要与矿岩性质、最小抵抗线、破碎效果、减震要求以及起爆器材等有关。合理的微差间隔时间应以矿岩破碎效果好、减震效率高为标准。在露天矿爆破中,所采用的微差间隔时间大多为 25～75 ms。通常,在硬岩中取小值,在软岩中取较大值。

2.5.1.2 采装工作

采装工作是指利用采装设备将工作面煤岩铲挖出来,并装入运输设备(汽车、铁路机车车辆、胶带输送机等)的过程,常用的采装设备是单斗挖掘机,如图 2-27 所示。为了使采装作业有序进行和提高采装效率,通常将作业台阶分成一个或几个条带,称为采掘带。在同一采掘带又可以为每台挖掘机划分一定长度的作业区,称为采区。一个工作台阶上能够进行采掘作业的区域称为工作线,如图 2-28 所示。

图 2-27 单斗挖掘机采装作业

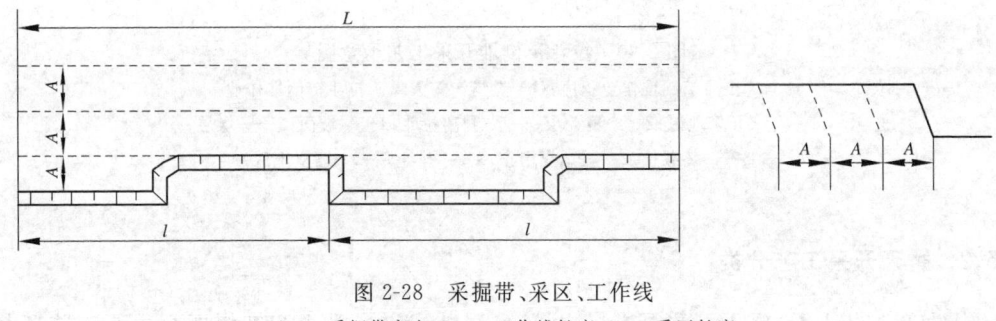

图 2-28 采掘带、采区、工作线
A——采掘带宽度;L——工作线长度;l——采区长度

2.5.1.3 运输工作

运输工作是指采掘设备将煤岩装入运输设备后,煤被运至卸煤站或选煤厂,土岩运往指定排土场的过程和工作,目前常用的运输设备是汽车和胶带输送机。在 20 世纪 80 年代以前,许多露天矿都应用铁路运输系统,但是目前铁路运输基本全部被汽车或者胶带输送机运输所取代。汽车运输灵活,爬坡能力强,但是经济合理的运输距离较短,一般在 3～5 km 以内,因此对于运输距离长的露天矿,通常汽车配合胶带输送机联合运输。汽车在采掘工作面装入煤岩后运到指定地点,转载到胶带输送机上,进行较长距离运输。大型露天煤矿所用汽车以电动轮汽车为主,载重量在 100~300 t,如图 2-29 所示。

2.5.1.4 排土和卸煤工作

排土和卸煤工作是指土岩按一定程序有计划地排弃在规定的排土场内,煤被卸至选煤厂或卸煤站。根据运输方式不同,排土工作有汽车直接排土和胶带输送机排土。

图 2-29 矿用电动轮汽车

对于近水平煤层,可以实现内排,即将新剥离的土岩排弃到先前采煤后形成的采空区内,这会大大减少运输距离和占用土地。利用拉斗铲进行倒堆内排是一种高效的方式,如图 2-30 所示。

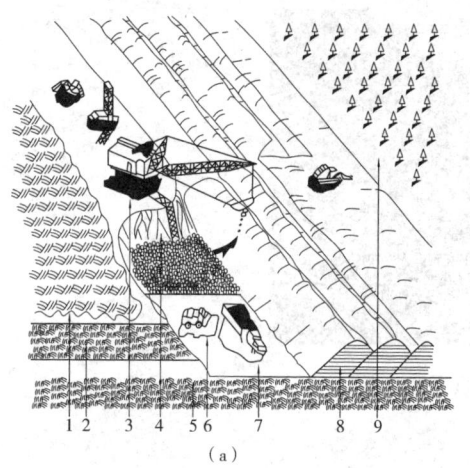
(a)

(b)

图 2-30 拉斗铲倒堆开采工艺示意图
(a)拉斗铲倒堆作业程序;(b)黑岱沟露天煤矿拉斗铲倒堆作业
1——未开采地区;2——覆盖层;3——剥离拉斗;4——坡面;5——煤层;
6——装载机;7——运煤卡车;8——排土;9——已复土区

2.5.2 露天开采工艺分类

从生产工艺上看,露天开采具有煤岩松碎、采装、运输、排土和卸煤四个主要工艺环节,而不同的开采工艺就是由不同的采装、运输和排土设备组成一个"工艺系统"。目前常见的露天开采工艺有间断开采工艺、连续开采工艺、半连续开采工艺和综合开采工艺四大类。

① 间断开采工艺。间断开采工艺的主要生产环节是间断作业的,也就是说煤岩松碎、采装、运输和排卸四个工艺流程是各自独立进行的。它的优点是:每个工艺环节独立作业,互不影响,因此系统适应性强,在早期的露天煤矿开采中,由于机械化程度低,为了适应不同的煤层赋存条件,间断开采工艺得到了广泛的应用。它的缺点是间断作业,与作业目的直接相关的有效工作时间短,导致生产效率低。

单斗挖掘机—卡车运输开采工艺是典型的间断开采工艺,适用于地质、地貌复杂和运输距离较短的露天煤矿。

② 连续开采工艺。连续开采工艺系统具有单位能耗低、设备效率高等优点,所以在它出现以后发展很快,但因为其适用条件较严格,致使连续工艺系统的发展并不十分普遍。

典型的连续开采工艺系统有轮斗铲挖掘机—带式输送机—排土机、轮斗挖掘机—运输排土桥或悬臂排土机等工艺系统。其中轮斗挖掘机—带式输送机—排土机系统在松软岩层中得到广泛应用,例如我国云南小龙潭煤矿和内蒙古的部分大型露天煤矿,如图 2-31 所示。

图 2-31　轮斗挖掘机作业

③ 半连续开采工艺。连续开采工艺系统具有效率高、生产能力大等一系列特点,但适用范围较窄,一般只能用于岩性松软的露天矿山。为了改善中硬及硬岩露天矿山开采的技术经济效果,随着胶带运输和移动破碎设备的发展,形成了将间断和连续工艺系统相结合的半连续开采工艺系统。这类开采工艺系统的特点是整个系统中的部分环节使用连续开采设备,另一些环节则使用间断工艺设备,由于各展所长,可以提高整个系统的效率,故近年来得到较快发展,成为硬岩露天煤矿的主要技术发展方向之一。

半连续开采的典型工艺是在坚硬煤岩条件下采掘工作面使用单斗挖掘机配合汽车采装,然后汽车在工作面附近采场运输至胶带输送机上,在汽车和胶带输送机转载处通常需要固定或半固定或者移动式破碎机进行煤岩破碎和转载。

④ 综合开采工艺。一个露天矿场内采用两种或两种以上开采工艺,称综合开采工艺。

由于开采总厚度、覆盖物厚度、岩性、内外排土场容量及物料运距等的不同,可充分利用各种不同开采工艺的长处,在一个露天矿场内选用两种或两种以上的开采工艺配合作业。就各种开采工艺的单位剥岩费用指标而言,其值差异很大。一般以倒堆开采费用最低,其次为轮斗挖掘机—悬臂排土机(或排土桥)开采工艺。这两种开采工艺都省略了运输设备,而由采装设备本身(或加一个悬臂排土机)一机来完成,其他工艺系统费用都较高。

2.5.3　露天开采的优缺点

露天开采和地下开采相比较,具有以下优势:

① 矿山生产规模大。国内的安家岭、黑岱沟、霍林河等一批露天煤矿改扩建,煤炭产量从 $1\,000 \times 10^4$ t/a 向 $2\,000 \times 10^4$ t/a 以上发展,新设计的胜利一号、哈尔乌素露天矿,年产量均在 $2\,000 \times 10^4$ t 以上;国外已有煤炭产量规模达到 $5\,000 \times 10^4$ t/a 的露天煤矿,年剥离量可达 $1 \times 10^8 \sim 3 \times 10^8$ m^3。

② 生产成本低。露天煤矿开采成本与所选择的工艺、煤岩运距、开采单位煤量所需剥离的土岩数量有关,但是与地采相比较低。世界露天采煤成本约为地下开采采煤成本的 1/2,而且对于木材、电力资源的消耗量少。

③ 作业空间不受限制,劳动效率高,资源采出率高。露天矿由于开采后形成的是敞露

空间,可以选用大型或特大型的设备,而需要的生产人员不多,因此原煤的全员效率高;对于煤炭资源采出率一般可达90%以上,还有利于对伴生矿产进行综合开发。

露天煤矿开采的不足之处在于:

① 土地占用量大。露天煤矿形成的矿坑和排土场需要占用大量的土地资源,而且深部土岩所夹带的有害矿物会由于雨水的冲刷对地表环境造成污染。露天煤矿开采后的复田作业也需要花费相当多的时间和资金。

② 受气候影响大。严寒、风雪、酷暑、暴雨等恶劣天气都会对露天煤矿的生产带来影响。

③ 对矿床赋存条件要求严格。露天开采范围受到经济条件限制,因此覆盖层太厚或埋藏较深的煤层尚不能采用露天开采工艺。

2.6 绿色矿山建设

煤炭开采的实质就是人类在地壳中进行的大规模开挖活动,无论是煤炭地下开采还是露天开采,其结果都是从地下挖取走固体的煤炭资源,这必将遗留下巨大的空洞或凹坑,一般称为地下采空区或露天矿坑。目前开采的深度主要集中在1 500 m以内,与大陆地壳平均厚度33 km相比,仍然处于地壳浅部,在地壳表面的5%以内。尽管如此,煤炭开采还是破坏了原有的地形地貌,对原有地壳进行扰动,破坏了原有平衡状态,引起地面塌陷、植被破坏、水系破坏、堆放废石渣土、排放浊气等,从这个意义上讲,煤炭开采对地下及地面和环境带来的扰动与破坏是不可避免的,但是我们不能漠视这种扰动与破坏,而要通过一切手段减少对环境的扰动与破坏,并尽可能地进行修复与再造,实现煤炭科学开采,建设绿色矿山。

实现建设绿色矿山,首先应有科学的规划和防治技术,并且对开采带来的环境破坏和危害要采取"预防为主、综合治理"的原则。无论是新建矿井还是生产矿井,在环境设计与治理方面要按国家环保标准进行,充分发挥科学技术对污染防治和环境保护的主导作用,推广应用新技术、新方法,实现科学开采和可持续发展的目标。

2.6.1 煤炭生产对环境的影响

2.6.1.1 地表沉陷

地表沉陷,也称地表岩层移动或开采沉陷,是指煤层采出后,采空区周围原有的应力平衡状态受到破坏,从而引起自煤层开始向上直至波及地表的岩层变形、破坏与移动,这一过程和现象称为岩层移动,所表现的结果就是地表沉陷。

由于我国煤炭主要是地下开采,因此导致了地表大面积沉陷,据不完全统计,累计沉陷土地面积达110×10^4 ha,并且平均每采万吨煤炭地面沉陷约800 m²。随着煤炭开采持续发展,若不加治理,煤矿沉陷区面积还会继续增加。

地表沉陷与岩层移动的主要危害是破坏地下水系、破坏地面建构筑物、破坏植被、使农田荒芜、山体滑坡等,如图2-32所示。

煤矿开采后,引起的上覆岩层移动的基本模型如图2-33所示,自下而上分为三个带:垮落带Ⅰ、断裂带Ⅱ和弯曲带Ⅲ。

① 垮落带:破断后的岩块呈不规则垮落,排列也极不整齐,碎胀系数也比较大,可达1.3

图 2-32 开采引起的地表沉陷
(a)地表塌陷及裂缝；(b)塌陷农田变成水塘

~1.5。碎胀系数是指岩石破碎后体积与破碎前的体积比。

② 断裂带：岩层破断后，岩块仍能整齐排列的区域；位于垮落带之上，由于岩块排列整齐，因此碎胀系数很小。垮落带与断裂带合称为"导水断裂带"，简称"两带"。"两带"高度与岩性和煤层采高有关，覆岩越坚硬，"两带"高度越大。对于软岩，"两带"高度为采高的 9～12 倍；中硬岩层为 12～18 倍；坚硬岩层为 18～28 倍。从理论上讲，位于垮落带Ⅰ与断裂带Ⅱ之间的水系等会遭到破坏，漏入采空区。

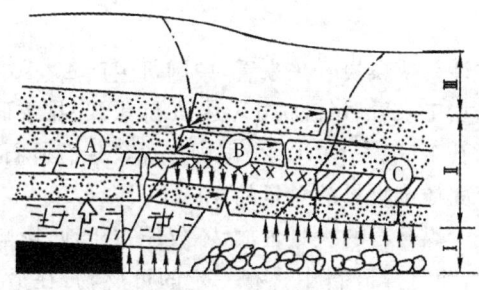

图 2-33 岩层移动模型

③ 弯曲带：自断裂带顶部边界到地表的所有岩层称为弯曲带。此带内岩层移动过程呈现连续性和整体性。

开采后，上覆岩层移动的结果就是地表沉陷。一般而言，开采后地表最大下沉值与开采厚度之比称为下沉系数(主要用于近水平煤层)，我们国家一般煤层开采的下沉系数介于0.6～0.9之间。用于研究地表沉陷的一般模型如图 2-34 所示。该模型认为，在断裂面上任一点 C 处的应力均处于极限平衡状态。滑移面是岩层移动的边界；断裂面是应力处于极限平衡状态面，断裂面以内的岩体处于破坏状态，实际的采空区大多为矩形，但由于岩层破坏与移动的角效应，则地表移动曲线平面上为椭圆形，因而岩层与地表移动盆地均为椭圆形，且面积要比采空区大。

上述研究说明，煤层开采后，上覆岩层的移动和地表下沉是不可避免的。为了防止地表下沉，就需要对采空区进行充填，实行充填开采。但是充填开采的成本很高，生产效率和产量都较低。房柱开采也可缓解地表下沉，即采出少量的煤炭，留下大量的煤柱用来支撑上覆岩层，但是若干年后，煤柱将风化、崩解、破坏等，也会诱发地表大面积塌陷。为了防止地表突然、不均匀沉降，可采用协调开采，通过开采规划，使地表均匀下沉。

2.6.1.2 煤矸石占地与污染环境

煤矸石是指煤炭开采、洗选加工过程中产生的固体废弃物，也是可利用的资源，具有双

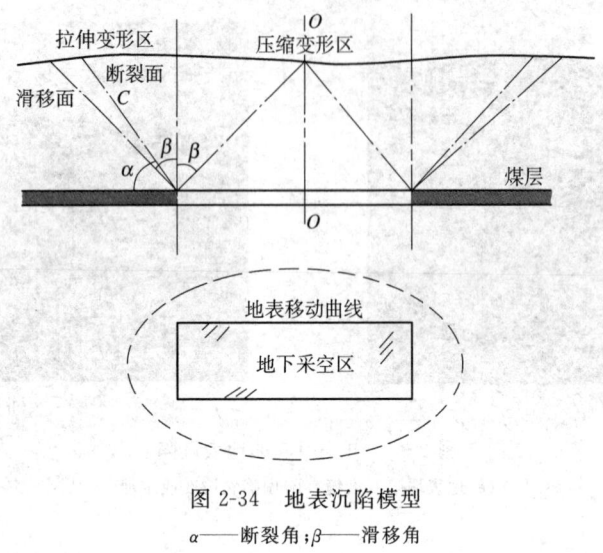

图 2-34 地表沉陷模型
α——断裂角；β——滑移角

重性。从煤炭开采来看，中国每生产 $1×10^8$ t 煤炭，排放矸石 $1400×10^4$ t 左右。从煤炭洗选加工来看，每洗选 $1×10^8$ t 炼焦煤，排放矸石 $2000×10^4$ t；每洗选 $1×10^8$ t 动力煤，排放矸石 $1500×10^4$ t。全国国有煤矿现有矸石山 1500 余座，堆积量 $30×10^8$ t 以上，占我国工业固体废物排放总量的 40% 以上。

煤矸石的大量堆放，不仅压占土地，影响生态环境，矸石淋溶水将污染周围土壤和地下水，而且煤矸石中含有一定的可燃物，在适宜的条件下会发生自燃，排放二氧化硫、氮氧化物、碳氧化物和烟尘等有害气体污染大气环境，影响矿区居民的身体健康。

煤矸石给人们的生产和生活带来了大量危害，主要表现在以下七个方面：

① 矸石山是严重的空气污染源。因矸石在运输、堆放过程中会形成一种粉尘颗粒，在风速达 4.8 m/s 时，颗粒就会起飞并悬浮于大气中，粉尘中含有很多对人体有害的元素，如汞、铬、镉、铜、砷等，颗粒小的会被人体吸入肺部，导致如气管炎、肺气肿、尘肺，更严重的能导致癌症的发生；颗粒大的进入眼、鼻，引起感染，危及人体健康。条件适宜时，矸石会发生自燃。矸石山一旦自燃，释放出大量的 SO_2，还释放出大量 CO_2、CO 和 H_2S 气体以及一定量的氮氧化合物等有害物质。

② 矸石在露天堆放过程中经降雨淋洗后部分物质被溶解，并随降水形成地表径流进入水体而污染水源，当人们饮用时其中的重金属严重危害人体健康；长期受这种污染的水源会使水质逐渐酸化，当用来养殖时，会造成鱼类和其他淡水生物的死亡，破坏生态环境。

③ 矸石山对矿区土地的破坏主要有三种：矸石山风蚀扬尘并悬浮于大气中，向矸石山周围的地方降落；矸石受冲刷而便于重金属随降水形成地表径流进入土壤，破坏土壤中重金属的本底值和平衡关系，同时也破坏了土壤的养分，并对土壤生物活动产生影响；矸石山自燃释放出大量 SO_2、NO_x 气体，这些气体在空气中氧化为酸，并随雨水降落地面，即酸雨，酸雨会使土壤发生酸化和盐渍化，影响作物生长。如图 2-35 和图 2-36 所示。

④ 煤矸石对于自然景观也有所破坏。矸石多为灰黑色，自燃后变为黑褐色，影响大自然风光；矸石山风蚀扬尘使建筑物失去原来色调。

⑤ 当矸石山内部温度和压力达到一定程度时就会发生爆炸。我国曾多次发生矸石山

图 2-35 矸石山自燃　　　　　　　图 2-36 矸石山硫化

爆炸事故,造成多人伤亡;矸石山的轻微爆炸或受地下开采的影响,经常发生滑坡事故。

⑥ 矸石在采出、运输、堆放等过程中,由于逐渐破碎,裸露面积逐渐增大,从而扩大了与空气的接触面积,其中的放射性元素向空气中的析出,使空气中的放射性元素浓度增大超过其本底值,便造成辐射污染。如对人们危害最大的氡(Rn),它是导致矿工肺癌的主要原因之一。

⑦ 煤矸石黑色表面吸收热量的能力极强,夏日中午矸石山地表的温度可以达到 40 ℃,因此可以使矿区气温增高,给人们的生活带来一定的危害。

2.6.1.3 煤炭生产对水资源的影响

我国的煤矿集中分布在缺水的西北地区,其中约 70% 缺水,40% 严重缺水。如缺水严重的大同矿区,人均水量只有全国人均水量的 9%。然而,伴随煤矿区水资源短缺的同时,煤炭生产对水资源造成很大破坏。

① 煤炭开采破坏地下蓄水层,使水文地质和水文条件发生改变,减少了地下水、土壤水和地表水。

② 煤矿排放的各种废水中,矿井水占很大比例,每年外排矿井水 $1\,715\times10^8$ t。矿井水的主要污染物以悬浮物(SS)为主,其次为化学需氧量(COD)、硫化物、BOD_5 等。

③ 洗煤废水是煤矿湿法洗煤加工工艺的工业尾水,其中含有大量的煤泥和泥沙,煤泥水中主要是悬浮物含量高,其他有害物质成分是受选煤加工过程中各种添加物的影响。选煤厂排放煤泥水会给矿区附近的环境造成严重的污染,是煤炭工业的主要污染源之一。

④ 堆放的煤矸石经大气降水和汇水的淋溶和冲刷将煤矸石中的一些有害有毒可溶部分带入水系循环系统中,从而污染水体,造成水污染。

因此矿区缺水和煤炭生产对水的污染已严重影响了煤矿区人民的生活,制约着经济的可持续发展。煤矿区水资源的利用和保护问题,已经成为国家总体发展战略亟待解决的重大问题。

2.6.1.4 废气污染的影响

煤矿生产过程中,矿井通风排放的废气含有的粉尘、煤层气、CO、CO_2、H_2S 等有害物质污染大气环境。煤层气是成煤作用过程中生成的烃类气体(主要是 CH_4),它在采煤过程中被释放出来,成为矿井瓦斯的主要有害气体。我国大部分煤矿都有瓦斯,并且瓦斯矿井和煤与瓦斯突出矿井约占 48%。为了井下生产安全,通常采用通风方式将井下的有害气体抽出排入大气中。据统计,全国煤炭系统排入大气中的废气每年 $1\,700\times10^8$ m^3,其中瓦斯约 60

$\times 10^8 \text{ m}^3$,占世界同类瓦斯排放总量的 $1/4 \sim 1/3$。此外,在井下其他作业中还会产生如 CO 和 NO_x 的有害气体,这些有害气体不仅威胁井下安全生产及工人身心健康,而且造成大气污染,影响地球的生态环境。与此同时,煤矿在生产、贮存、运输等各环节中产生的大量粉尘也不可忽视,它们对人体的危害很大,一般大于 $10~\mu\text{m}$ 的粉尘,容易为鼻腔、气管黏液所捕捉,并逐渐排出体外;小于 $10~\mu\text{m}$ 的粉尘则可深入到气管深部;而小于 $5~\mu\text{m}$ 的粉尘则 90% 可沉积在气管、肺泡上,引起肺泡的充血反应而导致尘肺病。

除此之外,煤在存放过程中因管理不当会出现自燃对大气产生污染。燃烧的矸石山放出大量的烟尘及 SO_2、H_2S、CO 等有毒气体,也会污染矿区及周边地区的大气环境。

2.6.1.5 土壤污染的影响

在煤炭的开采、加工过程中对土壤资源的破坏表现在地表塌陷、表土剥离和固体废弃物占用土地三个方面。

我国煤炭生产约 90% 为井工开采,由此引起的地表塌陷已经成为煤炭开采对土地破坏的主要方面。地表塌陷严重影响土地的自然状态,破坏土地的营养成分;会使地表各类建筑物如村庄、铁路、桥梁、管道、输送线路等受到破坏;造成农田高低不平、灌溉设施失效或土地盐渍化甚至大面积积水而无法耕种,使矿区生态遭到破坏。

露天开采是把煤层上方的表土和岩层剥离之后进行的,因此采场挖掘对土地的破坏是毁灭性的。我国现有露天煤矿占地总面积约为 200×10^4 ha,同时由于剥离土岩中含有较多的重金属离子(Cu^{2+}、Pb^{2+}、Cr^{3+})以及大量有害无机物和有机物(F^-、挥发酚、矿物油等)受雨水的冲刷及淋浸作用直接或间接地污染地表水、地下水的水质以及土壤。

煤矿生产固体废物压占土地,主要为露天矿剥离物以及井工开采排放的矸石所占用的土地。我国大部分露天矿目前采用外排土方式开采,据调查测算,露天开采外排土压占的土地约是挖损土地量的 $1.5 \sim 2.5$ 倍,平均为 2.0 倍左右;露天矿正常生产后,每采万吨煤排土场压占土地 $0.04 \sim 0.33 \text{ hm}^2$。

2.6.2 塌陷区与矸石山复垦绿化

在煤炭的开采、加工过程中对土壤资源的破坏表现在地表塌陷、表土剥离和固体废弃物占用土地三个方面。因此对于土壤污染也是从这三个方面进行防治。

2.6.2.1 塌陷区综合治理

伴随煤炭开采,矿区生态环境和土地利用系统结构都将发生根本变化。因此对采煤塌陷区要采取以预防为主、防治结合的综合治理方法。

① 采用清洁生产的技术。清洁生产也称之为源头控制模式,这种方式一改过去的末端治理的传统思维模式,采取以预防为主的方式。采煤中的清洁生产技术旨在通过一系列的技术和措施,尽可能地减少和消除煤炭生产过程中直接和间接对生态环境的污染和破坏。通过改革矿井开拓部署、合理选择开采方法、优化布置开采工作面、实行保护性开采、条带开采等措施,减小地表塌陷破坏。采用矸石不出井工艺,利用井下掘进矸石,经过筛选破碎后作为填充材料,直接充填采空区,这样既减少了矸石排到地表占用土地,又达到了控制地表塌陷的目的,从源头控制煤炭开采造成的土地资源破坏。

② 复垦利用塌陷区的土地。因地制宜地利用煤矸石对塌陷区进行填充复垦,既可使采煤破坏的土地得到恢复,又可减少矸石占地,消除矸石对环境的污染。用煤矸石充填采煤塌

陷区,不仅使煤矸石全部得到处理利用,而且控制了地表塌陷。另外伴随"煤电一体化"发展战略实施,利用坑口电厂产生的大量煤泥、粉煤灰渣等煤电工业固体废物填充塌陷区复垦既可以治理粉煤灰污染,又对电厂、煤矿和农业三方有利,是一种技术可行、经济合理的方法。对于常年积水的塌陷区,一般采取改造、发展水产养殖业。同时,采煤塌陷区湖岸,是发展禽、畜、草综合养殖的天然场所。

③ 充分开发采煤塌陷区综合治理新途径,利用深度积水区域,兼顾交通便利、景观协调等要素,改变景观功能,开展生态旅游建设,不仅能够充分利用塌陷地,改善区域生态环境,而且对于矿业城市来讲,是解决市民休闲娱乐设施行之有效的方法。深度积水区域还可以开发生物氧化塘,用来处理矿井水和尾矿水等矿区废水。总之,要坚持因地制宜、经济合理、综合开发的原则,对采煤塌陷区进行科学合理的土地整治规划,达到促进发展、改善环境的目的(如图 2-37~图 2-39 所示)。

图 2-37 潞安常村煤矿矸石山绿化

图 2-38 淮北矿区利用塌陷区建造鱼塘

2.6.2.2 露天采矿表土剥离的综合治理

露天开采造成土地大面积破坏,因此,必须采取必要的复垦措施。主要的复垦方式有:

① 农业复垦。比较平坦或改造方便的区域,可改成农田,用做耕地种植粮食、蔬菜、果树、药材等,如图 2-40 所示。

图 2-39 神东公司塌陷区治理

图 2-40 义马北露天矿排土场复垦造田

② 林业复垦。坡度较大的区域,略加平整后可作为林业用地,通过整地营造防护林、水土保持林,建立森林公园。矿区造林的树种一般要求耐酸、耐碱、耐有毒元素,抗逆性强,根

系发达。

③ 自然保护复垦。对污染周围环境的排土场进行治理、绿化,恢复植被和地表水系,使开采后的矿区景观与周围自然环境相协调,或具有奇特景观,并进行保护,有条件的可开发成旅游景点。

④ 水利资源复垦。将废弃的露天矿坑修筑成水库、鱼塘、水上公园等,或利用采空区和井下巷道进行人工充水,作为工业企业、居民用水的补给水,必要时,可设置坑口水净化站。

⑤ 其他利用复垦。如建筑复垦地、工业建筑场地或体育场地。

2.6.3 煤矸石利用

煤矸石作为煤炭伴生废石是在掘进、开采和选煤过程中排出的固体废物,是碳质、泥质和砂质页岩的混合物,具有低发热值,煤矸石发热量一般为 $3.3\sim6.3\ kJ/g$,其无机成分主要是硅、铝、钙、镁、铁的氧化物和某些稀有金属。其化学成分组成的百分率:SiO_2 为 $52\%\sim65\%$;Al_2O_3 为 $16\%\sim36\%$;Fe_2O_3 为 $2.28\%\sim14.63\%$;CaO 为 $0.42\%\sim2.32\%$;MgO 为 $0.44\%\sim2.41\%$;TiO_2 为 $0.90\%\sim4\%$;P_2O_5 为 $0.007\%\sim0.24\%$;K_2O+Na_2O 为 $1.45\%\sim3.9\%$;V_2O_5 为 $0.008\%\sim0.03\%$。

煤矸石主要用来发电、制砖和用做建筑材料。据统计,2009 年我国煤矸石综合利用率为 63%,其中发电利用 2×10^8 t,制砖利用 0.9×10^8 t,复垦造田筑路和井下充填利用 1×10^8 t 以上,煤矸石的综合利用率还很低。

① 煤矸石发电。主要用洗中煤和洗矸混烧发电。我国已用沸腾炉燃烧洗中煤和洗矸的混合物(发热量 8.36 MJ/kg)发电。炉渣可生产炉渣砖和炉渣水泥。日本有 10 多座这种电厂,所用中煤和矸石的混合物,一般发热量为 14.63 MJ/kg;火力不足时,用重油助燃。德国和荷兰把煤矿自用电厂和选煤厂建在一起,以利用中煤、煤泥和煤矸石发电。建立煤矸石发电厂、利用煤矸石中的可燃物成分作主要燃料发电,对其中产生的粉灰可作为建材直接销售,延长了产业链,如图 2-41 所示。

图 2-41 煤矸石电厂

图 2-42 煤矸石制砖

② 制造建筑材料。利用煤矸石代替黏土作为制砖原料,可以少挖良田。烧砖时,利用煤矸石本身的可燃物,可以节约煤炭,依据不同的组分因地制宜地烧制各种矸石砖(图 2-42)。采用国内外煤矸石制水泥的成熟工艺,烧制各种标号的水泥产品,在减少地面矸石的同时减少占地。

③ 科学排放。在留设的保护煤柱内科学布置巷道,形成井下巷道或硐室的排矸系统,利用矸石直接充填巷道,起置换煤的作用;或者作为井下充填材料充填到采空区,防治地表下沉。对必须升井的矸石排放采取把矸石轧实的方式,减少占地的同时防止自燃。

2.6.4 矿井水资源化

矿井水是指矿山开采过程中流入到工作面和采空区的水。从煤炭开采角度讲,矿井水对生产有一定不利影响,而矿井水也是宝贵的水资源,要最大限度地利用这一资源,避免浪费和排放过程中污染周围环境。矿井水可分为洁净矿井水和被污染的矿井水两种,即清水和浑水。清水是从煤层顶底板岩层涌出或从疏干降压的钻孔涌出的水,水质基本符合生活饮用水标准,经过澄清、过滤、消毒后即可饮用。浑水则是从采空区内被破坏顶底板含水层渗出流入生产井巷的水,主要超标项是色度、浊度、悬浮物、油类和硫化物等。为保护和节约资源可在井下将清水和浑水单独设置排水系统,对清水直接应用,浑水进行净化处理,使其达到排放标准供工业生产或地表农用灌溉。矿井水处理技术主要是:

① 清污分流技术。将未被污染的洁净矿井水与其他受污染的含悬浮物的浑水分开,单独排至地面,经过简单处理直接用于生产和生活。

② 地面净化处理技术。地面建立矿井污水处理厂,将受到污染的含悬浮物较多的矿井水在井下水仓汇集后,排至地面进行净化处理,然后视净化和水质情况用于生产和生活。如图 2-43 和图 2-44 所示。

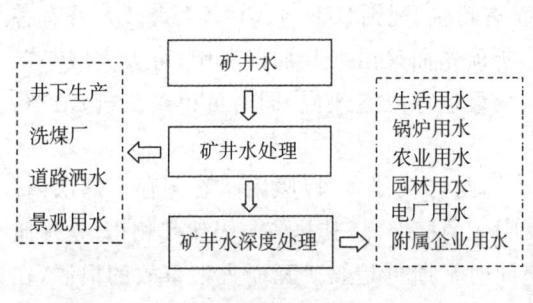

图 2-43 矿井水用途

图 2-44 矿井水地面处理厂

③ 矿井水采空区净化处理。利用采空区裂隙、裂隙介质等,根据实际或者人为施工地形条件,在矿井水运移过程中,通过自身所含颗粒的沉淀、介质的过滤、吸附、离子交换与作用,从而达到净化矿井水的目的。神华集团神东公司在这方面取得了成功经验,如图 2-45 所示。

保护矿区水资源、控制水污染、综合利用矿井水是一项系统工程,需要进行多方面工作。

① 积极开展矿井水处理,实现矿井水资源化。对矿井水进行资源化处理,既可减少排污,又可节约水资源,缓解矿区缺水的严重状况。在煤矿开采过程中产生的矿井污水一般分4种类型,即含悬浮物、高矿化度、酸性及含特殊污染物的矿井水,不同类型的矿井水可采用不同的处理工艺和方法。

② 推广使用无污染的新型多功能电解液取代原硫酸电解液,用于矿灯、蓄电池机车充

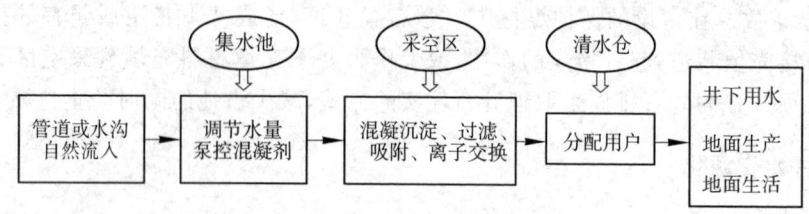

图 2-45 采空区处理矿井水示意图

电可避免对衣物的腐蚀和人体及硐室的危害。

③ 合理设计疏干排水方案，采用防渗帷幕等技术，减少疏干排水影响范围，并合理利用疏干水。

④ 选择合理的开采方法，减少采煤过程对覆岩含水层和地表水体的破坏，对渗漏河道进行防渗处理或改道，减少矿井涌水量。

⑤ 改进煤炭加工和辅助、附属企业生产工艺，提高水重复利用效率，推广闭路循环和其他洁净生产技术，其他废水经一定的工艺流程将一些有毒物质进行处理，控制到达标排放。

⑥ 利用系统工程方法加强对矿区水资源的管理。进行矿区水资源评价、开发、利用的研究，开发适合我国煤矿区条件的水资源管理模型和环境评价方法。

2.6.5 气体污染的防治和利用

煤矿生产过程中，矿井通风排放的废气中含有粉尘、瓦斯(CH_4)、CO、CO_2、H_2S 等有害物质污染大气环境。在采煤之前和采煤中将瓦斯预先抽采出来并加以利用，可大大减小矿井瓦斯对安全生产的威胁，减少对大气的排放，减缓地球温室效应，同时可得到廉价、洁净、高效的能源。

瓦斯，也称煤层气，其主要成分是甲烷(CH_4)，与煤炭伴生，以吸附状态储存于煤层内。$1 m^3$ 纯瓦斯的热值相当于 1.13 kg 的汽油、1.21 kg 的标准煤，其热值与天然气相当，是优质的工业、化工、发电和居民生活原料和燃料。但同时瓦斯也是煤矿瓦斯灾害事故的根源，在 2006~2010 的五年间，中国一次死亡 3 人以上的煤矿事故中，瓦斯事故占事故起数的 51.7%，占死亡人数的 54.4%。如果将瓦斯气体直接排入大气中，其温室效应约为 CO_2 的 21 倍，对环境会有很大破坏。

植物在压力、热力和细菌作用下变质为煤的同时生成瓦斯，瓦斯逐渐由煤中析出。一部分未析出的瓦斯则仍与煤炭共生，大多数情况下，煤层未经采动，煤体围压没有解除，瓦斯不易从煤中析出。因此，单独从原生煤体中抽取瓦斯，是一项十分困难的工作。这就是为什么要鼓励和实施瓦斯与煤炭共采（双能源共采）。煤炭开采过程中析出的瓦斯大多数将随同矿井废气排出地面，废气中瓦斯浓度一般都≤1%，必须采用特殊的分离技术进行分离，提高气体中的瓦斯浓度，以便利用。目前从理论上进行瓦斯提纯是可行的，也能够实施，但是提纯成本过高是影响这一技术应用的瓶颈。目前也在研究矿井废气（含有一定浓度的瓦斯）作为乏风参与燃烧，将废气中的瓦斯燃烧利用。

瓦斯利用的关键是甲烷的浓缩与净化。甲烷浓度超过 80% 才能作为高效燃料并入城市天然气供应网，可采用低温深冷分离技术、膜分离法、变温吸附和变压吸附等气体分离技术进行分离纯化。从世界范围来看,煤矿瓦斯利用主要集中在民用、发电、工业燃料及化工原料等方面。由于煤矿瓦斯开采方式的不同,其利用技术也有所不同。根据CH_4浓度的不同,具体包括以下几种方式:CH_4浓度在60%以上的特高浓度瓦斯,进行CH_4提纯利用;CH_4浓度在30%~60%之间的高浓度瓦斯,采用高浓度瓦斯发电机组发电;CH_4浓度在8%~30%之间的低浓度瓦斯,通过"煤矿低浓度瓦斯安全输送及发电技术",实现低浓度瓦斯发电的目的;CH_4浓度在4%~8%之间的特低浓度的瓦斯,采用燃油引燃式瓦斯发电机组发电;抽排CH_4浓度在4%以下的,与煤矿乏风混合后,经氧化处理,先发电后制冷、制热,进行热量阶梯利用。

从井下排入大气中的CO、NO_x、CO_2等有害气体的量虽然远少于CH_4,但也应采取相应的治理措施。如采用煤层注水、高压喷雾等灭尘措施,可防止瓦斯与煤尘爆炸;向采空区灌浆、注氮、喷洒阻化剂等措施,防止煤炭自燃;使用柴油动力机械应配置废气净化器,防止产生NO_x。上述措施可使井下各作业环节产生的有害气体和粉尘降到最低限度。

绿色矿山建设是煤矿科学开采所必需的,矿山开采对环境扰动和破坏必须进行修复和资源的最大化利用,这是一项长期的任务,应通过制度、法律等加以保证。

2.7 煤层气开采

煤层气是产生并储存于煤层中甲烷含量占90%以上的一种非常规天然气,在煤矿中通称为瓦斯,从能源资源角度讲,一般将瓦斯称为煤层气。煤在形成中由于压力和温度增加,在引起变质作用的同时也释放出可燃气体。从泥炭形成褐煤,每吨煤可产生68 m³气体;如果继续形成肥煤,产生的气体可至130 m³/t;继续形成无烟煤,产生的气体可至400 m³/t。在成煤过程中大部分气体将从煤体中析出,不能析出者,在煤体内成为煤层瓦斯。煤层瓦斯含量取决于煤体成分、成煤过程和时期、煤系地层及组分、地质变动等因素。吨煤瓦斯剩余含量可为0~30 m³,甚至更多。

我国煤层气资源储量较丰富,埋深2 000 m以浅已探明储量约为$36.81×10^{12}$ m³,位列世界第三,位于俄罗斯($66.72×10^{12}$ m³)、美国($48.87×10^{12}$ m³)之后。世界上另外两个煤层气资源大国是加拿大($20×10^{12}$ m³)和澳大利亚($14.16×10^{12}$ m³)。上述五个国家的煤层气资源量占世界总量的90%,但由于世界各国的勘探和研究程度不同,煤层气资源量的准确性还很不够。目前世界很多国家开展了煤层气开发与利用工作,但是商业用途的煤层气开发与利用主要集中在美国、加拿大和澳大利亚三国。中国近年来加大了煤层气开发力度,目前已经进入商业化开发阶段。

中国在埋深1 500 m以内的煤层气可采储量约为$10.9×10^{12}$ m³,其中东北地区包括沁水煤田、二连煤田、海拉尔煤田、豫西煤田、宁武煤田等,可采储量约为$4.32×10^{12}$ m³,是中国煤层气资源最丰富的地区;中部区包括鄂尔多斯煤田、四川煤田等,可采储量约为$2.00×10^{12}$ m³;西部区包括天山煤田、塔里木煤田、三塘湖煤田、准格尔煤田、吐哈煤田等,可采储量约为$2.86×10^{12}$ m³;南方区包括川南黔北煤田、滇东黔西煤田等,可采储量约为$1.70×10^{12}$ m³。

2.7.1 煤层气及其特征

传统的观点认为煤层气共生主要有三种形态(如图2-46)。煤层气主要吸附于煤分子内,不易析出、散发。

实际上,植物在成煤过程中一部分碳聚集成煤,另一部分碳、氢化合形成气体(其中主要为 CH_4)从成煤的固体中析出,其中一部分因各种原因,尚未及时从固体中析出。

与常规天然气相比,煤层气在组成、赋存状态及成因方面有下列特征:① 煤层气的成分以甲烷占绝对优势,二氧化碳含量一般不超过10%,重烃成分很少;② 常规天然气呈游离状态赋存于孔隙直径相对较大的砂岩储层中,煤层气大部分则呈吸附状态赋存于煤

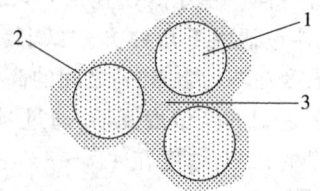

图 2-46 煤气共生的状态
1——吸附;2——附着;3——游离

的微孔或节理、裂隙中,呈游离状态存在者较少,小于10%;③ 煤层气生产于煤层本身,具有自生自储的特征,而常规天然气来源广泛,可来自黑色页岩、碳酸盐岩、煤、碳质页岩和油页岩等,生气母质不限于高等植物,还包括低等植物和动物遗体等。

煤层气的析出特点:在煤层卸压与(或)采出(破碎)后,大量 CH_4 由共生状态转为游离状态,并离开煤体。煤层透气性好的,共生的煤层气容易转变为游离煤层气析出,透气性差的煤层中煤层气很难析出,钻孔亦难抽出。煤层开采前后,由于矿山压力变化,煤的暴露面积突然加大,大部分的煤层气都是在这时析出的,这是获取煤层气的主要时期。抽出煤层气(CH_4)一是为了保证安全,二是为了利用自然资源。

2.7.1.1 煤层气的组成

煤层气属于煤炭伴生矿产,与天然气一样,也是一种化石能源气体燃料,由于此前一直没有进行规模开采,也可以认为它是一种新能源。煤层气是以甲烷为主的气体,甲烷含量一般在90%以上(最多可达99%),其次有乙烷、二氧化碳和氮,丙烷和重烷烃含量很少(见表2-8),还可含微量的惰性气体,如氩、氦和氢。

表 2-8　　　　　　　　　　天然气、油田气和煤层气的成分

成　分	天然气	油田气	煤层气
甲烷(CH_4)/%	70~98	50~92	67~99
乙烷(C_2H_6)/%	1~10	5~15	0.01~8.75
丙烷(C_3H_8)/%		2~14	
丁烷(C_4H_{10})/%		1~10	

根据甲烷与重烷烃的比值[$\varphi(C_1)/\varphi(C_{1\sim5})$]可以区分气的干度为四种:$\varphi(C_1)/\varphi(C_{1\sim5})$值>0.99者为极干燥气体;$\varphi(C_1)/\varphi(C_{1\sim5})$值为0.94~0.99者为干燥气体;$\varphi(C_1)/\varphi(C_{1\sim5})$值为0.86~0.94者为湿气;$\varphi(C_1)/\varphi(C_{1\sim5})$值<0.86者为极湿气体。气的干度与有机质类型和热演化程度有关。干气的母质以高等植物变化形成的腐殖物质为主;湿气的母质以腐殖、腐泥混合成因的物质为主;以低等动植物为母质的腐泥则为生油的原始物质。煤层气是以腐殖质为原始质料形成的、以干气为主的可燃气体。

2.7.1.2 煤层气的类型

根据煤化作用不同阶段有机质演化产物的不同,煤层气可区分为生物成因气和热成因

气两种基本类型。

① 生物成因气。生物成因气主要产生于泥炭至褐煤阶段,是由高等植物遗体在沼泽水中微生物的参与下经生物降解作用发生生物化学变化而产生的。植物遗体经分解、合成作用,首先转变成以腐殖酸为主的高分子有机化合物,再经脱水、脱羧、聚合和缩合作用形成腐殖质;低等生物藻类、水生植物和浮游生物在湖沼深水厌氧细菌的作用下,蛋白质、脂肪等首先转变成氨基酸、脂肪酸等,再经脱水、脱羧等转变成腐泥质。上述过程排出的气体以二氧化碳为主,甲烷少,统称生物成因气。

② 热成因气。热成因气产生于褐煤演变成烟煤、无烟煤过程中,是在温度增高的条件下有机质发生热裂解作用,腐殖质中芳香核逐渐增大,脂肪侧链缩短,碳含量增加,氢、氧等减少,分子平行定向紧密排列程度增高,为物理化学变化,这个过程中排出的气体以甲烷为主,还有乙烷、重烷烃、二氧化碳等。

此外,还发现了另外一种类型的煤层气,即次生生物成因气。

2.7.1.3 煤层气在煤层中的赋存状态

煤层气主要以吸附状态赋存于煤层中,同时还有游离状态和溶解于水中的煤层气存在。煤层气含量随压力的增加而增大。

① 吸附气。煤是有机质,煤中微孔隙的内表面有吸附气体的能力。煤储气的能力可以是煤系砂岩储气能力的几十倍甚至几百倍。煤吸附甲烷的能力随煤级的增高而增大,随水分含量和温度的升高而降低。

根据已有的煤吸附甲烷能力的研究,认为二氧化碳和乙烷首先容易被强烈地吸附在煤的微孔隙表面,氮和甲烷被吸附的强烈程度略差。因此在煤层气抽放早期甲烷含量往往很高,随抽放时间延长,乙烷和二氧化碳所占比例会有所增加。

② 游离气。一定压力下呈游离状态赋存于煤的较大空隙和裂隙中,不直接与煤的内表面接触的气体称为游离气。当压力降低时,它们会很容易离开煤层而排出。

前苏联学者 A.C.涅斯托洛夫斯基认为,在地下水潜水面以下煤中呈吸附状态的甲烷与水中呈溶解状态的甲烷保持着平衡。温度变化不大时甲烷的吸附量与动水压力成正比,不遵守气态定律。当动水压力减小时,煤中吸附和溶解于水中的甲烷就会转变成游离状态并沿着压力减小的方向运移出去。

不同成因类型的甲烷在煤层中的赋存状态不同,生物成因气和二氧化碳大多溶解于煤层水中,热成因气多以吸附状态(或部分游离状态)储存于煤层中。

2.7.1.4 煤层气的储集特性

煤层气不但产生于煤层,还储存在煤层中,具有自生自储的特征,煤层中微孔隙和割理、裂隙是它们的主要储集场所。

(1) 煤的微孔隙

煤的微孔隙可用电子探针直接进行观测,还可用压汞技术进行测试。根据储集特性可把煤的微孔隙分为:开放型,以大的微孔隙($>1~\mu m$)为主的煤,便于气的储集和排驱;过渡型,以大、中型微孔隙($>0.1~\mu m$)为主的煤;封闭型,以中、小型微孔隙($0.1\sim0.01~\mu m$)为主的煤,不利于气的储集和排驱。显然开放型和过渡型微孔隙的煤较封闭型微孔隙的煤储集气的能力要强得多。

随着煤化作用程度变高,煤中微孔隙的大小、分布和孔隙结构类型等都发生了变化。从烟煤向无烟煤演化过程中,大于 0.1 μm 的开放型、过渡型微孔隙迅速减少,封闭型微孔隙所占比例增大。

(2) 煤的裂隙和割理

煤层是裂隙—孔隙型储集层,其渗透率主要取决于煤层的裂隙特征。虽然煤层中存在有多种裂隙,但除割理外,其他裂隙主要是受局部构造等因素控制,而且与割理相比,其发育程度及在决定煤储集层性质方面的重要性要小得多。因此在煤层气的勘探开发中,人们更关注普遍分布的煤层割理特征。

① 煤的裂隙。煤的裂隙包括内生裂隙和外生裂隙两类。内生裂隙是煤化作用过程中煤物质分子结构逐渐紧密、体积收缩形成;外生裂隙为煤层经受后期构造变动形成。

② 煤的割理。割理是煤中的垂直破裂面,割理常发育为相互垂直的两组。面割理一般呈板状延伸,连续性好,相互平行且延伸长,缝壁光滑,是煤层中的主要割理组;端割理受面割理所限制,一般连续性较差,缝隙短而且不规则,形成煤层中的次要割理组。两组割理的关系在镜煤薄层或光亮煤层的层面上可以很清楚地观察到,一般情况下,二者相互垂直或似垂直,端割理往往在面割理处终止,受面割理控制,据此可认为面割理的形成早于端割理。充填物的存在无疑会降低割理的渗透率。

(3) 煤层中割理的分布

在同一煤层割面上,割理大小的变化很大,大的可穿透整个煤层,小的只有在显微镜下才能识别。根据与煤岩分层的关系,可以将割理划分为 5 个级别(图 2-47)。

① 巨割理:穿透整个煤层,高度取决于煤层厚度,长度从几米到大于 100 m,密度从几条/米到小于 1 条/m。它的形成除与煤化作用有关外,可能还叠加了构造应力作用。有利于提高煤层垂向渗透率。

② 大割理:穿透一个或几个煤岩分层,但往往在煤岩类型变化面终止。高度从小于 10 cm 到大于 1 m,长度一般数十米,密度从几条/米到大于 100 条/m。

③ 中割理:在一个煤岩分层中垂向不连续分布,主要发育在光亮和半光亮煤中,高度为 1 cm 到大于 10 cm,长度小于 1 m。

④ 小割理:主要分布在镜煤条带或透镜体中,大小受镜煤条带或透镜体控制,分布范围有限。密度在变质煤中高达 50～60 条/5 cm。

⑤ 微割理:肉眼不易识别,但在显微镜下清晰可见。其分布受显微煤岩类型控制,在微镜煤和微亮煤中最发育,微暗煤中偶见或没有。在中变质微镜煤条带中,微割理的间距为 15～159 μm。垂向上微割理往往在丝炭体或黏土透镜体处终止。

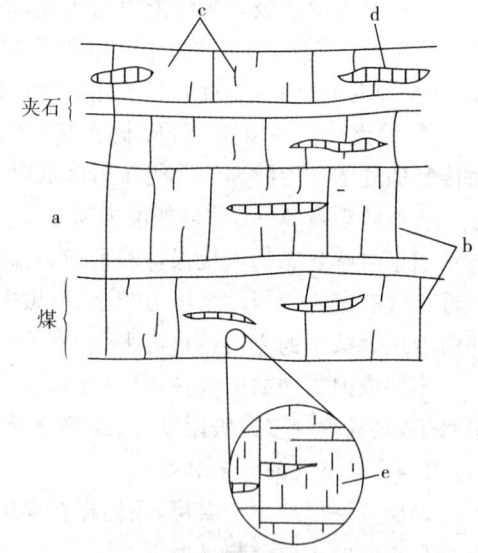

图 2-47 割理级别示意图
a——巨割理;b——大割理;c——中割理;
d——小割理;e——微割理

由于小割理和微割理的长度和高度较小,对煤层渗透率的贡献很有限。但在地下深处,当高级别割理因矿物充填或在侧向压力作用下关闭而失去渗透性时,小割理和微割理对煤层渗透率的贡献就变得非常重要。另外,微割理虽然缝隙很小,作为煤层气的储集空间可能微不足道,但作为基质孔隙或高级别割理间的通道,对于煤层气解吸扩散具有重要意义。

2.7.2 煤层气开采

煤层气开采的基本原理是利用不同方法使煤层中的气体压力降低,煤层气因压力降低由吸附状态经过解吸变为游离状态,游离状态煤层气通过各种裂隙进入到煤层气井(钻孔),目前煤层气开发主要有地面钻井开采和煤矿井下开采两种方式。煤层气抽放最早是以防治煤矿瓦斯灾害为目的,而将煤层气作为一种能源资源进行大规模开采利用则始于美国,其地面钻井采气技术最为先进,世界其他国家也大都采用钻井采气技术。1980年12月12日美国阿拉巴马州黑勇士盆地的橡树林(Oak Grove)煤层气田的建成投产,标志着现代煤层气工业的诞生,此后美国煤层气工业迅速发展。到2008年,年产量已超过 $590\times10^8\ m^3$,占美国全部天然气产量的10%。

我国大规模开采煤层气以1996年成立的中联煤层气公司为标志。2010年煤层气产量为 $91\times10^8\ m^3$,其中地面抽采 $15\times10^8\ m^3$,井下抽采 $76\times10^8\ m^3$。计划到2020年我国煤层气产量达 $215\times10^8\ m^3$,其中地面抽采 $90\times10^8\ m^3$,井下抽采 $125\times10^8\ m^3$。

我国一些高煤层气煤层的埋藏深度一般较大,因而上覆岩系的静压力和地质构造运动的动压力较大,煤层的孔隙率和渗透率均较低。在这样的地区采用钻井采气开发煤层气时,需应用人工压裂等复杂技术提高煤层渗透率,增加了开采难度。而美国的煤层埋藏一般较浅,而且地质构造相对简单,没有经受较大的动静压力作用,煤层的孔隙率和渗透率较高。

在我国也有部分煤田沉降幅度小、后期改造弱、煤层渗透率较高。此外,由于岩浆活动等原因亦有可能造成某些煤田或井田的煤层具有较高的渗透率,从而适应于地面钻孔采气。如抚顺煤田的渗透率 1.0 mD 左右,而且煤层埋藏浅,煤层气含量高,这是由于岩浆活动提高了煤的变质程度而形成大量甲烷,这些甲烷又受到煤系地层上覆的厚层油页岩保护,煤田未经历大幅度的沉降运动,渗透率较高,是适用于地面钻井采气的良好气田。铁法煤田的大兴井田和阜新煤田的王营子井田均由于岩浆活动作用,由岩浆岩、岩床冷凝而成的内生裂隙和天然焦多孔、多裂隙造成煤具有很高的渗透率,这里也是适用钻孔采气技术的煤田。

传统的井巷采气方法在我国许多高瓦斯矿井中普及应用,如抚顺、阳泉等矿区早就进行了瓦斯抽采,但是目前许多矿区的瓦斯抽采工作主要是为煤矿通风安全服务,所以大部分瓦斯均随井巷通风排放掉,利用率较低。因此,近年来,各矿区根据采煤和采气的综合要求,适当改进和调控井巷工程部署、设施和煤层气采集方法,开展了我国煤层气的井下开采。

2.7.2.1 煤层气井下开采技术

(1) 原始煤层中的井下采气

在煤炭开采前进行煤层气开采时,煤层仍然处于原始状态,从宏观上讲,吨煤煤层气含量的经济价值远低于煤炭价值,因此在井下巷道布置工程中,要兼顾采煤和采气的双重需要。

开拓巷道的设计要考虑采煤采气的综合要求,既要利于煤层气采集(如巷道应选在裂隙发育且较易维护地段,巷道方向尽可能与裂隙走向垂直等),又有利于以后煤炭采掘生产时对巷道的利用。

对于渗透率低的煤层,应采用强化采气手段,即在采煤采气巷道中向任意方向顺煤层钻孔,然后采取水力压裂、盐酸处理或钻孔内的松动爆破等手段以提高煤层的透气性。在煤层气开采之前,应单项试验应用以上各种手段和综合应用各种手段,作出变量与时间曲线。在计算出每米巷道在各种手段下产气量的基础上,可根据用户需要气量设计巷道长度、条数和间隔,以满足供气要求。

当应用了强化采气手段仍不能满足供气要求时,可采用煤体增湿解吸技术。煤层的巷道和钻孔布置如图 2-48 所示,其中 A_1、A_2 为采气巷道,它们与集气管相连接。B_1、B_2 也为煤层巷道,位于 $A_i(i=1,2,\cdots,n)$ 巷道之间正中位置,在应用强化采气方法情况下,它们与 A_i 巷道一样作为采气巷道,亦与集气管相连。这时 A_i 和 $B_i(i=1,2,\cdots,n)$ 巷道产出的煤层气可以通过伸入密闭墙的集气管采出。当应用强化采气手段仍不能满足采气要求时,B_i 不与集气管连通(关闭它的阀门),而与一个特别的回气管连通。回气管的气是从集气管截留的,这截留的少量煤层气由回气管分配给 B_i 巷道,各配气管穿入密闭墙内即被电热器或蒸汽所加温,再由巷道内的分气管较均匀地散布于 B_i 巷道内。由于 B_i 巷道和 A_i 巷道之间具有一定的压力差,使较高温度的煤层气由 B_i 巷道通过它两侧的钻孔和压裂圈向相邻的 A_i 巷道渗透构成环流。环流的热煤层气将热量带给煤体,促使吸附瓦斯解吸,游离瓦斯膨胀并降低黏度的同时,使微裂隙扩大、连通,这些变化的综合作用,能使煤层气的涌出量增加。实验证明,煤体温度每升 1 ℃,就可使煤层内的每克可燃物质解吸煤层气 0.05~0.065 mL,从而进一步提高了煤层气产出量。

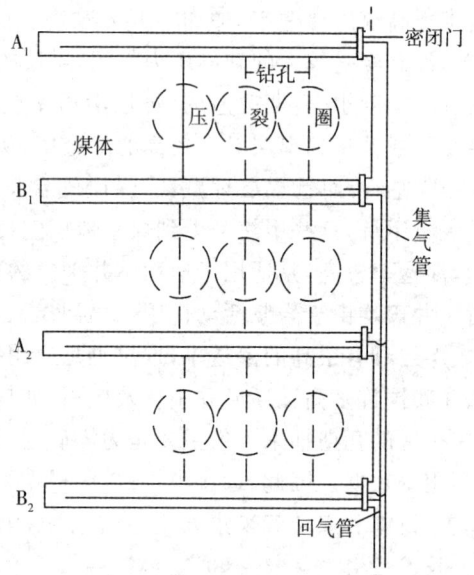

图 2-48 煤层气井巷采气法巷道示意图

实际煤炭开采中,通常是利用采煤巷道进行煤层气预抽采,既可缓解瓦斯灾害,又可采出煤层气,实现煤与煤层气共采,如图 2-49~图 2-55 所示。

(2) 煤与煤层气共采技术

煤与煤层气共采是指利用采煤过程中形成的采动卸压场与裂隙场增加煤体中煤层气解吸速率与煤岩透气性进行煤层气抽采的技术,在采煤过程中实现煤层气抽采。

2 煤炭开发与利用

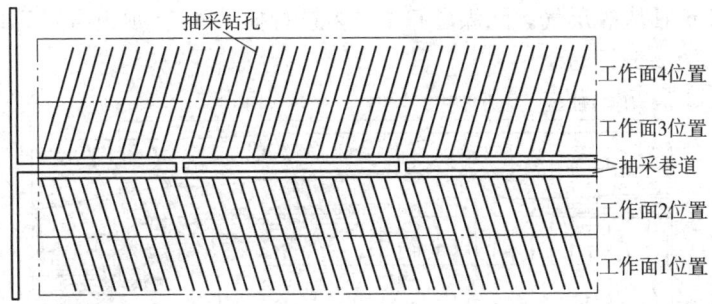

图 2-49 顺层钻孔抽采

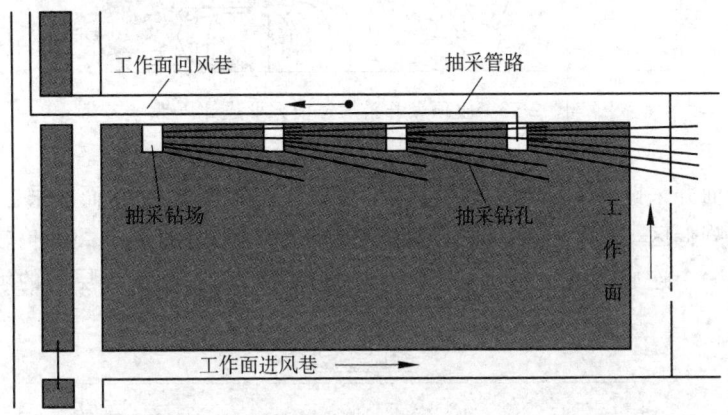

图 2-50 走向钻孔抽采

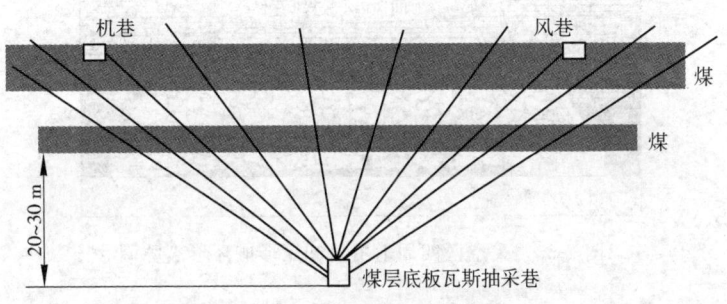

图 2-51 淮北穿层钻孔抽采煤层气

地下开采过程中,上覆岩层会形成大范围的裂隙场和卸压场,有利于煤层气解吸和增加煤岩透气性,这可以解决我国煤层透气性差、原始煤体中直接钻孔抽采煤层气效果不佳的问题。因此煤炭开采客观上形成的煤岩大范围卸压场和裂隙场,有利于煤层气的解吸,使原始煤岩体中 90% 以上吸附状态存在的煤层气能够在开采过程中大量转化为游离状态煤层气,并增加煤岩的透气性,从而进行有效开采。

当工作面推进时,采场前方支承压力峰值降低且向深部移动,煤壁前方卸压煤层气涌出活跃区范围亦扩大。实践证明,不论原始渗透系数怎样低的煤层,在采动影响煤层卸压后,其渗透系数会急剧增加,煤层内煤层气渗流速度大增。将钻孔位置布置在卸压煤层气活跃区内,可以高效地抽取煤层气。除煤层卸压带内进行抽采外,在顶板岩石的卸压带内同样可以进行抽采,如图 2-52 所示。

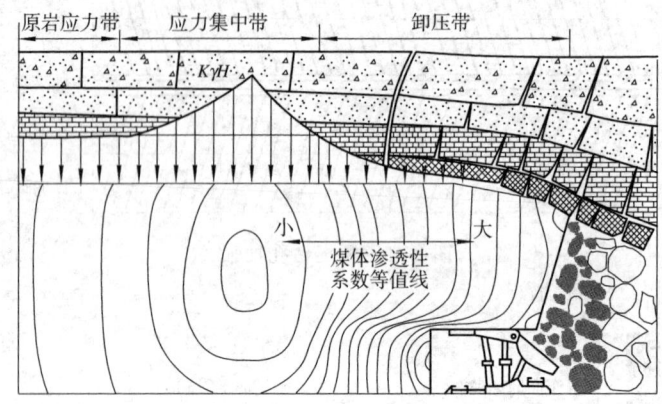

图 2-52 放顶煤开采煤体前方形成卸压带

随着工作面开采距离不断增大,采空区中部离层裂隙趋于压实,而在采空区四周保持有一个垂直应力降低区,且采空区上下两侧由于煤柱的支撑作用,离层裂隙仍较发育,这样采空区四周形成一个连通的离层裂隙发育区,即环形裂隙圈,有利于煤层气的解吸和运移,如图 2-53 所示。

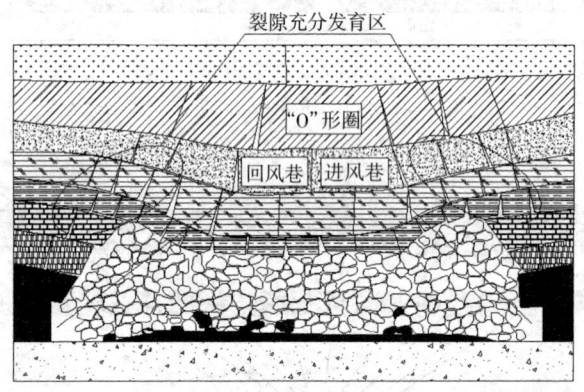

图 2-53 采空区四周上覆岩卸压形成环形裂隙圈

对于煤层群开采,首先开采煤层气含量低、没有突出威胁的煤层,然后利用开采形成的卸压场和裂隙场,造成上下煤岩层膨胀变形、松动卸压,增加煤层透气性,可以促进煤层气的解吸与流动;同时在被卸压煤层顶底板设计巷道钻孔抽采卸压煤层气。大量解吸煤层气在抽采负压作用下流入抽采钻孔。其基本原理如图 2-54 所示。

根据煤层群赋存条件,沿采空区边缘沿空留巷实施无煤柱连续开采,在留巷内布置上(下)向高(低)位钻孔,抽采顶(底)板卸压煤层气和采空区富集煤层气,如图 2-55 所示。

2.7.2.2 煤层气地面钻井开采技术

煤层气地面开采有两种情况,一种是在没有采煤作业的煤田内开采煤层气,开采技术与常规天然气生产技术基本相似,对于渗透率低的煤层往往需要采取煤层压裂增产措施;另一种是在生产矿区内开采煤层气,采气与采煤密切相关,特别是采用地面钻孔抽采采空区煤层

· 58 ·

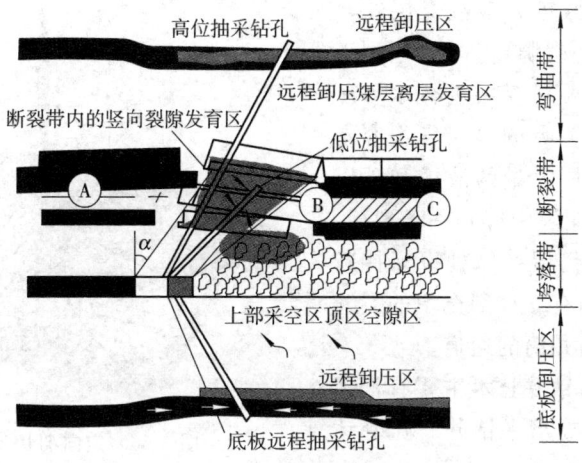

图 2-54 煤层群抽采煤层气示意图

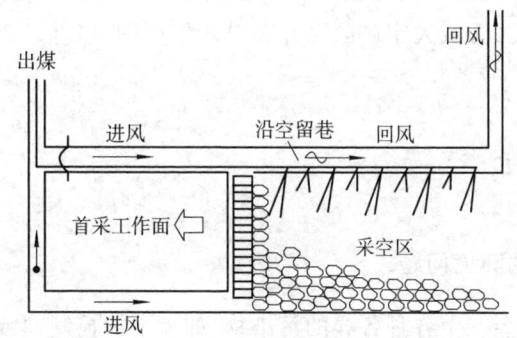

图 2-55 沿空留巷抽采煤层气示意图

气时,由于采煤时引起上覆煤层和岩层下沉和断裂,采空区上方岩石冒落,压力释放,透气性大大增加,煤层气大量解吸并聚集于采空区,抽气容易,不需要进行煤层压裂处理。煤层气地面开采技术主要包括钻井、完井、采气和地面集气处理生产系统。地面生产设施包括采气站、集气及处理系统和压缩机站等,全部实现自动化控制,不需用人操作。

① 钻井。在选择钻井技术时,必须考虑煤田地质条件和储气层条件。一般来说,如美国东部煤层气井田煤层埋藏较浅(小于 1 200 m),地质年代老,地层较完整,所以一般采用较简单钻井技术。相反,美国西部所钻的煤层气井,其目标煤层埋藏深,地质年代新(白垩纪),地层不完整,常采用复杂的钻井技术。

② 完井。从地面钻井到达目标煤层后,要进行完井处理,使煤层气井与煤层的天然裂隙和割理系统有效地建立联系。煤层气井完井方法系指煤层气井与煤层的连通方式,以及为实现特定连通方式所采用的井身结构、井口装置和有关的技术措施。完井过程中有时可能会造成对煤层的损害、使渗透率降低。因此,在选择煤层气井的完井方法时必须最大限度地保护煤层,防止对目标煤层造成伤害,减少煤层气流入井筒的阻力。此外,还必须满足以下三点要求:有效地封隔煤层气和含水层,防止水淹煤层及煤层气与水相互串通;克服井塌,保障煤层气井长期稳产,延长其寿命;可以实施排水降压、压裂等特殊作业,便于修井。

③ 煤层压裂。虽然大多数煤层在自然状态下都存在原生裂隙,但为了达到工业性产气量,通常需要对煤层进行水力压裂以产生长裂缝,使解吸的煤层气很容易地流向井筒。压裂时,大量的液体和砂以高压泵入井筒,液体在煤中劈开一条裂缝。当液体返排后,砂子仍留在原处以保持新裂缝开启。所形成的有支撑剂充填的裂缝提供了水和气体流向井筒的通道。

目前煤层气地面钻井技术主要有常规直井、丛式井和多分支水平钻井。随着钻井技术的进展,美国的 CDX 国际公司于20 世纪 90 年代开发了定向羽状分支水平

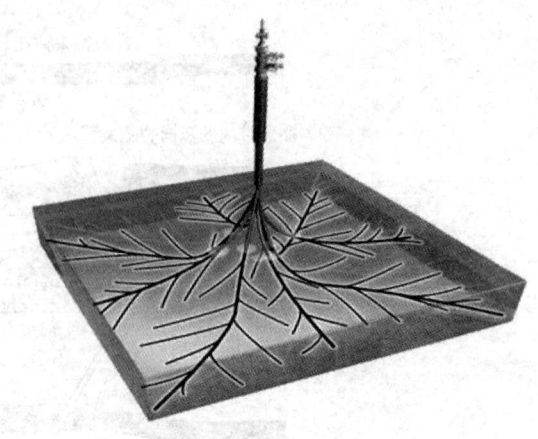

图 2-56 定向羽状分支水平井

钻井技术,即一个主水平井眼的两侧钻出多个分支井眼作为泄气通道,如图 2-56 所示。国内是 2004 年 11 月在山西晋城大宁矿区完井并投入生产的,该井总进尺 8 018 m,井口日产气量 3 000 m^3。

2.8 煤炭利用的洁净

2.8.1 煤炭利用引起的环境问题

在煤的使用过程中会产生各种各样的污染物,如果不加控制,会对人类健康和生态环境产生明显的破坏作用。煤炭燃烧会产生大量二氧化碳和二氧化硫,以及含氮、磷等多种有害物质,煤不充分燃烧还会产生一氧化碳等有毒气体,大量二氧化碳排放加剧了地球温室效应。不过在没有更经济、更大量的能源替代之前,煤炭仍然是我国不可替代的主要能源,因此对煤炭的洁净利用就显得非常必要。我国燃煤二氧化硫污染排放防治技术政策规定各地不得新建煤层含硫分大于 3% 的矿井。对现有硫分大于 3% 的高硫小煤矿,应予关闭。对现有硫分大于 3% 的高硫大煤矿,近期实行限产,并采取有效降硫措施达到污染物排放标准,否则应予关闭。对新建硫分大于 1.5% 的煤矿,应配套建设煤炭洗选设施。对现有硫分大于 2% 的煤矿,应补建配套煤炭洗选设施。在城市及其附近地区电、燃气尚未普及的情况下,小型工业锅炉、民用炉灶和采暖小煤炉应优先采用固硫型煤,禁止原煤散烧。城市市区的工业锅炉更新或改造时应优先采用高效层燃锅炉。这些规定的目的就是最大限度减少煤炭利用过程中的污染物排放。

2.8.1.1 废气污染

煤中通常含有 1% 左右的硫,每燃烧 1 t 煤,就会产生 20 kg 左右的 SO_2,我国 90% 以上的 SO_2 排放量来源于煤的燃烧。最高的 1995 年全国 SO_2 总排放量为 2 370×10^4 t,引起了城市空气质量的恶化和大规模的酸雨污染,其中电站燃烧排放约 814×10^4 t,工业锅炉约为 805×10^4 t,工业窑炉约 268×10^4 t,这几项占全国总排放量的 80%。近年来,通过技术改造和执行严格的环保政策,我国燃煤的二氧化硫排放量得到有效控制。

煤中的硫根据其形成形态,可分为有机硫、无机硫两大类。有机硫是指与煤有机结合、以有机物形态存在的硫;而无机硫是以无机物形态存在的硫,通常以晶粒状态夹杂在煤中,如硫铁矿硫和硫酸盐硫,其中以黄铁矿硫(FeS_2)为主。根据在燃烧过程中的行为,煤中的硫又可分为可燃硫和不可燃硫。一般来说,有机硫、黄铁矿硫和单质硫都能在空气中燃烧,属于可燃硫。在煤燃烧过程中不可燃硫残留在煤灰中,如硫酸盐硫。通常煤中极大部分的硫为可燃硫,生成 SO_2。

燃用含硫量为1%~4%的煤,标准状态下烟气中 SO_2 含量为 2 200~9 000 mg/m³。总的说来浓度不高,但危害极大。人为排放酸性物质(SO_2,NO_x 等)污染物进入大气中经过输送、转化和沉降而被清除,沉降过程分为干式和湿式两大类,湿式沉降就可能形成酸雨。所谓酸雨,简单地说是指空气污染而造成的酸性降水,通常认为大气降水与 CO_2 气体平衡酸度 pH 为 5.6 为降水天然酸度,并将其用作降水是否酸化的判断标准。当降水的 pH 低于 5.6 时,降水即为酸雨。

大气中的 SO_2 氧化而生成硫酸或硫酸盐,其反应机制是很复杂的。一般来说可有光化学反应、催化氧化、水中的自然氧化以及臭氧的氧化等。这几种氧化反应的过程,可分为两类,即均相反应过程和非均相反应过程。均相反应指的是在同一物相(即单相)中进行的化学反应。例如,在气体中发生的均相反应,称为气相反应。在液相中发生的,称为液相反应。非均相反应,是指在一个以上的物相(即多相)中进行的化学反应,如气—固、液—固、气—液的反应。图 2-57 所示酸雨中 SO_2 在大气中转化为 H_2SO_4 的过程,在这一过程中,以液相催化氧化和固相催化氧化最为重要,它们在城市的污染空气中最易发生。由于这些酸性颗粒物(硫酸与硫酸盐)在雨水、云粒或雾滴中存在,或以固体颗粒物悬于空气中,导致了酸性沉降物(酸雨、酸雪、酸性颗粒物)对环境与生态系统的危害。

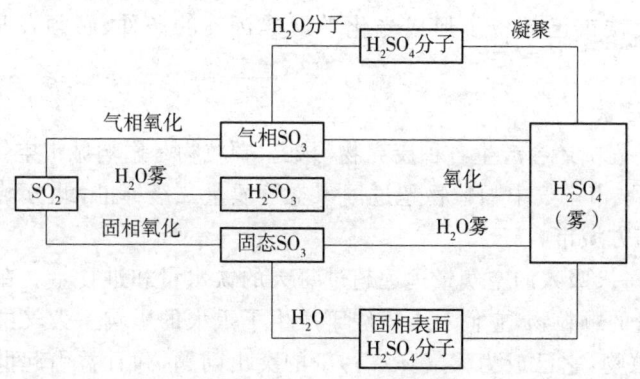

图 2-57 酸雨中 SO_2 在大气中转化为 H_2SO_4 的过程

SO_2 的大量排放导致的第一个问题是城市空气污染,有 62.3% 的城市环境空气 SO_2 的平均浓度超过国家环境空气质量二级标准。而环境空气 SO_2 年平均浓度二级标准是保障人群在环境中长期暴露不受危害的基本要求。SO_2 的大量排放导致的第二个问题是我国酸雨污染发展迅速。在 20 世纪 80 年代,我国的酸雨主要发生在重庆、贵阳和柳州为代表的西南地区,酸雨面积约为 $170×10^4$ km²。到了 20 世纪 90 年代中期,酸雨已发展到长江以南,青藏高原以东以及四川盆地的广大地区,酸雨面积扩大了 100 多万平方千米。以长沙、赣州、南昌、怀化为代表的华中酸雨区已成为全国酸雨污染最严重的地区,其中心区平均降水 pH 低于 4.5,酸雨频率高达 40% 以上,已到了"逢雨必酸"的程度。以南京、上海、杭州、福州、青岛和厦门为代表的华东沿海地区也成为我国主要的酸雨地区。目前,年均 pH 低于 5.6 的区域面积已经占到全国国土面积的 40% 左右。

煤炭的利用过程中,除了产生 SO_2 外,还会产生氮氧化物。氮氧化物(NO_x)是一氧化氮(NO)、二氧化氮(NO_2)及其他氮和氧的化合物的总称,其中造成大气污染的 NO_x 是 NO、NO_2。

煤炭燃烧产生 NO_x 的机理可分为三种:燃料型 NO_x;热力型 NO_x 和瞬时型 NO_x。其中燃料型 NO_x 占主导,一般煤中平均含氮量为 1%~2%,燃烧后大约 20%~80% 转化为 NO_x(其中 NO 占 90%~95%);热力型的氮氧化物只有当温度超过 1 200 ℃时,空气中的氮氧化形成 NO_x,通常煤炭燃烧时这部分占比例不大(石油和天然气燃烧温度较高,是主要的来源);瞬时型氮氧化物是指不饱和烃类物质中间体与空气中的氮气形成复杂的化学反应形成的 NO,由于必须有碳氢键存在,一般在煤炭燃烧中比较少。

排入大气的 NO 被氧化成 NO_2,一般认为 NO_2 的毒性为 NO 的 4~5 倍,NO_x 同肺部湿润的表面接触形成损伤肺部组织的硝酸和亚硝酸,造成肺水肿和复杂的反应失调。NO_x 还能刺激鼻咽喉部,使这些部位发生炎症。氧化氮还会与血红蛋白结合形成新的物质,使血液输氧能力下降。

NO_x 经紫外线照射并与空气中的气态碳氢化合物接触,阳光下 NO_x 和有机化合物(以及 CO)之间发生的光化学反应产生像臭氧类的氧化剂,同时产生极细的微粒,即可造成一种浅蓝色的有毒烟雾,称为光化学烟雾。光化学烟雾对人的眼、鼻、心、肺及造血组织等均有强烈的刺激和损害作用。美国洛杉矶曾多次出现光化学烟雾污染,由于这类污染发展极其迅速,并可以在夏日白天迅速造成局部地区严重污染,对森林和人体造成严重危害。我国北京、上海、广州等大城市已具备了形成光化学烟雾污染的条件,必须及早采取措施,认真对待。

2.8.1.2 废弃物污染

在煤炭利用过程中还会产生各种废弃物污染。颗粒物是影响城市空气质量的主要污染物,我国 63.2% 的城市空气中颗粒物超过国家空气质量二级标准,北方城市空气中颗粒物污染总体上重于南方城市。

据统计,每人每天吸入的空气量远远超过每天的饮水量和进食量。在这些吸入的空气中经常携带着大量的颗粒物,它们对人体健康产生了重大的影响。大气中最有害的颗粒物主要是可吸入颗粒物,它已成为大气环境污染的突出问题,并日益引起世界各国的高度重视。人们已经认识到大气可吸入颗粒物对人体健康的严重危害,大气中 SO_2、NO_x 和 CO 等污染物的含量与人类死亡率并没有紧密的联系,而可吸入颗粒物则成为导致人类死亡率上升的主要原因。同时,大气颗粒物也是导致大气能见度降低、酸雨、全球气候变化、烟雾事件、臭氧层破坏等重大问题的主要因素。可吸入尘同时在大气中还可为化学反应提供反应床,是气溶胶化学中研究的重点对象,已被定为空气质量监测的一个重要指标。

可吸入颗粒物是指飘浮在空气中的固态和液态颗粒物的总称,其粒径为 0.1~10 μm。有些颗粒物因粒径大或颜色黑可以为肉眼所见,比如烟尘,有些则小到使用电子显微镜才可观察到。通常把粒径在 10 μm 以下的颗粒物称为 PM_{10},又称为飘尘,其中更细的 $PM_{2.5}$(直径小于 2.5 μm 的颗粒)又称为可入肺颗粒,能够进入人体肺泡甚至血液系统中,直接导致心血管等疾病。可吸入颗粒物是目前我国城市大气环境的首要污染物,尤其是其中PM$_{2.5}$的污染问题十分严重。

可吸入颗粒物对人体健康的危害主要表现在"三致"作用方面:致癌、致畸、致突变。主要原因在于可吸入颗粒物通常富集各种重金属元素(如Cr、Pb、Se、As等)和PAHs(多环芳烃类)、PCCDD/Fs(二噁英)等有机污染物,这些多为致癌物质和基因毒性诱变物质,危害极大,其主要来源是矿物燃料的燃烧所致。

目前世界各国的烟尘控制技术虽然可以达到很高的水平,但对于PM$_{10}$以下颗粒的捕获率却很低(特别是PM$_{2.5}$),造成数量巨大的可吸入颗粒物进入环境介质当中。以燃煤电站为例,虽然现有除尘装置的除尘效率可高达99%以上,但是这些除尘器对可吸入颗粒物的捕获率较低,仍有大量可吸入颗粒物进入大气中,构成大气气溶胶的主要部分。这部分飞灰以粒径小于2.5 μm甚至亚微米级超细颗粒为主,以颗粒的数量计可达到飞灰总数的90%以上,这也是我国在大气中总悬浮颗粒物呈逐年下降趋势,烟尘排放总量也下降的情况下,PM$_{10}$和PM$_{2.5}$却呈上升趋势的原因。

2.8.1.3 燃煤产生的其他污染物

① 微量有害元素。由于煤中存在着几乎元素周期表中的所有元素,有相当多的元素虽然数量很微小,但由于其毒性大,而对生态环境和人类健康产生巨大影响。

这些有害的微量元素包括汞、钪、锑、砷、镉、铅、铊、钡、铍、铬、镍、锰、银、钴等,还有放射性的铯、镭、锶、钍等。这些元素在燃烧过程中大多数随烟尘排入大气,对环境造成严重污染。研究已经表明,个别元素如汞、砷是造成生态破坏的主要人为污染源,燃煤占有很重要的比例。

经多年的研究证明,我国贵州省发生的地氟病是由于受煤烟氟污染所致,这种燃煤污染型地方性氟中毒是由于居民长期以堆煤火敞炉方式燃烧高氟煤取暖、做饭或烘烤食物等造成室内空气与粮食和其他食品氟污染所致的慢性中毒。另一个例子也在贵州,部分地区由于高砷煤的使用,造成3 000多例砷中毒事件,影响人口达10 000人以上。我国每年砷排放量已超过10 000 t,影响正在长久化。

② 有机污染物。煤中的碳氢化合物燃烧过程中分解燃烧不彻底会形成相当浓度的有机污染物,如多环芳烃类(PAHs)、苯系物、脂环烃及直链烃、二噁英类物质等。有机污染物的排放量虽然较SO$_2$、NO$_x$少,但由于毒性大,在环境中降解慢,特别是PAHs的强烈致癌、致畸特性,已越来越受到人们的重视。

2.8.2 煤炭利用过程中的洁净措施

① 煤的净化技术。在煤炭燃烧或转化之前将煤中的有害物质分离出去。如将煤中的灰分分离出去,就可以降低煤在燃烧或转化过程中灰分的含量,从而减少煤燃烧产生颗粒物污染;将煤中的含硫化合物分离出去,就可以降低燃烧过程中硫分含量,从而减少煤燃烧产生的二氧化硫污染;将煤中的含氮化合物分离出去,就可以降低燃烧过程中氮的含量,从而减少燃烧产生的氮氧化物污染。

② 保障煤炭燃烧的洁净。通过在燃烧过程中改变燃料性质、改进燃烧方式、调整燃烧条件、适当加入添加剂等方法来控制污染物的生成。除此之外,在烟气排入大气之前将其净化,脱除其中的有害物如SO$_2$、NO$_x$、颗粒物和CO$_2$等污染物,从而实现污染物排放量的减

少。广泛应用成熟的先进燃烧技术包括煤粉低 NO_x 燃烧技术、循环流化床燃烧技术、水煤浆燃烧技术等;推广先进的燃煤烟气净化技术如除尘技术、脱硫脱硝技术等。

③ 煤炭进一步转化再利用。煤的直接燃烧带来的环境问题到目前为止不能经济有效地解决,因此将煤炭转化为清洁的气体或液体燃料再来进行利用。煤的气化产物在电力生产、城市供暖、燃料电池、液体燃料和化工原料合成等方面广泛应用,从而达到充分利用煤炭资源的目的;煤炭在经过直接液化或间接液化后,生成燃料或者其他化学品,可以代替石油在许多领域的作用,不仅可以降低煤炭利用的污染程度,而且在一定程度上解决了石油危机。

④ 建立煤—油—电—化工的坑口联合企业。煤炭企业和下游产业结合,组建一个完整的企业,如煤电、煤化工、煤冶金联营。这种模式的特点是实现资源共享,减少税收环节,通过降低成本、提高终端产品的附加值占有更广阔的市场空间。

2.8.3 煤的净化技术

煤炭净化一般采用的方法有煤的物理法净化技术、煤的化学法净化技术和煤的微生物法净化技术。到目前为止,国内外得到广泛应用的还是物理净化方法,后两者还都停留在实验室研究阶段。

2.8.3.1 煤炭的物理净化法

物理净化法是唯一工业化的煤炭净化方法。在我国,广泛采用的跳汰法(占 56%)、重介质选煤法(占 26%)和浮选法(占 14%)都是属于物理净化方法。把产品与废渣分离的分选过程是煤炭物理净化系统的中心环节。一般主要包括三个过程:煤的预处理、煤炭分选、产品脱水。当然还必须包括煤的装运、水处理和废渣的处置过程。值得注意的是,所有这些工艺工程,均仍有排放各种污染物的可能性。如图 2-58 所示为煤炭物理净化系统的各种过程。

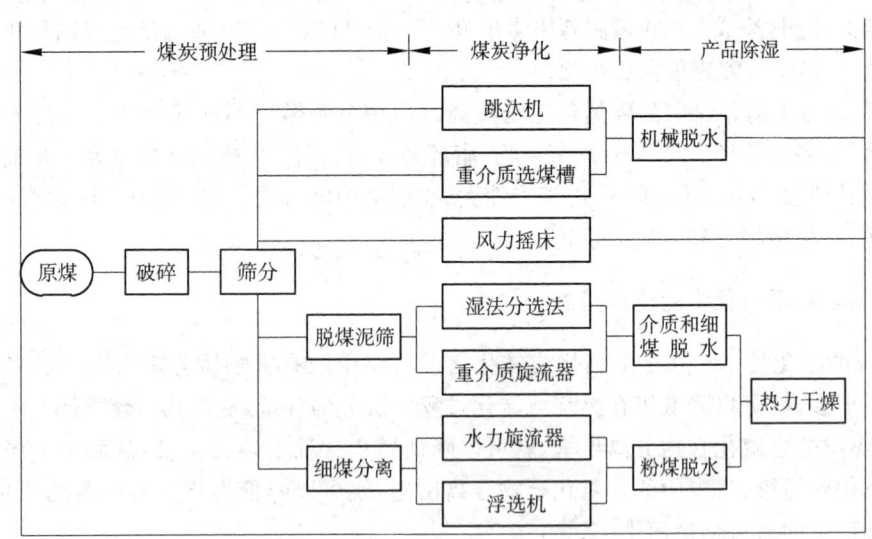

图 2-58 煤炭物理净化系统

煤炭物理净化系统的净化效率是系统脱除杂质的效率和原煤热能回收率的函数。通常这两者之间是难于同时达到的。目前,净化主要以产品的标准化和脱灰为目的,但脱硫也越来越被重视,煤炭净化按工艺可以分为5个等级。

1级:破碎与筛分,用滚筒碎选机、破碎机、筛子以控制上限粒度和脱除大块矸石。

2级:粗粒煤的洗选,把煤破碎并筛分,然后用9.5 mm筛子进行筛选。大于9.5 mm的煤用跳汰机或重介质分选槽进行湿法分选;小于9.5 mm的煤粒不经洗选,直接与粗粒产品混合。

3级:粗粒煤及中粒煤的分选。将煤破碎,用湿法筛分把煤分成三种粒度级。大于9.5 mm的煤,按粗粒煤洗选流程进行分选。0.63～9.5 mm的煤用水力旋流器、分选摇床或重介质旋流器进行分选。不大于0.63 mm的煤经过脱水,然后和净煤一起发运,或者作为废渣排出。

4级:粗粒、中粒和细粒煤的分选。将煤破碎,然后采用湿法筛分把煤分成三种或更多的粒度级。各级粒度的煤按各自流程进行分选。小于6.4 mm的煤需进行热力干燥以控制产品的水分。

5级:其中工艺与4级相同,不同之处是,为了满足市场对产品的不同要求,生产两种或三种不同性质的净化煤。

目前这5级净化方法均已在工业上得到应用。

2.8.3.2 煤炭的化学净化法

煤的物理净化只能降低煤炭中灰分的含量和黄铁矿硫含量,同时选煤厂排出的废渣中包括煤矸石和煤泥,其中含有大量的细煤,从而导致一定的能源损失。从原理上讲,化学法可以脱除煤中大部分的黄铁矿硫,其能源热值回收率也很高($\geqslant 95\%$)。此外,化学法还可以脱除煤中的有机硫,这是物理方法无法做到的。但这一种类繁多的方法,目前还在开发研究中。

要了解煤的化学脱硫机理,特别是有机硫的脱除机理,就必须了解硫在煤中的存在形态,从煤炭有机模型(如图2-59)可以看出,煤炭含有机硫的主要官能团为硫醇、硫化物、二硫化物和噻吩。煤的无机物部分,是由大量的、呈现分散团块状、而且常常与煤炭有机基体紧密结合的矿物质所组成。要脱除有机的硫化合物,必须部分地破坏煤的有机基体,因此有机硫的脱除是十分困难的。脱除有机硫的方法有容积分解法、热分解法、酸—碱中和法、还原法、氧化法和亲核取代法。这些方法的一个共同特点是均可以将煤炭中的有机硫变成小的、可溶的或可挥发的、含有绝大部分硫的分子而脱除。

实现上述方法的关键是要加入脱硫剂,除了硫化合物以外,与煤炭其他组成应无明显反应。脱硫剂应当可以再生,它可以是可溶性的,也可以是挥发性的,这样,可以把它从煤的基体中回收回来。脱硫剂应价格便宜,因为它有一部分将不可避免地损失于煤的吸附和化学反应中。

2.8.3.3 煤炭的微生物净化法

微生物净化法在国内外引起广泛关注,是因为它可以同时脱除其中的硫化物和氮化物,与物理和化学法相比,该法还具有投资少,运转成本低,能耗少,可专一性地除去极细微分布于煤中的硫化物和氮化物,减少环境污染等优点。它是在常温常压下,利用微生物代谢过程的氧化反应达到脱硫目的。

微生物脱除无机硫的应用研究开始于20世纪50年代。微生物脱除无机硫主要是改变

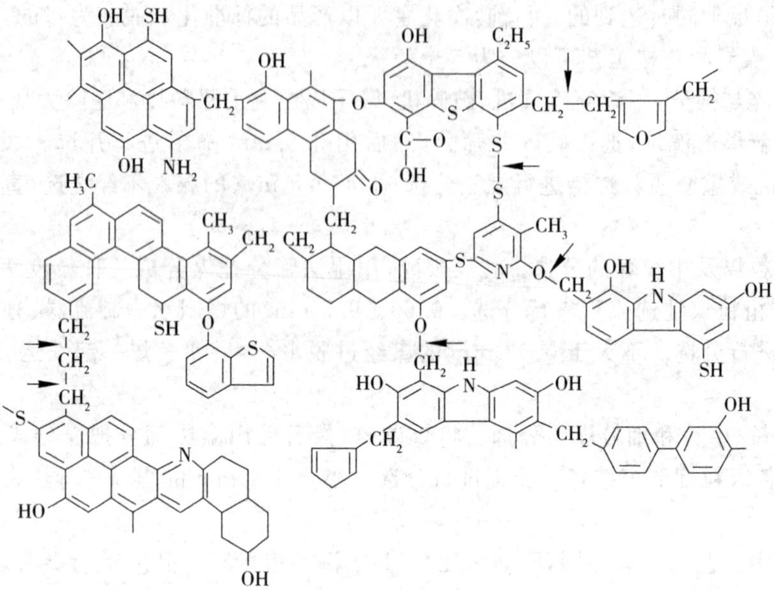

图 2-59 煤炭有机模型

矿物表面性质,使黄铁矿溶于水,也称为微生物助浮脱硫。其原理是利用某些嗜酸细菌在生长过程中消化吸收 FeS_2 等的作用,从而促进黄铁矿氧化分解与脱除,硫的脱除率可达 90% 以上,但时间较长。一般认为微生物促进黄铁矿氧化分解可分为直接作用和间接作用两类,即对 FeS_2 中硫的直接氧化和先将 Fe^{2+} 氧化为 Fe^{3+},再由 Fe^{3+} 将 FeS_2 中的硫间接氧化的过程。微生物助浮脱硫过程如图 2-60 所示。

微生物脱除煤中有机硫的研究始于 20 世纪 70 年代末,目前已经有三种有效的细菌被筛选出来,并对这些菌株进行了分离、纯化和突变体筛选。这与脱无机硫完全不同,一般是在微生物酶的作用下,切断了碳硫键。对煤中有机硫起作用的微生物主要为细菌。由于有机硫的脱硫机理尚不清楚,得到微生物也比较困难,所以脱有机硫方面的基础研究较多。

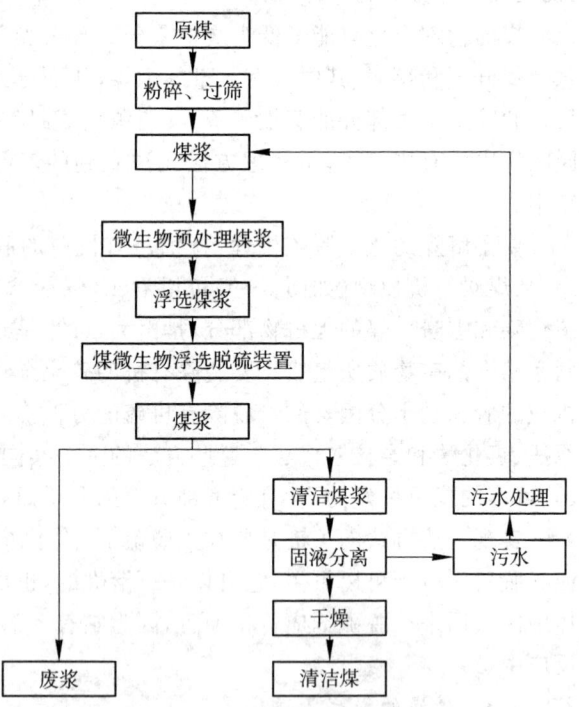

图 2-60 微生物助浮脱硫过程

2.8.3.4 配煤与型煤技术

我国的煤炭有大约 1/3 用于工业锅炉与民用,对于我国的洁净煤技术来说,这是一个非常特殊而又必须面对的问题。如何降低这一量大面广的燃煤污染问题,我国开发了一系列特有的用于中小型煤炭用户的洁净煤技术,其中配煤与型煤技术是最典型的两种。

① 配煤。配煤是根据用户对煤质的要求,将若干不同种类、不同性质的煤按照一定比例掺配加工而成的混合煤,是一种人为加工而成的"新煤种"。配煤技术以煤化学、煤质检测、燃烧学及计算机等学科为基础,以市场为目标,通过一定的加工工艺,达到煤质互补、调整产品结构、满足用户要求、实现节煤和减少污染物排放的目的。

如动力煤的分级配煤技术即是将分级与配煤相结合。首先将各原料煤按粒度分级,分成粉煤和煤粒,然后根据配煤理论,将粉煤按比例混合配制成粉煤配煤燃料,各粒煤配制成粒煤配煤燃料,不仅能配制出热值、挥发分、硫分、灰分、灰熔融温度等煤质指标稳定的、符合锅炉燃烧要求的燃料煤,而且能生产出适合于不同类型锅炉燃烧的粉煤和粒煤燃料。粉煤燃料供给粉煤锅炉或循环流化床锅炉,粒煤燃料供给层燃锅炉或层燃窑炉。这样,可减少粉煤锅炉或循环流化床锅炉的燃料制备费用,更重要的是层燃炉燃用粒煤可大大改善燃烧状况。由于脱除了对层状燃烧十分有害的粉煤,与烧原煤相比,可节煤10%,烟尘排放量降低60%以上,既提高了效率,又保护了环境。

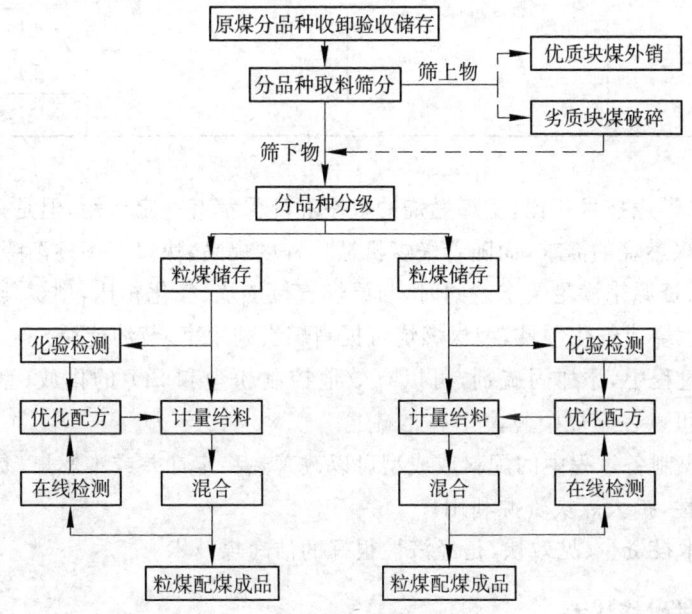

图 2-61 动力煤分级配煤工艺流程

动力配煤的工艺流程如图 2-61 所示。在实际生产中,根据配煤场地特点、配煤生产线规模大小、机械化程度高低、资金投入多少等情况,生产工艺流程可以有所不同。粉煤配煤生产线与粒煤配煤生产线可以是同一生产线粉煤与粒煤交替配煤,也可以设两条生产线,粉煤配煤与粒煤配煤并行作业。在分级配煤流程中,各原料煤的分级粒度是一个重要参数。从改善层燃炉的燃烧角度看,粒煤的粒度下限可以是 2 mm、3 mm、4 mm、5 mm 或 6 mm 等,对层状燃烧效果不会有很大差别,因为引起层状燃烧种种问题的主要是燃料煤中小于

2 mm 的粉煤。因此从燃烧角度出发,各燃料煤的分级粒度最小为 2 mm。

② 型煤。型煤是用一定比例的黏结剂、固硫剂等添加剂,采用特定的机械加工工艺,将粉煤和低品位煤制成具有一定强度和形状的煤制品。根据其用途,型煤分类如表 2-9 所列。

表 2-9 型煤分类

型煤	工业型煤		工业锅炉用型煤
			蒸汽机车用型煤
			煤气生产炉用型煤
			工业窑炉用型煤
			型焦用型煤
			炼焦配用型煤
	民用型煤	蜂窝煤	上点火蜂窝煤
			普通蜂窝煤
			航空蜂窝煤
			烧烤方型煤
		煤球	炊事、取暖煤球
			火锅煤球
			手炉等取暖煤球
			烧烤煤球

虽然与煤粉燃烧技术相比,型煤燃烧的效率和环保都有一定差距,但是在民用和工业实际中,有许多块煤燃烧的需求,而随着采煤机械化程度提高,块煤产率逐渐降低,型煤技术可以充分利用粉煤资源来满足要求。同时,与原煤直接燃烧、气化相比,型煤具有以下特点:

① 在块煤燃烧或气化领域,型煤燃烧可提高煤炭利用率,节约能源。

② 在配置过程中,添加固硫剂,可以有效地控制粉尘和 SO_2 的排放(型煤中如果添加 3.3% 的石灰石可以在燃烧中脱去 87% 的硫)。

③ 通过型煤制备过程中的配料或成型可以改善热稳定性差或难燃煤(贫煤、无烟煤、煤泥等)的燃烧特性,扩大煤炭资源利用。

④ 型煤技术投资少、见效快,是经济性很好的洁净煤技术。

2.8.4 煤的先进燃烧技术

将煤直接燃烧仍然是目前煤炭资源最为重要的转化方式和利用手段。以我国为例,目前消费的煤炭中大约有 95% 是以燃烧方式利用的。在工程实际中,人们通过在燃烧过程中改变燃料性质、改进燃烧方法、调整燃烧条件、适当加入添加剂等方法控制污染物的生成,从而实现污染排放量的减少,这些技术称为煤的先进燃烧技术。目前比较成熟的燃烧技术有煤粉低 NO_x 燃烧技术、循环流化床燃烧技术、水煤浆燃烧技术。

2.8.4.1 煤粉低 NO_x 燃烧技术

NO_x 是对 N_2O、NO_2、NO、N_2O_5 以及 PAN 等氮氧化物的统称。在煤的燃烧过程中,

NO_x生成物主要是NO_2和NO,其中常规燃煤锅炉中NO占NO_x总量的90%以上,NO_2只是在高温烟气急剧冷却时由部分NO转化生成的。N_2O在低温燃烧的流化床锅炉中有较高的排放量,同时与地球变暖现象有关。根据NO_x中氮的来源及生成途径,燃煤锅炉中NO_x的生成机理可以分为热力型、燃料型和快速型三类,其中燃烧型NO_x是煤粉燃烧过程中NO_x的主要来源,占总量的60%~80%。

煤粉低NO_x燃烧技术是根据NO_x的生成机理,在煤的燃烧过程中通过改变燃烧条件或合理组织燃烧方式等方法来抑制NO_x生成的燃烧技术,主要抑制燃料型NO_x的生成。

除此之外,抑制热力型NO_x的生成也能在一定程度上减少NO_x的排放量,只是效果较小。一般来讲,抑制热力型NO_x的主要原则是:

① 降低过量空气系数和氧气的浓度,使煤粉在缺氧的条件下燃烧;
② 降低燃烧温度并控制燃烧区的温度分布,防止出现局部高温区;
③ 缩短烟气在高温区的停留时间。

显然,以上原则多数与煤粉炉降低飞灰含碳量、提高燃尽率的原则相矛盾,因此在设计开发低NO_x燃烧技术时必须全面考虑。随着针对排放的控制标准越来越严格,单一低NO_x燃烧技术往往不能满足实际要求,在先进的燃煤锅炉中,通常结合各类低NO_x燃烧技术以实现最低的排放量和最佳的经济性。

在实际工程中,如仅采用低NO_x燃烧器(LNB),排放量减少率在50%以内。因此往往将基础技术结合起来形成一套低NO_x燃烧系统,以使NO_x排放的减少率最高,如低NO_x燃烧器和空气分段燃烧系统、低NO_x燃烧器和天然气再燃技术等。

(1) 低NO_x燃烧器和空气分段燃烧技术

如图 2-62 所示为美国洁净煤计划示范工程之一,设在哈蒙德(Hammond)电站 4 号机组 500 MW 电功率煤炉中的低NO_x燃烧系统。它结合了福斯特惠勒(Foster Wheeler,FW)公司的低NO_x燃烧器和先进的火上风技术(over fire air,OFA)和分段燃烧技术(low NO_x burner,LNB)。

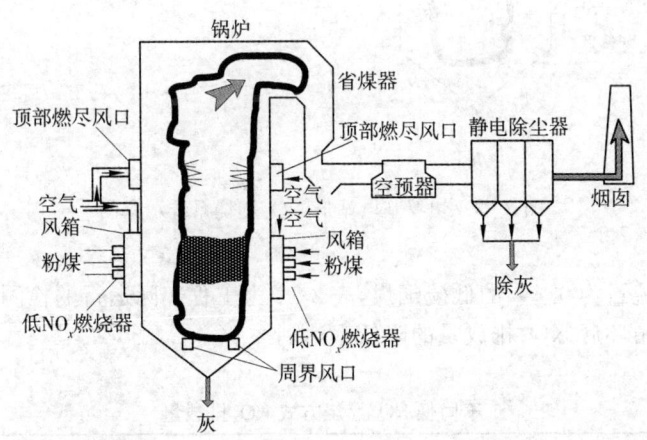

图 2-62 哈蒙德电站低NO_x燃烧系统示意图

该锅炉燃用的是含硫量1.7%的美国东部烟煤,其长期运行监测的结果如表 2-10 所列,可见当将低NO_x燃烧器与分段燃烧技术结合起来时,NO_x排放量的下降有明显提高,同时,飞灰未燃尽损失的增加也有所下降低。

表 2-10　低 NO$_x$ 燃烧器与分段燃烧技术结合时 NO$_x$ 的排放量

燃烧技术	NO$_x$排放量/(μg·J^{-1})	下降比例/%	飞灰未燃尽损失
仅采用 LNB	0.28	48	增加 7%
仅采用 OFA	0.40	24	增加 10%
LNB+OFA	0.17	68	增加 7%

(2) 低 NO$_x$ 燃烧器和天然气再燃技术

图 2-63 是美国另一个洁净煤示范工程,设在切罗基(Cherokee)电站 3 号机组 172 MW 电功率煤粉锅炉上的低 NO$_x$ 燃烧系统。它结合了能源与环境研发中心(Energy Enviromental Research Center,EERC)的天然气再燃技术(gas reburning,GR)和 FW 公司的低 NO$_x$ 燃烧器技术。将天然气(热值不超过总发热量的 25%)通入锅炉的再燃区,同时再燃去上方设置燃尽风(OFA),以保证燃料充分燃尽。由于采用了烟气再燃,因此低 NO$_x$ 燃烧器区域可以通过过量的空气,使燃烧稳定完全。在第一代系统中同时还引入了烟气再循环技术,循环烟气与天然气混合后通入再燃区。

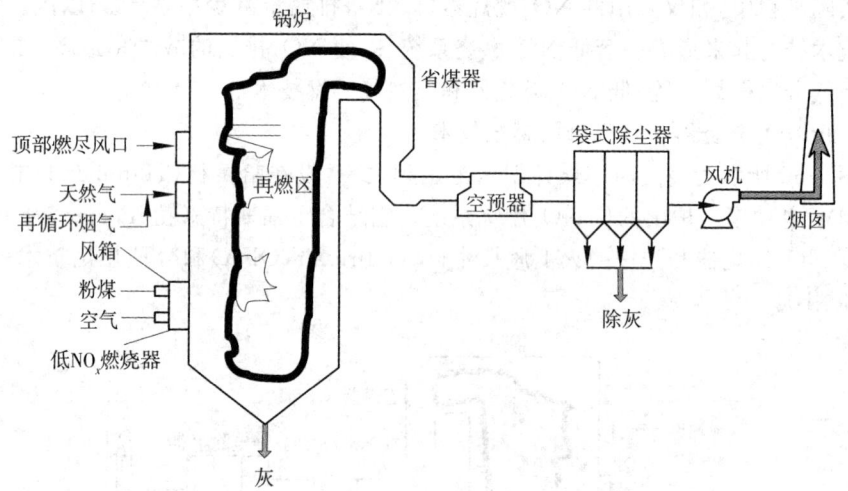

图 2-63　切罗基电站低 NO$_x$ 燃烧系统示意图

锅炉燃用含硫量为 0.4% 的低硫烟煤,表 2-11 为工程实际运行的检测结果,非常明显的是引入天然气再循环后 NO$_x$ 排放量的降低率达到 20%。

表 2-11　不同低 NO$_x$ 燃烧方式 NO$_x$ 排放量

燃烧技术	天然气热值占总发热量的比例/%	NO$_x$排放量/(μg·J^{-1})	下降比例%
仅采用 LNB	—	0.198	37
LNB+GR+烟气再循环	18	0.108	66
LNB+GR	12	0.112	64

2.8.4.2 循环流化床燃烧技术

循环流化床(circulating fluidized bed,CFB)燃烧技术是一项近 30 a 发展起来的清洁煤燃烧技术。它具有燃料适应性广、燃烧效率高、氮氧化物排放低、低成本石灰石炉内脱硫、负荷调节比大和负荷调节快等突出优点。

循环流化床燃烧技术是应用化工中的流态化原理来组织燃烧的一种流化床燃烧技术。

对于流化床锅炉来讲,流态化的是固体颗粒(又称为床料)在自下而上的气流作用下,在床内形成的具有流体形式的流动状态。当颗粒尺度较大而气流速度较小时,绝大多数床料集中在炉膛下部,气体以气泡的形式穿过床层,使床层呈现出类似液体沸腾时的状态,称为鼓泡流化床。当颗粒尺度较小或气流速度较大时,床料近似均匀地弥散在整个炉膛区域,并不断被气流带出。此时如在炉膛出口处安装一个高效分离器,将被气流带出炉膛的固体颗粒分离出来,再将其送回床内,以维持炉膛内固体床料总量不变,这就是循环流化床的工作状态,如图 2-64 为鼓泡流化床和循环流化床原理示意图。

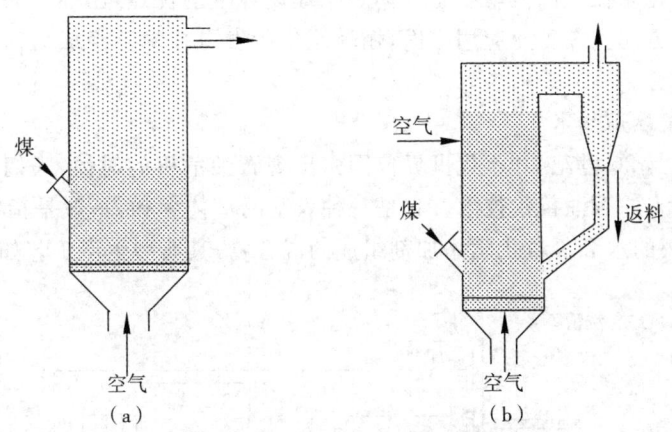

图 2-64 鼓泡流化床和循环流化床原理示意图
(a) 鼓泡流化床;(b) 循环流化床

循环流化床锅炉燃烧的特点与其循环流化床的气固两相流动特性以及锅炉各单元的选择设计密切相关。表 2-12 为常规燃烧方式(层燃炉、煤粉炉)和流化床燃烧方式主要燃烧特性的比较,从中可以看出,流化床燃烧与其他两种常规燃烧方式相比,燃烧温度更低、停留时间更长、湍流混合更强烈。这些特点使得流化床燃烧技术具有以下几个主要优点。

① 燃料适应性好。流化床锅炉几乎能燃用包括贫煤、煤泥、煤矸石、油页岩、工业废弃物和城市垃圾等在内的各种劣质燃料。同时对于已经存在的流化床锅炉,燃料性质在相当大的范围内变化,锅炉仍能保持稳定燃烧。

② 良好的环保性能。流化床燃烧技术具有低温燃烧(燃烧温度 850~900 ℃)的特点,可以有效地抑制热力型 NO_x 的生成,而通过分级燃烧又可方便地控制燃烧型 NO_x 的排放,从而使其 NO_x 的排放水平只有煤粉炉的 1/3~1/4。此外在该燃烧温度下,通过向炉内添加一定量的石灰石,即可达到 90% 左右的脱硫效率。

③ 良好的负荷调节性能。由于炉内大量高温惰性床料的存在,使得流化床锅炉具有良好的负荷调节性能。在 25% 额定负荷下也能保持稳定燃烧;调节速度快,因此特别适合作为调峰机组。

表 2-12　　　　　　　　　　　　不同燃烧方式的燃烧特性比较

项目	层燃	煤粉燃烧	鼓泡流化床	循环流化床
燃烧温度/℃	1 100～1 300	1 200～1 500	850～950	850～950
截面烟气流速/(m·s^{-1})	2.5～3	4.5～9	1～3	4.5～6.5
燃料停留时间/s	约1 000	2～3	约5 000	约5 000
燃料升温速度/(℃·s^{-1})	1	10～10^4	10～10^3	10～10^3
挥发分燃尽时间/s	100	<0.1	10～50	10～50
焦炭燃尽时间/s	1 000	约1	100～500	100～500
混合强度	差	差	强	强
燃烧过程控制因素	扩散控制	扩散控制为主	动力扩散为主	动力—扩散

由于循环流化床在气固流动状态和锅炉原理设计上的优点,已经成为当前流化床燃烧技术发展的主要方向。在工业应用方面,循环流化床发电技术已经成为洁净煤发电技术的一个重要组成部分。

2.8.4.3 水煤浆燃烧技术

水煤浆技术是20世纪70年代世界范围内出现石油危机的时候,人们在寻找以煤代油的过程中发展起来的石油替代技术。它是一种煤基的液体燃料,一般是指由60%～70%的煤粉、40%～30%的水和少量化学添加剂组成的混合物,其典型生产工艺如图2-65所示。

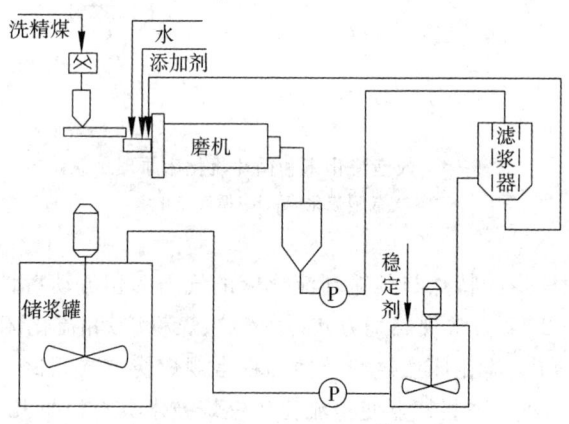

图 2-65 水煤浆典型生产工艺

洗精煤经破碎成为小于6 mm的煤粒进入球磨机,并加入水和分散剂在球磨机中磨碎成为浆体。经泵送至滤浆器除去未磨碎的粗颗粒和杂质进入调浆罐,经加入稳定剂并调整水煤浆的黏度后送入储浆罐储存备用。水煤浆的质量浓度一般为65%～70%,黏度为(1+0.2)Pa·s,其中煤炭最大颗粒的粒径小于0.3 mm,平均粒径小于50 μm,发热量(Q)为18.8～20.1 MJ/kg,浆体稳定期大于3个月不发生硬沉淀。我国目前制备的水煤浆按制备水煤浆原料的性质约分为6种,如表2-13所列。

表 2-13　　　　　　　　　　　　　　水煤浆品质特征

品　种	选用原料煤	水煤浆特性	用　途
精煤水煤浆	洗精煤,灰分:10%	浓度:>55% 黏度:3 Pa·s 稳定性:>3 个月 发热量:18.8～20.9 MJ/kg	作为锅炉代油燃料
精细水煤浆	超低灰精煤,灰分:1%～2%	浓度:50%～55% 黏度:0.3 Pa·s 细度:<10 μm	作为内燃机、燃气透平燃料
经济型水煤浆	原选煤泥,灰分:10%～25%	浓度:65%～68% 稳定性:>15 d	作为链条锅炉燃料
	浮选尾煤,灰分:>25%	浓度:50%～65% 稳定性:3～5 d	作为沸腾炉、链条炉燃料
气化水煤浆	普通原煤,灰分:<25%	浓度:58%～65% 稳定性:1～2 d 黏度:1 Pa·s 流动性较好 粒度偏粗<0.08 mm(200 目)	作为德士古炉气化造气用原料
环保型水煤浆	制浆过程中加入脱硫剂	浓度:>65% 黏度:0.1～0.2 Pa·s	可提高脱硫率 10%～20%
	加入碱性有机废液	浓度:50%～55% 黏度:<1.2 Pa·s 稳定性:30 d	适应高硫煤地区锅炉燃用,脱硫效果好
原煤水煤浆	原煤,灰分:<20%,炉前制浆	浓度:60%左右 稳定性:1 d	作为工业窑炉燃料

水煤浆具有较好的流动性和稳定性,可以像石油产品一样储存、运输,并且具有不易燃、不污染的优良特性,是目前比较经济和实际的清洁煤代油燃料。由于水煤浆是采用洗精煤制备,其灰分、硫分较低(一般要求干基灰分小于 10%、硫分小于 0.5%)。在燃烧过程中,水分的存在可降低燃烧火焰中心温度,抑制氮氧化物的产生量。另外,水煤浆自煤炭进入球磨机后即可以采用管道、罐车输送,不会造成煤炭运输和储存污染,具有较好的环保效果。

水煤浆的用途十分广泛,它可以像油一样的管运、储存、泵送、雾化和稳定着火燃烧,其热值相当于燃料油的一半,因而可直接替代燃煤、燃油作为工业锅炉或电站锅炉的直接燃料;水煤浆还是理想的气化原料,产生的煤气可以用于煤化工或用于联合循环发电;对于特制的精细水煤浆,还可以作为燃气轮机的燃料使用。

2.8.5 燃煤烟气净化技术

如前所述,虽然通过煤的洗选、燃烧中降低污染物排放等措施,但还是有相当多的大气污染物在燃烧后形成并要排入到大气中。因此,为了在烟气排入大气之前将其净化,脱除其中有害物如 SO_2、NO_x、颗粒物和 CO_2 等成为燃煤污染控制的最后一道关口。

工业上最常见的燃煤烟气净化技术有颗粒物的脱除技术(即除尘技术)、烟气脱硫技术和烟气脱硝技术。除此之外,有毒非金属物质(如氟化物、氯化物等)的脱除、重金属污染物的脱除、有机污染物的脱除以及 CO_2 的控制技术也受到了人们极大关注。烟气净化技术是指根据燃煤烟气中有毒有害气体及烟尘的物理、化学性质特点,对其中的污染物予以脱除、净化的技术。包括烟气脱硫、烟气除尘和烟气脱硝三大类技术,其作用分别是脱除烟气中的

SO_2、净化烟气中的粉尘和脱除烟气中的氮氧化物 NO_x。

2.8.5.1 烟气脱硫技术

① 石灰石(石灰)—石膏湿法脱硫工艺。采用价廉易得的石灰石或石灰(粉状加水成浆)做脱硫吸收剂。在吸收塔内,吸收浆液与烟气接触混合,烟气中的 SO_2 与浆液中碳酸钙反应被脱除,脱硫后的烟气经除雾器除去液滴,经加热器升温后排入烟囱。脱硫石灰浆经脱水装置脱水后回收或抛弃。由于吸收浆循环利用,脱硫效率可达到95%以上。该工艺适合用于任何含硫煤种的烟气脱硫。

② 喷雾干燥法脱硫工艺。以石灰(加水制成消石灰乳)为脱硫吸收剂,是一种半干法脱硫工艺。在吸收塔内,吸收剂与烟气混合接触,与烟气中 SO_2 反应生成 $CaSO_4+2HO_2$。以干燥颗粒物形式随烟气带出吸收塔,进入除尘器收集下来,脱硫后的烟气经除尘器除尘排放。该工艺有两种雾化形式,一种为旋转喷雾轮雾化。另一种为气液两相流雾化,为了提高脱硫吸收剂利用率,一般将部分脱硫灰加入制浆系统循环利用。

喷雾干燥法脱硫工艺具有技术成熟、工艺流程较为简单、系统可靠性高等特点,脱硫率可达85%以上。

③ 海水脱硫工艺。利用海水的碱度脱除烟气中的 SO_2。在脱硫吸收塔内,大量海水喷淋洗涤进入吸收塔内的燃煤烟气,烟气中的 SO_2 被海水吸收而除去,净化后的烟气经除雾器除雾,经烟气加热器加热后排放。吸收 SO_2 后的海水与大量未脱硫的海水混合后,经曝气池曝气处理,使其中的 H_2SO_3 被氧化成为稳定的 SO_4^{2-},并使海水的 pH 与 COD 调整达到排放标准后排入大海。该技术一般适用于靠海边、扩散条件较好、用海水作为冷却水、燃用含硫较低煤的电厂。

④ 电子束法脱硫工艺。烟气经过除尘器粗滤处理,并冷却到 70 ℃后,进入反应器,在反应器进口处喷入氨水、压缩空气和软水混合物,经过电子束照射后, SO_2 和 NO_x 在自由基作用下生成硫酸(H_2SO_4)和硝酸(HNO_3),再与共存的氨中和反应,最终生成粉状微粒[硫酸铵(($NH_4)_2SO_4$)与硝酸铵(NH_4NO_3)的混合粉体],从反应器底部排出,并做造粒处理,净化后的烟气向大气排放。

⑤ 磷铵肥法烟气脱硫技术。磷铵肥法是利用活性炭吸附剂和催化剂,水洗再生稀硫酸,萃取分解磷矿粉以制备氮磷复合肥料的烟气脱硫新工艺。

⑥ 活性炭吸附法脱硫。含 SO_2 烟气通过内置活性炭吸附剂反应塔。SO_2 被活性炭吸附达到脱除目的,脱硫率可达98%以上。活性炭吸附剂在反应塔内呈层状缓慢移动,排出塔外的活性炭进入再生塔用水蒸气再生,并回收稀硫酸,可实现硫资源回收利用。再生后的活性炭返回反应塔反复使用。

2.8.5.2 烟气除尘技术

烟气中的粉尘量主要取决于燃烧方式及煤质情况。飞灰的化学成分以 SiO_2 和 Al_2O_3 为主。两者之和一般大于70%,还有 Fe_3O_4、CaO、MgO、Na_2O、K_2O、TiO_2、SO_2 等,一般煤粉炉飞灰的粒度在 $3\sim10~\mu m$ 之间。

利用烟气中飞灰颗粒与烟气之间电性质及密度的差异,可以除去烟气中的飞灰。国内外燃煤烟气除尘装置主要有电除尘器、布袋除尘器、湿式除尘器、旋风除尘器等几种。

① 电除尘器。电除尘原理是使浮游在气体中的粉尘颗粒荷电,在电场的驱动下粉尘颗粒作定向运动,被从气体中分离出来。电除尘器的优点主要有:几乎可以捕集一切细微粉尘

及雾状液滴,其捕集粒径范围在 0.01～100 μm,当粉尘粒径大于 0.1 μm 时,除尘效率高达 99% 以上;适用范围广,从低温、低压到高温、高压,在很宽范围内均能使用,尤其能耐高温,最高可达 500 ℃;本体压力损失小、能耗低、处理能力较大。缺点主要有:耗钢量大;占地面积大;对制造、安装和运行的要求较高;对粉尘的特性较敏感,最适宜的粉尘比电阻范围为 10^{10}～5×10^{10} Ω·cm。目前电除尘器在火力发电、冶金、化工、水泥、建材、纺织等工业部门得到了广泛应用。

② 布袋除尘器。布袋除尘器是利用织物制作的袋状过滤主件来捕集含尘气体中固体颗粒物的除尘装置,已有 100 多年的历史。新型布袋除尘器于 20 世纪 70 年代开始在美国、澳大利亚等国家应用于大型电站锅炉和工业锅炉的燃煤烟气净化处理。其优点为:除尘效率高(一般在 99% 以上),处理能力较大,结构简单,造价低,维护操作方便,受粉尘特性的影响较小。缺点是:体积和占地面积较大,本体压力损失较大,对滤袋质量有严格的要求,滤袋破损率高,使用寿命短,运行费用较高。

布袋除尘器也可获得与电除尘器相近的、非常高的除尘效率,且对煤种的适应性强,对于某些比电阻范围的煤,除尘效率甚至高于电除尘器。对于粉尘中的细微颗粒,如小于 2 μm 的可吸入颗粒物,有更好的除尘效果。在处理低硫煤烟气时,布袋除尘器投资低于电除尘器。

③ 湿式除尘器。湿式除尘器是通过水或其他液体形成的液网、液膜或液滴与含尘气体接触,借助于惯性碰撞、扩散、拦截、沉降等作用精集尘粒,使气体得以净化的各类除尘装置。主要优点是在除尘的同时可以去除某些气态污染物,除尘效率高,投资比达到同样效率的其他除尘设备要低,可处理高温废气以及黏性的尘粒和液滴等。但是,湿式除尘器存在能耗大,废泥和泥浆需要处理,金属设备容易被腐蚀,在寒冷地区使用可能发生冻结等问题。目前国内常用的有水膜除尘器、喷淋塔、文丘里洗涤器、冲击式除尘器和旋流板塔等。净化后的气体从湿式除尘器中排出时,一般都带有水滴,为了除去这部分水滴,在湿式除尘器后都附有脱水装置。

④ 旋风除尘器。旋风除尘器是利用旋转的含尘气流所产生的离心力,将粉尘从气流中分离出来的除尘装置。旋风除尘器结构简单,占地面积小,投资低,操作维修方便,压力损失中等,动力消耗不大,可以用各种材料制造,能用于高温、高压以及有腐蚀性的气体,并有可直接回收干颗粒物的优点,一般用来捕集 5～15 μm 以上的颗粒物,除尘效率可达 80% 左右。旋风除尘器的主要缺点是对捕集 5 μm 以下颗粒的效率不高,一般作为预除尘。

2.8.5.3 烟气脱硝技术

控制 NO_x 的排放可以有两类方法,一类是改善燃烧运行条件来减少 NO_x 的形成,如尽量降低燃烧温度、减小高温区的供氧量等,目前开发的先进低 NO_x 燃烧器以及流化床燃烧就是例子;另一类是对烟气进行脱硝。

目前主要工艺有选择性催化还原法(selective catalytic reduction,SCR)、选择性非催化还原法(selective non-catalytic reduction,SNCR)、活性炭法(active charcoal,AC)等几种。

① 选择性催化还原法(SCR)工艺。在催化剂(含 TiO_2、V_2O_5 和微量重金属的陶瓷基材料或活性炭)的作用下,在 300～400 ℃ 烟气温度条件下,NO_x 与加入的 NH_4 产生还原反应,生成 N_2。氨直接在催化还原装置之前喷入,当 $n(NH_3)/n(NO_x)$ 约为 0.9 时,NO_x 脱除率可以达到 85% 以上。

② 选择性非催化还原法(SNCR)工艺。不使用催化剂,在850～1 100 ℃温度范围内将NO_2还原。最常用的还原剂为氨和尿素。在一般情况下,SNCR法平均脱硝能力为30%～60%。

③ 活性炭法(AC)。它可用来同时脱硫脱硝,吸附反应一般可在90～110 ℃下进行。经吸附反应后,活性炭与烟尘分离被送入管式解吸器(一般在400～500 ℃)进行解吸附。活性炭法可达85%左右的脱硝率。

几种烟气脱硝工艺比较情况见表2-14。

表2-14　　　　　　　　　烟气脱硝工艺比较

名称	还原剂	NO_x降低率/%	温度范围/℃	应用条件	备注
SCR	NH_4	>80%	350～420 300～350	锅炉改造,易受空间限制	投资较高; 有一定的安装空间要求; 催化剂价格较高具有一定的寿命限制
SNCR	NH_4 NH_4OH 尿素等	可达60%	850～1 100	在新建锅炉中应用	投资适当; 通过添加药品可将还原温度范围较大; 效率取决于温度分布和锅炉构造
AC	C	可达90%	90～150	占地面积及所需空间较大	炭用于吸附及SO_2的还原剂; 投资相对较高; 活性炭有过热问题

2.9　煤炭的二次能源开发

煤炭转化技术包括煤炭液化、煤炭气化、多联产、燃料电池,是将煤炭转化为清洁的二次能源和化工产品技术。煤炭转化技术的应用,有利于改变我国终端能源的消费结构,减少煤炭直接燃烧量,减小因燃煤造成的环境污染,在一定程度上缓解我国石油供需矛盾,对保障我国能源安全具有重要意义。

2.9.1　煤炭气化

煤的直接燃烧带来的环境问题到目前为止不能经济有效地解决,因此将煤转化为清洁的气体或液体燃料再来进行利用是一条有效的途径。煤的气化技术是未来煤洁净利用的技术基础,被认为是最清洁的煤转化利用方式。煤的气化产物在电力生产、城市供暖、燃料电池、液体燃料和化工原料合成等方面有着极其广泛的应用,能够达到充分利用煤炭资源的目的,因而煤的气化技术也成为未来洁净煤技术中的核心。

2.9.1.1　煤炭气化的定义、分类及作用

煤炭气化是指煤在特定设备内,在一定温度及压力下使煤中有机质与气化剂(如蒸汽/空气或氧气等)发生一系列化学反应,将固体煤转化为以CO、H_2、CH_4等可燃气体为主要成分的生产过程。煤炭气化时,必须具备三个条件,即气化炉、气化剂、供给热量,三者缺一不可。

不同的气化工艺对原料性质要求不同,因此在选择煤气化工艺时,考虑气化用煤的特性及其影响极为重要。气化用煤的性质主要包括煤的反应性、黏结性、煤灰熔融性、结渣性、热稳定性、机械强度、粒度组成以及水分、灰分和硫分含量等。

煤炭气化工艺可按压力、气化剂、气化过程、供热方式等分类,常用的是按气化炉内煤料与气化剂的接触方式区分,主要有:

① 固定床气化。在气化过程中,煤料由气化炉顶部加入(如图2-66所示),气化剂由气化炉底部加入,煤料与气化剂逆流接触,相对于气体的上升速度而言,煤料下降速度很慢,因此称之为固定床气化。

② 流化床气化。它是以粒度为0~10 mm的小颗粒煤为气化原料,在气化炉内使其悬浮分散在垂直上升的气流中,煤粒在沸腾状态进行气化反应,从而使得煤料层内温度均一,易于控制,提高气化效率。

③ 气流床气化(又称喷流床气化)。它是一种并流气化,用气化剂将粒度为100 μm以下的煤粉带入气化炉内,也可将煤粉先制成水煤浆,然后用泵打入气化炉内。煤料在较高温度下与气化剂发生燃烧反应和气化反应。

④ 熔浴床气化。它是将粉煤和气化剂以切线方向高速喷入温度较高且高度稳定的熔池内,把一部分动能转给熔渣,使池内熔融物做螺旋状的旋转运动并气化。目前此气化工艺已不再发展。

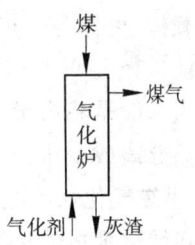

图2-66 固体床气化示意图

煤炭气化技术主要用于下列领域:

① 化工合成原料气。随着原料气合成化工和碳—化学技术的发展,以煤气化制取合成气,进而直接合成各种化学产品的路线已经成为现代煤化工的基础,主要产品有合成氨、尿素、FT合成燃料、甲醇、二甲醚等。我国合成氨产量的60%以上、甲醇产量的50%以上来自煤炭气化合成工艺。

② 工业燃气。常压固定床气化炉和流化床气化炉均可制得热值为4.59~5.61 MJ/m³(1 100~1 350 kcal/m³)的煤气,用于钢铁、机械、卫生、建材、轻纺、食品等部门,用以加热各种炉、窑,或直接加热产品。以煤气作为工业燃气在我国有广泛应用。

③ 民用煤气。一般热值在12.54~14.62 MJ/m³(3 000~3 500 kcal/m³),要求CO小于10%,除焦炉煤气外,用直接气化也可得到,采用鲁奇炉较为合适。与直接燃煤相比,民用煤气不仅可以明显提高用煤效率和减轻环境污染,而且能够极大地方便使用,具有良好的社会效益。出于安全、环保及经济等因素的考虑,要求民用煤气中的H_2、CH_4及其他烃类可燃气体含量应尽量高,以提高煤气的热值;要求有毒成分CO的含量应尽量低。

④ 冶金还原气。煤气中的CO和H_2具有很强的还原作用。在冶金工业中,利用还原气可直接将铁矿石还原成海绵铁;在有色金属工业中,镍、铜、钨、镁等金属氧化物也可用还原气来冶炼。因此,冶金还原气对煤气中的CO含量有要求,在中国冶金和有色金属行业得到大量应用。

⑤ 联合循环发电燃气。整体燃气化联合循环发电(简称IGCC)是先将煤气化,产生的煤气经净化后驱动燃气轮机发电,再利用烟气余热产生高压过热蒸汽驱动蒸汽轮机发电。用于IGCC的煤气,对热值要求不高,但对煤气净化度,如粉尘及硫化物含量的要求很高。与IGCC配套的煤气化一般采用固定床加压气化(鲁奇炉)、气流床(德士古、Shell气化炉)气化、流化床气化等,煤气热值9.20~10.45 MJ/m³(2 200~2 500 kcal/m³)左右。

⑥ 燃料油合成原料气和煤炭液化气源。早在第二次世界大战时,德国等就采用耗费工

艺(F—T合成)合成发动机燃料油。目前煤炭直接液化和间接液化都离不开先进的煤炭气化,煤炭气化为直接液化工艺高压加氢液化提供氢源;在间接液化工艺中,煤气经过变换调节成合适的H_2、CO比例送往合成工段,用于合成液体燃料和化工产品。煤炭液化可选的煤炭气化工艺包括固定床加压鲁奇气化、加压流化床气化和加压气流化床气化工艺。以煤气化技术作为"龙头"生产的煤气用于合成二甲醚、汽油与柴油等液体燃料以及合成其他多种化工产品,或用于煤炭直接液化制氢。

⑦ 煤炭气化制氢。氢气广泛用于电子、冶金、玻璃生产、化工合成、航空航天及氢能电池等领域。氢燃料热值高,燃烧后的产物是水,污染物排放是零。从长远来看,氢气是很好的能源载体,可作为分布式热、电、冷联供的燃料,实现污染物和温室气体的近零排放。

目前世界上96%的氢气来源于化石燃料转化,煤炭气化制氢起着很重要的作用。煤炭气化制氢一般是将煤炭转化成CO和H_2,然后通过变换反应将CO转换成H_2,将富氢气体经过低温分离或变压吸附及膜分离技术,即可获得氢气。

⑧ 煤炭气化燃料电池。燃料电池是由H_2、天然气或煤气等燃料(化学能)通过电化学反应直接转化为电的化学发电技术,具有供电灵活、集中和分布式相结合、发电效率高等一系列优点,是未来的发展方向。燃料电池与高效煤气化结合的发电技术IGMCFC(整体煤气化—燃料电池)和IGSOFC(直接发电—热力循环),发电效率可达53%。

2.9.1.2 煤炭气化的基本原理

煤炭气化过程包括煤的热解、气化和燃烧三个部分。

(1) 煤气化的基本化学反应

① 煤气化反应。煤气化反应通常在700～1 600 ℃,压力由常压到689 kPa(68 atm)条件下进行,通过一系列的平行反应或串联反应,煤炭被转化成气体产品。就气化过程而言,煤经历干燥、干馏、气化和燃烧几个过程。

原料煤进入气化炉后,首先受热,大约在200 ℃左右煤孔中吸附态或吸藏的气体(如CO_2等)及水分首先被脱除。

当原料煤经过干燥阶段,由于热交换进一步加剧,煤料温度达到300 ℃左右,煤料开始热分解,逸出挥发物,这一阶段主要进行的是煤的热解反应(表2-15)。

表2-15　　　　　　　　　煤热解的产物及基本化学反应

产　物	来　源	反　应
焦油和液体	弱键合结构单元	蒸馏和热解
CO_2	羟基	脱羟反应
CO(<500 ℃)	羟基及碳键	脱羟基反应
CO(>500 ℃)	杂环氧	环裂解
H_2O	羟基	脱水反应
$CH_4+C_3H_4$	烷基	脱烷基反应
H_2	芳香(—H键和脂环)	环热解和脱氢反应

煤经干馏热解反应之后,形成半焦、挥发物、焦油等。这些热解产物进一步可与气化剂

H_2O、CO_2、H_2 等发生气化反应形成可燃性气体混合物,主要气化反应如表 2-15 所列。

表 2-15 表明气化阶段的反应,主要包括:磷与苯蒸气的反应;C 和 CO_2 的反应;甲烷生成反应;交换反应。前两个反应为吸热反应,甲烷化反应为放热反应。变换反应也称为 CO 变换反应或水煤气平衡反应,由于该反应常在气化炉煤气出口处达到平衡,因此该反应决定了煤气的组成,由此可知可利用此反应制取氢气。

由于煤的气化反应大多为吸热反应,因此常通过煤经气化后剩余的残焦与氧化剂进行的燃烧放热反应为煤气化炉提供热量,使气化炉内温度维持在气化反应正常进行的温度范围。如表 2-15 反应。

② 煤气化反应机理。表 2-16 所列的煤气化反应只是表示了煤气化的表观反应过程,其实其每一个反应都有其复杂的反应机理(图 2-67)。

表 2-16 煤气化反应

反应	序号
煤 $\xrightarrow{热解}$ 焦(C)+挥发物(VM)(如 CO,CO_2)	1
$C+CO_2 \xrightarrow{气化} 2CO+H_2+\Delta H$	2
$C+CO_2 \xrightarrow{气化} 2CO+\Delta H$	3
$VM+H_2 \xrightarrow{氢解(甲烷化)} CH_4-\Delta H$	4
$VM+H_2O \xrightarrow{气化} CO+H_2+\Delta H$	5
$C+H_2 \xrightarrow{氢化气化(甲烷化)} CH_4-\Delta H$	6
$CO+H_2O \xrightleftharpoons[]{变化反应} CO_2+H_2-\Delta H$	7
$C+O_2 \xrightarrow{燃烧} CO_2-\Delta H$	8
矿物质+O_2 $\xrightarrow{分解和氧化}$ 灰分	9

$+\Delta H$ 表示吸热;$-\Delta H$ 表示放热。

挥发物的气化反应机理取决于煤热解阶段所放出的挥发物的特性,挥发物通过如下反应形成 CO、H_2 和 CH_4。

$$C_nH_m(VM)+nH_2O \longrightarrow nCO+\left(n+\frac{m}{2}\right)H_2$$

$$C_nH_m(VM)+\left(2n-\frac{m}{2}\right)H_2 \longrightarrow nCH_4$$

气化过程中,煤中矿物质经过氧化、分解形成灰分。硫、氮和氧被转化成 H_2S、NH_3、含硫和含氮有机物及 H_2O。煤在气化过程中转化率取决于煤气化反应的热力学和动力学因素。部分反应由于催化剂的存在而加速。

(2) 气化反应的热力学分析

煤气化反应的热力学分析在气化反应工艺设计以及反应体系达到的热力学平衡、热效应计算中有极为重要的作用,只有在体系热力学平衡及热效应计算基础上才有可能对系统气化反应：

$$H_2+(O) \longrightarrow H_2+(O)$$
$$C^*+(O) \longrightarrow CO+(\ )$$
$$CO+(O) \longrightarrow CO_2+(O)$$
$$CO_2+(\ ) \longrightarrow CO+(O)$$
$$C+(O) \longrightarrow CO+(\ )$$

氢解反应：

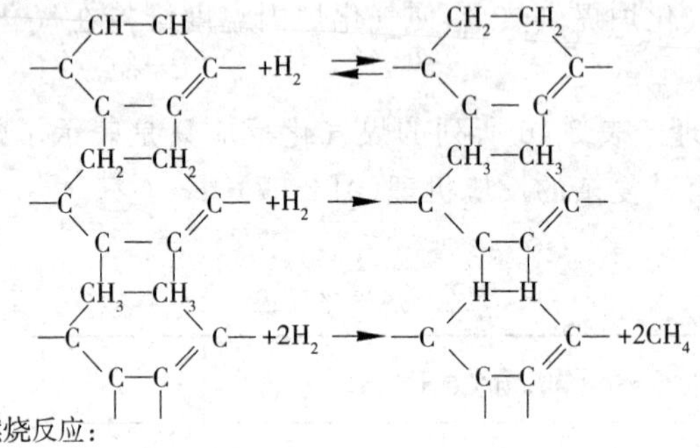

燃烧反应：

$$C^*+O_2+(\ ) \longrightarrow C(O)+O$$
$$C^*+O+(\ ) \longrightarrow C(O)$$
$$C(O) \longrightarrow CO+(\ )$$
$$CO+O_2 \longrightarrow CO_2+O$$
$$CO+O \longrightarrow CO_2$$

图 2-67 煤气化反应机理

C*——表面活性碳原子；(　)——固体表面活性基

及设备进行最佳化设计。由于气化炉内各种气化反应的复杂性、煤及其半焦的不均一性，因此有关不同煤质的气化热力学分析是极为复杂的。

① 气化反应的热效应。气化反应的热化学方程通式可写成：

$$a\mathrm{A} + b\mathrm{B} \longrightarrow c\mathrm{C} + d\mathrm{D} \pm Q$$

式中　A,B——气化反应物；
　　　C,D——气化产物；
　　　a,b,c,d——分别为反应物与产物的计量系数；
　　　Q——反应热。

表 2-16 中所列的一系列气化反应在不同温度条件下的热效应如表 2-17 所列。

气化反应的热效应可通过燃烧热或生成焓来计算。由于气化反应通常在等压、等温条件下进行，因此根据热力学第一定律，气化反应的等压热效应是在数值上等于反应体系的焓变 ΔH，即：

$$Q_p = -\Delta H$$

由于吸热反应 Q_p 为正值，放热反应 Q_p 为负值，又因放热反应产物的焓变必然小于反应物的焓变，因此 ΔH 取负值。气化反应的热效应可通过燃烧热或生成焓来计算。

表 2-17　　　　　　　　一般气化反应的反应热(单位:kJ/mol)

温度/℃	C+O₂→CO₂	C+CO₂→2CO	C+H₂O→CO+H₂	CO+H₂O→CO₂+H₂	C+2H₂→CH₄
0	−413.689	165.380 9	125.007 1	−40.378 8	−66.825 7
298.16	−393.137	172.301 3	131.176 8	−41.122 8	−74.776
600	−393.434	173.315 3	134.462 2	−38.874	−83.152 7
700	−393.618	172.855 5	134.968	−37.887 5	85.276 18
800	−393.819	172.186 7	135.310 8	−36.876	−87.040 1
900	−394.04	171.329 8	135.515 6	−35.856	−88.432 1
1 000	−394.249	170.468 8	135.624 3	−34.844 5	−89.577 4
1 100	−394.442	169.482 3	135.645 2	−33.837 1	−90.497
1 200	−394.634	168.445 6	135.603 4	−32.842 3	−91.082 2
1 300	−394.826	167.333 8	135.473 8	−31.86	−91.625 6
1 400	−395.031	166.167 5	135.260 6	−30.906 9	−91.96
1 500	−395.24	164.963 7	137.923 3	−29.966 4	−92.169
1 750	−395.762	161.766	134.094 4	−27.671 6	—
2 000	−396.389	158.463 8	137.104	−25.539 8	—
2 250	−397.016	155.078	131.628 2	−27.629 8	—
2 500	−397.685	151.483 2	130.165 2	−25.498	—

注:"−"号为放热反应

(ⅰ)用燃烧热计算气化反应的热效应。依据盖斯定理,气化反应的热效应在数值上等

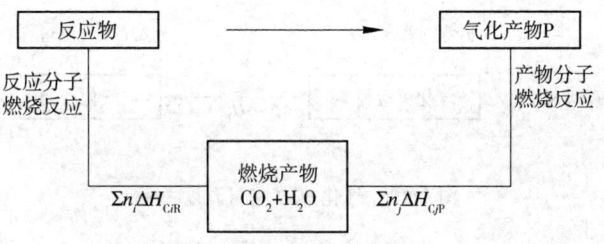

图 2-68　用燃烧热计算热效应示意图

于反应物燃烧热的总和减去产物燃烧热的总和(图 2-68),其计算公式如下:

$$\Delta H = \sum n_i \Delta H_{eiR} - \sum n_j \Delta H_{ejP}$$

式中　ΔH_{eiR}——反应物第 i 组分的燃烧热,kJ/mol;
　　　ΔH_{ejP}——产物中第 j 组分的燃烧热,kJ/mol;
　　　n_i——反应物中第 i 组分的摩尔数;
　　　n_j——产物中第 j 组分的摩尔数。

(ⅱ)由生成焓计算气化反应热效应。图 2-69 为生成焓计算气化反应的热效应示意图。由图 2-68 可知气化反应热效应为:

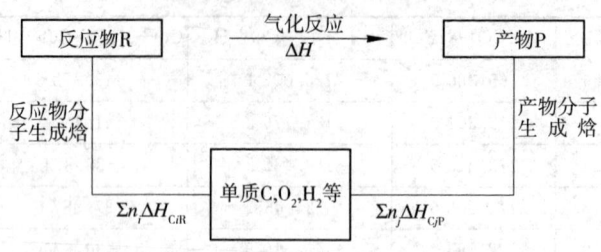

图 2-69 用生成焓计算热效应示意图

$$\Delta H = \sum n_i \Delta H_{iR} - \sum n_i - \Delta H_{iP}$$

式中 ΔH_{iR}——反应物中第 i 组分的生成焓，kJ/mol；

ΔH_{iP}——产物中第 i 组分的生成焓，kJ/mol。

对于标准状况（101.325 kPa，25℃）下的气化反应物的热效应，可从有关化工手册中查得反应物及产物各组分标准燃烧热及标准生成焓。对其他非标准状况下的热效应可应用基尔霍夫定律计算。由图 2-70 可知，不同温度下的热效应为：

$$\Delta H = \Delta H^0_{298} + \int_{298}^{T} \Delta C_p \mathrm{d}T$$

其中 ΔH^0_{298}——标准状况下的热效应；

ΔC_p——生成物等压热容之和与反应物等压热容之差。

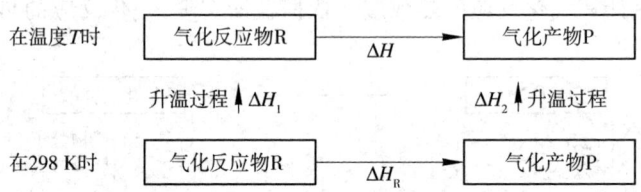

图 2-70 气化热效应与温度关系

② 气化反应的化学平衡。以石墨的气化反应为例，表 2-17 中气化反应及燃烧反应的平衡常数如表 2-18，下面仅对一些典型反应的化学平衡进行讨论。

a) 碳与水蒸气的反应。碳在高温下与水蒸气的主要反应为：

$$C + H_2O \longrightarrow CO + H_2 + \Delta H$$
$$C + 2H_2O(g) \longrightarrow CO_2 + 2H_2 + \Delta H_2$$

b) 碳与 CO_2 的反应。碳与 CO_2 反应也是强吸热反应，其平衡常数 K_p 如下：

$$C + CO_2 \longrightarrow 2CO + \Delta H$$

$$K_p = \frac{P_{CO}^2}{P_{CO_2}}$$

根据布德尔特（U. Boudouard）的研究结果，该反应平衡常数可用下式计算：

表 2-18　　　　　　　　　　　　　　气化反应平衡常数

温度/K	$K_p = \dfrac{p_{CO_2}}{p_{O_2}}$	$K_p = \dfrac{p_{CO}^2}{p_{CO_2}}$	$K_p = \dfrac{p_{CO} p_{H_2}}{p_{H_2O}}$	$K_p = \dfrac{p_{CO_2} p_{H_2}}{p_{CO} p_{H_2O}}$	$K_p = \dfrac{p_{CH_4}}{p_{H_2}}$
298.16	1.2337×10^{69}	1.0100×10^{-21}	1.0013×10^{-16}	9.9126×10^{4}	7.916
600	2.5167×10^{34}	1.8669×10^{-6}	5.0500×10^{-5}	2.7050×10^{1}	1.000×10^{2}
700	3.1826×10^{29}	2.6729×10^{-4}	2.4067×10^{-3}	9.00072	3.972
800	6.7080×10^{25}	1.8093×10^{-2}	4.3988×10^{-2}	4.0380	1.413
900	9.2570×10^{22}	1.925×10^{-1}	4.2483×10^{-1}	2.2059	3.250×10^{-1}
1 000	4.7511×10^{20}	1.8985	2.6176	1.3787	9.829×10^{-2}
1 100	6.3451×10^{18}	1.2206×10^{1}	3.9945×10^{1}	0.70120	3.677×10^{-2}
1 200	1.7376×10^{17}	5.6966×10^{1}	1.1404×10^{2}	0.54742	1.608×10^{-2}
1 300	8.2517×10^{15}	2.0831×10^{2}	2.7954×10^{2}	0.44473	7.932×10^{-3}
1 400	6.0484×10^{14}	6.2856×10^{2}	6.0805×10^{2}	0.37478	4.327×10^{-3}
1 500	6.2903×10^{13}	1.6224×10^{3}	2.851×10^{3}	0.2699	2.557×10^{-3}
1 750	6.744×10^{11}	1.0565×10^{4}	9.029×10^{3}	0.2155	—
2 000	2.241×10^{10}	4.189×10^{4}	2.194×10^{4}	0.128	—
2 250	2.75×10^{9}	1.200×10^{5}	4.435×10^{4}	0.1640	—
2 500	1.892×10^{8}	2.704×10^{5}			

$$\ln K_P + \frac{4\,200}{2T} - 21.4 = 0$$

其中　T 为反应温度。

李特(T. F. Lheed)和惠勒(R. V. Wheeler)也对上述反应进行了研究,结果表明上述反应的平衡常数与温度的关系如下:

$$\ln K_p = \lg \frac{(p_{CO})^2}{(p_{CO_2})}$$
$$= -\frac{8947.7}{T} + 2.4675 \lg T - 0.0010824T + 0.000000116T^2 + 2.772$$

上述反应为增体积反应,因此压力对体系平衡有影响,增加压力有利于 CO 的生成,尽管 CO_2 一般不作为气化剂用,但由于煤气化炉中燃烧反应会产生大量的 CO_2,因此 CO_2 参与的气化反应也是一个极为重要的反应过程。

c) 一氧化碳变换反应

气化炉出口处煤气的组成由一氧化碳变换反应,即 $CO + H_2O(g) \longrightarrow CO_2 + H_2$ 所控制,因此该反应对煤气化过程有重要意义。

哈恩(Hahn)、诺伊曼(Neumann)等曾对该反应的平衡常数进行研究,得出平衡常数温度关系式。

$$\lg K_p = -\frac{2\,226}{T} - 0.0003909T + 2.4506$$

哈里斯(Harrles)也研究了该反应在不同温度下的平衡常数,得出的关系式如下:

$$\lg K_D = -\frac{2\,232}{T} - 0.084\,63\lg T - 0.000\,220\,3T + 2.494\,3$$

d) 生成甲烷的反应。气化过程中形成甲烷的反应有碳加氢反应，CO、CO_2的甲烷化反应：

$$C + 2H_2 \rightleftharpoons CH_4 - \Delta H$$
$$CO + 3H_2 \rightleftharpoons CH_4 + H_2O$$
$$2CO + 2H_2 \rightleftharpoons CH_4 + CO_2$$
$$CO_2 + 4H_2 \rightleftharpoons CH_4 + 2H_2O$$

上述反应除碳的加氢反应外，均为四分子或五分子反应，尽管是均相反应，但其活化能较高，通常情况下较难进行。碳的加氢反应研究表明煤中矿物质所转化的灰分对甲烷的生成有催化作用。该反应的平衡常数与温度的关系如下：

$$\lg K_D = \frac{3\,348}{T} - 5.957\lg T + 0.001\,86T - 0.000\,000\,109\,5T^2 + 11.79$$

e) 气化反应动力学。煤的气化过程涉及将固体原料煤转化成气体产品的非均匀反应。煤气化反应动力学研究的任务就是研究煤气化反应进行的速度和机理。因此煤气化反应动力学既与煤气化过程中进行的每一个单元反应有关，同时也与这些反应进行过程中所相关的物理因素，如吸附、扩散、流体力学、热传导等有密切关系。

图2-71给出了煤气化的一般历程，因此可知煤气化过程首先是煤直接经历热解形成半焦、焦油和气，这是煤气化的初始阶段。初始反应阶段之后，主要涉及半焦、焦油的气化反应。

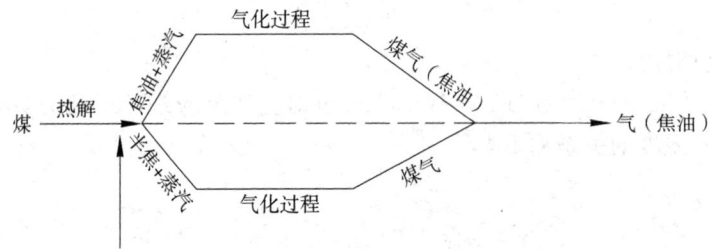

图2-71 煤气化的一般历程

煤或半焦的气化反应是在气化介质中进行非均相反应，因此其反应机理符合非均相无催化反应的一般历程，非均相反应一般经历七个相继发生的步骤：

（ⅰ）反应气体由气相向固体表面的扩散（外扩散）；
（ⅱ）反应气体进入固体颗粒的孔道向内表面扩散（内扩散）；
（ⅲ）反应气体分子在固体表面的吸附，形成中间络合物；
（ⅳ）中间络合物或吸附态中间络合物和气相分子之间进行的反应；
（ⅴ）吸附态产物从固体表面脱附；
（ⅵ）产物分子通过固体的内部孔道向外扩散（内扩散）；
（ⅶ）产物分子由颗粒表面扩散到气相中（外扩散）。

上述七个相继发生的步骤可归纳为两个过程：一是扩散过程（包括ⅰ、ⅱ、ⅵ、ⅶ）；二是化学过程（包括ⅲ、ⅳ、ⅴ）。

煤或半焦在气化温度下,其扩散过程和化学过程交替进行,气化剂的气化分子通过扩散过程到达半焦或碳的表面,气化剂分子再在半焦或碳表面发生吸附、表面反应、脱附及扩散。大量实验研究表明,低温时化学过程是气化反应的控制步骤,高温条件下,扩散或传质过程越来越变为控制步骤。

2.9.1.3 煤气化方法

依据煤在气化炉中的流体力学特征不同,煤气化方法可分为固定床气化法(移动床气化法)、流化床气化法、气流床气化法、熔融床气化法。

(1) 固定床汽化法

固定床气化法可分为常压固定床气化法和加压固定床气化法,前者已在我国获得了广泛应用,其中煤气发生炉主要应用于煤气站,水煤气发生炉主要应用于化肥厂合成氨原料气生产;固定床两段煤气化炉在我国目前正处于研究开发阶段;加压固定床气化法在我国也已开始受到重视。

① 常压固定床气化

(ⅰ)发生炉煤气。发生炉煤气是指以煤或半焦为原料,空气或空气—水蒸气混合物气体做气化剂在煤气发生炉内制得的煤气。如仅用空气做气化剂,制得的煤气称为空气煤气;如用空气—水蒸气混合做气化剂,称为混合发生炉煤气。空气煤气由于炉温高、煤气热值低、显热损失大、气化效率低等缺点使其发展受到限制;混合发生炉煤气由于在气化剂中增加水蒸气,从而克服了空气煤气的上述缺点,具有较好的技术经济指标,已发展为固定床气化的重要气化方法之一。

混合发生炉煤气制造的基本原理:理想发生炉煤气(假设气化纯碳,碳全部转化为CO;以化学计量方程式供给空气和水蒸气,且无过剩,体系为孤立系统)的基本气化方程为:

$$C + \frac{1}{2}O_2 + \frac{3.76}{2}N_2 = CO + 1.88N_2 + 110.4 \text{ kJ/mol}$$

$$C + H_2O = CO + H_2$$

这样,理想发生炉煤气组成为:CO——40%,H_2——18.2%,N_2——41.8%。但在实际气化条件下,由于煤或半焦并不是纯碳,并且气化过程不可能达到平衡,因此实际发生炉中煤气化反应及煤气组成与理想煤气化反应及煤气组成有很大差别。如神木煤在实际气化指标中干煤气组成为:CO——28.91%,H_2——13.73%,N——51.14%等。

在煤气发生炉中煤气化是分层进行的,即依次分为灰渣层、氧化层、第一还原层、第二还原层及炉顶空间(空层)五个部分。空气和水蒸气入炉时,首先与厚150~25 mm灰渣层发生交换,而被预热,灰渣仅被冷却,不发生任何其他化学变化;接着进入氧化层,氧化层厚度一般为原料平均粒径的3~4倍,在氧化层主要进行的是C和O_2的燃烧反应,氧化层温度最高,一般达1 100~1 200 ℃,因此在氧化层,氧的浓度急剧减少,而CO_2浓度迅速增加,随后由于碳还原而降低,这一阶段,水蒸气几乎没有发生任何反应;氧消耗完之后,进入第一还原层,水蒸气才开始反应,CO、H_2的浓度急剧增加,在料层的300 mm左右的区域中,H_2含量增加很快,是因为在此阶段从氧化层刚进入还原区,气化剂温度较高,热量充足;因CO_2和H_2O还原反应进行顺利,随后水蒸气浓度降低,其分解率下降,CO和H_2的生成速度减缓,进入第二还原层,温度下降至700~450 ℃,反应所需热量不足,但CO的变换反应所放热量可使第二还原层的热量有所补充,CO的变换反应一直延续到上层气相空间,因此气相中

CO 的变换反应程度决定了出口煤气的组成。

煤气发生炉种类很多,但在总体上不外乎由炉体、炉料加入装置、灰渣排出装置、对料层进行机械处理的装置和调节气化剂送入装置组成。我国广泛应用的两种煤气发生炉是威尔曼—盖鲁沙(Wellman-Galusha)煤气发生炉和 AⅡ—13 型气化炉。

Wellman-Galusha 煤气发生炉有两种,一种是无搅拌装置用于气化无烟煤、焦炭等不黏结性燃料的煤气发生炉,如图 2-72。

另一种为用于具有挥发分的弱黏性烟煤带有搅拌装置的煤气发生炉,如图 2-73。Wellman-Galusha 煤气发生炉的加料装置由煤料提升部分和煤料入炉部分组成。煤料由提升机送入炉顶部的料斗,由料斗进入储煤箱,然后经煤箱下部的四根供料管加入炉体内。煤料入炉过程是通过设在煤箱上的阀门——给料管上的上、下阀门控制的。一般情况下,给料管的下阀门为常开态,以使煤料进入炉内,防止煤气逸出。当煤箱加煤时,才关闭给料管的下阀门,再开启给料管上阀门,当向煤箱中加料完毕后,再关闭给料管上阀门,打开其下阀门。供料管和炉膛均处于满料状态,不存在气相空间;煤气出口位于炉顶盖上。发生炉炉体为全水套,鼓风空气经炉子顶部夹套空间水面通过,使饱和了水蒸气的空气进入炉子底部灰箱经炉算缝隙进入炉内,压力不受水封限制,空气中水含量用调节夹套水温度来控制。转动炉算为三层偏心塔型,根据气化强度和除灰量的要求,炉算转速可在 0.058~0.932 r/h 范围内调节。炉渣通过炉算间隙落入炉底灰箱内,定期排放。该气化炉为干法排灰。

Wellman-Galusha 炉的显著优点是生产能力大,炉体结构简单,铸件少,投资小,具有较好的技术经济指标。

AⅡ—13 型气化炉为具有凸型炉算,带有搅拌装置的煤气化炉,又称为 3M—13 型,与它对应的另一种为凸型炉算,但不带搅拌装置的炉型为 AⅡ—12 型(也称为 3M—21 型)。

AⅡ—13 型可气化黏结性烟煤,AⅡ—12 型则主要用于气化贫煤、无烟煤和焦炭等不黏结性燃料。这两种炉均为湿法排灰,机械化程度较高,性能可靠,但其构件都是铸造件,因此制造复杂。其中 3M—13 型在我国得到了广泛应用。该炉带有搅拌装置可使弱黏煤气化时通过搅拌而破黏,使煤层平整。加煤机构为双料筒装置。炉体由耐火砖基体和水夹套组成,水夹套生产蒸汽做气化剂。此外该炉具有凸型炉算,炉算是由四偏心放置的鱼鳞状炉条相互重叠而成,上加帽盖,下加底座。

与 Wellman-Glausha 炉相比,3M—13 型炉有较强的搅动、破碎和排渣能力,对炉温和灰燃点要求稍宽,采用湿法排灰兼有冷却和水封的作用,因此操作环境污染小,煤料块度较大,炉底风压较低。

(ⅱ) 水煤气(浆)。水煤气(浆)是以水蒸气为气化剂与赤热碳发生反应所生成的煤气,燃烧时火焰为蓝色,因此也称之为蓝水煤气。水煤气的主要成分为 CO 和 H_2,在我国主要用于合成氨原料气。

水煤气制备过程的基本反应如下:
$$C + H_2O(g) = CO + H_2 - 131.5 \text{ MJ/mol}$$
$$C + 2H_2O(g) = CO_2 + 2H_2 - 90.0 \text{ MJ/mol}$$

由以上反应可知,水煤气生成过程为水蒸气的分解反应过程,该反应为吸热反应,因此只有在外部供给热量的条件下,才能使上述分解反应顺利进行。如热量不足则会发生变换反应。
$$CO + H_2O = CO_2 + H_2 + 41.0 \text{ MJ/mol}$$

2 煤炭开发与利用

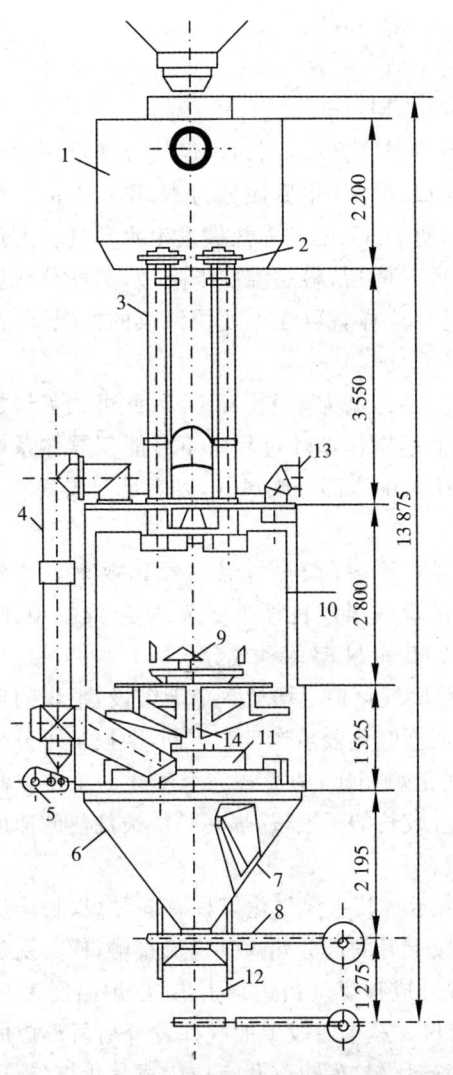
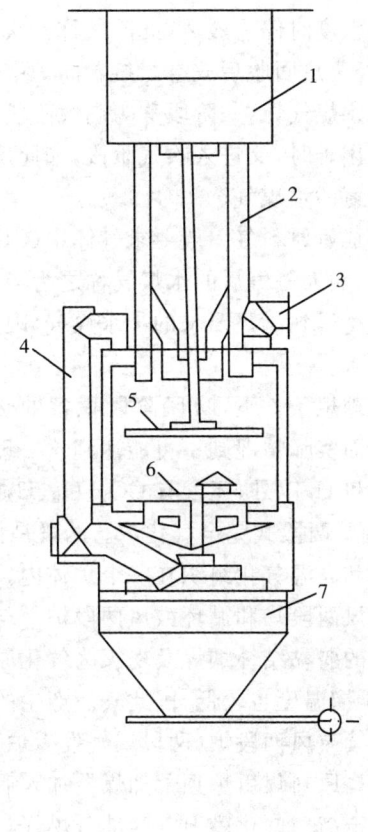

图 2-72 Wellman-Galusha
气化炉（标准型）

1——中间料仓；2——圆盘加煤阀；3——料管；
4——气化剂管；5——传动机构；6——灰斗；
7——刮灰机；8——插板阀；9——炉箅；
10——水套（炉体）；11——支承梁；
12——下灰斗；13——风管；14——中央支柱

图 2-73 Wellman-Galusha
气化炉（搅拌型）

1——煤箱；2——加料管；
3——煤气出口管；4——饱和空气管；
5——搅拌装置；6——炉箅；7——灰斗

进行的程度直接影响水煤气的组成。反应温度越高，则水蒸气转化率越高，水煤气中 CO_2 的比例降低，只有当温度在 1 000 ℃ 以上时，CO_2 的比例才显著降低。

显然在水煤气生产过程中，外部供热是关键。外部供热常用方法有外部加热法、热载体法、用氧和水蒸气为气化剂的连续气化法、用水蒸气和空气为气化剂的间歇送风蓄热法。

间歇送风蓄热法就是先用空气做气化剂，向炉中吹入空气，空气遇到煤发生燃烧，放热反应如下：

· 87 ·

$$C + O_2 = CO_2 + 393.8 \text{ MJ/mol}$$
$$2C + O_2 = 2CO + 231.4 \text{ MJ/mol}$$
$$2CO + O_2 = 2CO_2 + 567.4 \text{ MJ/mol}$$

以上反应放出大量热,热量储蓄在料层内,使料层温度升高,到达水煤气分解反应顺利进行的温度时停止鼓风,此阶段称为吹气阶段,所生成气体的主要成分为 N_2 和 CO_2 的高温废气,经废热回收后放空。接着向炉中送入水蒸气,使 $H_2O(g)$ 与赤热碳发生水蒸气分解反应生成水煤气,这一阶段称为制气阶段。当反应一段时间后,料层温度下降,水蒸气分解反应进行困难时,又进入吹气阶段,如此反复循环进行。这样就可在不使用纯氧的情况下,制得不含氮的水煤气。

合成氨原料气一般要求气体中($CO + H_2$)与 N_2 的比例为 3.1~3.2。因此可人为地加入氮气,加入氮气后的水煤气称之为半水煤气。在上述操作循环过程中不可能仅靠体系的自热平衡得到满足要求的半水煤气,因此常在制气阶段配入部分吹风气,以满足合成氨半水煤气要求。

在理想条件下,吹风阶段积蓄的热量完全被制气阶段所利用,煤的气化效率可达到100%,而实际情况则不可能达到这一理论值,所得的煤气组成也极为复杂,实际煤气中,除了 CO 和 H_2 以外,还含有 CO_2、O_2、$H_2O(g)$、H_2S、CH_4 和 N_2 等多种成分。

(ⅲ) 两段式完全气化炉。两段是指在一般的单段气化炉上增加一个干馏段,把煤的低温干馏和高温气化组织在一个炉体内,分段进行。依据气化段生产工艺不同,两段炉可分为连续鼓风两段炉和循环鼓风两段炉。与一般单段气化炉相比,两段式完全气化炉主要以高挥发分的弱黏结性烟煤及褐煤为气化原料,而且具有较长的干馏段,煤在炉中被加热的速度较慢,干馏温度也较低,因此其所产生的焦油质量较轻。

连续鼓风两段炉(两段煤气发生炉)如图 2-74 所示。其主要气化煤种有弱黏煤、长焰煤和褐煤。原料煤由炉顶部加煤器加入后,与由气化段上升的部分热煤气逆流接触,使其受热而发生干馏。气化段上升的部分煤气与干馏煤气混合成顶煤气由炉顶引出,出炉温度为 90~120 ℃,含有轻质焦油,它是一种易加工的优质燃料。经干馏段干馏脱挥发分后所形成的干馏半焦进入气化段,在气化段与蒸汽、氧或空气逆流接触,发生气化反应生成气化煤气,称为下段煤气,下段煤气通过控制炉底的调节阀部分上升到干馏段,部分从炉底引出。因此下段煤气也称之为底煤气,底煤气出炉温度较高(一般在 500~600 ℃),不含焦油或只含微量焦油。

如图 2-75 为循环鼓风两段炉,与两段式水煤气炉相似,只是在现有水煤气炉上部增设了干馏段。对原料煤的要求较严,一般使用不黏煤或弱黏煤或热稳定性好的褐煤,并且以 20~40 mm 或 30~60 mm 的中块为宜,粉煤量超过 10% 则气化强度将受到严重影响。

循环鼓风两段炉的工作特性一般由五个阶段组成,它们依次是吹风阶段、蒸汽吹净阶段、上吹制气阶段、下吹制气阶段和二次蒸汽吹净阶段。在工作循环的各个阶段,干馏段载热气体的气流不同,流经的路线各异但与连续鼓风两段炉相似,其煤气也有两个出口,生产出两种煤气,含有轻质焦油的顶煤气,及不含或含微量焦油的底煤气。

② 加压固定床煤气化。常压固定床气化法是比较经典的煤气化方法,其所生产的煤气热值较低,而 CO 含量却较高,生产能力小,煤气不宜远距离输送,不能满足城市煤气的质量要求。提高煤气化压力,不仅可以提高煤气化炉的生产能力,而且可生产出高热值煤气,因

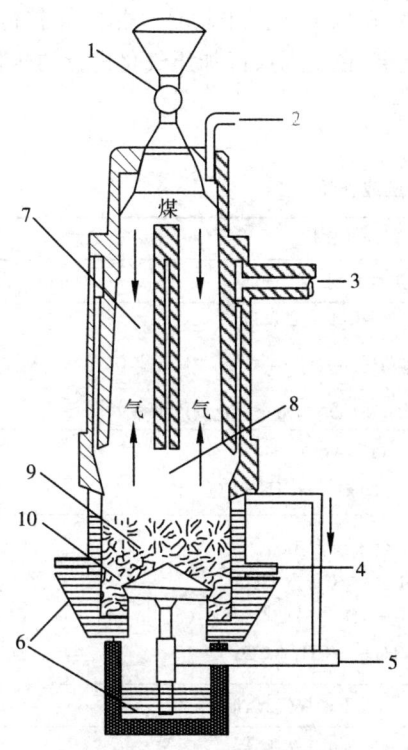 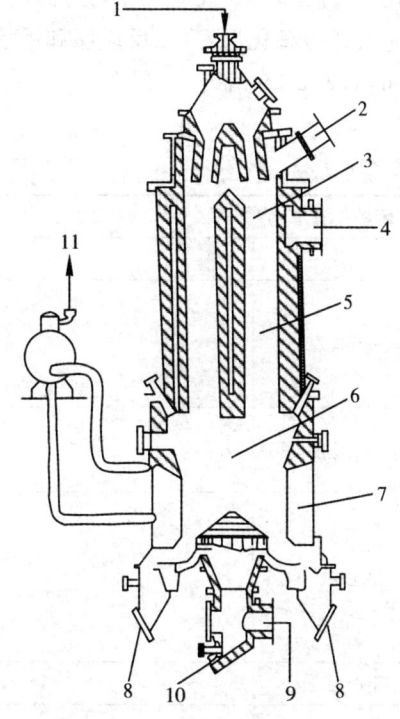

图 2-74 连续鼓风两段炉示意
1——加煤机构;2——顶煤气出口;3——底煤气出口;
4——夹套水入口;5——空气入口;6——水封槽;
7——干馏段;8——气化段;
9——氧化层;10——灰渣层

图 2-75 循环鼓风两段炉示意图
1——加煤机构;2——顶煤气出口;3——干燥段;
4——底煤气出口;5——干馏段;6——气化和燃烧段;
7——水夹套;8——排灰口;9——空气入口;
10——蒸汽入口;11——夹套汽包

此近年来随着社会经济发展,加压煤气化受到国内外的高度重视。固定床加压气化法的典型气化炉为德国鲁奇公司发明的鲁奇炉(LURGI)。根据排渣方式不同,鲁奇炉可分为固态排渣鲁奇炉和液态排渣鲁奇炉。

加压气化与一般气化一样,气化炉内沿料层高度方向有不同的特征区域,即料层的分层现象。在加压气化炉内,料层可分为六层,它们分别是干燥层、干馏层、甲烷层、第二反应层、第一反应层和灰渣层。沿料层不同高度区域其温度不同,如表 2-19 所列。

表 2-19 气化炉内床层高度与温度

床层名称	高度(自炉箅算起)/mm	温度/℃
灰渣层	0~300	450
第一反应层	300~600	1 000~1 100
第二反应层	600~1 100	800~1 000
甲烷层	1 100~2 200	550~800
干馏层	2 200~2 700	350~550
干燥层	2 700~3 500	350

在灰渣层和第一反应层中,是煤粒向气相传热,在以上各层中均是气相向煤粒传热,第一反应层即为氧化层,第二反应层和甲烷层为还原层,在不同层区加压气化进行的热化学反应不同,如表 2-20 所列。

表 2-20　　　　　　　　　　　不同床层的化学反应或作用

床层名称	反应或作用
灰渣层	预热入炉气化剂、保护炉箅
第一反应层	$C+O_2 \longrightarrow CO_2$ 已反应 同时伴随 $C+\frac{1}{2}O_2 \longrightarrow CO$ $C+2H_2O(g) \longrightarrow CH_4+CO_2$ 为整个气化反应供热
第二反应层	$C+H_2O \longrightarrow CO+H_2$ 伴随:$C+2H_2O(g) \longrightarrow CH_4+CO_2$
甲烷层	$C+2H_2 \longrightarrow CH_4$ $CO+3H_2 \longrightarrow CH_4+H_2O$ 同时伴随:$CO_2+4H_2 \longrightarrow CH_4+2H_2O$ $2CO+2H_2 \longrightarrow CH_4+CO_2$
干馏层	干馏解热反应,形成干馏煤气、焦油、半焦
干燥层	上升热煤气使煤干燥脱水

提高气化压力,降低气化温度有利于甲烷的生成。但在低温如 550～650 ℃才能制得热值为 16.7～18.8 MJ/m³ 的混合煤气,而在此温度下,其他气化反应已不能正常顺利进行,但只要把压力提高到 4.90 MPa,则可在较高温度如 860～950 ℃下获得同样热值的混合煤气,在此温度下,其他气化反应可顺利进行,由此可见加压气化使生产等热值煤气成为可能。

(2) 气流床气化法

气流床气化法目前已在煤气化过程中获得广泛应用,柯柏思—托切克(Koppers-Totzek,K-T)气化炉已投入商业化运行。近年来由于煤炭机械化开采程度日益提高,粉煤比例大为增加,而且褐煤等劣质煤资源的开发量也在不断增大,而气流床对于粉煤及劣质煤气化特别适用,从而气流床气化技术日益成为煤气化技术的开发重点。

① 气流床气化的基本原理

当气体流过固体床层,并气体流量超过一定速度时,固体颗粒被分散在气流中,由气体夹带而出,这种形成的反应床称为气流床。气流床气化就是将气化剂(氧气和水蒸气)夹带着煤粉或煤浆,通过特殊喷嘴送入炉膛内,在高温辐射作用下,氧煤混合物瞬间被点燃,并迅速燃烧,燃烧使煤粒干馏并且使干馏产物分解,同时煤焦被气化,生成 CO 和 H_2 等组成的煤气和熔渣的气化过程。

在气流床反应区内,煤粒悬浮于气流中,气流与煤粒并流运动,煤粒之间被气流隔开,因此煤粒基本上单独进行膨胀、转化、烧尽或形成熔渣等,与其邻近的煤粒互不影响,由此可见,气流床气化的显著优点是煤种适应性强,原料煤的黏结性、机械强度、热稳定性等对气流床气化进程几乎没有影响,原则上对煤种没有特别要求。此外,它还具有气化温度高、强度大、煤气不含焦油等优点。但由于气流床气化要求使用尽可能细的煤粉(70%~80%煤粒<200网目),故需要庞大的制粉设备,同时为回收煤气中的显热及灰尘也需要复杂的余热回收及防尘设备,因此设备投资较高。

② 气流床气化炉及工艺

（ⅰ）K-T气化炉气化法。K-T气化法是用气流床进行粉煤气化的工艺过程,气化炉可带2~4个炉头,用水蒸气和氧气做气化剂,常压熔渣气化生产合成气,无任何液态副产物,可气化所有不同变质程度的煤。

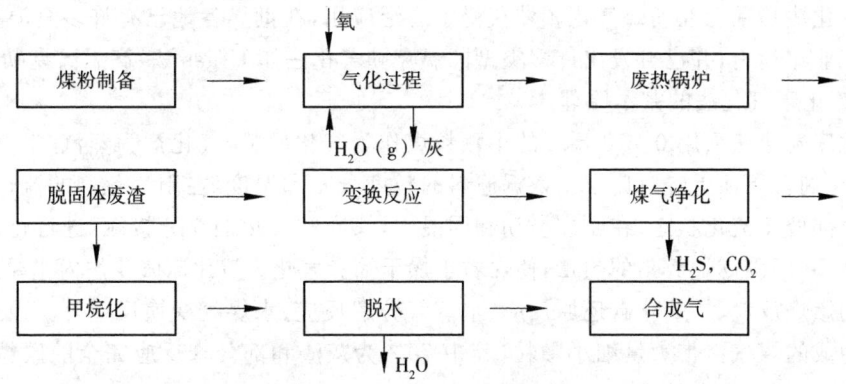

图2-76　K-T气化工艺流程示意图

由图2-76可知,K-T气化工艺流程包括粉煤制备、煤粉和气化剂的送入及制气、废热回收、固体废渣脱除等单元过程。K-T炉主要由燃烧及气化室、熔渣间、废热锅炉构成。粉煤通过螺旋给料机加入到由低压水蒸气和氧化性气化剂组成的气流中,并流送入气化室,瞬间着火,炉内火焰温度可达2 000 ℃,在火焰末端,粉煤几乎全被气化。这时气化炉中部温度达1 500~1 600 ℃。这一过程中,50%~70%的熔渣落入气化炉底部的水冷熔渣桶内,以块状固体被排出,其余熔渣与气流夹带在一起,在煤气冷却段分离除去。为防止炉衬被高温结渣侵蚀,炉内还设有水蒸气圆锥形保护幕,包围着粉煤燃烧所产生的火焰。K-T炉主要生产合成氨原料气。K-T炉的总能量效率为83%左右,煤热值的67%左右可被煤气回收。

（ⅱ）谢尔—柯相斯(Shell-Koppers,S-K)气化法。谢尔—柯相斯气化法是一种高压K-T气流床气化工艺。它是在常压K-T炉的基础上结合了谢尔公司的高压油气化经验而开发成功的。也是氧和水蒸气为气化剂进行熔渣气化。

（ⅲ）德士古气化法。德士古气化法是一种以水煤浆为原料的加压气流床气化工艺。德士古水煤浆加压气化过程属于气流床疏相并流反应,水煤浆通过喷嘴在高速氧气流的作用下破碎、雾化喷入气化炉。氧气和雾状水煤浆在炉内受到耐火衬里的高温辐射作用,迅速经历预热、水分蒸发、煤的干馏、挥发物的裂解燃烧及碳的气化等一系列复杂的物理、化学过程,生成CO、H_2、CO_2、H_2O为主要成分的湿煤气,熔渣和未反应的碳一起同流向下,离开反应区进入炉子底部激冷室水浴,熔渣经淬冷,固化后被截留在水中,落入渣罐,经排渣系统定时排放,煤气和饱和蒸汽进入煤气冷却净化系统。

德士古气化炉是一直立圆筒形钢制耐压容器,炉膛内衬为高质量的耐火材料。气化炉接近于绝热容器,其热损失非常低,总能量效率为85%,气化效率为77%。

(3) 流化床气化法

固体流态化技术就是当气流以逐渐增加的速度通过固体颗粒料层时,气流速度增加到临界流化速度之后,料层体积增大,颗粒运动加剧,显示出极不规则的运动,颗粒悬浮在上升运动的气流中,随气流速度增加,颗粒运动不断增加,但仍逗留在床层内运动而不被流体带出,这时床层表现出液体的某些特征,这种情况下的床层称流化床,它属于密相流化床,极像沸腾之液体,因此也称之为沸腾床。

温克勒(F. Winkler)首先将流态化技术应用于小颗粒煤的气化,开发了流化床气化法。流化床气化法目前已在粉煤气化领域获得了广泛应用,在世界各地已有许多套温克勒气化炉投入工业化运行,并已开发出许多类型的温克勒气化法如 U-gas 法、高温温克勒法等。

① 流化床气化法的基本原理

流化床气化法采用 0~10 mm 的小颗粒煤作为气化原料,气化剂为蒸汽/空气或蒸汽/氧气,气化剂自下而上经过床层。依据原料的粒度分布和湿度,控制气化剂的流速,使床内原料煤全部处于流化状态,在剧烈搅动和回混中,煤粒和气化剂充分接触,进行化学反应和热量传递,利用碳燃烧放出的热量,使煤粒干燥干馏和气化。流化床气化炉内主要进行的反应有碳的燃烧反应、二氧化碳还原反应、水蒸气分解反应、水煤气变换反应等。通过上述气化反应生成的煤气夹带大量细小颗粒(其中 70% 为灰渣和部分未反应完全的碳粒)由炉顶离开气化炉,部分密度较重的渣粒由炉底排出。

② 气流床气化炉及其工艺

(ⅰ) 温克勒气化法。温克勒气化炉的进料口一般有 2~3 进口,沿筒体以 120°或 180°分布。通过螺旋进料口进料,采用鼓风炉栅,鼓风气流沿垂直于炉栅的平面进入炉内,这种结构的炉栅给床层中颗粒正规的和均匀的循环创造了条件,但同时存在灰渣消除不彻底,灰渣沉积结渣限制炉温提高等缺点。

(ⅱ) 高温温克勒气化法。高温温克勒气化法采用流化床在高压条件下进行,产品气为合成气。高温温克勒工艺是在加压下气化,大大提高了气化炉的生产能力,煤气夹带的煤粉经旋风分离器分离,重新返回气化炉气化,使碳转化率提高。由于气化温度升高,甲烷及其他碳氢化合物含量下降,合成气有效成分增加,提高了合成气的质量。高温温克勒生产的煤气一般用于化工合成气或联合循环发电用燃气。

如图 2-77 为高温的温克勒气化工艺流程图,原料煤中常加入 CaO、白云石以脱除煤气中的 H_2S 等杂质,并使含碱性灰分的煤灰熔点有所提高。

(ⅲ) U-gas 气化法。U-gas 气化工艺为单段加压流化床灰熔聚煤气化工艺,其特点是灰渣以团聚状态排放,与传统的固态和液态方式不同,它是在流化床中导入氧化性高速射流,使煤中的灰分在软化而未熔融的状态下,在一锥形床中相互熔聚而黏结成含碳量很低的球状灰渣,有选择地排出炉外。采用灰团聚技术一方面可降低灰渣中的碳损失,另一方面又可减少灰渣带走的热损失。

如图 2-78 所示,煤气化炉底部有一倾斜的栅格,使空气和水蒸气分布均匀,灰渣由此排出,气化炉顶部有一内旋风分离器,收集细焦粒,使其返回气化炉,团聚在一起的 0~6 mm 的煤在预处理器中用空气进行预氧化处理,然后通过螺旋给料器稳定地加入气化炉内。在流化床中,煤与水蒸气和氧气或空气在 950~1 100 ℃下进行反应。灰渣在锥体灰熔聚区域中互相黏结,逐渐长大、增重,直至可克服从锥底逆向而来的气流阻力时,从床层中分离,排

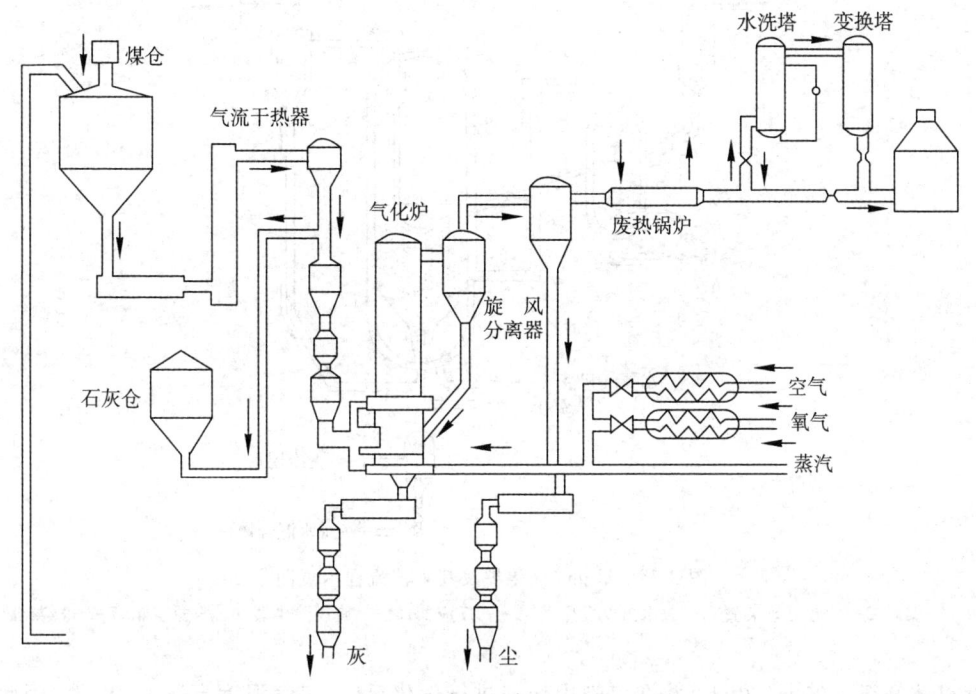

图 2-77 高温的温克勒气化工艺流程

入气化炉底部的灰斗中。煤气由气化炉顶部排出经旋风分离、冷却等后处理工艺得到洁净的合成气。

U-gas 气化法由于反应温度高,几乎能使各种煤转化成煤气。煤气中甲烷含量较低,总热效率为 77%,气化效率为 45%。

除上述流化床气化法,还有许多新近开发的流化床气化法,如加氢气化法(hygas)、合成甲烷法、热解气化法(CO-gas 法)、CO_2 受体气化法、KRW 气化法等。

(4) 熔融床气化法

熔融床气化法是利用装有熔融金属或金属盐的气化炉进行的气化法。熔融床气化法依据熔融介质的种类不同可分为熔渣气化法、熔盐气化法和熔铁气化法三类。熔融床气化法的特点是只有一温度较高(一般为 1 600~1 700 ℃)且高度稳定的熔池,气化反应全部过程在熔池内完成,生成 CO 和 H_2 为主的煤气,煤的转化率高达 99%。由上述特点可知,熔融床气化法不同于前面论述的气化法,而是气、液、固三相反应的气化方法。

① 熔融床气化法原理

(i) 熔渣气化法。熔渣气化法中利用熔渣做气化热源,熔渣是一种混合物,其基本熔质为铁矿渣,同时还包括熔融的煤粉、半焦粒子及完全气化后留下的灰渣等,熔渣的温度高达 1 600~1 700 ℃。磨细 2~4 mm 的粉煤,经喷嘴沿切线方向喷入熔渣池,煤粒受高温辐射作用迅速热解成半焦,半焦粒与加压送入的氧气以 5 m/s 的线速度使熔渣旋转,半焦粒的

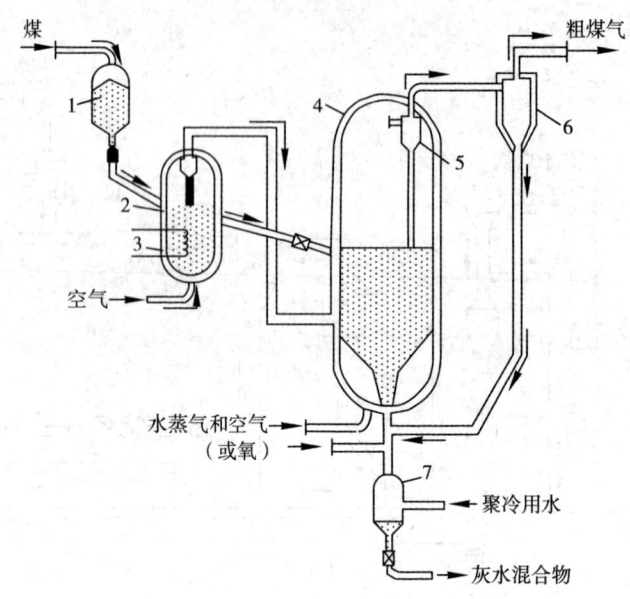

图 2-78　U-gas 气化炉及其工艺流程示意图
1——煤锁；2——预处理装置；3——水蒸气发生器；4——反应器；5——旋风除尘器；6——排灰箱；7——冷凝器

温度迅速升至 1 000 ℃以上，并在气泡内快速进行气化反应，煤气温度高达 1 000 ℃，因此粗煤气中烃类和水蒸气含量极少。熔渣在其中起传递氧的作用，同时其对气化也具有催化作用。

熔渣组成和黏度对煤气化反应程度有较大影响。熔渣池的深度一般为 500 mm 左右，其容积大小取决于熔渣的蓄热能力，其蓄热量要足以提供反应过程所需反应热和热介质的热量。

(ⅱ) 熔盐气化法。熔盐气化法利用熔盐作为热源，并通过熔盐对煤粉与水蒸气之间气化反应的催化作用，以降低反应温度。气化高挥发分煤也可得到不含焦油的煤气，所选熔盐一般为碳酸钠。

(ⅲ) 熔铁气化法。熔铁气化法是利用铁为熔融热介质，粉煤在熔融的高温铁水中发生气化反应而制得煤气的工艺过程。煤粉在熔铁浴中有良好的溶解性，煤中的硫与铁水之间有强烈的亲和性，因此本法对于高硫煤气化特别有效。铁浴温度在 1 370 ℃左右，并以碳酸钙为助熔剂，它同时具有脱硫作用。

② 熔渣池气化法

熔渣池气化法的典型工艺有罗米尔(Rummel)常压熔渣气化法及萨尔堡—奥托(Searberg-Otto)加压熔渣气化工艺。图 2-79 为罗米尔气化法气化炉结构示意图。

罗米尔气化工艺有两种炉型——单筒式和双筒式。单筒炉为高大的直立圆柱体容器，圆柱体下部沿筒体呈切线方向安置，有一圈喷嘴(4～6 个)，筒体底部和中央熔渣排出口之间形成一个较高的环形熔渣床，喷嘴的末端设在熔渣床层水平线以下，气化剂(氧和蒸汽)和煤粉交替地从这些喷嘴中以 6～7 m/s 的高速喷入炉内，使熔渣作旋转活动。双筒炉有两个具有公共熔渣床而又相互气密隔离(用隔板隔离，隔板浸在熔渣中)的直立筒体组成，其中一个筒为气化室，另一个筒为加热室，煤气由气化室排出，废气由加热室排出，熔渣高度由溢流

2 煤炭开发与利用

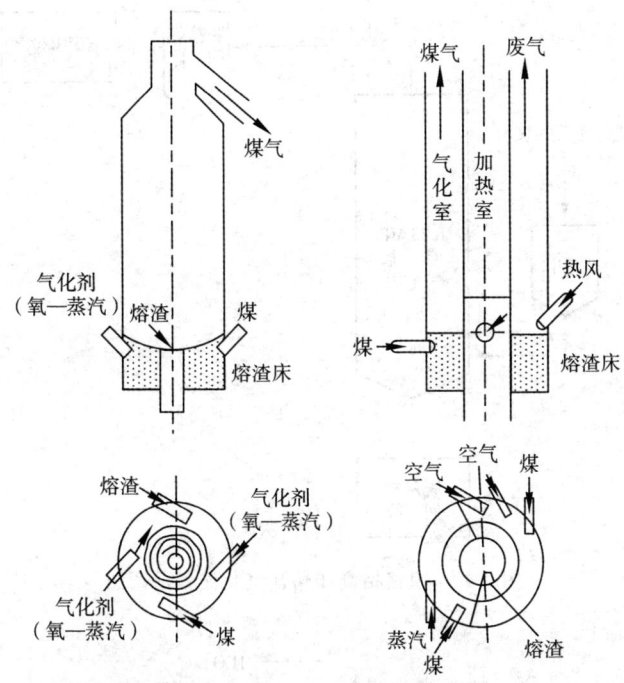

图 2-79 罗米尔气化炉的结构示意图

口高度控制。

萨尔堡—奥托法为加压熔渣池气化法,其炉体由三部分组成,下部为熔渣段,中部为气化段,上部为煤气冷却段,喷嘴向下倾斜指向熔渣表面,煤粉、气化剂(氧气+水蒸气)由喷嘴喷入,冲击熔渣,使其旋转,煤及半焦在旋转的熔渣池中完成气化反应,粗煤气由炉顶排出,渣由炉底排渣口排出。

③ 熔盐气化法——凯洛格(Kellogg)法

凯洛格法由美国凯洛格公司开发成功。该气化方法是以熔融 Na_2CO_3 溶池作为气化炉,$H_2O(g)$ 和 O_2 作为气化介质进行煤气化的反应工艺过程。熔融 Na_2CO_3 即是热载体,同时又是气化反应的催化剂。

图 2-80 为凯洛格高压熔盐气化流程,其操作压力为 8.23 MPa,用 O_2 作燃烧反应的助燃剂,以提高自热程度,减少高温下的水解反应所生成的 CO_2 对煤气的稀释作用,并在保持原来压力(8.23 MPa)的情况下,使反应温度降至 926 ℃。图 2-80 即为改进后的气化系统,系统采用单筒式熔盐气化炉。

④ 熔铁气化法——ATgas 法

熔铁气化法是将粉煤借助于煤粉在熔融铁水中的良好溶解性进行煤气化,如图 2-81。煤粉由压力为 0.34 MPa 的水蒸气带入铁浴,氧气单独由另一个喷嘴输入铁浴表面,反应压力为常压,反应温度 1 370 ℃,煤中的固定碳和硫首先溶解于铁水中,煤中挥发分迅速分解转化成 CO、H_2、CH_4,煤中的硫与石灰石结合转化成硫化钙,熔解在铁水中的碳与 $H_2O(g)$、O_2 发生气化反应生成 CO 和 H_2,含有 CaS 的熔渣连续被除去,用 $H_2O(g)$ 脱硫后重新循环入气化炉。粗煤气经冷却、压缩、交换、纯化、甲烷化、干燥、脱水等加工过程成为天然气

· 95 ·

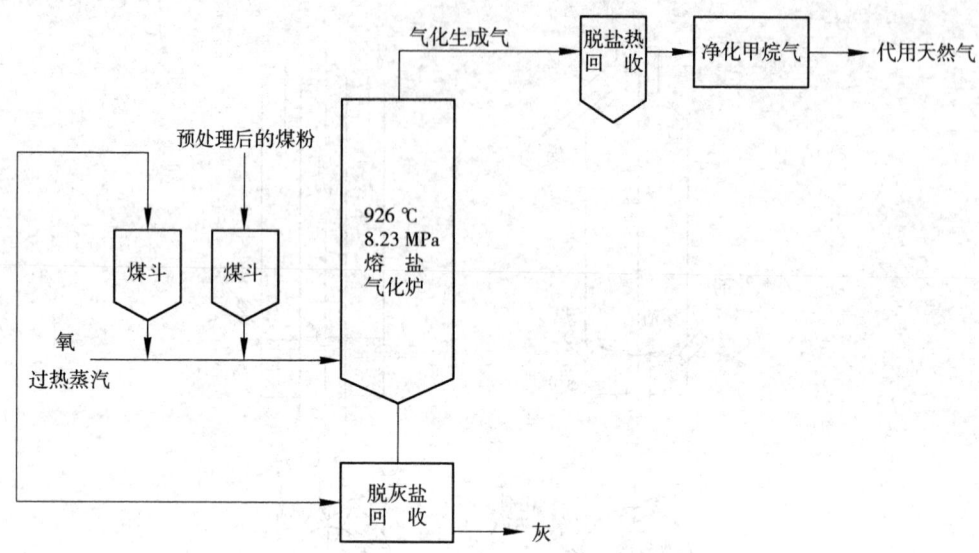

图 2-80 凯洛格高压熔盐气化流程示意图

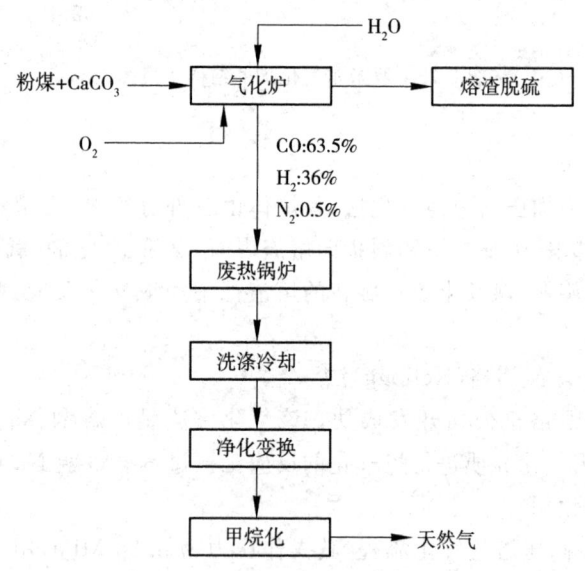

图 2-81 ATgas 流程简图

代用品(SNG)。

(5) 煤炭地下气化法

煤炭地下气化是对地下煤层进行气化制得煤气的一种工艺过程。煤炭地下气化过程受地下煤层赋存状态、地质构造变化等复杂因素影响,与其他气化方法相比进展较慢。煤炭地下气化具有煤炭原地转化为燃料气,将建井、采煤、气化三大工艺合而为一,将物理的采煤方法转变为化学采煤等许多优点,也是一般常规方法无法开采煤层的开采利用的有效方法。因此,国内外对煤地下气化技术的研究与开发极为重视。

① 煤炭地下气化原理。煤炭地下气化在基本气化反应原理方面与一般常规气化法相

同,其差别是前者在地下煤层里的气化通道中进行煤的气化反应生产煤气,后者是在气化炉中进行气化反应生产煤气。图 2-82 为地下气化原理示意图。

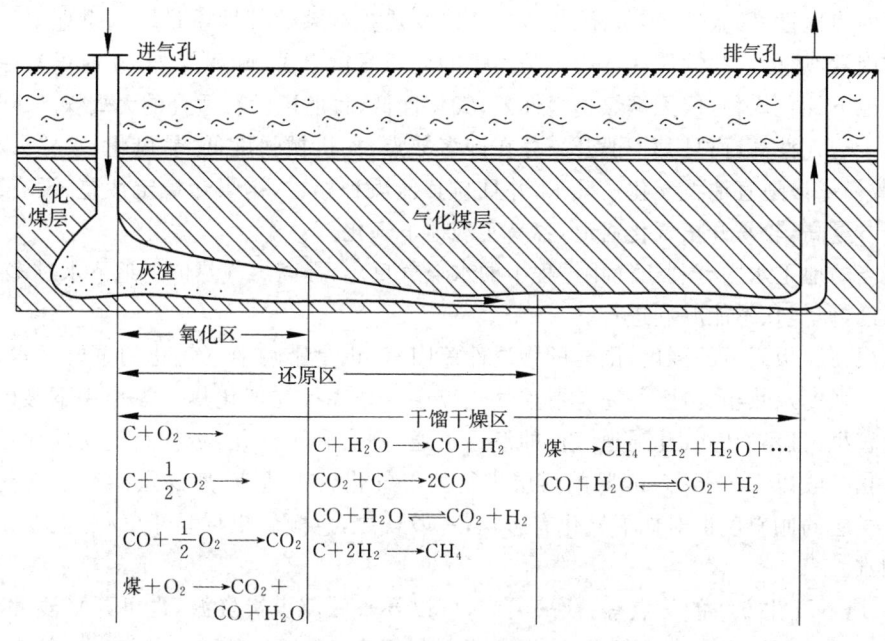

图 2-82　煤地下气化原理示意图

从地表向煤层开掘两个钻孔 1 和 2,两钻孔底部有一水平通道 3 相连,1、2、3 所包围的整体煤柱 4 即为气化盘区,在水平通道的一端(如靠近钻孔 1 处)点火,并由钻孔 1 中鼓入空气、水蒸气等气化剂,煤层燃烧后则在气化通道中形成三个气化反应带,即氧化带、还原带、干馏干燥带。

在氧化带,主要进行碳的燃烧反应:

$$C + O_2 = CO_2 + 393.8 \text{ kJ/mol}$$
$$2C + O_2 \longrightarrow 2CO + 293.4 \text{ kJ/mol}$$

以 CO_2 为主的高温气体在煤层缝隙中向前渗透,进入还原区,并为还原区提供反应所需的热量。在还原区 CO_2、H_2O 与碳发生还原反应形成 CO 和 H_2。

$$CO_2 + C \longrightarrow 2CO - 162 \text{ kJ/mol}$$
$$H_2O(g) + C \longrightarrow CO + H_2 - 131.5 \text{ kJ/mol}$$

还原性煤气向煤气孔方向扩散,同时向其周围的煤层传递热量,使煤层发生干燥和干馏。随煤层的燃烧及气化,火焰工作面不断向前、向上推进,火焰工作面下方的采空区不断被烧掉的灰渣和顶板垮落的岩石所充填,同时,煤块也可下落到采空区,形成反应性较高的块煤区,随气化反应的不断进行,气化区逐渐扩大到整个气化盘区。

② 煤炭地下气化方法。煤炭地下气化可分为有井式和无井式两大气化方法。有井式气化法必须事先进行竖井和平巷工程,工程建设较复杂。无井式气化完全取消地下作业,该法通过钻孔和贯通完成地下气化炉的建筑。无井式气化法的关键是钻孔的选择和开凿及气化通道的贯通,选择有一定透气性的煤层,在地面上钻若干个钻孔,在某些钻孔点火,强行通入气化剂,而在另一些钻孔引出燃气。

③ 影响地下气化的因素。影响煤地下气化的主要因素有煤的性质和种类、地下水、煤层顶底板及煤层的构造等。

煤的渗透性、膨胀性、结焦性、热传导率以及热扩散系数等性质是影响煤地下气化的重要煤质因素,煤的这些性质在本质上是与煤的变质程度有关,除焦煤外,其他煤种原则上均可作为地下气化煤种,但无烟煤透气性差,气化性低,目前还没有适合的无烟煤地下气化法。褐煤由于透气性高,而且其一般开采存在许多缺点,如机械强度低、易风化、水分大、热值低等,因此褐煤最适宜地下气化法开采,并且与其他煤种相比,褐煤热稳定性差,没有黏结性,挥发分含量高,较易开拓气化通道,容易实现地下气化。

适当的地下水则有利于气化过程中的水煤气反应,提高煤气热值。地下水过多,则降低气化温度,使气化不能顺利进行。

煤层顶底板岩石的强度、围岩的渗透性等因素,也是影响地下气化的重要因素,如顶底板有较高强度及热稳定性,并完全覆盖气化煤层。顶底板在气化热力等作用下破碎、垮落,如块度较小,且不影响气化通道气流的渗透贯通,则有利于气化,否则对气化反应不利。煤地下气化一般以 1.3~3.5 m 厚的煤层进行地下气化较为适宜,厚煤层用地下气化不一定经济。煤层的倾斜度也对地下气化有影响,一般言之,急倾斜煤层易于气化,但开拓钻孔工作较困难。

④ 地下气化方法的优点有:开采灵活,可以开采深部煤炭资源,也可开采浅部,可以开采原生煤田也可开采老矿残留煤柱,提高资源利用率;减少生产环节,用工少,效率高,工人劳动强度小;减少环境破坏和大气污染,生产优质清洁能源。

总之,煤炭地下气化开采方法是煤炭生产的一种重大变革,但由于开采中有很大困难,虽然人类对此已进行了百年的努力,至今生产还不稳定,只能处在试验和试生产的水平。

2.9.2 煤炭液化

2.9.2.1 煤的直接液化

煤的直接液化是一种将煤在较高温度和压力下与氢反应使其降解和加氢,从而转化为清洁液体油类的先进工艺技术,该工艺技术也称之为煤加氢液化。煤直接液化技术研究和开发已经有很长的历程。1913 年德国的贝金斯(Bergins)首先研究了煤的高压加氢,随后德国染料公司又成功地开发出耐硫钨钼催化剂,从而使世界上第一个煤直接液化工厂于 1927 年在德国莱那(Leuna)建成。二次世界大战前仅德国煤直接液化的总生产能力已达到 400×10^4 t/a。20 世纪 50 年代由于中东地区廉价石油的开发,使煤直接液化失去了竞争力,但这一时期美国仍在这方面做了大量基础研究工作。

70 年代初石油危机的出现,使发达国家认识到煤炭资源将可能成为石油后时代的重要替代能源,此后煤液化研究开发进入变革时期。在世界范围内煤作为能源的战略地位已成为共识,但煤洁净化转化在经济上的可行性成为煤真正走向主导能源的关键,因此近十年来煤液化研究的重点是改善煤液化工艺经济性,在第一、二代煤液化技术工艺基础上,通过煤液化基础理论和工艺技术深入研究,目前已开发出第三代两段煤直接液化和煤油共炼工艺技术。

(1) 煤直接液化的基本原理

① 煤直接液化的化学反应。煤与石油相比在结构和性能上有显著差别。煤的氢碳原

子比较低,氧碳原子比高;煤的主体是固态高分子聚合物,而石油的主体是低分子化合物;煤中含有较多的矿物质。因此煤直接液化就是向煤中加氢提高煤的氢碳原子比,降低氧等杂原子含量和脱除煤中灰分的过程。这一过程由煤的热解、脱除杂原子、加氢、结焦等一系列复杂的反应过程组成,其产物极为复杂,通常条件下产物为熔点 200 ℃左右的固体,通过溶剂萃取可分离成油、沥青烯、前沥青烯、残渣等复杂混合物。

煤的热解过程本质上是煤大分子结构中不同稳定性的桥键、侧链烷基在不同温度发生断裂,生成小分子挥发物、焦油及大分子自由基的过程。煤液化过程是在供氢溶剂及氢气等液化剂存在的条件下进行的,因此供氢溶剂通过氢的传递作用向热解生成的自由基"碎片"供氢。

由于煤中含有较多的杂原子,这些杂原子在热解过程中,通过加氢而被脱除,煤的羧基官能团在 200 ℃左右就可以分解析出 CO_2,酚羧基只有在高活性催化剂作用下才能被脱除。碳基在加氢过程分解为 CO。煤中硫主要以硫醚、杂环形式存在,在加氢过程中被脱除。煤液化过程中还发生结焦副反应,在供氢不足或温度过高条件下裂解生成的稠环芳烃自由基就会发生缩聚,导致结焦反应发生。

煤中氯原子大多以杂环形式存在,煤中氮的脱除较困难,需在催化剂作用下才能脱除。韦勒(Weller)等早在 20 世纪 50 年代提出了煤液化的机理为串联反应(即煤→沥青烯→油),70 年代通过煤液化过程的深入研究,发现煤液化过程还存在一系列平行反应,而且以平行反应为主。

煤加氢反应动力学研究表明,由煤生成前沥青烯和沥青烯反应的表观活化能约为 42～84 kJ/mol,而从沥青生成油的表观活化能约为 84～126 kJ/mol,因此沥青烯和前沥青烯转化成油的反应需在高效催化剂及较高温度条件下进行。

② 煤直接液化催化剂。煤加氢液化的催化剂有可弃性催化剂、钢和铁的氧化物以及溶于水或油的可溶性催化剂和浸渍催化剂。

可弃性催化剂主要指煤中矿物质及硫化铁这类催化剂,具有成本低、不需回收等优点。发现高灰分煤在有机硫脱除和转变成液体产物方面表现较好的性能,煤中黄铁矿的脱硫活性很低,而硫化亚铁具有较高的脱硫活性。就煤加氢转化成油而言,煤中矿物质如黄铁矿可使煤转变成苯可溶物并使氢化芳烃加氢再生,对液化是有利的,但对于以脱硫为目的的液化而言则应在液化前脱除煤中矿物质。

氧化物催化剂主要有 $CoMo/Al_2O_3$,$NiMo/Al_2O_3$,$Fe_2O_3—SO_4^{2+}$,$MoO_3—Fe_2O_3—SnO_2$,$MoO_3—Co/Al_2O_3$,Fe_2O_3/SiO_2 等。研究指出煤加氢液化催化剂最佳设计应是加氢活性与裂解活性之间的平衡。

③ 煤直接液化效率。煤直接液化效果的好坏通常用转化率、油收率及氢消耗率等指标来衡量。转化率及油收率的表达式如下:

$$\text{转化率} = \frac{\text{干燥基煤样重} - \text{苯(或四氢呋喃)不溶物重}}{\text{干燥无灰基煤样重}} \times 100\%$$

$$\text{液体油收率} = \frac{\text{正己烷(或戊烷)可溶物重}}{\text{干燥无灰基煤样重}} \times 100\%$$

直接液化要求具有较高的液化产率(转化率)及较高的油收率,同时要求氢消耗率要低。这是因为氢气成本约占产品成本的 30%。煤液化过程消耗氢中 25%～40%氢气用于脱氧杂原子,40%～70%用于生成C_1～C_4气态烃,转入产品油中的氢不多。因此在工艺上要求采用活性较高的催化剂及最佳的工艺条件,在转化率及油收率较高的条件下降低氢消耗量,目前一般加氢液化的氢耗量为2%～6%(占无灰干基煤重)。

④ 影响煤液化效率的一般因素:

(i) 煤液化对煤种的要求。煤液化对煤种有一定的要求,这是由于不同变质程度的煤有机质的结构和组成有显著差别。研究表明,氢含量高、氧含量高、碳含量低的煤,转化成低分子产物的速度快。年老煤如无烟煤,其氢碳原子比约为0.4,反应性差,因此其液化转化率很低,不适合作为液化用煤。年轻煤如褐煤、长焰煤等,氢碳原子比较无烟煤高一倍以上,而且具有较高的反应活性,因此这类低变质程度的煤适合作液化用煤。

(ii) 煤液化用溶剂的作用。溶剂不仅是反应介质,提供传热、传质和输送之便,而且还直接或间接参与反应。溶剂的性能对煤的液化效率有直接的影响,其作用如下:

供氢和传递氢。煤液化用溶剂一般为多环芳烃,它们至少有一个以上的环被氢化饱和或部分饱和,如四氢化萘、二氢化萘、二氢蒽等。工业上用的煤液化溶剂是含有这些组分的混合油类如粗原油、煤焦油等。

溶剂供氢过程可用下式表示:

$$S \xrightarrow{H_2} SH_2 \xrightarrow{Coal} S \xrightarrow{H_2} SH_2$$

其中 S 表示多环芳烃溶剂,SH_2 表示氢化多环芳烃溶剂。

溶解作用。溶剂在液化过程中传递氢的同时,还具有溶解煤中可溶组分及液化产物的作用,加速液化反应的进行。一般而言,溶剂对煤的溶解能力大小为:

供氢溶剂＞非供氢溶剂

杂环芳烃＞非杂环芳烃

环数多的芳烃＞环数少的芳烃

对氢的溶解作用。氢在溶剂中的溶解度随溶剂的氢含量增加而增加,并且随温度升高而增加。

(iii) 反应温度和压力对液化过程的影响:

反应温度。煤直接加氢液化反应的温度是影响液化效率的关键因素之一,实际过程中反应温度受原料煤的加氢性能、催化剂活性、液化产物性能的要求等因素的影响,最佳控制反应温度由实验确定,目前大多数煤液化工艺中反应温度都控制在450 ℃左右。反应温度提高可增加煤的液化转化率,但同时增加了结焦的危险性和产生更多的气体。通过改进催化剂性能及反应工艺条件来降低反应温度是煤液化的重要研究课题。

反应压力。煤液化过程中,煤及其液化初级产物的加氢转化反应直接与液化溶剂中氢的浓度有关,氢在溶剂中的溶解度随反应体系的压力升高而增大(如图2-83所示)。

压力增加除使氢在溶剂中溶解度及氢分压增加外,还可有利于氢向催化剂及煤活性反应表面的扩散,从而提高煤液化催化剂的效率,也可使催化剂耐中毒性提高。但在实际中将反应压力控制到最低,反应效率最高是降低煤液化成本的关键因素之一。

(2) 煤液化过程中的特殊影响因素

① 预处理对煤直接液化过程的影响。煤在加工转化前一般都需进行一些预处理如破碎、干燥等简单过程以及化学改性等复杂过程。近年来,用预处理方法来提高煤转化效率及

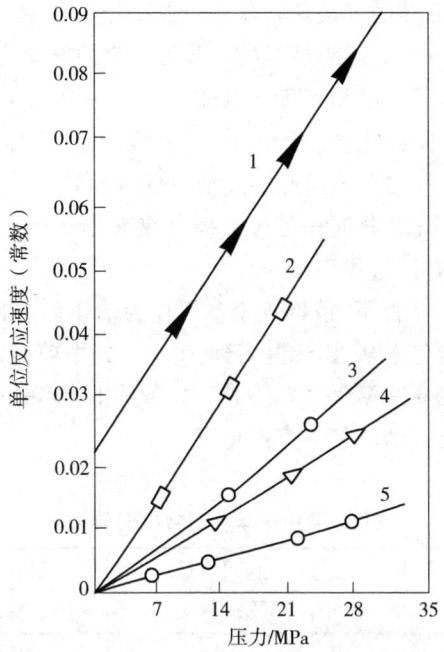

图 2-83 压力对催化剂加氢性能的影响
1——烟煤+Mo;2——烟煤+Sn;3——褐煤+Mo;
4——褐煤+Sn;5——烟煤和褐煤不加催化剂

降低煤转化成本成为十分热门的研究方向。与煤直接液化相关的煤预处理方法有：

(ⅰ)煤的溶胀处理。阿尔托克(L. Artok)等研究了煤的溶胀预处理对煤催化直接液化反应性的影响。采用 FeS,Fe(CO)$_5$,Mo(CO)$_6$ 等作为催化剂前驱体,在没有经过溶胀处理的情况下,浸渍有上述催化剂的煤样[德克萨斯(Texas)褐煤及犹他(Utah)高挥发分烟煤]在液化过程中由于前沥青烯的转化率增加,而使煤液化产率提高。当以甲醇、四氢呋喃、四丁基氢氧化铵和吡啶为溶胀剂,使煤在液化前先进行溶胀处理时,无催化剂存在情况下,德克萨斯褐煤的油和气转化率明显提高,液化转化率提高的程度与溶胀程度相关,溶胀度越大,则转化率愈高。甲醇和吡啶溶胀处理对烟煤的转化率几乎没有影响,但四氢呋喃和四丁基氢氧化铵溶胀处理导致很高的前沥青烯转化率。溶胀与浸渍催化剂结合,致使德克萨斯褐煤的转化率提高 2 倍以上,而且各转化物组分的产率均得到提高,但对烟煤的转化过程几乎没有影响。

(ⅱ)弱酸处理。在室温条件下,用含有一定量盐酸的甲醇、乙烷、丙酮处理阿尔贡优质煤样(APCS)可以提高煤的液化反应性,四氢呋喃可溶物平均提高 14%,是由于弱酸脱除了煤中钙离子的结果。这是因为在液化条件下钙离子可催化反应产物的结焦反应。

(ⅲ)用作为催化剂前驱体的金属有机物处理。Mo 的金属有机化合物为 $(C_3H_5)_2Mo_2(\mu\text{-SH})_2(\mu\text{-S})_2$,简称为 Mo(CM),Fe 的金属有机化合物为 $(\mu\text{-S}_2)Fe_2(CO)_6$,简称为 Fe$_2S_2$。用金属有机化合物前驱体可使催化剂组分在煤中形成高分散及高比表面积的催化剂。这些高分散性催化剂在低温条件下就有很高的催化活性,不仅可促进加氢反应,而且可促进氢解反应,可有效地催化脱杂原子反应。表 2-21 和表 2-22 给出了在使供氢溶剂及非供氢溶剂中使用有机金属化合物前驱体的煤液化转化率及脱杂原子效率。

表 2-21 表明,使用 Mo(oM) 可明显提高甲苯可溶物的转化率,相同条件下,FeS$_2$ 催化剂对液化反应产率影响不大,但产品质量明显提高。一般情况下,直接用 Fe(CO)$_5$ 催化剂产品为脆性固体,而用 Fe$_2$S$_2$ 催化剂产品为焦油,这表明,使用含硫的金属有机化合物前驱体 Fe$_2$S$_2$ 可阻止缩聚或自由碎片结合等逆反应或结焦反应的发生。表 2-22 进一步表明在非供氢溶剂中,使用铝金属有机化合物同样可显著提高煤液化转化率。因此使用良好的催化剂前驱体可以不要求溶剂具有供氢作用。

在 5 MPa 压力、425 ℃ 条件下,以四正丁基锡作为前驱体,研究澳大利亚褐煤的液化反应性,结果表明煤的液化转化率从 37% 提高到 79%。其中前沥青烯产率为 40%,此外,使用四乙基铅作为前驱体,在 6.9 MPa、375～425 ℃ 条件下,煤液化的转化率在 50% 以上,而相同条件下如不用四乙基铅,则产品为溶剂化煤。

表 2-21　　　　　　　　　　在四氢萘中甲苯可溶物(TS)转化率

催化剂	T/℃	φ(TS)/%	φ(N)/%	φ(O)/%
无	400	48	1.13	6.0
Mo(Aq)	400	53	1.45	4.8
Mo(oM)	400	61	1.24	4.6
Fe(CO)$_5$	400	47	0.92	5.0
Fe$_2$S$_2$	400	49	1.07	5.1
无	425	69	—	4.0
Mo(oM)	425	84	—	2.3
Mo(Aq)	425	76	—	4.0

表 2-22　　　　　　　　　　在十六碳烷溶剂中甲苯转化率

催化剂	煤	T/℃	φ(TS)/%
无	伊利诺斯 6 号煤	400	25
Fe(CO)$_5$	伊利诺斯 6 号煤	400	24
Fe$_2$S$_2$	伊利诺斯 6 号煤	400	29
Mo(Aq)	伊利诺斯 6 号煤	400	41
Mo(ou)	伊利诺斯 6 号煤	400	54
无	褐煤	425	24
Fe(CO)$_5$	褐煤	425	41
Fe$_2$S$_2$	褐煤	425	39

(ⅳ) 油团聚处理。油团聚是一种有效的煤脱灰技术。油团聚主要应用于年轻煤液化的预处理,采用煤液化油馏分进行低黏煤的选择性脱灰。对液化过程有催化作用的黄铁矿及 Na$^+$ 等保留下来,其余对催化反应不利的灰分被脱除,对褐煤脱灰率可达 50% 以上,而对烟煤采用油团聚方法无明显脱灰效果。

② 低阶煤中可交换离子对其液化性能的影响。次烟煤、褐煤等低阶煤一般都具有良好的液化性能，因此低阶煤的液化过程是煤液化研究的重点。有学者研究了低阶煤中可交换的阳离子如 Na^+、K^+、Ca^{2+} 等对煤液化转化率及油产品质量的影响。低阶煤中无机矿物质不仅以高岭土、石英、黄铁矿等形式存在，而且由于其羧基等含氧官能团含量较高，因此碱金属及碱土金属常以羧酸盐的形式存在，这部分矿物质不能用一般的物理脱灰方法脱除，表2-23 及表 2-24 列出了可交换离子对煤液化性能的影响。

表 2-23　　　　　　　　　Wyosda 烟煤及其离子交换煤的液体性能

样　品	转化率/%			
	总转化率	油	沥青烯	前沥青烯
原　煤	69	40	23	6
NH_4^+—交换	76	38	26	12
Na^+—交换	72	39	19	12
K^+—交换	63	36	23	4
Ca^{2+}—交换	52	31	15	6

表 2-24　　　　　　　　　褐煤原煤及离子交换煤的液化性能

样　品	转化率/%			
	总转化率	油	沥青烯	前沥青烯
原　煤	56	33	15	8
NH_4^+—交换	72	48	18	6
Na^+—交换	64	39	17	8
K^+—交换	56	37	15	4
Ca^{2+}—交换	46	31	11	4

由表 2-23 可知，经 Na^+、K^+、Ca^{2+} 交换之后，煤的液化转化率均比 NH_4^+ 交换煤样的转化率低。对 NH_4^+ 和 Na^+ 交换煤，各交换离子的相对含量增加，尽管转化率增加，但增加部分主要来源于沥青烯或前沥青烯转化率增加。Ca^{2+} 交换使煤的转化率显著降低。表 2-24 表明，NH_4^+ 交换可使褐煤的转化率由 56% 增加到 72%，油转化率由 33% 增加到 49%。但 Na^+、K^+、Ca^{2+} 均使液化总转化率及各组分的转化率明显降低。Na^+、K^+、Ca^{2+} 对煤直接液化反应的影响顺序为 $Na^+ < K^+ < Ca^{2+}$，Ca^{2+} 对煤液化的不利影响归因于钙离子可减少氢转移过程。

③ 煤岩组成对液化的影响。煤的液化性能与煤岩组成有密切关系。研究表明，煤的液化性能与镜质组和稳定组的总含量有良好的对应关系，而富丝质组的煤样其液化转化率很低。通过煤岩分离使反应性组分富集可提高煤液化转化率，但富集反应活性煤岩组分的煤样反而比原煤样液化反应性低，对褐煤煤岩组成对液化反应性的影响目前观点不一。主要是因为褐煤变质程度低，不同煤岩组分的反应活性差别不明显，而且煤岩分离比较困难，很难得到富集程度较高的煤岩样品。有一研究结果表明，褐煤中高灰、富丝质体煤岩组分具有

较高的液化反应性,其原因是该煤灰中富含黄铁矿,出现这种"颠倒"的现象可能是由于铁的催化作用。

不同煤岩组分对煤液化反应性的影响应与煤的变化程度、煤中矿物质的含量及催化活性相联系,在综合考虑这些因素的基础上,运用煤岩分离等手段使煤中反应活性组分富集,提高煤液化转化率。在富含催化活性矿物质的低变质程度煤中,由于煤岩组成对油品质量无明显影响,而且液化残渣一般作为气化原料制备液化用氢,因此用煤岩分离富集反应活性组分的价值不大,甚至得不到好的效果。

(3) 煤直接液化的技术工艺

20 世纪 80 年代以来,直接液化工艺发展的主要方向是由煤制取液体运输燃料油,提高馏分产率和质量,降低氢消耗,改善煤直接液化的经济性。为此,世界各国在开发新的煤液化工艺方面做了大量努力。美、日、德等国在这方面的研究开发尤为突出,如美国开发的氢煤(H-coal)法、溶剂精制煤(solvent refining of coal,SRC)SRC—Ⅰ及SRC—Ⅱ法、埃克森供氢溶剂(Exxon Donor Solvent,EDS)法、紧密相连二段煤催化液化工艺(CCITSL)等,德国的煤液化新工艺、煤油共炼工艺技术等。表 2-25 列出了几种主要煤直接液化工艺指标,这些工艺流程均为一段法,在工业技术及经济上均存在一定的缺点。下面重点讨论几种最新的煤液化工艺技术。

表 2-25　　　　　　　　　几种主要煤直接液化工艺指标

指标	液化方法			
	溶剂精制煤法 (SRC—Ⅰ,SRC—Ⅱ)	供氢溶剂法 EDS	氢煤法 H-Coal	德国新工艺 NEW-IG法
规模/(t·d^{-1})	50 , 50	250	600	200
开发公司	匹茨堡煤矿公司	埃克森石油公司	烃类研究公司	鲁尔煤矿公司和盛巴石油公司
地点	美国华盛顿州	美国德克萨斯	美国肯塔基州	博特罗普
煤种	褐煤、年轻烟煤	褐煤、年轻烟煤	褐煤、年轻烟煤	褐煤、年轻烟煤
催化剂	硫铁矿	CO/MO/Al$_2$O$_3$	CO/Me/Al$_2$O$_3$	赤泥等
反应器	中空圆筒式熔接器	中空圆筒式熔接器	流化床反应器	管式(中空)
反应温度/℃	450	450	450	460~475
反应压力/MPa	13	14	20	30
停留时间/min	3 060	30	30~70	30
固液分离方法	临界溶剂脱灰、闪蒸	闪蒸、焦化	闪蒸	闪蒸
溶剂循环情况	溶剂,反应器煤浆	氢化溶剂循环	重质馏分循环	中油、重油混合循环
主要产品	固体锅炉燃料,轻质油炉燃料油	石脑油、燃料油	合成原油或重质燃料油	轻油、中油
氢耗 (干燥无灰基煤)	24.5	4	6	5~6
残渣利用	气化制氢	气化制氢	气化制氢	气化制氢
热效率% (干燥无灰基煤)	>70	65	56~66	60
中试起止时间	1974~1977,1977~1981	1980~1982	1980~1982	1981~1987

① 紧密相连二段煤催化液化工艺(CCITSL法)。紧密相连二段煤催化液化工艺是在集成两段煤催化液化工艺基础上进行了许多改进而开发成功的。

集成二段煤催化液化法(Intergrated Two Stage Liquifaction Process,简称ITSL)是美国碳氢化合物公司(HRI)和威尔逊维尔煤直接液化中试工厂联合开发的,如图2-84所示。集成二段煤催化液化实际是现有工艺的不同组合,第一段热解抽提的反应条件与溶剂精炼煤工艺(SRC-Ⅰ)相同,第二段催化加氢反应器采用H-Coal法中的沸腾床催化反应器,或EDS中的固定床反应器。该工艺与HRI的氢—煤法有两点不同,一是用两个串联反应器代替单一反应器,便于控制液化过程的化学反应而得到较多的馏分油产率,二是用临界溶剂脱灰装置(CSD)代替常减压蒸馏。使用一种溶剂在临界状态下,萃取出可溶的煤液化产物,促使细粉煤团聚,加快沉降,高效地分出灰浓缩物,回收渣油。ITSL法的优点是氢耗较低。表2-26给出用ITSL工艺和H-Coal法的液化试验结果。

表2-26　　　　　　　　ITSL法与H-Coal法工艺的比较

指标		H-Coal法	ITSL法
反应温度/℃	一段热解反应器	—	435
	二段催化反应器	458	390
产率(W_t/%)(干燥无灰基)	气体氢	12	6
	馏分油	49	57
	渣油	25	19
氢消耗量(W_t/%)(干燥无灰基)		5~6	5.2
煤转换率(W_t/%)(干燥无灰基)		94	92

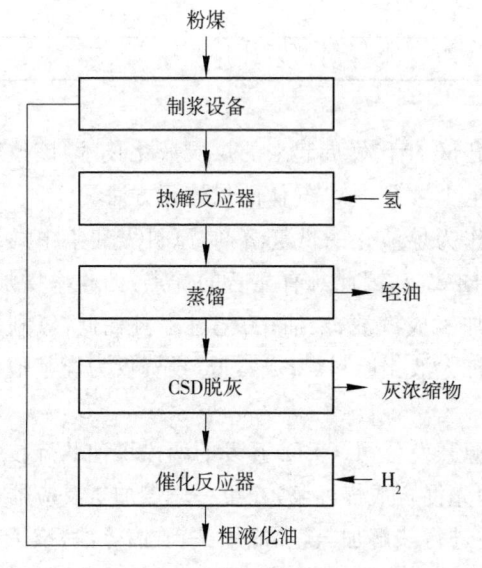

图2-84　集成二段煤液化工艺(ITSL)

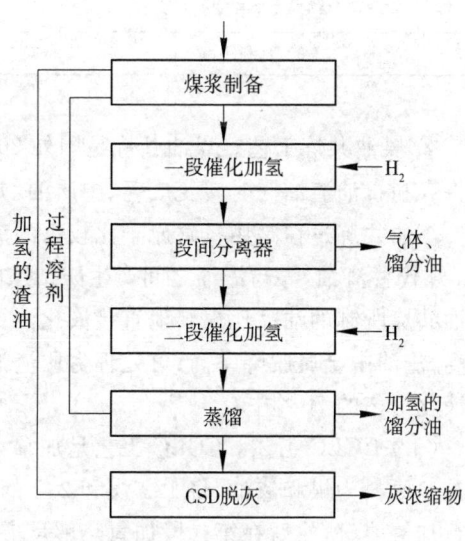

图2-85　CCITSL工艺方框流程图

1984年以来,ITSL工艺经过了一系列的改进,其中包括临界溶剂脱灰(CSD)装置移到第二个催化反应器下游,使两个反应器紧密相连,含固体物溶剂循环;第一段热解反应器改为沸腾床催化反应器,在这些改进的基础上形成紧密相连催化液化工艺(CCITSL),其工艺方框流程图如图2-85所示。

CCITSL工艺的特点是两个反应器紧密相连,中间只有一个段闪蒸分离器,从而缩短了一段反应产物在两段之间的停留时间,防止或减少了缩合反应,有利于增加馏分油产率;部分含固体物溶剂循环,既减少了进入CSD装置的物料量,又使CSD的灰浓缩物带走的能量损失由22%减少到15%,从而增加了渣油产率;两段反应器都用高活性催化剂,使更多渣油转变成粗柴油馏分,同时延长了第二段反应器的催化剂寿命。CCITSL法的氢利用率与氢煤法相比由8.4%提高到10.7%;馏分油产率增加50%,馏分油中N、S等杂原子含量减少50%(如表2-27)。因此CCITSL工艺是目前最先进的煤直接液化技术。

表2-27 CCITSL法与H-Coal法工艺的比较

指　标		氢煤工艺	CCITSL法
油气产率/% (干燥无灰基)	C_1～C_2气体烃	11.3	8.6
	C_4 200 ℃馏分油	22.3	19.7
	346～525 ℃馏分油	20.5	36.0
	346～525 ℃(402 ℃)馏分油	8.2	(22.2)
	＞525 ℃(402 ℃)渣油	20.8	(2.7)
馏分油产率/%		51.0(＜525 ℃)	77.9(＜402 ℃)
煤转化率/%(干燥无灰基)		93.7	96.8
氢耗/%(干燥无灰基)		6.1	7.3
氢利用率		8.4	10.3

② 煤油共炼工艺。煤油共炼是国外20世纪80年代发展起来的煤炭液化技术,该技术是将煤和石油渣油同时转变成轻、中质油,并产生少量C_1～C_4气体的煤液化方法。

煤油共炼过程是用氢碳原子比较高的渣油作为煤液化的供氢溶剂,原料煤油浆中约用1/3煤代替渣油,煤与渣油之间产生防结焦的协同效应,因此具有显著的优点:油收率增加;煤油共炼所制的油品比煤其他直接液化油更易加工成汽油、柴油;工艺过程氢耗低,氢利用率高,渣油中金属脱降率高;可处理劣质渣油和扩大液化原料煤;成本低,投资仅为煤其他直接液化工艺的70%左右。

(ⅰ) CCLC工艺。CCLC工艺是加拿大能源开发公司(CED)开发的两段煤油共炼技术工艺。原料为煤和渣油,将1/3煤和2/3的渣油先混合成煤油浆,在第一段煤加氢反应器中进行加氢溶解,然后在第二段加氢热解反应器中进行热解加氢,生成烃、中质馏分油,该工艺的特点是:原料用油团聚技术脱灰,减少了高压系统的磨损,装置有效处理能力增加;用可弃性铁硫系催化剂,催化剂成本低,无复杂催化剂回收系统;残渣用作沸腾锅炉燃料,生产电力或高压蒸汽。

该工艺已在0.25 t/d装置上进行了连续试验,结果表明,用1桶原料(含煤约35%的渣油)约得到0.98桶馏分油,油品中含石脑油、中油、重油,适于加工成各种运输燃料油。

(ⅱ)PYROSOL工艺。PYROSOL工艺是由德国煤液化公司和CED共同开发的。该工艺为两段煤液化工艺,第一段采用铁系催化剂(赤泥)进行加氢液化,产物经热分离器以后,约66%重质液态产物送入加氢延迟焦化反应器,将其中70%转变成馏分油,生成较少的焦炭。

如用伊里诺斯煤,选择合适的反应条件,温度为448 ℃,停留时间2 min,处理煤量为2.7 kg/h,90%的煤分解,生成的气体量($C_1 \sim C_4$)只有煤的0.53%,在适宜加氢热解条件下,不蒸馏沥青(THF可溶物)的油收率高达70%。该工艺的特点是:氢消耗低,全部氢耗最大为4%,加氢液化和焦化反应器的气态产物与煤油浆直接接触进行热交换,加热煤油浆,使重质组分冷凝,循环进入反应器。该工艺是目前煤油共炼工艺中最经济的技术。PYROSOL液化法已通过实验室及小试装置的验证。目前,对该工艺正在进行最佳化研究。

(ⅲ)CHERRON煤油共炼工艺。该工艺是美国谢弗罗(Cherron)研究公司在其所开发的谢弗罗煤液化工艺(CCLP)基础上经过试验和改进后开发成功的。该工艺的特点为:对煤种适应性广;转化率高;液态产品质量和产率均较高;气产量小;残渣产生量少;氢利用率高;操作灵活,稳定性高;具有处理高金属含量及高渣油含量油品的能力。

谢弗罗煤油共炼工艺为两段煤液化工艺,工艺流程如图2-86所示。

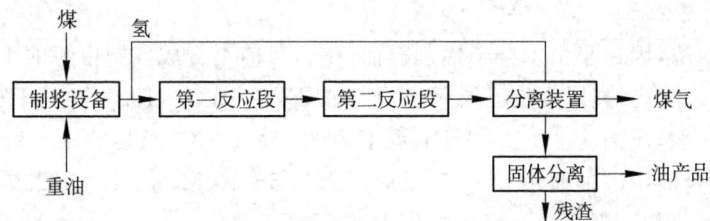

图2-86 CHERREN煤油共炼方框工艺流程

(ⅳ)HRI煤油共炼工艺。HRI煤油共炼工艺技术是碳氢化合物研究公司(HRI)在石油渣油加氢裂解(H—油法)和煤两段催化液化技术基础上发展的,其工艺流程如图2-87所示。

煤油浆顺序通过两个沸腾床反应器,反应器内分别装有$CoMo/Al_2O_3$和$NiMo/Al_2O_3$催化剂,第一段反应器主要进行加氢裂解反应,第二段反应器则是进行深度加氢和脱除杂原子反应,生成烃、中质油。该工艺的典型性能如下:渣油转化率w_t(干燥无灰基)85%~90%;煤转化率w_t(干燥无灰基)90%~95%;脱硫率w_t85%~95%;脱氮率w_t65%~75%;氢耗w_t(干燥无灰基)3%~5%。

2.9.2.2 煤的间接液化

煤的间接液化是指在一定反应条件下(如催化剂、温度、压力等)以煤气化产生的合成气($CO+H_2$)为原料合成液体燃料或化学产品的煤转化过程。通过改变反应条件,煤间接液化不仅可制得液体燃料,而且可获得许多重要化工产品,如乙烯、乙醇、甲醇、甲醛、醋酸等。在众多的合成气液化技术途径中,仅有三项已实现工业化,即甲醇合成转化汽油、费—托(Fischer-Tropsch,F-T)合成法及合成气制醋酸。因此本节对这三项技术工艺作重点讨论。

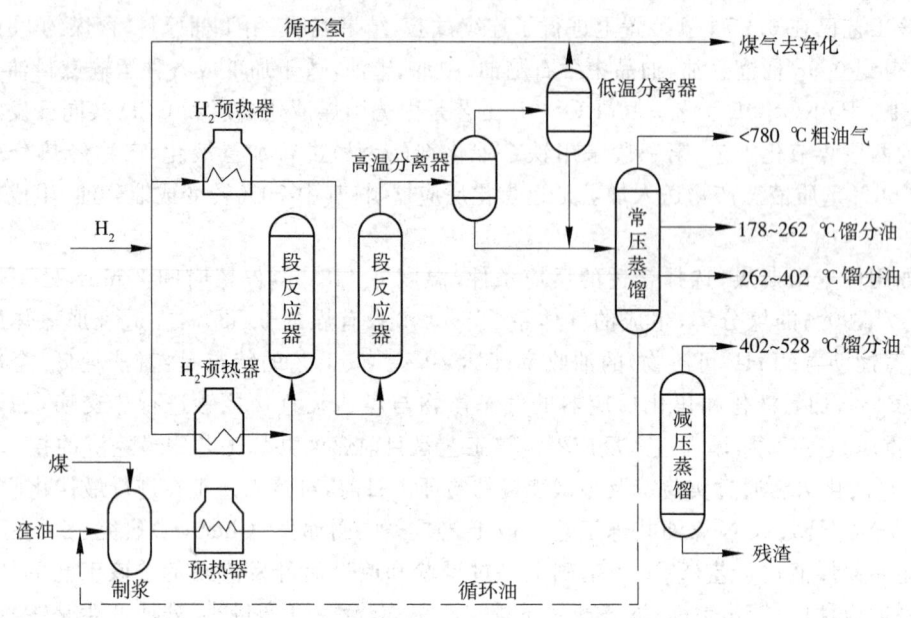

图 2-87 HRI 煤油共炼示意流程

(1) 甲醇合成

甲醇俗称木醇,因最早由木柴干馏制得而得名,目前由合成气制甲醇的工艺有高压法和低压法(简称 ICI 法)。高压法是巴斯弗公司(BASF)在 1920~1923 年间开发成功的,该工艺采用铬锌催化剂,压力为 25~35 MPa,温度为 320~400 ℃;低压法 20 世纪 60 年代才开发成功,是目前合成甲醇的通用方法,其反应压力为 5~10 MPa,温度为 230~280 ℃,催化剂为高活性铜催化剂。低压法在经济上优于高压法。

甲醇不仅可用作电站锅炉及涡轮机的燃料,而且可作为特制的内燃机的汽油代用品,也可与汽油配合在传统内燃机上使用。纯甲醇的辛烷值很高,因此也可用作高压缩比的高效内燃机的燃料。甲醇直接用作燃料目前还有毒性大、腐蚀性强、汽压低、蒸发热大等缺点。美孚(Mobil)公司开发的沸石催化剂可使甲醇催化转化成高辛烷值的汽油,从而开辟煤间接合成燃料的另一重要途径。此外,以甲醇为中间体还可制取乙醇、乙烯等化工产品。由此可见,甲醇的用途极为广泛,而且技术成熟,是煤洁净化利用的重要途径。

① 甲醇合成的化学原理。合成气转化成甲醇的反应如下:

$$2H_2 + CO \longrightarrow CH_3OH \quad \Delta H = -90.8 \text{ kJ/mol}(25 \text{ ℃})$$
$$3H_2 + CO_2 \longrightarrow 2CH_3OH \quad \Delta H = -49.5 \text{ kJ/mol}(25 \text{ ℃})$$

伴随的副反应如下:

$$3H_2 + CO_2 = CH_4 + H_2O \quad \Delta H(450 \text{ ℃}) = -221 \text{ kJ}$$
$$2CH_3OH = (CH_3)_2O + H_2O \quad \Delta H(375 \text{ ℃}) = -20 \text{ kJ}$$

此外还有生成高级醇、醛、酮等副反应发生。副反应在高压法甲醇合成中表现十分明显。上述副反应在热力学上均比主反应有利,因此必须采用高选择性催化剂抑制副反应的发生。同时也可通过控制反应条件、提高反应选择性抑制副反应发生。

低温、高压有利于反应平衡向生成甲醇的方向移动,甲醇合成反应的平衡转化率与温度及压力关系(图 2-88)进一步表明:在工业生产中只要选用合适催化剂,在较低温度、适当高的压力条件下合成甲醇是可行的。

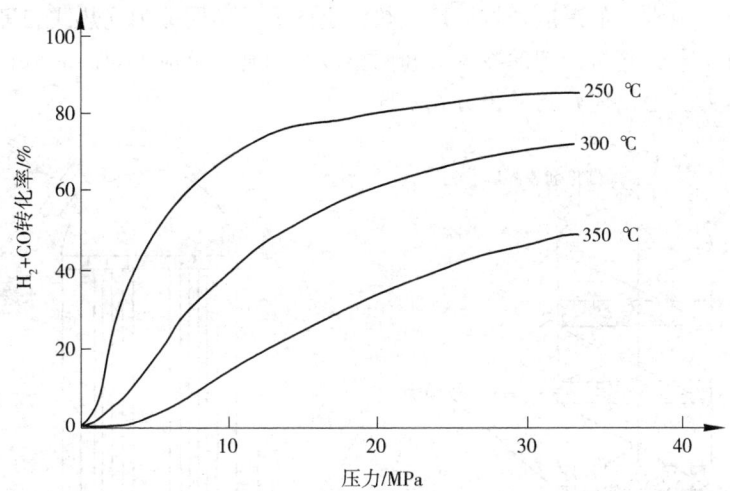

图 2-88　甲醇合成平衡转化率与温度和压力关系

甲醇合成的催化剂有 Zn_2O_3-Cr_2O_3 及 Cu-ZnO 催化剂。Zn_2O_3-Cr_2O_3 是德国 BASF 公司于 1913 年首次发现,该催化剂耐硫,但活性较低,需在较高温度(350～400 ℃)条件下进行反应;为提高反应转化率,反应要求高压操作(25～35 MPa)。Cu-ZnO 催化剂是英国帝国化学工业公司于 1961 年开发成功,该催化剂要求合成气必须预先净化肥硫。由于催化剂活性高,因此反应在低温(250～300 ℃)、低压(5～25 MPa)下进行,工业用 Cu-ZnO 催化剂还含有其他金属如铬、铝、锰、钡、银等组分,其作用是抑制副反应、提高催化剂选择。表 2-28 是两种低压法合成甲醇用催化剂的组成。

低压法合成甲醇的操作条件如表 2-29。原料气中 CO 的含量较低,有利于抑制副反应发生,因此,实际中采用 H_2 过量,这样还可以提高甲醇质量,提高反应速度。反应温度控制采用先低温后渐渐升高至最佳温度,以延长催化剂寿命。由于甲醇反应器中空速大,接触时间短,单程转化率仅有 10%～15%,因此一般采用将部分反应气体配合新原料气循环反应,循环气量与新原料的配比为 3.5～6。

表 2-28　　　　　　　　　　合成甲醇催化剂及组成

名称	成　分/%				
	Cu	Zn	Cr	V	Mn
ICI 催化剂	90～25	8～60	2～3	—	—
LURGI 催化剂	80～30	10～50	—	1～25	10～50

表 2-29　　　　　　　　Cu-Zn-Al 催化低压法甲醇合成操作条件

原料气组成 $\varphi(CO)/\varphi(H_2)$	空速/(h^{-1})	温度/℃	压力/MPa	循环气配比
2.0～3.0	5 000～10 000	230～280	5.0～10.0	3.5～6

② 甲醇合成反应器及其工艺。低压法甲醇合成工艺由于副反应少、转化率高、操作条件温和,在国外获得了广泛应用。

低压甲醇合成常用的反应器按照反应热移出的方式不同分为绝热式和等温式两类反应器。按冷却方法分为直接冷却的冷激式和间接冷却的管式反应器,如图 2-89 所示。这两种反应器的基本差别是反应热的移出方式不同。

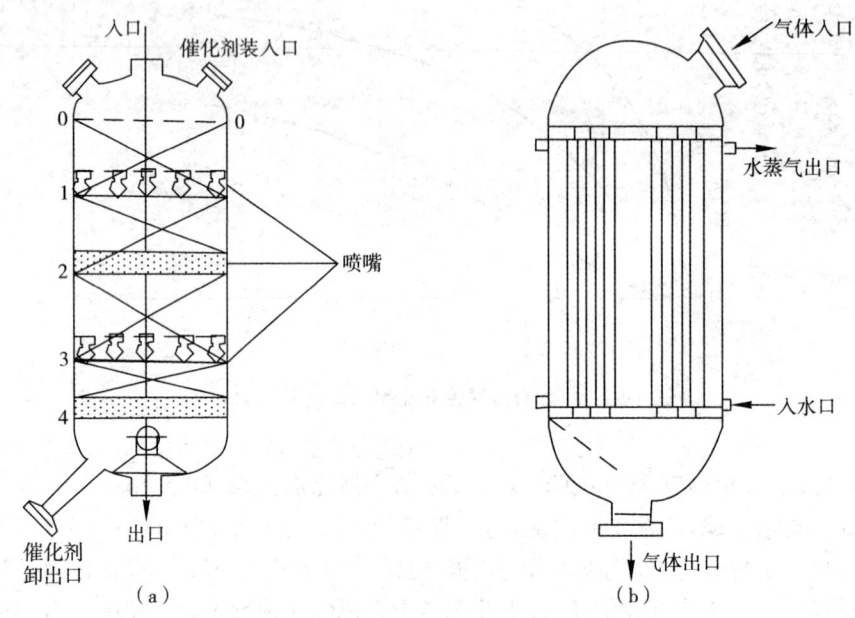

图 2-89 甲醇合成反应器种类

冷激式绝热反应器(也称为 ICI 反应器)由多层绝热段组成。两绝热段之间直接加入冷原料气使反应气体冷却,反应器物料进出构成如图 2-89(a)所示。管壳式反应器在结构上类似于列管式换热器[如图 2-89(b)所示]。催化剂置于列管内,壳程走沸水。反应热由管外沸水汽化带走,发生的高压蒸汽供给本装置使用。

上面两反应器目前都已经工业化应用,我国四川维尼纶厂采用 ICI 反应器,山东齐鲁公司第二化肥厂采用的是 LURGI 反应器。目前还有许多反应器正在开发阶段,如 Nissui-Topse 反应器(类似于 ICI 反应器)、液相流化床反应器等。

业已工业化的低压法甲醇合成工艺有 ICI 工艺和 LURGI 工艺。其工艺流程分别如图 2-90 和图 2-91 所示。煤经过气化制得合成气,合成气经增压后与循环气配合,进入反应器,在铜催化剂作用下进行合成反应,产物气中含 4%～7%的醇,经换热冷凝,得粗甲醇。粗甲醇进入轻馏分闪蒸塔,除去轻馏分如 CO、CO_2、二甲醇等,得塔底粗甲醇再进一步精制,除去乙醇、高级醇、水等得精制甲醇,分离甲醇后的未反应气体部分排出系统作燃料用,部分作为循环气体与新原料气配合后增压进入反应器。

(2) 甲醇转化成汽油(MTG,Methanol to Gasoline)

甲醇合成汽油克服了煤基合成甲醇直接作燃料的缺点,成为煤转化成汽油的重要途径。这一技术的核心是择型沸石分子筛催化剂 ZSM—5,其优点是较 F-T 合成的成本低、合成汽油的芳烃含量高,特别是均四甲苯的含量达 3%～6%,在性能上又与无铅汽油相当。

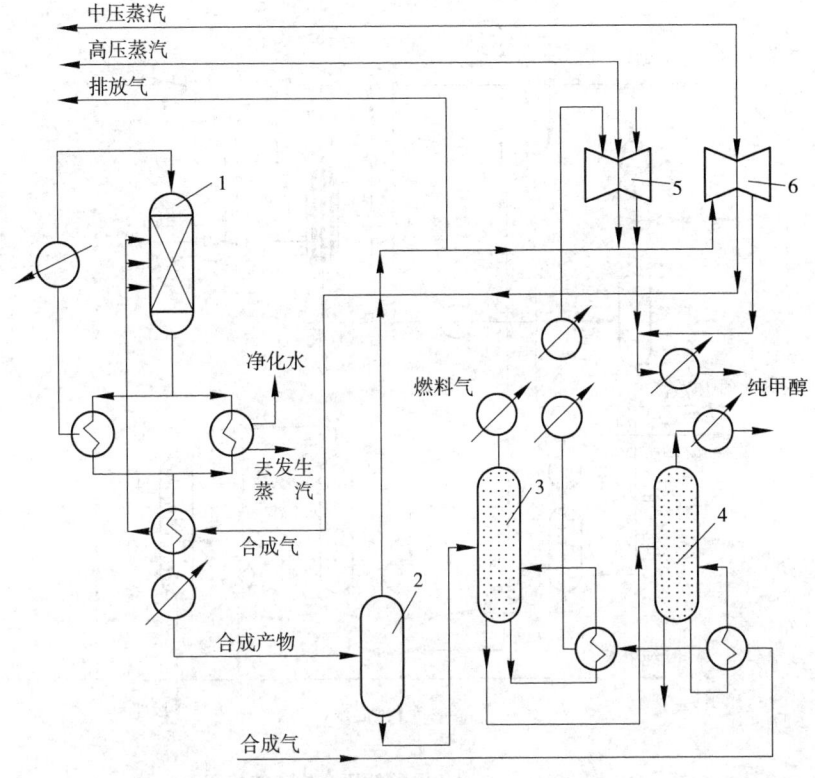

图 2-90 ICI甲醇低压合成工艺流程
1——合成甲醇反应器;2——分离器;3——轻馏分塔;
4——纯甲醇塔;5——合成气压缩机;6——循环气压缩机

① MTG过程的反应原理。合成汽油的反应可看作甲醇脱水过程,反应如下:

$$nCH_3OH = (CH_2)_n + nH_2O$$

由于该反应体系采用择型催化剂,因此获得的碳烃产品的沸程主要在汽油沸程之内,碳数一般均小于10。以上反应为放热反应,其机理如下:

$$2CH_3OH \rightleftharpoons CH_3OCH_3 + H_2O$$
$$\downarrow 轻烯烃类$$
$$\downarrow C_5^+ 烯烃类$$
$$\downarrow 重整$$
$$脂肪烃 + 环烷烃 + 芳香烃$$

在工业化反应条件下,上述反应可达到热力学平衡。

② MTG反应器及工艺。上述反应为强放热反应,在绝热条件下,体系温度可达610 ℃左右,远超过反应允许的反应温度范围,因此反应生成热量必须移出,为此美孚公司开发出两种类型的反应器,一个是绝热固定床反应器,另一个是流化床反应器。1979年以来美国化学系统公司又成功地开发出浆态床甲醇合成技术并完成了中试研究,浆态床比其他反应器有独特优点。

绝热固定床反应器把反应分为两段,第一段反应器为脱水反应器,在其中完成二甲醚合

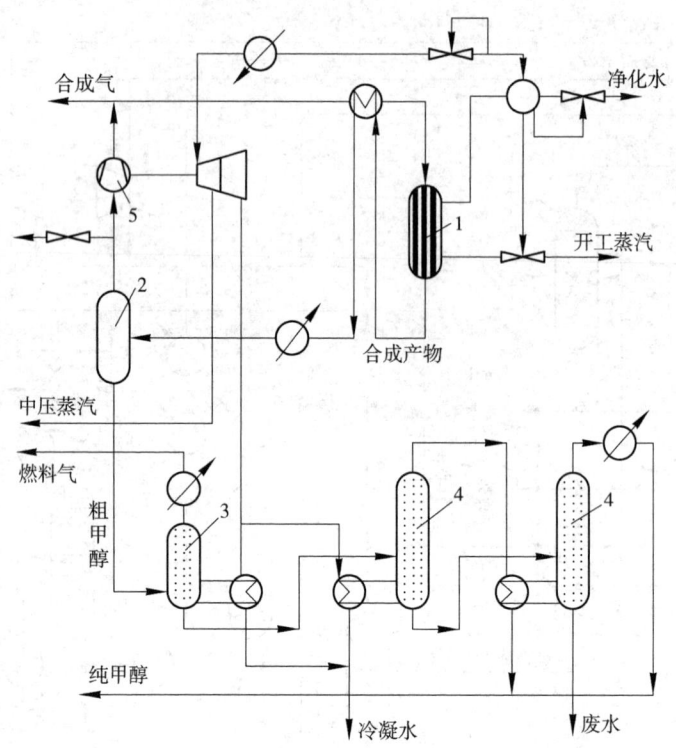

图 2-91　LURGI甲醇低压合成工艺流程
1——反应器；2——分离器；3——低沸物塔；4——甲醇精馏塔；5——压缩机

成反应；在第二段反应器中完成甲醇、二甲醚和水平衡混合物转化成烃的反应。

第一、第二反应器中反应热分别占总反应热的百分数为20%和80%。工艺流程如图2-92所示。

甲醇转化反应是在催化剂上一狭窄带状区域进行。随反应时间延长，这一催化剂带失活，催化反应逐步沿反应器向下移动，最终整个反应器中的催化剂活化需要再生。图2-92所示有四个反应器，在实际生产中正常操作条件下，至少有一个反应器在再生。MTG反应器由于积碳而失活，需要周期性再生，再生周期一般为 20 d。二甲醚反应器不积炭，正常情况下无需再生。

流化床反应器与固定床反应器完全不同。流化床反应器中，用一个反应器代替两段固定床反应器。甲醇与水混合后加入反应器，加料为液态或气态。在反应器上部气态反应产物与催化剂分离，催化剂部分去再生，用空气烧去催化剂上的积炭，从而实现催化剂连续再生，使反应器中催化剂保持良好的反应活性，不需用气体循环来除去反应热，反应热是通过催化剂外部循环直接或间接从流化床中移去。

流化床反应器与固定床反应器相比有许多优点：反应热除去简易，热效率高；没有循环操作装置，建设费用低；流化床可以低压操作；催化剂可以连续使用和再生；催化剂活性稳定。其缺点是开发费用高，需要多步骤放大。

（3）FISCHER-TROPSCH(F-T)合成

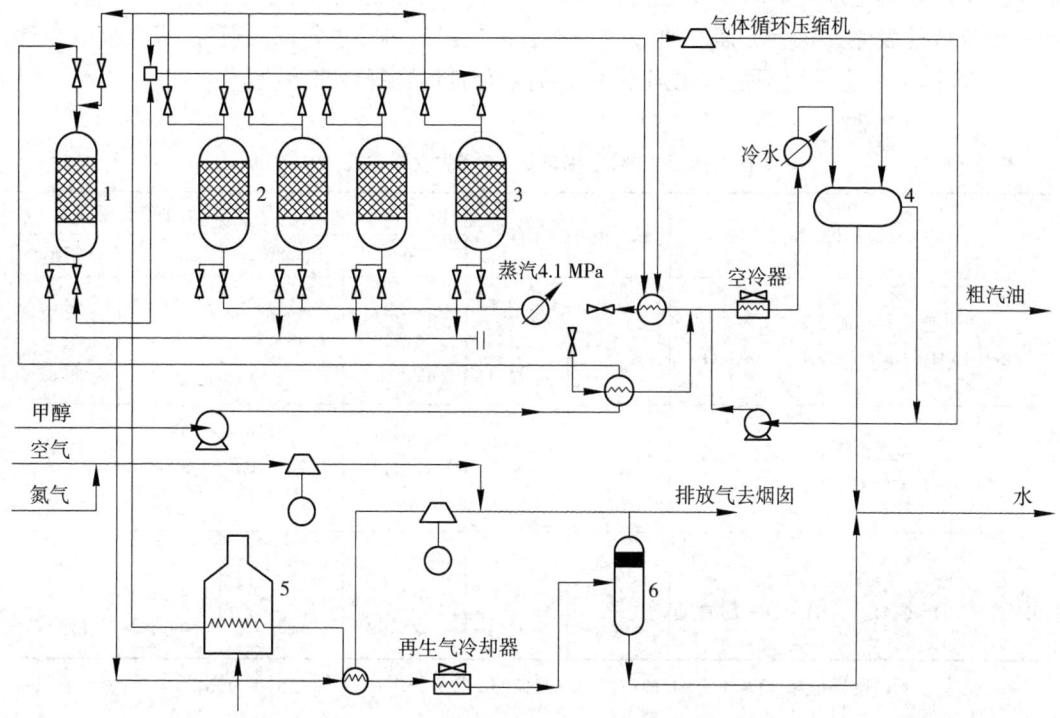

图 2-92 固定床反应器 MTG 工艺流程简图

1——二甲醚反应器；2,3——转化反应器；4——产品分离器；5——开工、再生炉；6——气、液分离器

① F-T 合成基本原理。F-T 合成是指 CO 在催化剂作用下，非均相氢化生成不同链长的烃和含氮化合物的反应。

（ⅰ）化学反应过程。F-T 合成是在催化剂作用下将 CO 和 H_2 混合气转化为烃类的反应，其一般反应式如下：

$$(2n+1)H_2 + nCO = C_nH_{2n} + 2nH_2O$$
$$2nH_2O + nCO = C_nH_{2n} + nH_2O$$
$$2nH_2O + nCO = C_nH_{2n+1}OH + (n-1)H_2O$$

上述反应为强放热反应，而且当催化剂、反应条件和气体组成不同时，反应产物有较大差别，同时伴随生成醛、酮等含氧有机物的副反应，如：

$$CO_2 + H_2O \longrightarrow CO_2 + H_2$$
$$2CO \longrightarrow CO_2 + C$$
$$CO + H_2 \longrightarrow C + H_2O$$

反应热效应和不同温度条件下的反应平衡常数及平衡转化率如表 2-30。

由表 2-30 可知，上述反应在热力学上最有利于甲烷、乙烷的生成，对乙醇的生成最不利。不同产物生成的概率顺序为：$P(CH_4) > P(烷烃) > P(烯烃) > P(含氧化合物)$。尽管反应物仅为 CO 和 H_2，但反应过程及其产物极为复杂。虽然产品分布较广，但产物中主要以烷烃和烯烃为主。正构烷烃的生成率随链的长度而减小，正构烯烃则相反，增大压力，有利于长链产物的生成。显然 F-T 合成的关键是反应产物的控制,如何提高反应的选择性,降低副反应的发生。这一方面可通过对 F-T 合成反应的机理进行深入研究,提高反应条件的可控制性,另一方面可通过催化剂改性、提高催化剂的选择性来解决。

表 2-30　　F-T 合成的反应热、平衡常数、平衡转化率(1.0 MPa)

反应过程	碳数	ΔH[①]	K_p[②] 250℃	K_p[②] 350℃	平衡转化率[③] 250℃	平衡转化率[③] 350℃
脂肪烃形成反应 $(2n+1)H_2+nCO=C_nH_{2n}+2nH_2O$	1	−13.5	1.15×10^{11}	3.84×10^7	99.9	99.2
	2	−12.2	1.15×10^{15}	1.63×10^9	99.6	97.2
	20	−11.4	1.69×10^{103}	6.50×10^{51}	98.7	90.8
烯烷化反应 $2nH_2O+nCO=C_nH_{2n}+nH_2O$	2	−8.0	6.51×10^6	1.69×10^3	95.0	80.5
	3	−9.4	1.79×10^{13}	8.76×10^6	97.8	88.7
	20	−11.0	2.18×10^9	9.90×10^{46}	98.5	89.0
醇化反应 $2nH_2O+nCO=C_nH_{2n+1}OH+(n-1)H_2O$	1	−7.1	0.205	5.18×10^{-3}	7.9	0.2
	2	−9.7	5.08×10^5	23.5	94.1	63.4
	20	−11.1	9.08×10^{93}	1.04×10^{44}	98.4	87.9

① 碳烃化合物单位为 kJ/g,醇单位为 kJ/mol;② 脂肪烃及醇单位为$(MPa)^{-2n}$,烯烃单位为$(MPa)^{1-2n}$;③ 依据原料气的化学组成计算。

(ⅱ) F-T 合成的催化剂。F-T 合成催化剂中,业已确认对 CO 加氢有较高活性的催化剂及反应温度和压力如表 2-31 所列。

表 2-31　　F-T 合成催化剂、操作条件及产物构成

催化剂	操作条件 温度/℃	操作条件 压力/MPa	产物构成
铁催化剂	200~325	1.0~3.0	烷烃、烯烃、含氧化合物
钴催化剂	170~205	0.5~3.0	烷烃、少量烯烃
镍催化剂	170~190	0.10	甲烷
钌催化剂	110~150	10~100	链脂肪烃、腊
ThO_2	300~450	10~100	异构烷烃

催化剂的操作温度范围由其反应活性及失活温度而定,表 2-31 中,钌和镍的活性最高,但钌稀有昂贵,镍主要生成甲烷,铁、钴,尤其是铁价廉易得,因此仅这两种催化剂被用于工业化生产中。

F-T 合成的催化剂为多组分体系,包括主金属、载体或结构助剂以及其他各种助剂和添加物,其性能不仅取决于制备用前驱体、制备条件、活化条件、分散度及粒度等因素,其中所添加的各种助剂对调变催化剂性能有重要作用。这些因素的影响作用如下:

催化剂的粒度及分散性效应。催化剂粒度及分散性对 F-T 合成反应活性及选择性有

重要影响,如负载型 Ru 催化剂的 CO 转化率和甲烷生成比活性随 Ru 分散度提高而降低,Ru 晶粒增大,促进链增长,$C_5 \sim C_{10}$ 烃选择性增加,整体型催化剂制成效径小于 $0.1~\mu m$ 的超细粒子显示高活性并改变产品分布。玻璃态或无定型金属铁活性比结晶铁粉高出 10 倍。

载体效应。载体不仅起分散活性组分、提高表面积的作用,而且可改变 F-T 合成二次反应,并通过形选作用提高选择性。如沸石负载催化剂具有多种作用,除在金属组分上发生 F-T 反应外,F-T 产物烯烃和含氧化合物在沸石酸中心发生脱水、聚合、异构、裂解、脱氧、环化等二次反应,沸石的形选作用使汽油选择性突破 F-T 合成产物分布(Anderen-Schu-Flory,ASF 分布)极限。此外,金属与载体的强相互作用对催化剂活性也有重要影响。

助剂效应。铁催化剂具有很强的可操作性,主要是通过向铁催化剂中加入助剂调节其催化反应性的结果。SASOL 使用的沉淀铁催化剂组成为 $Fe\text{-}Cu\text{-}SiO_2\text{-}K_2O$,其中 Cu 助剂促进铁还原,$SiO_2$ 为结构助剂,K_2O 是给电子助剂,可提高活性,使产物烯烷比提高,甲烷生成率降低,促进链增长和含氧化合物生成,同时也加速碳沉积。稀土金属及氧化物用作 F-T 合成催化剂助剂的研究十分活跃,添加稀土氧化物可提高催化剂的活性,降低甲烷生成,提高较高级烃的选择性,而且可提高烯烷比。Eu 对沉淀铁有独特的助催化作用,不仅使反应活性大大提高,甲烷和蜡都显著减少,而且使汽油、柴油收率显著增加。稀土既是结构助剂又是给电子助剂,还可抑制碳化铁生成,抗结碳,延长催化剂寿命。又如 Ti、Mn 和 V 等第一过渡金属对 CO 亲和力比 Fe 高,因此添加后可大大提高铁催化剂对烯烃的选择性。此外铁催化剂中常用的助剂为 K_2CO_3。K_2CO_3 尽管对铁催化剂的活性及寿命有一定影响,但可显著提高高分子质量产物的生成,降低甲烷的生成。

去电子效应。C、N、O、S、P、Cl、Br 等电负性大的元素可降低氢、CO 与过渡金属表面的吸附强度,大大提高 C—O 链的解离能。因此这些元素的存在一方面导致催化活性大大降低,但另一方面可使低碳烯烃显著增加,甲烷显著减少,同时可竞争吸附催化剂毒物如 H_2S 等。

合金效应。通过合金化可以调控催化剂的活性中心和选择性。如 Ni-Cu 合金/SiO_2 催化剂中 Cu 含量增加导致催化剂活性下降,而且对 C^{2+} 生成的影响大于对甲烷生成的影响,这是由于 Cu 分散了 Ni,较小的 Ni 原子整团不利于链增长。

利用孔的大小控制链增长,如 CO/Al_2O_3 催化剂,链增长使 Al_2O_3 载体孔径变小,反应产物向小分子质量方向移动。

综上所述,F-T 合成催化剂的性能受多种因素的影响,工业化实用催化剂的开发研究要均衡考察各种因素,使催化剂具有良好的综合性能。

(ⅲ) F-T 合成反应机理。F-T 合成的反应机理极为复杂,经典的 F-T 合成反应机理包括下几种类型:表面碳化物机理;含氧中间体缩聚机理;一氧化碳插入机理;双活性中间体机理。

目前在 F-T 合成反应机理研究中,公认的观点是 CO 在催化剂活性表面上的解离吸附是该反应中的一个关键步骤。

② F-T 合成反应器及工艺。F-T 合成为强放热反应,因此反应过程温度控制及热量移去方式是 F-T 合成反应器设计中首先考虑的问题,在此基础上设计开发出的反应器种类很多,其中目前在南非 SASOL 公司 F-T 合成—Ⅰ厂中应用的反应器为固定床和气流床反应器。此外还有浆态床反应器、流化床反应器、油循环反应器等正处于研究开发阶段,浆态床

F-T合成反应器1980年建成工业放大装置。

(4) 煤基化工产品合成研究

① 煤基甲醇制取烯烃。煤经过气化制得合成气,合成气再进一步转化为甲醇,这是传统煤化工的加工过程。将甲醇进行加工可制得乙烯、丙烯,这些烯烃是合成塑料、合成纤维的重要化工原料,因此,由甲醇裂解制取烯烃为煤制取其他化工原料开辟了新的途径,是煤高效洁净利用的新技术。

用沸石分子筛 ZSM—5 催化剂进行甲醇裂解得到以低级烯烃为主的产品,ICI 发现 Fu—1 沸石催化剂能使甲醇转化为烯烃,只有少量芳烃形成,在 380 ℃富产 $C_4 \sim C_6$ 烯烃,在 450 ℃富产 $C_2 \sim C_4$ 烯烃。巴斯夫公司甲醇制乙烯、丙烯中间试验的条件为:反应温度 300～450 ℃,压力 0.1～0.5 MPa,$C_2 \sim C_4$ 烯烃产率可达 50%～60%。

② 乙酸及乙酸酐制备。煤制取乙酸及乙酸酐的反应过程如下:

(ⅰ)煤气化
$$C + H_2O \longrightarrow CO + H_2$$

(ⅱ)甲醇合成
$$CO + H_2 \longrightarrow CH_3OH$$

(ⅲ)醋酸甲酯制备
$$CH_3OH + CH_3COOH \longrightarrow CH_3COOCH_3 + H_2O$$

(ⅳ)醋酸酐制备
$$CH_3COOH + CO \longrightarrow (CH_3CO)_2O$$

(ⅴ)醋酸制备
$$(CH_3CO)_2O + 纤维素 \longrightarrow 醋酸纤维 + CH_3COOH$$

上述反应中仅醋酸甲酯及乙酸酐制备为全新工艺和技术,该技术由美国田纳西州伊士曼(Eastmam)公司建成工业化生产厂,其工艺流程如图 2-93。

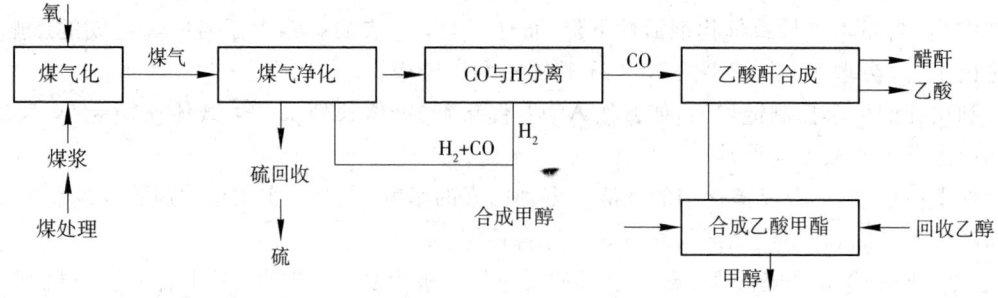

图 2-93 煤制乙酸酐工艺流程

我国中科院化学所也致力于甲醇化制乙酸、乙酐工艺研究,重点是开发合成反应用多相高效催化剂及设备腐蚀及回收等问题的研究。表 2-32 比较了固定床及流化床反应器的操作条件及产物选择性。

表 2-32　　　　　　　　　　　　F-T 合成反应器比较

反应器类型		固定床	气流床
操作条件	催化剂,钾助剂	沉淀铁	熔融铁
	催化剂循环速度/(mg·h^{-1})	0	8 000
	温度/℃	220～255	315
	压力/Pa	2.5～2.6	2.3～2.4
	新原料(H$_2$/CO)/mol	1.7～2.5	2.4～2.8
	循环比/mol	1.5～2.5	2.0～3.0
	新原料/(m^3·h^{-1})	20～28	70～125
	反应器大小(直径×高度)/m	3×17	2.2×36
产物选择性/%	C$_1$	5.0	10.0
	C$_2^=$	0.2	4.0
	C$_2$	2.4	6.0
	C$_3^=$	2.0	12.0
	C$_3$	2.8	2.0
	C$_3$	3.0	8.0
	C$_4$	2.2	1.0
	C$_5$～C$_{12}$	22.5	39.0
	C$_{13}$～C$_{18}$	15.0	5.0
	C$_{19}$～C$_{21}$	6.0	1.0
	C$_{22}$～C$_{30}$	17.0	3.0
	C$_{30+}$	18.0	2.0
	非酸性产物	3.5	6.0
	酸性产物	0.4	1.0

2.10　煤的能源综合利用模式

煤炭和石油、天然气相比,对环境的污染相对严重,能源利用效率低,S$_2$排放量大,CO$_2$排放量大,水污染、渣污染、尘污染相对严重。因此提出,21 世纪煤炭利用的几种设想,建议建立起既环境友好,又综合发展、高效益、多联产的新一代煤炭—电力—化工为一体的企业,下面举出五种类型。

2.10.1　美国能源部提出的 Vision 21(展望 21)能源系统

如图 2-94 所示为 Vision 21 能源系统,基本思想是以煤气化为龙头,利用所得合成气(H$_2$O+CO)制氢,再通过高温固体氧化物燃料电池(SOFC)和燃气轮机组成的联合循环发电系统产生电能(二次能源),能源利用率可达 60％以上。合成气制氢产生的 CO$_2$ 可综合利用或注入废矿坑中埋葬。这样就成了近于零排放的高效能源系统。

这种系统的建立从根本上改变了传统能源的利用模式,排除了传统能源对环境的污染。

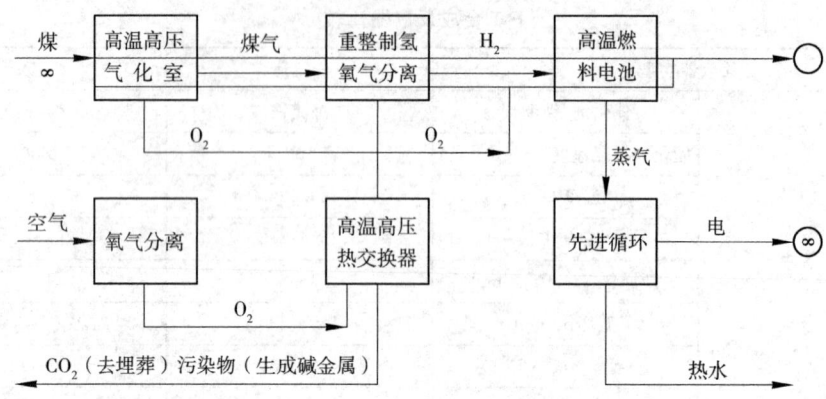

图 2-94　Vision 21(展望 21)能源系统

这种方案的投资是巨大的,特别是需要改造现有的庞大的电力工业,难度很大。其中 CO_2 生成物的处理成本也很高。但这种思想也许是指出了今后传统能源利用发展的一条重要的道路。

2.10.2　壳牌石油公司提出的 Syngas Park(合成气园)的概念

壳牌石油公司(Shell)提出的合成气园是以煤为主要原料能源的气化为核心,用制取的合成气生产甲醇、醋酸、醋酐及合成氨、化肥等高附加值的化工产品与洁净联合循环发电相结合以及生产城市煤气等供给用户,同时还可以供给用户生活用热水。图 2-95 所示表明煤炭生成的合成气的用途。

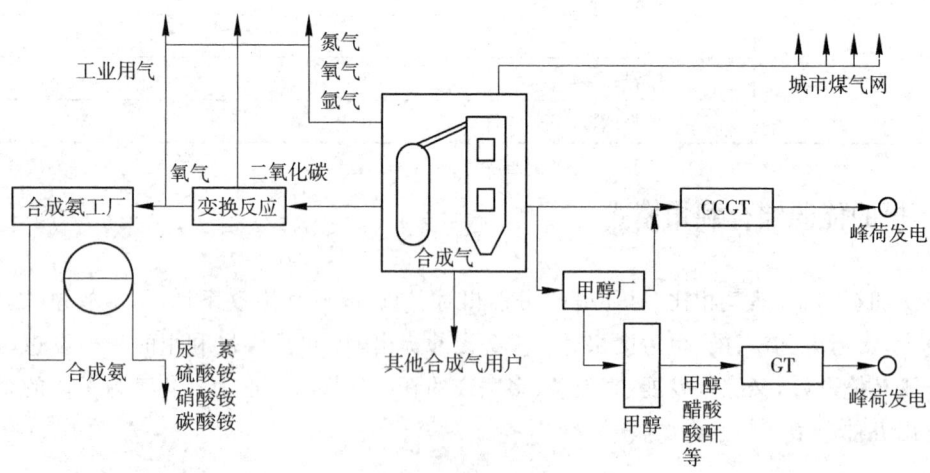

图 2-95　壳牌石油公司提出的 Syngas Park

2.10.3　煤—电—化—冶(新工艺)的多联产系统

图 2-96 所示的是一种煤气化制成的合成气与冶金新工艺相结合形成煤—化—冶的多联产系统。这也是经煤气化获得的含 $\varphi(CO)>48\%$、$\varphi(H_2)<30\%$ 的合成气用于还原炼铁

(海绵铁)的系统。

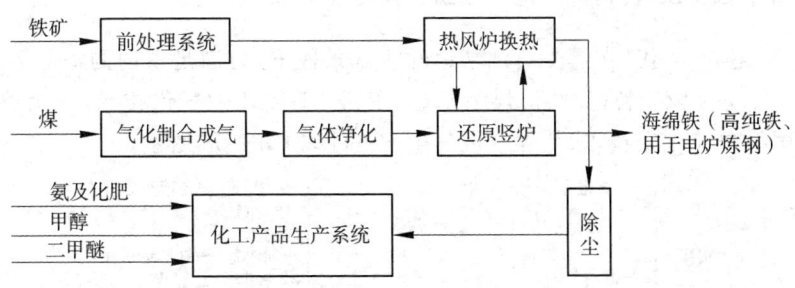

图 2-96 煤—化—冶的多联产系统

合成气一次通过还原铁矿石后,尚有 70%~75% 的 H_2O+CO 的有效气体可直接用于生产甲醇、氨及二甲醚(DNE)等化工产品。生产 100×10^4 t 钢铁大致可联产氨或甲醇约 65×10^4 t 或二甲醚 50×10^4 t。同样,这类工艺也可以还原冶炼方式处理有色金属。

2.10.4 煤炭坑口转化的中小型煤—电—化工综合利用模式

图 2-97 所示是建立在合理利用资源、有效利用能源基础上的综合发展洁净煤技术的能源化工多联产系统。在煤矿加快实现现代化、大型化,对煤矿提出的环保要求又不断提高的压力下,建立坑口煤—电—化工综合工厂设想就将成为现实。

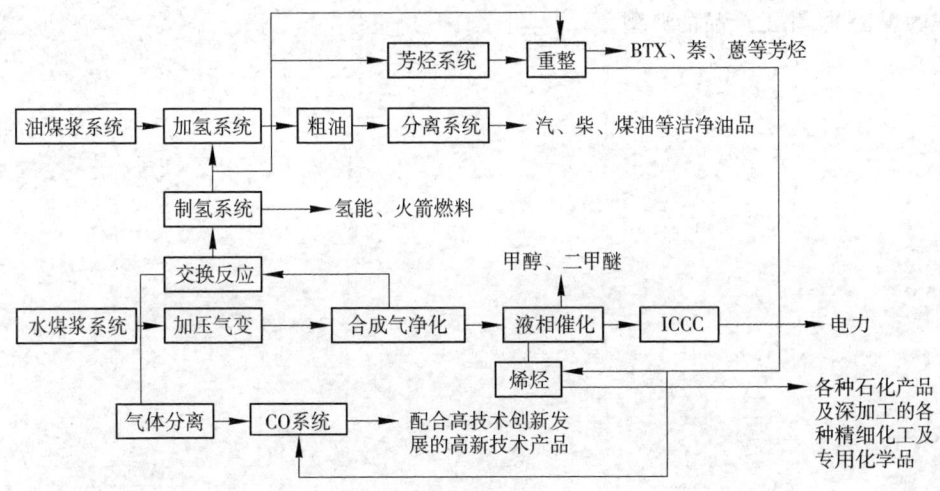

图 2-97 煤炭坑口转化的中小型煤—电—化工综合利用模式

坑口煤—电—化工综合利用模式是以煤气化、液化、煤炭化工、烃类化工、精细化工、专用化学品及发电、发动机燃料、氢能等二次清洁能源为一体的高技术产业的划时代缩影。

为了保证我国能源安全,国家确定将发展一批大型煤炭—电力基地,建立坑口煤—油—电—化工综合企业应该是一个首选的抉择。由于我国煤炭资源相对来说是化石能源中最可靠的资源,在新能源(包括核电)尚未形成主要能源时,这种模式无疑是十分重要的。

2.10.5 南非SASOL公司煤—电—油综合煤变油模式

在20世纪50年代,在遭受石油禁运的客观条件下,为满足本国的油品需求,南非成立了SASOL公司,以本国富产的褐煤为基础,引进LURGI炉气化技术,采用德国F-T合成技术和美国循环流化床技术,从煤合成气生产汽油,如图2-98所示。

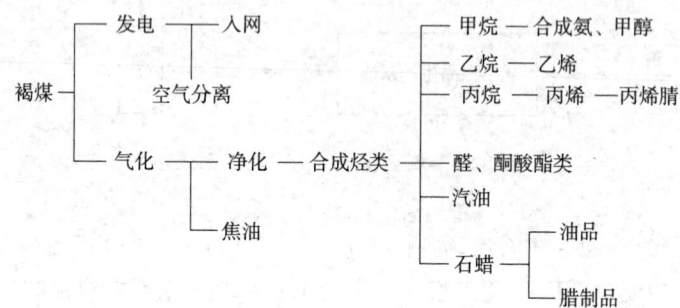

图2-98 南非SASOL公司煤—电—油综合煤变油模式

经过两次"石油危机",SASOL公司更坚定了方向,再经过两次扩建,在20世纪末,又以露天褐煤矿的煤为原料,建成了生产$C_1 \sim C_{36}$类烃类产品的大型企业。

SASOL公司的主要产品为兰泵牌汽油(年产$500 \times 10^4 \sim 600 \times 10^4$ t),副产石蜡、乙烯、丙烯、醛酮酸酯类化合物、合成氨、甲醇等,并带动了一批如丙烯腈、聚氯乙烯等石油化工企业,成为煤变油、化工产品的典型。

3 石油与天然气开采

石油与天然气的利用在历史长河中只能认为是活跃了一个短暂的瞬间,但却建立了改天换地的功勋。

根据历史文献记载,我国发现石油和天然气的时间比其他国家要早许多。早在公元前的文献《山海经》中就曾有这样的记载:"令丘之山,无草木,多火。"这种现象有两种可能,一种是油田的凝析气通过底层的裂缝扩散到地表,遇火后发生燃烧的现象;另一种可能就是地下煤层气的扩散引起的。我国虽然发现很早,但是直到1949年新中国成立后石油工业才开始真正发展。1904~1949年我国累计原油产量仅仅只有 210×10^4 t,2011 年我国的原油产量已经达到 2.01×10^8 t,天然气产量已经达到 $1\,000 \times 10^8$ m³。

石油的工业化开采出现在19世纪中叶。1859年,美国宾州的德雷克钻成第一口油井,美国的南北战争催产了一批炼油厂的诞生,当时炼油厂主要目的产品是煤油。世界著名的石油公司埃克森和美孚的雏形就是在那时形成的。

在19世纪最后的25 a,经济发展与工业化步伐之间形成相对稳定的关系,石油就是在此时登上历史的舞台。在这一过程中,某些国家,特别是像英国那样拥有广大殖民地的国家和资源丰富的美国,从飞速而无法比拟的经济发展中和不公平的技术进步中受益颇深,其他欧洲强国、日本以及世界上的其他国家则没有得到同等程度的好处,或者根本没有得到好处,许多发展中国家甚至在这一过程中被发达国家强制性地接受了许多不平等的待遇,而丧失了发展的机会。19世纪和20世纪之交,由于广泛应用的内燃机带来的技术革命,引发了对石油资源新的巨大需求。

在20世纪,石油成为世界的主宰,它转而又引起了思想意识的变化和国际上的霸权主义的产生。一旦石油短缺,就会爆发战争,寻找和获得石油就成了战争的目的。二战结束后,石油一直被美国作为冷战的一件武器。如里根政府在20世纪80年代实施的低油价政策,导致了前苏联的瓦解。美国对伊拉克的干预、对伊朗和苏丹的制裁,都是为了那里丰富的石油和天然气资源。

3.1 石油和天然气成因

3.1.1 有关的几个概念

石油在西方是来源于希腊文 petroleum(岩石中的油),是当时人们对地下自然涌至地表的黑色液体的称谓。现在石油指气态、液态和固态的烃类混合物。

原油(crude oil)指石油的基本类型,储存于地下储层中,常压下为液体,其中也包括少量的非烃类组分。

天然气(natural gas)指石油的主要类型,呈气态,在地层条件下溶解于原油中,或储于岩层中。天然气中含有少量的非烃成分。

天然气液(natural gas liquids)指天然气的一部分,在天然气处理装置中呈液态回收;主要包括天然气汽油和凝析油,也可能含有少量 $C_1 \sim C_4$ 烷烃和非烃成分。

天然焦油(natural tar)指石油沉积物,呈半固态或固态;含有少量硫、氮、氧、金属化合物和非烃物质。

3.1.2 油气成因概述

石油和天然气的成因是石油地质学中一个根本性的问题,只有油气生成之后,才会有运移、聚集等一系列地质现象。研究油气的成因不仅具有理论意义,而且只有搞清了油气的成因,才能进一步认识油气藏的形成和分布规律,对于指导油气勘探也有着现实的应用价值。但这样一个重要问题已经争论了一个多世纪,而且到今天也不能说已经得到了完满的解决。造成这种现象的原因首先在于油气是流体矿产,在地下是可以移动的,产出油气的地方一般并非生成油气的地方;其次,油气尤其石油是化学成分很复杂的有机混合物,它们对外界条件的变化很敏感,石油中的不同组分可能经历了不同的演化。这些为油气成因问题的研究带来了许多困难。油气成因问题涉及生物学、化学、地质学等诸多学科,多年来,这一问题一直吸引着国内外地质学家、生物化学家和地球化学家。人类对石油和天然气成因的认识,是在整个自然科学迅速发展的推动下,在油气勘探和开发实践过程中逐步加深的。

19 世纪 70 年代以来,对油气成因问题的认识,基本上可归纳为无机生成和有机生成两大学派。前者认为石油及天然气是在地下深处高温、高压条件下由无机物通过化学反应形成的;后者主张油气是在地球上生物起源之后,在地质历史发展过程中,由保存在沉积岩中的生物有机质逐步转化而成。这里主要介绍油气有机成因理论。

早在 18 世纪中叶,俄国著名科学家罗蒙诺索夫曾提出蒸馏说,认为石油是煤在地下经受高温蒸馏的产物,这是石油成因的最早科学假说,也是最早的有机成因说。今天占主导地位的油气有机成因理论,主要是在油气勘探及开采的大量生产实践和科学研究中产生、深化和不断完善的,并反过来卓有成效地指导了世界油气勘探实践。

油气的有机成因理论之所以能够确立,除了理论本身的合理性外,全球油气的分布和组成特性也支持这种理论。

① 世界上已经发现的油气田几乎都分布在沉积岩中。无论是在海相沉积盆地,还是在陆相沉积盆地中,都发现了大油气田。而在与沉积岩无关的地盾和巨大结晶基岩突起发育区,没有找到工业性油气聚集。

② 石油的成因与分散有机质相关。从前寒武纪至第四纪更新世的各时代沉积岩层中都找到了石油。但石油和天然气在地质时代上的分布很不均衡,大部分油气分布于中生代以来的地层中,这些地层中分散有机质的平均含量是各时代地层中最高的。煤和油页岩等可燃有机矿产的时代分布也有这种特征。在含油气沉积盆地中总可以找到富含有机质的岩层。

③ 煤和石油与生物具有成因上的相关性。分析表明,石油灰分与岩石圈比较,大大富集了钒(2 000 倍)、镍(1 000 倍)、铜(50 倍)和钴(30 倍)等元素,甚至还富集了铅、锡、锌、钡、银等元素,富集系数都在 10 以上,而沉积岩中的基本元素(氧、硅、铝、钙、镁、钠、钾)在石

油灰分中的富集系数都不超过 5。煤与石油的灰分在微量元素组成上具有相似性。在活的生物体中微量元素也具有与此相近的分布特征。石油的碳同位素组成同生物有机质(尤其是脂类)的碳同位素组成相近,而与无机碳酸盐岩相差甚远。

④ 石油可能是在低温条件下生成的。大量油田测试结果显示,油层温度很少超过 100 ℃,少量深部油层温度可以达 141 ℃。在所有石油中,轻质芳香烃含量上二甲苯>甲苯>苯,而当温度增加到 700 ℃时,就会急剧发生逆向变化;石油中含有卟啉等只在低温下稳定的有机化合物。

⑤ 石油成因上与生物有相关性。除卟啉外,在石油中还发现了许多如类异戊二烯型烷烃、萜类和甾族等被称为生物标志化合物的物质,这些化合物的化学结构仅为生物有机质所特有。

⑥ 油气有机成因学说的科学依据。从现代沉积物和古代沉积岩中检测出了石油中所含的所有烃类。许多学者对近代沉积物进行研究表明,在近代沉积物中确实存在着油气生成过程,至今还在进行着,而且生成的油气数量也很可观。

石油和天然气的成因是一个非常复杂的理论问题,尽管目前油气有机成因理论日臻完善,在油气勘探实践中发挥了重要的作用,但并不能由此否定油气无机成因理论的科学价值。近 20 多年来,随着宇宙化学和地球形成新理论的兴起,板块构造理论的发展和应用以及同位素地球化学研究的深入,为油气无机成因理论提供了新的理论依据。更值得一提的是,越来越多的研究者注意到,地球深部来源物质对沉积有机质转化为油气所起的重要作用(加氢和催化),这可以说是油气有机和无机成因说的相互融合。

总之,无论是油气有机成因理论还是无机成因假说,都还有许多问题尚待进一步深入研究,诸如地球深部和宇宙空间烃类的成因及分布、各种原始物质(包括有机物与无机物)转化为油气的详细机理、不同原始物质生成的石油或天然气有哪些特征、定量确定烃源岩层及其生烃数量和排烃效率等问题。相信会随着现代科学技术和实验手段的发展,必将使油气成因理论的科学研究更加深入。

3.1.3 生成油气的原始物质

油气现代有机成因理论指出,油气是由经沉积埋藏作用保存在沉积物中的生物有机质,经过一定的生物化学、物理化学变化而形成的,而且油气仅是这些被保存生物有机质在埋藏演化过程中诸多存在形式的一种。

3.1.3.1 生物有机质及其化学组成

在地质历史上生物是不断进化的,但组成生物有机体的基本有机组分并没有发生本质的变化。这些基本组分包括脂类蛋白质、碳水化合物以及木质素等,它们都具有相对稳定的化学组成和结构(如图 3-1 所示)。

① 脂类。又称类脂化合物,是生物体在维持其生命活动中不可缺少的物质之一。它包括所有生物合成有机质中,不能溶于水,但能溶于有机溶剂(氯仿、己烷、甲苯和丙酮等)的物质,如脂肪、磷脂、蜡、甾类和萜类等。动植物中的油脂是最重要的脂类,动物油脂是由甘油和饱和脂肪酸缩合形成的脂类化合物,常温下常呈固态,被称为脂肪;植物油脂是由甘油和不饱和脂肪酸缩合形成的脂,在常温下呈液态,被称为油。脂类化合物是生物有机质中氢相对含量最高的物质,这些化合物一般由脂族的链或环与少量含氧官能团如酯基、羟基、醚基

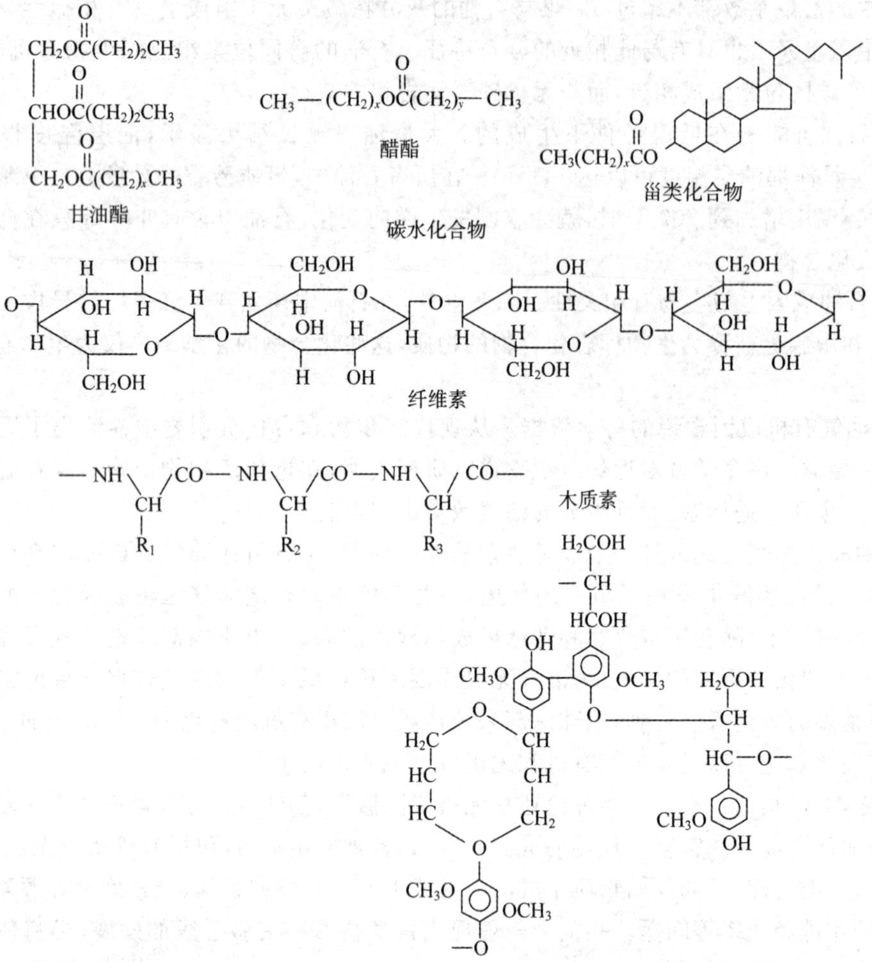

图 3-1　若干生物化学聚合物的结构示意图
[据于克(A. Y. Huc),1980;转引自张厚福等,1999]

和羧基等组成,在地质体中易于水解为简单有机化合物,所以在地质体中发现的脂类化合物,常是各种形式的有机酸和醇。脂类化合物具有较强的抗腐蚀能力,容易在沉积物中保存,而且是生物有机质中化学成分和结构与石油最接近的物质,只需发生简单的化学变化、去掉少量的氧即可转化为石油,因而历来被多数人认为是最重要的生油母质。

② 蛋白质。蛋白质是由多种氨基酸组成的高度有序的聚合物,是生物体中一切组织的基本组成部分,是生物体赖以生存的物质基础。在生物体的细胞中,除水外,80%以上的物质为蛋白质,蛋白质约占动物干重的50%。蛋白质是生物体中氮的主要载体,氮约占蛋白质质量的16%,石油中的含氮化合物可能与生物体中的蛋白质有成因联系。蛋白质的化学性质不稳定,在脱离生物体进入水体、土壤及沉积物之后会很快分解为氨基酸,氨基酸的性质相对较稳定。氨基酸通过脱羧基和氨基可以转化为烃类,也可以通过缩合反应形成化学结构更为复杂的地质聚合物。

③ 碳水化合物。碳水化合物的名称,源于这类化合物的多数成员有 $C_n(H_2O)_m$ 这样的

通式,也称之为糖。最简单的定义是多羟基醛或多羟基酮及其形成的缩合产物。几乎所有的动物、植物、微生物都含有碳水化合物,其中在植物中含量最多。碳水化合物的元素组成为碳、氢和氧。碳水化合物按其水解产物可分为单糖、低聚糖和多糖。多糖是天然高分子化合物,在自然界分布很广,一般不溶于水,个别能在水中形成胶体溶液。植物中的纤维素、淀粉、树胶,动物体内的糖原,昆虫的甲壳等都是由多糖构成。通常,纤维素、半纤维素和木质素总是同时存在于植物的细胞壁中,构成植物支撑组织的基础;在藻类、放射虫等低等水生生物中没有或很少有纤维素,但有类似的藻酸、果胶等。碳水化合物的多数成员在水体、土壤及沉积物中不能稳定存在。碳水化合物直接转化为烃类的可能性很小,但由于容易被各种微生物分解利用而转化为微生物有机体,或被微生物利用直接转化为甲烷气体,而参与油气的生成。

④ 木质素和丹宁。高等植物成分以具有酚的结构为标志。这种结构派生于单糖,在植物中普遍存在,而在动物中则不多见。木质素是一种高分子质量的多酚化合物,在成熟的木质中,存在于纤维素的周围,用以开通陆生植物木质核的气路,履行支撑植物生长的功能。木质素的性质十分稳定,不易水解,但可被氧化成芳香酸和脂肪酸,在缺氧水体中,在水和微生物的作用下,木质素分解,可与其他化合物生成腐殖质。

丹宁的组织和特征介于木质素与纤维素之间,主要出现在高等植物中。此外,还有一系列酚类和芳香酸及其衍生物广泛分布在植物中。它们是沉积有机质中芳香结构的主要来源,也是成煤的重要有机组分。

不同生物所含的生物化学组分是不同的,因而在不同地质历史时期和不同沉积环境中,由不同生物所提供的有机质组成和特征也必然是不同的。植物富含碳水化合物而动物富含蛋白质,脂类在生物体中含量变化较大,一般在动物、低等植物和高等植物的某些组织中有较高的含量。木质素是高等植物的特征组分。纵观地球生物的演化发育历史,不同类型生物提供生油母质的地位是不同的,浮游植物由于繁殖迅速、生存空间巨大并具有漫长的演化历史,被认为是地质历史中有机质的主要提供者;细菌由于其生理上巨大的多变性和对环境的适应性,使其几乎无处不在,它们对有机质的贡献仅次于浮游植物;高等植物开始出现于志留纪,比浮游植物和细菌要晚得多,对有机质的贡献居第三位。浮游动物也被认为是地质历史上有机质的主要提供者,由于它们的生存依赖于浮游植物的发育,所以在浮游植物高产区,浮游动物对有机质贡献具有重要意义;其他的大型水生动物和陆生动物对有机质的贡献实际上可以忽略不计。

3.1.3.2 沉积有机质

① 沉积有机质的概念。广义上的沉积有机质指被保存在沉积物或沉积岩中的一切有机质。它们是由生物遗体及生物的分泌物和排泄物随无机质一起沉积之后,被直接保存下来或者进一步演化而形成的所有有机物的总称。

进入到沉积物中的生物有机质,在不同的氧化还原条件下,发生不同程度的分解。分解产物中的一部分会被微生物当做能源利用,从而参加了生物圈有机碳的再循环。另一部分分解产物经过物理—化学作用而变为简单的分子,如 CO_2、H_2O 等。剩下的部分,在多数情况下它们仅占生物原始数量的极小部分,它们没有经历完全的再循环和物理—化学分解而形成了沉积有机质。这样形成的有机质,有的是由生物先质经选择性分解得到的分子产物,并部分或全部继承其母质的原始结构,如氨基酸、肽、单糖、多糖、脂类、酚、木质素等;有的则未经过较大的改造,直接以生物组织的形式被保存了下来。沉积物中的这些不同化学组分的有机质,随着沉积物埋藏深度的增加,在不同的成岩阶段中又可重新合成为一些复杂的组分,如腐殖酸、干酪根等,随之又演化成各种类型的产物及伴生物,从而构成了沉积剖面上沉积有机质系列(如图3-2所示)。

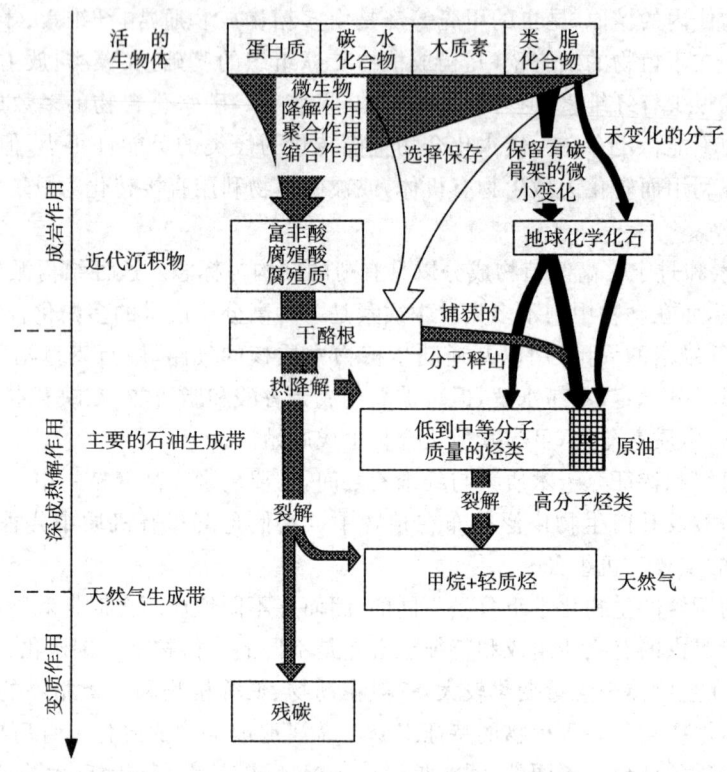

图 3-2　自然界中有机质的转化作用
[据蒂索(Tissot)和伟尔特(Welte),1984,略改]

从石油天然气地质学研究的角度可以将沉积剖面中的沉积有机质粗略地划分为两大类,即不能溶解于有机溶剂中的干酪根和可以被有机溶剂溶解的沥青。正是对沉积剖面中这两类物质的组成和分布特征的深入研究导致了油气有机成因理论的建立。

② 沉积有机质的沉积保存条件。有机质是沉积物中常见的成分,但它们在沉积物中的含量变化很大,从几乎是均质堆积的有机矿层,到几乎不含有机质的沉积层,在自然界都存在,绝大多数的沉积有机质是以含量不等的分散状态存在于沉积岩中。富含有机质的沉积物的形成是一个复杂的过程,需要诸多有利条件相互配合才能实现。研究表明,丰富的生物有机质的供给、适宜的静水环境以及具有中等沉积速度的细碎屑物质的沉积是富有机质沉积形成的必要条件。

丰富的生物有机质是富有机质沉积形成的物质基础。沉积环境中生物有机质的供应主要取决于生物的发育程度,而适宜的温度、充足的光照、湿润的气候和丰富的营养物质的供应又是生物发育的先决条件。内陆沼泽、大型富营养湖泊、相对封闭的小洋盆和浅海大陆架地区都是有利于生物发育的地理环境。

生物有机质在进入沉积物之前大多分布于沉积物上方的水体中,其进入沉积物的主要途径有两条,一是直接通过自由沉降方式沉积到水底,这种方式只有颗粒和密度较大的有机碎屑才可能做到;二是分散状的小颗粒有机质只有通过与黏土矿物吸附结合成较大颗粒才能沉降。无论哪种沉降方式,都受水体深度及水动力状况的影响,有机质颗粒越大、水体越浅、水体越安静,越有利于沉降。沉积的有机质只有在还原环境中才能稳定保存,所以水体底部的缺氧环境的存在和适时的埋藏掩盖是有机质保存的必要条件。无论是海相还是陆相沉积环境中,水体浪基面以下的静水低能带是有利于有机质沉积保存的有利环境,包括陆相湖泊的深湖和半深湖区、浅海大陆架地区、前三角洲地区、相对封闭的海湾和小洋盆等。

对已有沉积盆地富有机质沉积的分布特征分析表明,富有机质沉积的形成还受到沉积速度和沉降速度的控制。在沉积盆地各个沉降时期,如果沉积速度显著大于沉降速度,沉积水体会迅速变浅,使有机质失去有利的保存条件;如果沉积速度显著小于沉降速度,水体会急剧变深,生物有机质的下沉过程将很漫长,容易被各种因素所破坏;只有在沉积速度和沉降速度大致相等的条件下,一定深度的稳定水体才能长久保存。在这种情况下,一方面稳定水体的存在,可以为生物的繁殖和有机质的保存提供有利条件,保证丰富的有机质沉积下来;另一方面持续的沉降和沉积作用,能使有利于有机质沉积保存的条件长期存在,导致形成沉积厚度较大的富有机质沉积。而且沉积盆地长期持续的沉降和沉积作用,还为沉积的有机质的演化和转化提供了有利条件。

我国许多大型沉积盆地都曾有过这种有利于有机质沉积保存的盆地演化阶段,如松辽盆地的白垩纪,渤海湾盆地的古近纪,形成了厚度较大、有机质含量较高的沉积岩系,为盆地油气的生成打下了良好的基础。

3.1.3.3 干酪根

干酪根(Kerogen)一词来源于希腊字 keros,意为能生成油或蜡状物的物质。1912年布朗(A. G. Brown)第一次提出该术语,用于表示苏格兰油页岩中的有机物质,这些有机物质在干馏时可产生类似石油的物质。以后这一术语多用于代表油页岩和藻煤中的有机物质,直到20世纪60年代才明确规定为代表沉积岩中的不溶有机质。

1979年,亨特将干酪根定义为沉积岩中所有不溶于非氧化性的酸、碱和常用有机溶剂的分散有机质。这一概念已逐渐被石油地质界和地球化学界所接受。与其相对应,岩石中可溶于有机溶剂的部分,称为沥青(Bitumen)。干酪根以细分散状分布于沉积物和沉积岩中,是地壳中有机碳最重要的存在形式。它比煤和储集层中石油的有机碳总量高1 000倍,比非储集层中分散的可溶有机碳总量高50倍。按有机质数量统计,干酪根是沉积有机质中分布最普遍、最重要的一类,约占地质体总有机质的95%(如图3-3所示)。估计岩石中平均含干酪根0.3%,地壳中干酪根总量约为10^{16} t。

有关干酪根的形成是一个复杂的问题,传统的观点认为,在成岩作用早期,来自水环境中的各种生物聚合物在微生物作用下分解成较小的组分,它们或继续遭受破坏形成简单的无机分子,或通过缩合作用形成富氢的腐泥物质和富氧的腐殖物质等结构复杂的地质聚合物。在缩合过程中,原始生物有机质的一些含氧基团和含氮基团会以 H_2O、CO_2 和 NH_3 等形式脱除,而环境中的硫在还原条件下也会加入到有机结构中来,从而形成有机硫化物。微生物降解及缩合反应随机发生,在沉积物顶部数米范围内形成一个带,在该带中这两种反应同时进行。随时间的延伸和埋深的加大,这些地质聚合物大部分因缩聚程度提高而变得越来越难溶,结果形成了干酪根。在成岩作用的末期,沉积有机质就主要由干酪根组成了。但

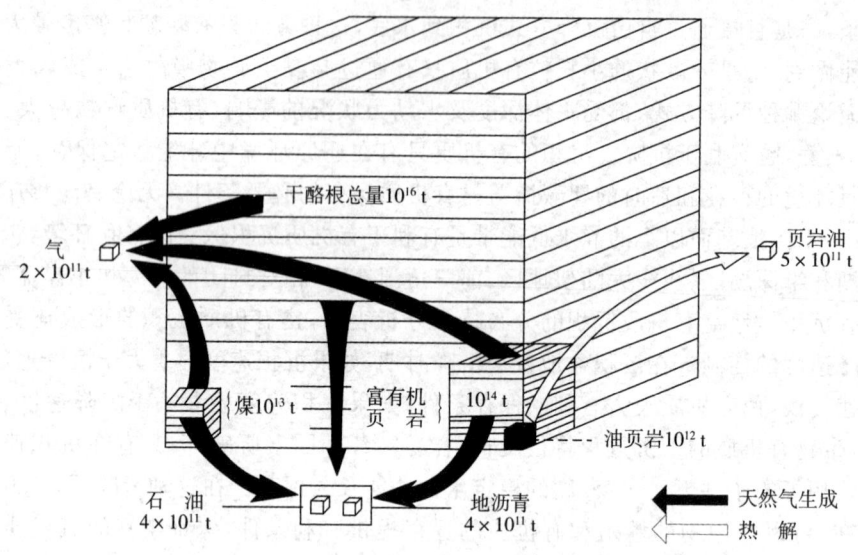

图 3-3 干酪根数量与化石燃料最大资源的比较
[据杜兰德(B. Durand),1980]

是越来越多的研究表明,上述成因只适用于干酪根中那些无定形组分,而对于干酪根中大量存在的具有明显生物结构的组分却无法解释,为此人们提出了选择性保存理论。该理论认为,在生物体中存在大量的稳定组织如孢子、花粉、角质层、木栓层和藻类体等,这些组分具有相对较强的抵抗蚀变和微生物降解的能力(Nip 等,1986)。虽然它们在生物体中含量较少,但在成岩过程中,随着含量较高、能快速水解的生物聚合物,如蛋白质和碳水化合物的不断降解而相对富集起来,成为干酪根的一部分。

(1) 干酪根的组成

干酪根作为一种复杂有机混合物,不能依据常规有机化合物组成的概念来理解,所以对干酪根组成的研究,实质上是用一种统计的方法。目前表示干酪根组成的方法常用的有两种,一种是基于干酪根有机岩石学研究得出的有机显微组分组成;另一种是基于化学分析方法得出的元素组成。

① 干酪根的显微组成。在各种显微镜下观察干酪根可以发现,干酪根是由颜色、形态和结构各异的显微组分组成的。表 3-1 为我国原石油工业部提出的分类方案,该分类在石油地质研究中应用很广泛。

腐泥组主要来源于藻类和其他水生生物及细菌;壳质组源于陆生植物的孢子、花粉、角质层、树脂、蜡和木栓层等;镜质组来源于植物的结构和无结构本质纤维;惰质组来源于炭化的本质纤维部分。各显微亚组分的特征如下:

藻质体(Alginite):具有一定结构的藻类遗体。藻质体有较完整的形态,轮廓清晰,群体藻类外缘不规则,表面呈蜂窝状或海绵状结构。在透射光下呈黄色、黄褐色、淡绿黄色。在反射光下呈深灰色,有微突起。具有强烈荧光性。

无定形体(Amorphous):泛指没有固定形态和结构的有机组分。就重量来说,它是最重要的一种显微组分。一般认为它是水生生物(如藻类)彻底分解的产物,在显微镜下无一定形状,多呈不规则的团块、絮状或云雾状结构,透射光下颜色为鲜黄、褐黄、褐色,透明至不透明。电镜观察呈团粒(或微粒),相互重叠或堆积状。无定形体的来源比较复杂,学者们认识不一,但荧光显微镜技术可区分出无定形的腐泥基质和腐殖基质。

表 3-1　　　　　　　　以透射光为基础的干酪根显微组分分类

组　分	亚组分
腐泥组	无定形——絮状、团粒状、薄膜状有机质
	藻质体
壳质组	孢粉体——孢子、花粉、菌孢
	树脂体
	角质体
	木栓质体
	表皮体
镜质组	结构镜质体
	无结构镜质体
惰质组	丝质体

孢粉体(Sporo-pollinte):包括草本、木本、水生和陆生的孢子花粉体。常呈圆形、椭圆形、三角形、多角形等单体,有时呈结合体,表面具有各种纹饰或突起,颜色从黄绿色至棕褐色。

角质体(Gutinite):来源于植物表皮组织,通常由一层细胞构成,包裹着叶、草木茎、芽和幼根。镜下多呈细长带状,外缘平滑,内缘呈锯齿状、波纹状。

树脂体(Resinite):形状很多,常呈椭圆形、纺锤状,轮廓清晰,没有结构,镜下多呈柠檬色。

木栓质体(Suberinite):具有明显的细胞壁和细胞腔结构。细胞似板状、大网格状,排列规则,细胞之间无间隙。轮廓线一般较平直。颜色为黄色、褐黄色。

虽然壳质组的显微组分较多,但在干酪根总量中仅占 2%～10%。

结构镜质体(Telinite):具较清晰的木质结构,即使经强烈分解后仍可用颜色区分出细胞痕迹的凝胶化组分。

无结构镜质体(Colinite):经强烈分解后,细胞结构完全消失的凝胶化组分通称无结构镜质体。在透射光下常呈均匀长条板块状、小块段、不规则或规则的条带状,颜色大多为橙红色至褐红色,透明至半透明。因这种显微组分是典型的腐殖质,结构比较均一,故常用来测定反射率值。

丝质体(Fusinite):高等植物木质部分经强烈炭化而成。形状有断块状、碎片状、条带状、卵圆状。在透射光下为黑色,不透明。

② 干酪根的元素组成。化学分析表明,尽管不同地区、不同时代岩石中干酪根元素的相对含量不同,但主要是由 C、H、O、N、S 五种元素组成,其中碳和氢是干酪根的主要组成元素,其次为氧,而氮和硫的含量通常较少。就干酪根中各组成元素原子之间的相对比率来看,每 1 000 个碳原子约对应 500～1 800 个氢原子,25～300 个氧原子,5～30 个硫原子和

10～35个氮原子。表3-2列出了国内外代表性干酪根的元素组成。

表 3-2　　　国内外代表性干酪根的元素组成(据胡见义,黄第藩,1991)

干酪根类型	盆地或地区	层　　次	质量分数/%					原子比	
			C	H	O	N	S	H/C	O/C
I₁	泌　阳	渐新统核桃园组	63.14	8.68	13.54	1.36		1.68	0.16
	南　阳	渐新统核桃园组	62.96	8.71	11.33	0.86		1.66	0.14
	大　庆	下白垩统青山口组	79.957	9.21	3.61			1.39	0.03
	尤因塔盆地	绿河页岩(E₂)	8.4	9.6	8.6	0.7	2.7	1.44	0.12
I₂	泌　阳	渐新统核桃园组	76.55	8.85	12.91	2.03		1.37	0.13
	南　阳	渐新统核桃园组	77.85	8.49	7.86	1.54		1.32	0.08
	大　庆	下白垩统青山口组	72.40	8.06	7.65			1.34	0.08
	抚　顺	古近系油页岩	75.65	9.04	11.56	2.40	1.35	1.43	0.12
II	南　阳	渐新统核桃园组	74.47	7.78	19.86	1.89		1.25	0.20
	抚　顺	古近系油页岩	71.82	7.94	15.95	2.73	1.56	1.33	0.17
	茂　名	古近系油页岩	73.74	8.22	13.30	2.69	2.05	1.34	0.14
	巴黎盆地	下托阿尔统	72.7	7.9	12.5	2.1	4.8	1.30	0.13
III₁	鄂尔多斯	三叠系延长组	68.28	5.47	13.01			0.96	0.14
	鄂尔多斯	三叠系延长组	79.47	5.55	9.23			0.84	0.09
III₂	鄂尔多斯	侏罗系延安组	77.56	5.08	15			0.79	0.15
	抚　顺	古近系次烟煤	69.62	5.39	04	3.43	0.53	0.93	0.23
	茂　名	古近系褐煤	70.54	5.45	21.03	2.83	1.01	0.92	0.22
	杜阿拉盆地	上白垩统	72.8	6.01	18.9	2.28		0.99	0.19

无论是干酪根的显微组分还是元素组成,都不是固定不变的,它不仅随干酪根的原始母质、生成环境的改变而改变,而且也随干酪根所遭受的地质、地球化学作用而发生改变。所以通常所测得的显微组成和元素组成,只是干酪根所处的某一特定地质时空点的组成特征。

(2) 干酪根的分类

由于干酪根的组成受形成环境和原始有机质来源的控制,所以在客观上存在着不同的类型。干酪根的类型问题是生油母质的质量问题,它既控制了干酪根的演化方向,又控制了烃类的生成速度和数量。按照组成与性质,可以将干酪根划分为两大类即腐泥质和腐殖质。腐泥质(Sapropelic)有机质主要来源于水中浮游生物和底栖生物,形成于滞水还原条件的水盆地中,包括闭塞的潟湖、海湾、湖泊。腐殖质(Humic)有机质指主要来源于高等植物有机质,如富含芳香结构的木质素、丹宁和纤维素,形成于有氧沉积环境中,包括沼泽、湖泊或与其有关的沉积环境。

这种分类方法过于简单,远不能满足油气勘探的需要。随着分析技术的发展,不同专业的研究者采用不同的方法提出了干酪根类型划分的详细方案。目前被广泛采用的分类可以归纳为两大类。

① 显微组分分类。根据干酪根中各显微组分的相对含量将干酪根划分为若干类型(表3-3)。主要采用两种方法,一种是统计腐泥组和壳质组之和与镜质组的比例;另一种是采用类型指数(T值)来划分,具体方法是将鉴定统计的各组分相对百分含量代入下式:

$$T = \frac{腐泥组含量 \times 100 + 壳质组含量 \times 50 + 镜质组含量 \times (-75) + 惰质组含量 \times (-100)}{100}$$

计算出 T 值,再依据表 3-3 的分类标准划分类型。

表 3-3　　　　　　　　　　干酪根镜下鉴定分类标准

指标	相对含量法/%		T 值法/%
	腐泥组＋壳质组	镜质组	
Ⅰ	＞90	＜10	＞80
Ⅱ₁	65～90	10～35	40～80
Ⅱ₂	25～65	35～75	0～40
Ⅲ	＜25	＞75	＜0

② 元素组成分类。法国石油研究院根据干酪根样品的 C、H、O 元素分析结果,利用范·克雷维伦图解,将干酪根划分为 3 种主要类型(图 3-4)。Ⅰ型干酪根具有高的原始氢碳原子比(大于 1.5)和低的氧碳原子比(小于 0.1)。它们富含脂肪结构,芳香结构和杂原子键含量低,主要来源于藻类等低等水生生物和细菌遗体。藻类选择性保存、聚集形成藻质体,细菌强烈改造的有机质及细菌遗体常表现为无定形体,故此类干酪根的显微组分主要是腐泥组。

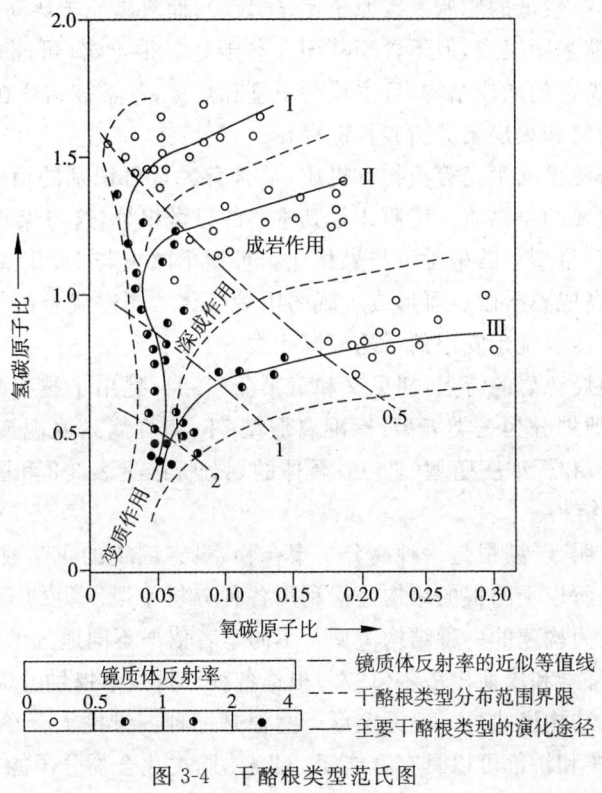

图 3-4　干酪根类型范氏图

[据蒂索(Tissot)和伟尔特(Welte),1984 简化]

Ⅰ型干酪根与其他类型相比在自然界中出现较少。Ⅰ型干酪根一般为细纹层状或无定形粉末状,颜色为发暗的深色。通常形成于静而少氧的浅水环境中沉积的富有机质淤泥中。典型的实例是美国科罗拉多州、犹他州及怀俄明州的始新统绿河油页岩中的干酪根,我国松辽盆地下白垩统青山口组一段、嫩江组一段以及泌阳盆地古近系核桃园组等典型湖相沉积的干酪根皆属此类。该类干酪根在550～600℃热解条件下可形成比其他类型干酪根要多的低分子物质(浅部不成熟样品,最高的热解率可达80%),这表明此类干酪根具有很高的生油潜力。热解产物主要是直链和支链烷烃。从图3-4中可以看到,Ⅰ型干酪根只有在热演化程度较低的情况下才能识别,当成熟度较高时,Ⅰ型干酪根和Ⅱ型干酪根在该图中无法识别。

Ⅱ型干酪根是一类最为常见的干酪根,具有较高的氢碳原子比和较低的氧碳原子比。多芳香核、杂原子酮和羧酸基团比Ⅰ型干酪根含量高,但比Ⅲ型少。含大量脂族结构,主要是中等长度的链和环系。在脂族键中常含相当数量的硫。

Ⅱ型干酪根主要由原地浮游生物及微生物(主要是细菌)有机物的混合沉积,在还原条件下形成。也可由异地有机质形成,主要是异地富含脂类的高等植物有机物残体(如孢子、花粉和角质层)和植物分泌物(如树脂和蜡)相对富集后形成的。热解时Ⅱ型干酪根比Ⅰ型干酪根产生的烃类要少,生油潜能中等。例如,法国巴黎盆地侏罗系下托尔统页岩经热解后,产物约为有机质原始重量的60%;北非志留系、中东白垩系、西加拿大泥盆系以及我国东营凹陷古近系沙三段的干酪根均属此类。

Ⅲ型干酪根具有较低的原始氢碳原子比(<1.0),而氧碳原子比高(0.2～0.3)。由大量多芳香核、酮及羧酸基团组成,但不含酯基团。非羰基氧很丰富(可能是杂环、奎宁、醚及甲氧基团)。只含有少数的脂族结构,且主要为甲基和短链,常常被结合在含氧基团上,但也有极少数起源于植物蜡和表皮层的脂族长链存在。

此类干酪根来源于陆生高等植物有机质,常含有大量可识别的植物残屑,其中木质素、纤维素和丹宁是主要的生物质。镜质体是其主要的显微组分,这与煤的特征相似,所以在组成随埋深演化方面,Ⅲ型干酪根常可与煤相比。Ⅲ型干酪根与Ⅰ、Ⅱ型相比热解产物很少,生油能力差,但在高成熟阶段也可形成可观的甲烷气体。喀麦隆杜阿拉盆地上白垩统及我国鄂尔多斯盆地下侏罗统延安组的干酪根属此类。

结合我国陆相烃源岩的特点,胡见义和黄第藩(1991)提出了被我国石油界广为接受的五分法分类方案,即划分为三类五型:标准腐泥型(I_1)、含腐殖腐泥型(I_2)、中间型(Ⅱ)、含腐泥腐殖型($Ⅲ_1$)和标准腐殖型($Ⅲ_2$)。具体的划分标准见表3-2和图3-5。

(3) 干酪根的结构

国内外研究表明,干酪根是一种高分子聚合物,没有固定的化学成分,也没有固定的分子式和结构模型。所以干酪根的结构是指利用各种分析手段获得的干酪根内部组成信息,通过合理综合而人为构建的一种结构模型。不同学者依据不同地区干酪根研究结果提出了大量的结构模型,蒂索和埃斯皮塔尔(1975)根据各种分析技术提供的资料,提出了适用于无定形干酪根的一般结构模式。一般无定形干酪根是一种三维的大分子,它很可能是由似链桥交联的核组成,核和桥都可以具有官能团。此外,脂类化合物分子能被俘获在干酪根基质中,类似分子筛的作用(图3-6)。

① 核。核是由2～4个不同平行程度的芳香族片状体叠置而成的堆积体,每个片状或层状体含有较少数量(小于10个)稠合芳香环,片状体中偶见含氮、硫、氧的杂环化合物,片状体的直径小于$10×10^{-10}$m。每个堆积体的层数经常是两个,层间距大于$3.4×10^{-10}$m,浅层干酪根间距宽,深层间距则窄,最大值在$3.7×10^{-10}$m左右。堆积体是干酪根的基本

3 石油与天然气开采

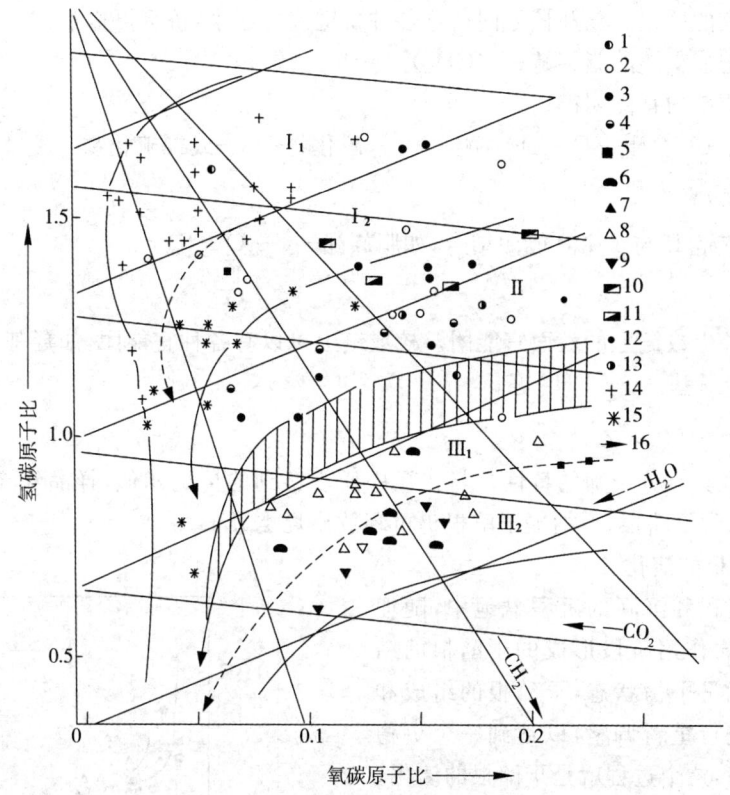

图 3-5 陆相干酪根类型演化图
（据胡见义和黄第藩，1991）

1——大庆；2——南阳；3——泌阳；4——廊固；5——辽河；6——柴达木；7——四川；8——鄂尔多斯(T)；
9——鄂尔多斯(J)；10——抚顺油页岩；11——茂名油页岩；12——抚顺和茂名煤；13——东营；
14——绿河页岩和藻；15——下托尔统页岩；16——演化途径

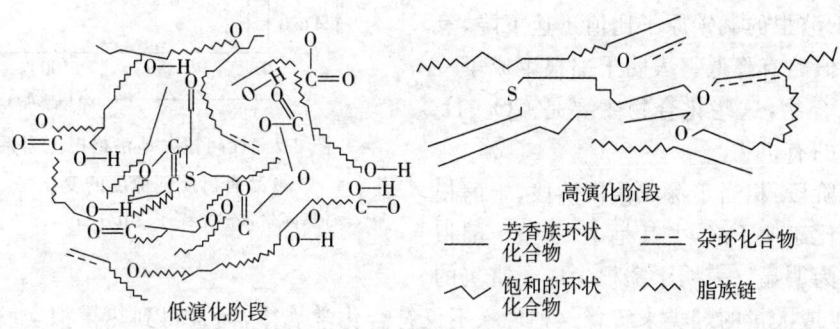

图 3-6 Ⅱ型干酪根的结构模式
［据蒂索（Tissot）等，1975］

· 133 ·

结构单元。

② 连接核的桥键。核和核之间通过各种桥键连接起来,桥键可以是:

（ⅰ）直链或支链的脂族链；—$(CH_2)_n$—；

（ⅱ）氧或硫的官能团键；

（ⅲ）酮—$\overset{\|}{\underset{O}{C}}$—,酯—$\overset{\|}{\underset{O}{C}}$—O—,醚—O—,硫化物—S—或二硫化物—S—S—；

（ⅳ）脂族链 R 与 1 个官能团结合,如脂族酯—$\overset{\|}{\underset{O}{C}}$—O—R。

③ 位于核上或链上的表面官能团。核或链上可以有各种官能团,如羟基—OH,羧基—$\overset{\|}{\underset{O}{C}}$—O—H,甲氧基—O—$CH_3$ 等。

④ 干酪根具有分子筛的特性。与在煤中所观察到的情况相似,样品经充分抽提后,用酸处理分离出的干酪根,再抽提干酪根仍可释放出烃类分子。

(4) 干酪根的演化

在连续沉积和沉降的沉积盆地中,随埋深的增加,成岩作用阶段形成的干酪根的结构不再与环境呈平衡状态,干酪根的组成和结构必然要进行重新调整,以达到一个更稳定的有序状态,这个过程就是干酪根的演化。

① 元素含量的演化。不同类型干酪根的元素含量将随埋藏深度的增加发生有规律的变化,图 3-7 表示了这一过程中干酪根元素组成变化的一般特征。尽管不同干酪根具有不同的演化途径,但总体特征相似,可以大致分为 3 个阶段。

第一阶段:基本对应成岩作用阶段,随深度增加,干酪根的氧碳原子比值迅速下降,氢碳原子比值略有降低。表明干酪根生成了一些含氧化合物,这些化合物主要是 CO_2、H_2O 及含氧的有机物。

第二阶段:相当于深成作用阶段,干酪根氢碳原子比迅速下降,尤其是Ⅰ、Ⅱ型干酪根表现得尤为明显。表明干酪根生成了富氢的

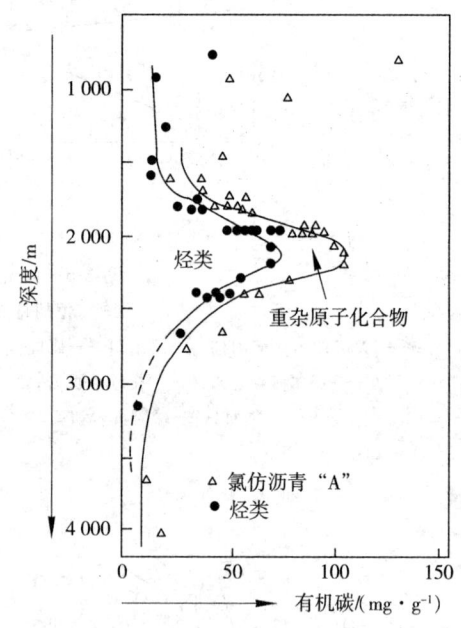

图 3-7　杜阿拉盆地洛格巴巴岩系可溶有机质随深度的变化

［据阿尔布雷克特(P. Albrecht),1976］

组分,用生成大量的烃类来解释这种现象不仅符合化学规律,而且得到热模拟实验的支持。烃类比干酪根更富含氢,当干酪根以 C—C 键断裂反应生成烃类时,需要主结构中额外提供 H 原子,以形成稳定的化合物。

第三阶段:相当于变质作用阶段。三类干酪根的演化曲线在深处趋于合并,氢碳和氧碳原子比都变得很小,干酪根中的碳含量高达 90% 以上。

②干酪根结构的演化。干酪根热演化中元素含量的变化,表明其结构也必然发生了改变,或者说正是干酪根为适应外界环境的改变,不断调整自身的结构组成而引起了其元素组成的变化。

随演化程度的加深,干酪根中芳碳在总碳数中所占的比例不断增高。造成这种现象的原因一方面是干酪根中原有的芳族结构的热稳定性强,很少能从干酪根结构中脱除,另一方面其他不稳定结构的脱除和芳构化作用更使芳族结构在干酪根中所占的比重增加。主要引起氢原子含量降低的因素是脂族结构不断从干酪根结构中断裂脱除。随着热演化程度的增加,干酪根的脂族结构主要变化为:长链烷烃由于断裂作用而含量减少,残留的脂碳多为甲基、乙基等短侧链结构。在演化较深阶段,干酪根中残余的脂碳就仅存甲基侧链了,并也将在变质作用阶段完全脱除或芳构化而使残留干酪根残体逐渐转化为次石墨。脂族结构转为芳香结构的比率与干酪根脂族结构的性质密切相关。

3.1.3.4 沥青的组成和演化

沥青是沉积有机质中可以被有机溶剂溶解的部分,依据从岩石中获得沥青所使用溶剂不同可以分为不同类型。其中氯仿沥青"A"是石油地质研究中最常用的一种,它是指岩(物)中可溶于氯仿的有机质的总称。氯仿沥青"A"是一种混合物,根据它们对不同溶剂有选择性溶解的特点,可以用柱色层法等将其分离成饱和烃、芳香烃、非烃(胶质)和沥青质等族组分,其中饱和烃和芳香烃在岩石中的含量之和称为总烃含量。大量研究表明,聚集状态产出的石油和岩石中以分散状态存在的氯仿沥青"A"在组成和成因上具有密切的相关性,所以沥青可以看为尚未聚集的石油。

沉积剖面中氯仿沥青"A"的含量和组成不仅在不同的沉积层系中差别较大,而且即使在同一层系中也随埋藏深度的变化而不同。许多学者对一些典型沉积盆地中可溶有机质随埋藏深度的变化进行了系统研究,获得了很多重要认识。蒂索(Tissot)等(1974)对巴黎盆地下托尔页岩研究表明,各种有机质组分随深度的增加,干酪根的数量减少,氯仿沥青"A"的族组分烃类、非烃+沥青质含量显著增加,反映了干酪根数量的减少和沥青数量增加的互补性和成因上的联系性。阿尔布雷克特(P. Albrecht,1976)等对非洲喀麦隆杜阿拉盆地洛格巴巴页岩研究表明,在埋藏深度浅于1 500 m时,可溶有机质数量随深度增加的变化较小(图3-7),当埋藏深度在1 500~2 200 m时,可溶有机质的数量迅速增大,其中饱和烃的含量大幅度增加,当埋藏深度大于2 200 m时,可溶有机质在达到最大数量后,又迅速降低,并且在埋深达到3 000 m以下时,降到了很低的数值。可溶有机质的增加过程被认为是干酪根不断降解所致,而可溶有机质的减少过程则是由于高温下进一步裂解破坏的结果。

总之,相应于干酪根的生成演化,沥青的含量和组成也发生规律性的变化,构成了沉积有机质演化的整体,揭示了油气是沉积有机质天然演化过程中的产物和存在形式。

3.1.4 有机质演化生烃的影响因素与模式

3.1.4.1 有机质演化生烃的影响因素

化学反应的实现是诸多环境因素综合作用的结果。包括干酪根在内的沉积有机质演化形成石油和天然气的过程,其实质是一系列复杂的化学反应,所以油气的生成,也必须在特定的环境条件下才能实现。近年来,世界各国的油气勘探实践和理论研究表明,温度和时间是影响油气生成的一对主要因素,其他诸如细菌、催化剂、放射性和压力等也有一定的影响。

(1) 温度和时间

可以将油气的生成过程近似看作一个简单反应,此时有机质的热演化程度就相当于反应进行的程度。要达到相同的反应程度,当反应速度快时,所需的时间就短,而当反应的速度慢时所需的反应时间就长。油气的生成反应是一个吸热反应,温度的升高有利于加快化学反应的速度。对于确定类型的沉积有机质向油气演化的反应,地温是决定反应速度的重要因素。所以可以说温度和时间共同决定着有机质演化的程度,温度与时间可以互为补偿,高温短时间作用与低温长时间作用可能产生近乎同样的效果。法国石油研究院所做的人工模拟实验证明了实验室高温快速模拟与自然界低温慢速演化所得结果和规律都是吻合的。

当温度升高到一定数值,有机质开始大量转化为石油,这个温度界限称为有机质成熟温度或门限温度,对应的深度称为门限深度。科南(Connan)(1974)综合分析了世界若干个同类型含油气盆地不同时代生油岩石的门限温度发现,年龄越大的生油岩石,其生油门限温度越低,而年龄越小的生油岩石,其生烃的门限温度就越高。黄第藩等(1991)总结了我国主要含油气盆地不同时代生油岩石埋藏深度与油气生成的关系(图3-8),也表明生油岩石的年龄越大,生烃门限温度就越低。这些研究都证实了时间在油气生成过程中的补偿作用。

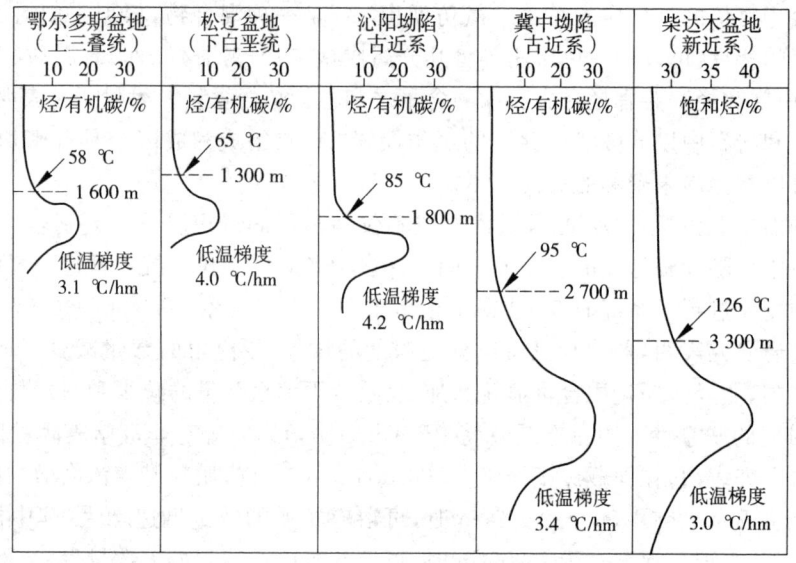

图 3-8 我国不同盆地不同时代烃源岩埋藏深度与油气生成的关系
(据黄第藩,1991)

需要强调的是,在温度和时间两因素中,温度对油气生成的影响是主要的。范霍夫(Van't Hoff)研究了多种化学反应速度随温度的变化后得出,大多数反应,温度提高10 K,反应速度为原来的2~4倍。所以温度的较小变化对化学反应进程的影响需要时间的成倍变化才能补偿。当温度低到一定程度时,油气生成的速度将非常缓慢,有机质演化达到有意义的程度所需的时间也许比地球形成的时间还要长,此时对于油气生成来说可以认为是没有意义的,实际上将没有商业意义的油气生成。这表明对于生成油气的化学反应,只有温度达到一定程度时,时间的补偿才有意义。综上所述,在温度与时间的综合作用下,有利于油气生成并保存的盆地应该是年轻的热盆地(地温梯度高)和古老的冷盆地。

(2) 其他条件

① 细菌活动。细菌是地球上分布最广、繁殖最快的一类生物。在还原条件下,细菌的活动可以改造沉积有机质,一方面通过消耗原始沉积有机质中的碳水化合物,并不断加入细菌遗体,而使有机质的含氧量降低、含氢量增加,使之向更加有利于生油的方向转化;另一方面细菌的活动可以分解有机质而生成甲烷,直接参与到油气的生成过程中来。

② 催化作用。有机质生成石油烃类主要有两类反应,即 C—C 键断裂和脂肪酸脱羧。这些反应的活化能约为 289 kJ/mol,在实验室中只有高于 400 ℃ 温度下反应方可实现。而在沉积物中这类反应却可以在 150 ℃ 以下进行。这表明,在地质条件下这类反应是在催化剂参加下完成的。韦斯(A. Weiss)、亨特(J. Hunt)等人的实验表明,黏土(主要是蒙皂石)与有机质的复合物在缓慢加热时便会脱羧基、脱氨基形成低分子质量的烷烃、环烷烃和芳香烃。烃源岩中大量存在的黏土矿物蒙皂石便是很好的催化剂,伊利石次之。

黏土矿物的催化作用不仅可以降低有机质的成熟温度,促进石油生成,而且黏土矿物对干酪根热解烃的化学组成、产率也都有很大的影响。黏土矿物的催化作用不仅使长链烃裂解成小分子烃,还可造成烯烃含量相对减少,异构烷烃、环烷烃、芳香烃含量相对增多。对热解产率而言,在相同热解温度下,黏土矿物比例不同,热解烃产率也不同;对相同类型干酪根而言,由于矿物含量及相对比例的差别,热解烃转化率相差也很大。

③ 放射性作用。富含有机质的黏土岩中,常富集大量的放射性物质。放射性物质产生的高能粒子可以导致水分解而产生大量的游离氢,同时放射性衰变产生的能量还可以成为有机质转化的能量来源之一。游离氢和能量的提供将同时增加油气形成的产率和速度,对于油气的生成非常有利。

④ 压力的作用。有关压力在油气形成中的作用,目前研究的成果还较少。从化学理论讲,压力的增加可以抑制体积增加的化学反应的进行。对于干酪根的生烃反应,尤其是较高温度下生成气态烃的反应,显然是体积增加的反应,所以从理论上讲,高压将阻碍或降低油气生成的进程。页岩中存在的异常高压对油气形成的影响是一个很有意义的课题。在自然界中发现,当存在异常高压时,即使地层温度超过了 200 ℃,仍可有液态烃的赋存,而在正常压力下,却为气态烃。如华盛顿湖油田(6 540 m),巴尔湖油田(6 060 m),地层温度均超过 200 ℃,仍为油田,这可能是由于异常高压阻止了液态烃的裂解,所以压力对油气的形成和转化可能也具有某种作用。

3.1.4.2 有机质向油气转化的阶段及一般模式

沉积有机质随着埋藏深度逐渐加大,经受地温不断升高,将发生有规律的演化。而油气的生成就是此演化过程的有机组成部分,或者说油气是沉积有机质在一定环境条件下的存在形式。由于在不同深度范围内,沉积有机质所处的物理化学条件不同,致使有机质的转化反应及主要产物都有明显的区别,即原始有机质向石油和天然气的转化过程具有明显的阶段性。关于有机质演化和油气生成阶段的划分,国内外学者提出了许多方案(表 3-4),但基本内涵大同小异。本书采用张厚福(1981)的四阶段划分模式,他把油气形成过程划分为 4 个逐步过渡的阶段,即生物化学生气阶段、热催化生油气阶段、热裂解生凝析气阶段及深部高温生气阶段(图 3-9),分别与沉积有机质演化的未成熟阶段、成熟阶段、高成熟阶段和过成熟阶段相对应。

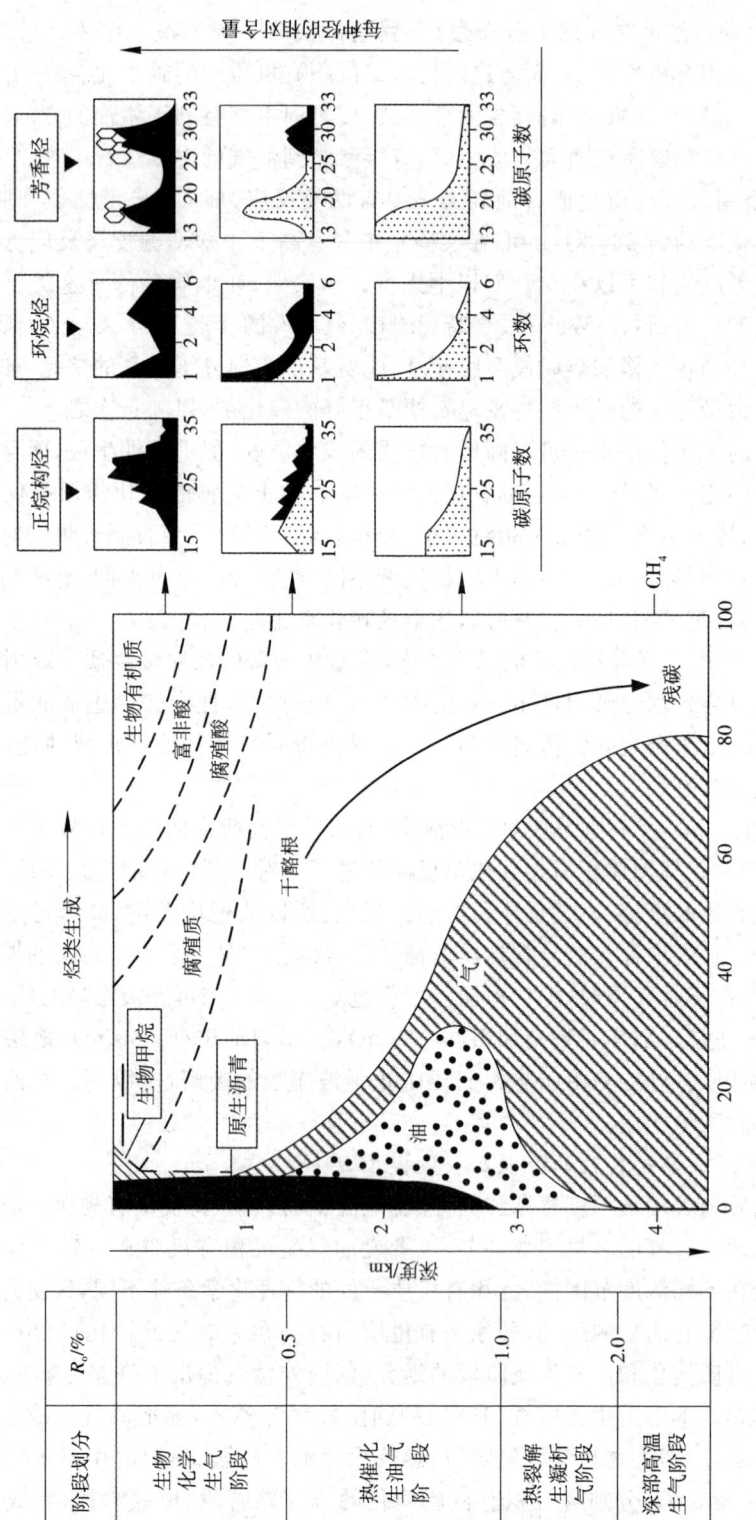

图 3-9 油气形成于烃源岩埋藏深度关系一般模式(据张厚福等,1999,略改)

表 3-4　　　　　　　　有机质演化及烃类形成阶段划分(据张厚福等,1999)

深度/km 温度/℃	煤阶	镜质体反射率 R_o/%	孢粉颜色(古特雅尔,1966)	干酪根颜色(彼得斯,1977)	瓦萨耶维奇(1970)	普西(1973)	傅家谟(1975)	张厚福(1981)	蒂索,威尔特(1984)	潘钟祥等(1986)	黄第藩等(1991)
<1.5 10~60	泥炭	0.5	黄色	黄色浅黄色褐色	准备阶段	早期成岩甲烷	油气形成期	最初甲烷气阶段	生物化学生气阶段	成岩作用阶段	生物甲烷	生物甲烷气阶段	未成熟阶段
	褐煤											
1.5~4.0 60~180	长焰煤	1.0	黄暗褐色	暗褐色深暗褐色	主要阶段	石油伴生湿气		热催化生油气阶段	低成熟阶段	深成作用阶段	重质—轻质油阶段	低成熟
	气煤											中成熟
	肥煤						液态窗			石油		成熟阶段
4.0~7.0 180~250	焦煤	1.5		深暗褐色		凝析气、湿气		高成熟原油阶段	热裂解生凝析气阶段		凝析气—湿气阶段	高成熟
	瘦煤									湿气		
	贫煤	2.0			最终阶段		油气成熟期	最终甲烷气阶段	后生作用阶段			
7.0~10 250~375	半无烟煤	2.5	黑色	深暗褐色黑色		高温深成甲烷			深部高温生气阶段	甲烷	干气阶段	过成熟阶段
	无烟煤	3.0										

(1) 生物化学生气阶段

沉积有机质从形成就开始了生物化学生气阶段。该阶段的深度范围是从沉积物顶面开始到数百米乃至一千多米深处,温度介于 10~60 ℃,与沉积物的成岩作用阶段基本相符,相当于煤化作用的泥炭—褐煤阶段,在浅层以生物化学作用为主,到较深层以化学作用为主。

在该阶段的早期,埋藏深度较浅,温度、压力较低,适于各类细菌的生存。生物起源的聚合有机质大部分被选择性分解,转化为分子质量更低的生物单体(如苯酚、氨基酸、单酪、脂肪酸等),这些生物化学单体将进一步经受各种变化。在适合生物甲烷菌生存的环境中,生物甲烷菌将利用有机化合物合成生物甲烷。部分有机质被完全分解成 CO_2、NH_3、H_2S 和 H_2O 等简单分子。少量生物化学单体(尤其是脂类化合物)通过简单反应形成保留原始生物化学结构的特殊烃类,即生物标志化合物。而生物单体的大部分以不同的途径转化形成了干酪根。此时沉积物中的烃类组成具有如下特征:烃类在有机质中所占的比重很小;高分子量正构烷烃 C_{22}~C_{34} 范围内有明显的奇数碳优势(少数具有偶数碳优势或没有奇偶优势);环烷烃中 1~6 环均有,但以四环分子含量最高,此乃广泛存在甾族衍生物所致;芳香烃显示萘和四环芳香烃双峰。

到本阶段后期,埋藏深度加大,温度接近 60 ℃,开始生成少量液态石油,有时在特定的生气源构成和适宜环境条件下生成石油的数量会较大。此时沉积物中的烃类组成特征与本阶段早期沉积物中烃类的组成特征相近,但也有明显区别,正构烷烃的奇数碳优势依然存在,但明显减弱;四环分子在环烷烃中仍然含量最高,但环烷烃的总含量降低;芳香烃显示萘和四环芳香烃双峰,且萘系明显高于四环芳香烃。

(2) 热催化生油气阶段

随着沉积物埋藏深度超过 1 500～2 500 m,进入后生作用阶段前期,有机质经受的地温升至 60～180 ℃,相当于长焰煤—焦煤阶段,促使有机质转化的最活跃因素是黏土矿物的热催化作用。在此阶段干酪根中的大量化学键开始断裂,从而形成大量的烃类分子,成为主要的生油时期,为有机质演化的成熟阶段,在国外常称为"生油窗"。这个阶段产生的烃类在化学结构上同原始有机质有了明显区别,而与石油却非常相似。中、低分子质量的分子是正构烷烃中的主要组分,奇偶优势消失;环烷烃及芳香烃中也以低环和低碳原子数分子占优势为特征。它们与前一阶段中存在的烃类有明显的区别,没有特定的结构或者特殊的分布。

(3) 热裂解生凝析气阶段

当沉积物埋藏深度超过 3 500～4 000 m,地温达到 180～250 ℃时,则进入后生作用阶段后期,相当于煤化作用的瘦煤—贫煤阶段,为有机质演化的高成熟阶段。此时残余干酪根继续断开杂原子官能团和侧链,生成少量水、二氧化碳、氮和低分子质量烃类。同时由于地温升高,在前期已经生成的液态烃类变得不再稳定,也开始裂解,主要反应是大量 C—C 键断裂,包括环烷的开环和破裂,导致液态烃急剧减少,C_{25} 以上高分子正烷烃含量渐趋于零,只有少量低碳原子数的环烷烃和芳香烃可以稳定存在;相反,低分子正烷烃剧增,主要是甲烷及其气态同系物。那些在地下深处呈气态(凝析气),采至地面随温度、压力降低,凝结成的液态轻质石油,就是凝析油。

在这个阶段烃类反应的性质可以看做是一个歧化反应。一方面石油热裂解生成较高氢含量的甲烷及其气态同系物等轻烃类;另一方面石油中含杂环和芳香环的组分产生缩合反应,主要形成贫氢的固态残渣,同时残余干酪根也变得贫氢。

(4) 深部高温生气阶段

当深度超过 6 000～7 000 m,沉积物已进入变生作用阶段,达到有机质转化的末期,相当于半无烟煤—无烟煤的煤化阶段,为有机质演化的过成熟阶段。温度超过了 250 ℃,以高温、高压为特征,干酪根的裂解反应继续进行,由于氢以甲烷的形式脱除,干酪根进一步缩聚,氢碳原子比降到很低,生烃潜力逐渐枯竭。据估计,当干酪根氢碳原子比降至 0.45 左右时,将没有液态烃的形成;而降至 0.3 时,则接近甲烷生成的最低限[亨特(J. M. Hunt),1979]。即使是已形成的液态烃和重烃气体也将裂解为热力学上最稳定的甲烷。最终干酪根将形成碳沥青或石墨。这种现象在实验室、野外观察和深井钻探结果中都得到了证实。中国科学院地球化学研究所对石油进行高温、高压试验,发现当压力固定不变,石油随温度升高向两极明显分化,最后形成气体与固态沥青。演化过程是石油→油+气→油+气+固态沥青+液态沥青→气体+固态沥青。这种试验结果同野外观察现象吻合甚佳。如在四川盆地威远隆起震旦系白云岩中见到石油热演化的最终产物甲烷和固态沥青,后者呈不规则浸染状或粒状分布于白云岩的裂缝或洞穴中,成熟度高,通常为碳沥青和焦沥青。

以上各个阶段是连续过渡的,相应的反应机理和产物也是可以叠置交错的,没有统一的截然的划分标准。有机质的演化程度同时受控于有机质本身的化学组成和所处的外界环境条件,不同类型有机质达到不同演化阶段所需的温度条件不同,而不同的沉积盆地沉降历史、地温历史也不同,这就决定了不同沉积盆地中的有机质向油气转化的过程不一定全都经历这 4 个阶段,而且,每个阶段的深度和温度界限也可有差别。对于地质发展史较复杂的沉积盆地,可能经历过数次升降作用,烃源岩中的有机质可能由于埋藏较浅尚未成熟或只达到较低的成熟阶段就遭遇抬升,有机质没有生烃或没有完全生烃,如果有机质在抬升中不被破坏,到再度沉降埋藏到相当深度,达到了生烃温度后,有机质仍然可以生成石油,即所谓"二次生油"。

3.1.4.3 油气成因理论的几个相关问题

(1) 低熟油

自20世纪70年代以来,在许多国家和地区相继发现了这样一类石油,其生物标志化合物的成熟度参数比干酪根晚期热降解成因的石油明显偏低,表明此类石油是在经受较低温度作用条件下形成的。这类非干酪根晚期热降解成因的在低温下形成的非常规石油被研究者称为低熟油。在我国东部渤海湾、泌阳、江汉、百色、松辽、苏北及西部地区的柴达木、准噶尔等盆地都发现了低熟油资源。

现有研究成果表明低熟油是在生物甲烷气生烃高峰之后,烃源岩中某些特定有机质在埋藏升温达到干酪根晚期热降解大量生油高峰以前,经由不同生烃机制的低温生物化学或低温化学反应生成并释放的烃类,包括凝析油、轻质油、正常石油、重油和高凝固点油等。低熟油生烃阶段相应的烃源岩镜质体反射率大体上在0.20%~0.70%范围内,相当于干酪根生烃模式的生物化学生气阶段晚期和(或)热催化生油气阶段早期。

实际上,与常规的成熟石油一样,低熟油也经历过有机质脱含氧官能团与加氢作用的生烃历程,石油的脂碳键都是氢饱和的,一般不含烯烃。因此,从烃类组成意义上讲,低熟油的烃类本质上也应属于"成熟"烃类之列,只是因其特定有机母质的生烃活化能较低,可以低温早熟生成石油,生烃高峰出现于干酪根的未成熟—低成熟阶段,才将其归属于"低熟油"范畴。尽管不同成因的低温早熟石油的成熟度可以有高低之分,一些研究者曾试图将其进一步区分为"未成熟石油"与"低成熟石油"(廖前进等,1987),但是由于这些石油的生烃高峰范围并不受干酪根演化阶段的制约,区分石油的"未熟"和"低熟"并不重要。国外文献报道的低熟石油,相应的烃源岩镜质体反射率范围约为0.30%~0.70%,都一律称为"Immature Oils",一般也不再作进一步的石油成熟度分类。

国外学者从地质分析和实验室研究等多方面入手探讨了低熟油气的成因机理,并提出了不同的假说或模式,如树脂体早期生烃、木栓质体早期生烃、藻类生物类脂物早期生烃、干酪根早期降解生烃以及细菌作用等。我国地球化学界对低熟油的认识和研究始于20世纪80年代初,目前已取得了可喜的研究进展。王铁冠等(1995)在国内外研究成果的基础上,通过对大量中国含油气盆地的实例解剖,分析了木栓质体、树脂体、细菌改造陆源有机质、藻类和高等植物生物类脂物以及富硫大分子(非烃、沥青质和干酪根)5种不同原始母质的早期生烃机制。

从严格意义上讲,"低熟油理论"是石油早期成因说的重提和晚期成因说的补充。在不同研究者提出的成因机理中,既有生物有机质简单变化的早期生油,也有特定干酪根组分的低温演化生油,而且最主要的是后者,这进一步表明干酪根晚期生油理论的合理性。但低熟油概念的提出和低熟油生烃机理的研究仍然有积极的意义,一方面是对传统干酪根生烃理论的补充和完善,它进一步说明了油气形成的多阶段性和复杂性;另一方面突出强调了不同环境和母源条件下形成的沉积有机质转化为油气所需的物理—化学条件可以明显不同,所以不能用统一的成熟度参数来简单地划分有机质的演化阶段。

(2) 煤成油问题

由煤和煤系地层中集中和分散的腐殖型有机质在煤化作用的同时所生成的液态烃类被

称为煤成油。煤层中存在大量甲烷的事实早已经为人们所熟知,煤系地层能生成甲烷,并形成天然气的大规模聚集也已经为人们所认同。但煤系地层能否像海相和湖相烃源岩一样形成大量的液态烃类并运移聚集成为工业意义的油藏,却是石油地质学家和地球化学家一直争论的焦点。由于煤系产生于沼泽环境,其有机质的来源和赋存方式与一般的烃源岩有明显的不同,而且油田和煤田的分布(地区和层位)大多数不一致,因此,传统的观点认为成煤环境不利于成油。20世纪60年代,布鲁克斯(Brooks)和史密斯(Smith)(1967,1969)研究论证了澳大利亚吉普斯兰盆地陆生植物的生油能力,以后在澳大利亚的吉普斯兰盆地发现了来源于富氢壳质组的原油,在加拿大马更些三角洲发现了与树脂体输入有关的凝析油,在尼日利亚尼日尔三角洲和印度尼西亚的马哈卡姆三角洲发现了与中、新生界煤系地层有关的油田。许多学者研究认为,这些油田的原油主要来源于腐殖型有机质,显示典型煤成油的特征。80年代后期在我国吐哈盆地也发现了与侏罗系煤系地层有关的油田。近年来,人们通过有机岩石学与有机地球化学相结合的方法和实验模拟,从多方面对煤成油问题做了相当广泛而深入的探索,取得了一些新的认识。

大量有机岩石学分析表明,腐殖煤的主要显微组分是镜质组,可含有相当数量的壳质组,而腐泥组和惰质组含量较低。目前有机岩石学家和石油地球化学家普遍认为,煤究竟生气还是生油及其生成液态烃的能力大小,与煤的类型和显微组分组成密切相关。富含富氢显微组分(无定形体、藻质体和壳质组)的煤,均有生成液态烃的能力;而富含贫氢显微组分(镜质组和惰质组)的煤,与Ⅲ型干酪根相似,以生气为主。在很大程度上,煤的液态烃生成潜力取决于富氢组分壳质组含量。目前人们进一步认识到,作为煤中主要成分的镜质组本身的组成极不均匀,其中的一些组分是富氢的,如基质镜质体的数量与氢指数呈良好的相关性[贝特兰德(Bertrand),1986],表明这些显微组分也可能成为煤成油的主要贡献者。

煤作为有机质的一种,其随埋藏的演化符合有机质演化的一般规律,但由于有机组成的特殊性,与腐泥型有机质的生烃演化也存在明显的差异(如图3-10)。

煤的成烃演化特征表现在如下几个方面:

① 煤成油范围较宽而复杂,不同显微组分生烃高峰出现的条件不同,基质镜质体、角质体、木栓质体、沥青质体和树脂体在镜质体反射率为0.4%～0.6%时就可达到生烃高峰,形成低熟油;而藻类体、角质体和孢子体的生烃高峰出现在镜质体反射率为1.0%附近,造成煤中液态烃的生成具有多阶段性。

② 副泥型烃源岩只在生烃晚期阶段才生成热降解凝析油,而煤的某些壳质组分,如树脂体形成凝析油可以发生在镜质体反射率仅为0.5%的低成熟阶段。

③ 煤成气范围亦较宽而不存在明显的生气高峰。腐泥型烃源岩早期阶段以生油为主,气油比甚低,在热演化晚期阶段出现甲烷生成的高峰;而煤成气生成范围很宽,不仅无烟煤阶段生气,而且在早期阶段,即褐煤阶段亦生成甲烷,并与煤的生物成气阶段相衔接。

3.1.5 天然气的成因类型及特征

随着天然气的勘探和形成机理研究的进展,人们日益认识到天然气有比石油更广泛的形成条件,天然气不仅能伴随石油的形成过程而产生,而且能在许多不适于生油的条件和环境中大量形成。随着气体地球化学、有机地球化学、微生物化学、宇宙化学和模拟试验的研究进展,对天然气的成因机理的认识不断深化。

3 石油与天然气开采

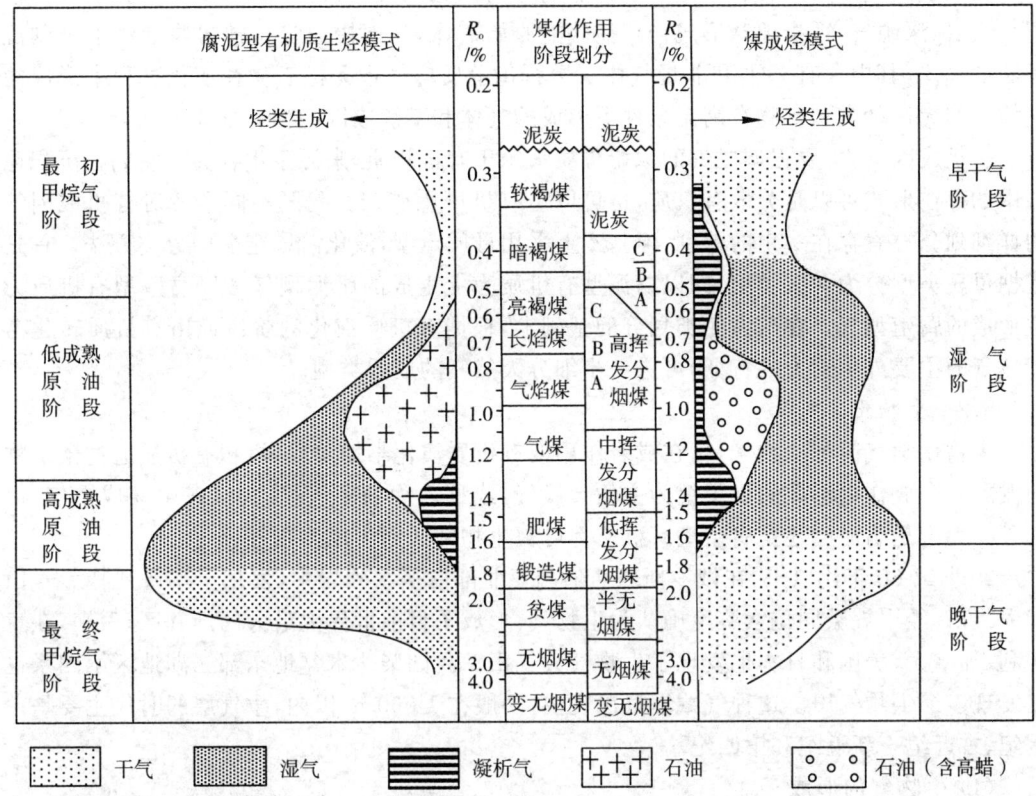

图 3-10 煤成烃演化与腐泥型有机质的生烃演化对比图
(据傅家谟等，1990)

3.1.5.1 天然气的成因类型

从形成天然气的基本物质着眼，可将天然气划分为有机成因和无机成因两大类（如表3-5所列）。

表 3-5　　　　　　天然气成因类型划分表（戴金星，1997，略改）

无机成因气	幔源气、岩浆成因气、放射成因气、变质成因气、无机盐类分解气				
有机成因气	成熟度		未成熟阶段	成熟阶段	高成熟阶段	过成熟阶段
^	母质类型	气的成因类型	^	^	^	^
^	Ⅰ—Ⅱ₁	腐泥型气	生物化学气	油型气		
^	Ⅱ₂—Ⅲ	腐殖型气	^	原油伴生热解气	裂解凝析气（湿气）	裂解干气
^	^	^	^	煤型气		
^	^	^	^	^	热解气（凝析气）	裂解干气
混合成因气	异源多源混合气、同源多阶混合气				

无机成因气按其来源和气体形成特点划分为两大亚类,幔源气和岩石化学反应气。幔源气,也称深源气,系指地球形成初期捕获的原始气体,从地幔通过构造岩浆活动上升到沉积圈的气体,其中含有CH_4和非烃气体。岩石化学反应气指无机矿物在演化过程中形成的气体。如无机盐类和矿物在高温条件下形成的气体和壳源成因的稀有气体。

有机成因气,主要强调成气的原始母质来源于有机物质,来源于生物界。它们在沉积地层中的存在形式可以是分散有机质,也可以是有机可燃矿产。我国不同学者对有机成因气的详细划分方案存在一定的差别,但基本上采用母质定型,演化阶段定名的分类方法。首先依据母质类型分为两大类型,即以腐泥型有机质为主生成的腐泥型气和以腐殖型有机质为主形成的腐殖型气。在两大亚类划分的基础上,根据有机质演化的阶段或由有机质转化为天然气的主要外生营力的特征,可进一步细分天然气的成因类型。

3.1.5.2 生物化学气

生物化学气简称生物气,指在成岩作用或有机质演化早期阶段,沉积有机质通过微生物的发酵和合成作用形成的以甲烷为主的天然气,或称之为细菌气、生物气或生物成因气、沼气等。无论是腐泥型还是腐殖型有机质都可被生物降解而生成生物气。

20世纪60年代以来,在俄罗斯西西伯利亚北部白垩系砂岩中,发现了一系列特大气田和大气田,经甲烷碳同位素鉴定确认为生物气,形成了目前世界上最大的产气区;后来,在意大利、加拿大、美国和日本也发现了生物气大气田。我国柴达木盆地东部三湖地区第四系也已发现多个生物气田。这种气藏埋藏深度浅,一般在1 500 m以内,生气层的时代主要是白垩纪、古近纪—新近纪和第四纪。

(1) 生物气的形成

根据生物代谢类型的不同,可把微生物分为喜氧性、厌氧性和兼性微生物。现代沉积微生物学研究表明,在沉积物和孔隙水中存在着代谢类型不同的多种微生物群落。赖斯(Rice)等人(1981)研究富含有机质的开阔海沉积物中微生物代谢作用的生物化学环境后认为,水—沉积物剖面可划分出喜氧的和厌氧的两种生物代谢环境、4个生物化学作用带,即光合作用带、喜氧带、硫酸盐还原带和碳酸盐还原带。不同生物化学作用带的微生物种属、代谢类型、溶解物和生物化学性质不同(图3-11)。在喜氧环境中,有机质被喜氧细菌通过有氧呼吸作用转化为CO_2和H_2O等简单无机物分子而破坏;当游离氧完全消耗掉时,则进入厌氧环境,硫酸盐还原菌首先将硫酸盐还原为元素硫或H_2S,与此同时,其他厌氧微生物可以通过发酵作用,将有机质转化为有机酸、醇、CO_2和H_2;当硫酸盐几乎全部被还原后,进入了碳酸盐还原带,此

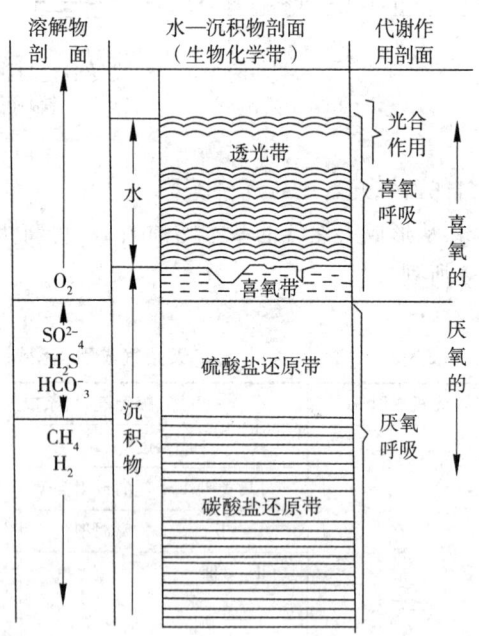

图3-11 富含有机质的开阔海沉积物中微生物代谢作用的生化环境剖面图
(据赖斯等,1981)

时甲烷菌开始发育,它可以把有机酸、醇等直接分解为 CH_4,也可以利用 CO_2 和 H_2 合成 CH_4。因此,只有在无游离氧和无硫酸盐存在的严格还原环境中细菌甲烷气才能形成。

生物气大量形成的条件可归纳如下:

① 拥有丰富的原始有机质:这是细菌活动所需碳源的物质基础。甲烷生成菌的营养来源主要是纤维素、半纤维素、糖、淀粉、果酸等碳水化合物,这些物质在草本植物中含量最丰富,这就决定了生物气的母质主要是以草本腐殖型为主的混合型有机质。

② 适于甲烷菌发育的物理—化学条件:还原环境和中性水介质条件有利于生物气形成。甲烷生成菌是严格的专性厌氧菌群,适宜的氧化还原电位为(E_h)$-540 \sim -590$ mV。中性介质有利于甲烷生成菌的生长,生长的 pH 范围为 $5.9 \sim 7.8$,最有利的范围为 $6.5 \sim 7.5$。甲烷生成菌生存的温度范围虽是 $0 \sim 75$ ℃,但绝大部分新陈代谢活跃范围限于 $4 \sim 45$ ℃,最适宜值为 $35 \sim 42$ ℃[泽库斯(Zeikus),1997]。

③ 合适的沉积环境:在富含硫酸盐的强还原环境中(H_2 优先还原 SO_4^{2-} 形成 H_2S),特别是在沉积腐泥型有机质的强还原环境中,H_2S 对甲烷生成菌具明显的抑制作用,并使有机质不易分解,导致甲烷生成菌繁殖及其营养物质 H_2、CO_2 的形成均受到抑制,因此便不可能大量形成生物气。

在陆相淡水湖泊沉积中缺少硫酸盐类矿物,腐殖型和混合型有机质易分解成 H_2、CO_2,亦有利于甲烷生成菌繁殖。甲烷在相对浅的地带形成,常由于封存条件差而被氧化或散失,难以形成大规模的气藏。若在富有机质黏土层下存在良好砂层,就有可能形成小规模气藏。

半咸水和咸水湖,特别是碱性咸水湖是生物气形成聚集的最有利环境。这种沉积可抑制甲烷生成菌过早大量繁殖,同时也有利于有机质保存。直到埋藏一定深度后,由于有机质的分解,使 pH 降到 $6.5 \sim 7.5$ 范围时,甲烷菌才得以大量繁殖,这时形成的甲烷易于保存,并在一定条件下聚集成藏,如柴达木盆地三湖地区。在气温较低的极地,气温低而水较深的高压低温海域中,沉积物浅部形成的甲烷可以与水合成固态气水合物,这不仅有利于浅层天然气的保存,而且可以成为较深带天然气的极好盖层。

(2) 组成特点

生物气的成分主要是甲烷,其含量可高达 98% 以上,重烃气(C_{2+})含量极低,一般小于 2%,干燥系数(C_1/C_{2+})在数百以上,属于干气。有时可含有痕量的不饱和烃以及少量的 CO_2 和 N_2。生物气的甲烷以富集轻的碳同位素 ^{12}C 为特征。其甲烷的碳同位素 $\delta^{13}C_1$ 的范围从 $-55‰ \sim -100‰$,多数在 $-60‰ \sim -80‰$(表 3-6)。在有热解气混入以及厌氧氧化时,可使同位素变重。

生物气的氢同位素资料报道较少,肖尔(Schoell,1983)认为,生物气的 δD 也呈低值。腐殖型生物气最低,δD 介于 $-210‰ \sim -280‰$,腐泥型生物气约为 $-150‰ \sim -210‰$。

3.1.5.3 油型气

油型气系指腐泥型沉积有机质进入成熟阶段以后所形成的天然气,它包括伴随生油过程形成的湿气,以及高成熟和过成熟阶段由干酪根和液态烃裂解形成的凝析油伴生气和裂解干气。油型气分布甚广,在含油气盆地中只要发现了油藏,都有可能找到数量不等的油型气,它们可以不同状态存在。

表 3-6　　　　　　　　世界部分地区生物气的组成(据包茨,1984)

地区或气田	储集层时代	深度/m	φ_{C_1}/%	$\varphi_{C_{2+}}$/%	φ_{CO_2}/%	φ_{N_2}/%	$\delta^{13}C$/‰
中国长江三角洲	第四纪	8~35.5	90.62~94.61	0.11~0.89	1.85~4.04	1.47~3.35	-73.6
青海柴达木涩北	第四纪	79.4~1141	98.94	0.09	—	0.97	-66.4
吉林红岗	白垩纪	370~390	93.63	0.21	0.442(包括H_2S)	5.63	-56.3
俄罗斯乌连戈伊	白垩纪	1 117~1 128	98.50	0.10	0.21	1.10	-59.0
俄罗斯麦德维热	白垩纪	1 122~1 132	98.60	0.36	0.22	0.73	-58.3
美国基奈	上、中新世	1 128	99.70	0.18	—	—	-57.0
美国库克湾北	上、中新世	1 280	98.70	0.23	0.134	0.9	-60.7

(1) 形成过程

油型气的形成过程包括两个演化途径:一是干酪根热解直接生成气态烃;二是干酪根热解降解为石油,在地温继续增加的条件下,石油可以裂解为气态烃。

干酪根在热演化过程中,可以看做是一个歧化反应,它同时包含形成贫氢的聚合芳香结构的缩合作用与形成富氢的低分子烷烃的裂解作用两个方向相反的过程(图 3-12)。前者从低分子逐渐缩合稠化为稠环芳香烃,直到石墨,放出大量氢;氢能用于后者形成 C_5 和 C_{12} 正烷烃,进一步裂解为 C_3、C_5 和 C_6 正烷烃,最终产物是甲烷。

(2) 组成特点

各种油型气是在干酪根不同热演化阶段的产物,其化学成分存在差别。石油伴生气和凝析油伴生气的共同特点是重烃气含量高,一般超过 5%,有时可达 20%~50%,其中,iC_4/nC_4 比值明显小于 1,在热催化生油气阶段约为 0.7~0.8[据埃鲁(Y. Héroux)等,1979];甲烷碳同位素 $\delta^{13}C_1$ 介于 -55‰~-40‰,石油伴生气偏轻,$\delta^{13}C_1$ 约为 -55‰~-44‰,凝析油伴生气偏重,$\delta^{13}C_1$ 约 -55‰~-40‰。过成熟的裂解干气以甲烷为主,重烃气极少,小于 1%~2%,甲烷碳同位素 $\delta^{13}C_1$ 大于或等于 -35‰~-40‰。我国若干油型气的组成特点见表 3-7。

表 3-7　　　　　　我国若干油型气的组成特点(据陈荣书,1989)

油田或油区	$\varphi(CH_4)$/%	φ(重烃)/%	C_1/C^{2+}	$C_1/\sum C$	$\delta^{13}C_1$(PDB)/‰
大庆油田(石油伴生气)	53.9~95.61	2.64~38.51	1.40~36.22	0.58~0.975	-37.72~-49.97
东濮凹陷(凝析油伴生气)	71.04~87.43	10.63~26.91	3.21~20.3	0.75~0.96	-38.9~-45.1
板桥凝析气田	82.88	15.29	5.42	0.844	
川东相国寺气田(热裂解干气)	98.15	0.89	110.3	0.991	-33.55

3 石油与天然气开采

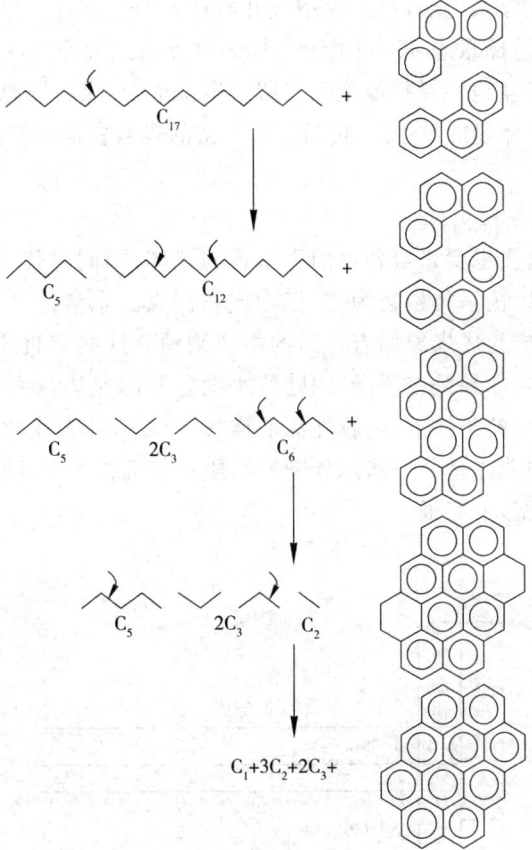

图3-12 石油热演化的歧化作用
(据科南等,1975)

3.1.5.4 煤型气

目前在有关文献中与煤型气有关的术语还有煤系气和煤成气等,这些术语的含义在不同作者的文献中存在一定的差异。煤系气(gas of coal measu,gas of coal series,gas of coal bearing formation)最初用于描述在煤系地层中产出的天然气,后来逐渐赋予成因含义,指由煤和煤系有机质在各种作用中形成的天然气,而不论其产出的地层组合是否是煤系。煤成气(gas from coal,gas related caol,coalgas)最先用于煤干馏所生成的气体,是与工业上煤的气化联系在一起的。但在煤系地层中广泛发现天然气后逐渐也将这一术语赋予了成因含义,现在也有人用其指煤和煤系有机质在整个演化过程中生成的天然气。为了避免含义上的混淆,徐永昌(1985)建议使用"煤型气"与"油型气"相对应,特指煤层和煤系地层中腐殖型有机质在煤化作用过程中形成的可燃天然气。为此,作为天然气的一种成因类型,我们认为使用"煤型气"是合适的,并采用如下定义:"由各种产出状态的腐殖型有机质在热演化过程中形成的天然气,称为煤型气。"它与腐泥型有机质在热演化过程中生成的油型气相对应,都不包括生物成因气,也与气体产出的区域无关。至于煤层气是指主要以吸附状态存在于煤层中的天然气,是描述天然气产状的术语,和前述的概念有本质的区别。

1959年在荷兰北部发现格罗宁根大气田,并在查明了二叠系赤底统风成砂岩中巨大天

· 147 ·

然气聚集来自中石炭统煤系地层以后,煤型气开始被人们所重视。后来,在北海盆地南部发现十几个大气田,探明总储量逾 $45\times10^{12}\,m^3$,成为世界第二大产气区。从此,俄、美、澳等许多国家普遍注意在含煤盆地中寻找煤型气气藏。据报道,在煤炭资源极丰富的德国,探明的煤型气储量占天然气总储量的 93%。我国有着丰富的煤炭资源,煤型气将是我国天然气勘探的重要对象之一。

(1) 煤型气的形成阶段

煤型气的原始有机质主要来自各种门类植物的遗体,不同时代参与成煤作用的植物门类不同。志留纪以前,以藻菌类植物为主,仅形成腐泥煤。志留纪开始出现陆生植物,石炭纪以来,陆生高等植物成为成煤原始有机质的主要来源。这些有机质主要为碳水化合物和木质素。这些植物遗体,如果是在沼泽、内陆浅水湖盆及海盆边缘大量堆积,几乎没有矿物质参加,在氧气有限进入的条件下,随着埋深的增加,经泥炭化及煤化作用,可演变成不同煤阶的煤。如果这些植物遗体呈分散状态伴随矿物质一起沉积下来,随着埋深的增加,经成岩作用则形成腐殖型(Ⅲ型)干酪根。

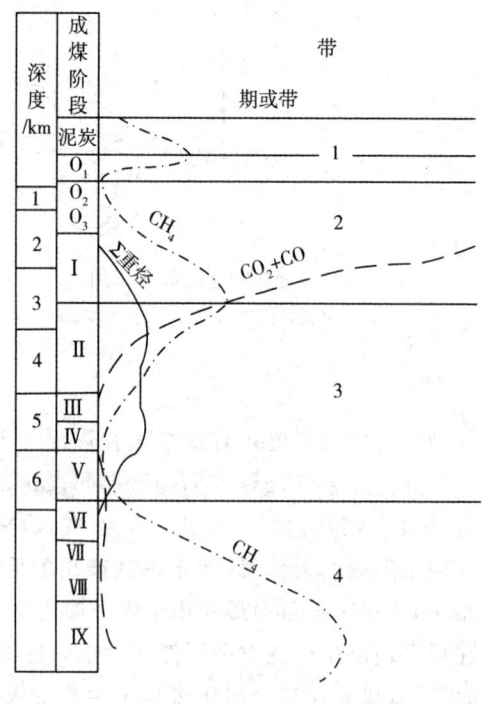

图 3-13 腐殖型有机质煤化过程的阶段与成气模式

煤成烃过程同前述的油气生成类似,主要差别在于煤层或腐殖型干酪根在化学成分上具低的氢碳原子比(小于 1.0)和高的氧碳原子比。结构上以合带许多短烷基侧链和含氧官能团的缩合多核芳香结构为主,所以在热演化过程中以产气态烃为主。大量研究表明,腐殖型有机质的生气作用大致可分 4 个阶段(图 3-13):第一个阶段为从泥炭—褐煤早期阶段(带 1;泥炭-O_1 煤阶),R_o 小于 0.4%,地温一般小于 75 ℃,相当于生物化学生气阶段;该阶段早期以脱水和脱羧作用为主,主要生成 CO_2,CH_4 产率很低,晚期 CH_4 产率明显增加,这个阶段生成的是生物气。第二个阶段为从褐煤中期—长焰煤阶段(带 2;O_2-O_3-Ⅰ 煤阶),R_o 为 0.4%~0.6%,地温一般为 70~90 ℃,该阶段天然气生成的总量最大,组成上以形成 CH_4 为主,随地温增加 CH_4 含量逐渐增加,重烃气的含量也增加,在该阶段的后期才开始热解气的形成。第三阶段从气煤—瘦煤阶段(带 3;Ⅱ-Ⅴ 煤阶),R_o 为 0.6%~1.7%,地温一般为 90~190 ℃,该阶段天然气的组成以烃类气体为主,是煤型湿气和煤型油的主要形成期。第四阶段从贫煤—无烟煤阶段(带 4;Ⅵ-Ⅸ 煤阶),R_o 大于 1.7%,地温超过 190 ℃,形成以甲烷为主的煤型干气。

在表示煤型气产率的大小时,常用煤气发生率或视煤气发生率来表示。所谓煤气发生率指从泥炭阶段到某一煤阶,每吨煤所生成的烃类气体的总量(体积)。视煤气发生率是指从褐煤到某一煤阶,每吨煤所生成的烃类气体的总量(体积)。煤型有机质形成甲烷的能力取决于有机质的化学组成和热演化程度,利用热模拟试验和理论计算研究表明,不同地区的煤的产气率变化范围较大,不同研究者提供的视煤气发生率数据变化在 100~450 m^3 之间。

(2) 组成特点

煤化过程的不同阶段形成的产物组成有所不同。从国内外已知的煤型气藏的组成来看,煤型气普遍含有一定量的非烃气,如 N_2、CO_2 等,但其含量很少达到 20%,超过 20%(如库珀盆地的 CO_2)大多为外来成分加入。尽管煤型热解气的重烃含量比煤型裂解气高,但煤型气的重烃含量也很少超过 20%,主要为甲烷。

不同研究者得出的煤型气的甲烷同位素值变化较大,一般在 −24‰~−52‰,主要分布区间为 −32‰~−38‰。戴金星等(1985)研究表明,我国煤型气甲烷、乙烷和丙烷的碳同位素 $δ^{13}C$ 值分别变化在 −24.9‰~−41.8‰,−23.81‰~−27.09‰ 和 −19.16‰~−25.72‰。煤型气甲烷的氢同位素 $δD$ 值变化在 −161.4‰~−171‰(徐永昌,1985)。由于有机母质原因,与煤型气一起形成的凝析油中,常含有较高的苯、甲苯以及甲基环己烷和二甲基环戊烷。煤型气中汞蒸气的含量一般超过 1 $μg/m^3$,中欧盆地的煤型气含汞量可高达 180~400 $μg/m^3$,我国东淄凹陷典型的煤型气藏汞含量为 1.1~51 $μg/m^3$(徐永昌等,1994)。煤型气中的汞蒸气主要来源于煤系地层,由于腐殖型有机质对汞有较强的吸附能力,因此煤系地层具有较高的原始汞丰度,在热演化过程中,吸附的汞变为蒸气与烃类气体一起运移聚集,从而使煤型气的汞含量增高。

3.1.5.5 无机成因甲烷气与非烃气体成因概述

无机成因气指不涉及有机物质反应的一切作用和过程所形成的气体。它包括地球深部岩浆活动、变质作用、无机矿物分解作用、放射作用以及宇宙空间所产生的气体,包括烃类气体和非烃气体。

(1) 无机成因甲烷

地球原始甲烷的存在已为各种科学研究所证实,地球原始甲烷指地球形成是从星际空间捕获的以甲烷为主的气体,在地球成气过程中,经由各种断裂体系运移至地球表层。在东太平洋北纬 20°处温度约达 350 ℃ 的高温热流中,含有大量的氢气和甲烷。该区缺乏沉积物,从而排除了甲烷来源于沉积物中生物有机质的可能。在大陆,地球深部原始甲烷主要同与深大断裂有关的水热系统相伴产出,如俄罗斯堪察在热水中的天然气,美国黄石公园热泉中的甲烷,新西兰提科特雷地区和布罗兰兹地区水热体系中的甲烷以及中国腾冲地区与火山活动有关的水热系统的甲烷,均有较多的地球化学标志表明它们可能为来自地球深部的地幔,原始地球演化过程中,岩石与介质间的化学反应也是形成无机甲烷的途径,在高温高压条件下列反应均可发生:

$$2FeO + H_2O \longrightarrow Fe_2O_3 + H_2$$

$$C + 2H_2 \longrightarrow CH_4$$

$$CO_2 + 4H_2 \longrightarrow CH_4 + 2H_2O$$

$$CO + 3H_2 \longrightarrow CH_4 + H_2O$$

实验室的模拟实验和宇宙化学研究结果均证明了甲烷无机合成的存在及其热力学的稳定性。

(2) 非烃气体的成因

天然气体中的非烃气体主要指 N_2、CO_2、H_2、H_2S、Hg 及稀有气体 He、Ne、Ar、Kr、Xe、Rn。非烃气体既是重要的资源,又是天然气形成演化、成因类型识别的重要指标。限于本教材的篇幅,下面只简要介绍几种重要的非烃气体的来源。

① 稀有气体(惰性气体)。自然界中稀有气体的形成有3种途径,其一是在宇宙演化历程中元素形成阶段,核的形成由轻到重,经聚变形成各种核素,该阶段形成的稀有气体称之为原始稀有气体。其二是放射性衰变及由这些过程诱发的核反应所产生的放射性成因气体。其三是宇宙射线同物质相互作用,散裂反应产生的散裂成因(或宇宙成因)气体。特别需要指出的是不同反应途径形成的稀有气体的同位素组成不同。

在天然气中占优势的稀有气体是放射性成因的 ^{4}He 和 ^{40}Ar。天然气中稀有气体含量很低,很少超过 1%。唯氦例外,其含量可达百分之几。天然气中稀有气体的来源主要有3种:

幔源稀有气体,主要是由核过程形成的原始稀有气体组成,包容在地球内部,由于其化学稳定性和以气态存在,因而具有强烈的扩散运核能力,一般沿深大断裂运移或经火山活动进入气藏。该类稀有气体的同位素组成与元素合成时产生的原始核素一致,明显地富含 ^{3}He 等同位素。

壳源稀有气体,主要由地壳内放射性元素的衰变过程形成,以 ^{4}He、^{40}Ar 为主,不同沉积层形成的稀有气体同位素组成有明显变化,具有明显的年代积累效应。

大气稀有气体,大气是地球稀有气体的主要储集处,它保存了地球大部分稀有气体。大气稀有气体可溶于任何水体。沉积水体中均存在与大气溶解平衡的稀有气体,这部分气体在沉积演化过程中由于脱吸附和水的析出等作用进入天然气藏。不同来源的稀有气体具有其自身的稀有气体同位素组成特征。勒普顿(Lupton,1983)利用 $c(^3\text{He})/c(^4\text{He})$ 值作为划分气体大气来源、壳源和幔源的依据,认为幔源气 $c(^3\text{He})/c(^4\text{He})$ 值大于 1.1×10^{-5},壳源气 $c(^3\text{He})/c(^4\text{He})$ 值小于 1.4×10^{-6},空气 $c(^3\text{He})/c(^4\text{He})$ 值为 1.4×10^{-6}。天然气中的氩主要由空气氩和放射性成因氩等部分组成。大气氩中 $c(^{40}\text{Ar})/c(^{36}\text{Ar})$ 为 295.5,该比值的增加表明有放射性成因氩的加入。我国各含油气区不同储集层年代(从古近纪—新近纪到晨旦纪)天然气样品中 $c(^{40}\text{Ar}/^{36}\text{Ar})$ 值从 302~9 255,主要分布在 400~1 000(徐水昌等,1994)。

② 其他非烃气体。二氧化碳(CO_2):天然气藏中经常含有二氧化碳气,并且有时含量很高,甚至以纯二氧化碳气藏产出,如我国的三水盆地、苏北盆地、济阳坳陷和松辽盆地等都分布有含二氧化碳较高的气藏和纯二氧化碳气藏。但在大多情况下,天然气中二氧化碳的含量变化在百分之几到百分之十几。

CO_2的成因可分为有机成因和无机成因两大类。有机成因主要包括有机物在厌氧细菌作用下,受生物化学降解可生成大量的CO_2;干酪根特别是Ⅲ型干酪根的热降解和热裂解也可形成一定量的CO_2,此外烃类的氧化作用也可形成CO_2。无机成因包括两种机制:碳酸盐等矿物的化学成因和岩浆成因。碳酸盐岩在高温热解、低温水解以及地下水中酸性溶解过程中均可以生成CO_2。纯碳酸盐无水时,在825 ℃才开始分解,但在有水时,不纯的碳酸盐,在75 ℃就开始产生CO_2,海相成因的石灰岩在地下温度为150 ℃时分解产生大量CO_2。在热作用下,碳酸盐岩与硅酸盐作用可形成绿帘石或绿泥石,同时释放CO_2。如菱铁矿和高岭石反应形成绿泥石:

$$5FeCO_2 + SiO_2 + Al_2Si_2O_5(OH)_4 + 2H_2O \longrightarrow Fe_5Al_2Si_3O_{10}(OH)_8 + 5CO_2\uparrow$$

在岩浆上升过程中,由于温度和压力降低,可析出大量CO_2。国内外许多学者对火成岩所含气体成分进行了研究,其所含的气体主要是CO_2(戴金星等,1992)。目前研究结果表明,天然气中含量大于50%的CO_2基本是无机成因的。

氮气(N_2):在天然气中,N_2比CO_2更常遇到。它的含量通常不超过10%(经常为2%~3%)。天然气中N_2的来源一般认为有生物来源、大气来源、岩浆来源和变质岩来源等。生物来源是天然气中N_2的主要来源,是指在沉积有机质或石油中的含氮化合物在生物化学改造或热催化改造过程中生成的。一般生物成因气中相对更富含N_2,因为有机物中的蛋白质在未成熟阶段易发生水解形成氨基酸,进一步分解形成NH_3,并经氧化形成N_2。大气中N_2也可通过地表水与地下水的循环作用,被带入气藏中,这类成因的N_2往往富集在浅部地层中。对我国一些煤矿气样的分析表明,N_2含量普遍较高,其基本都是大气成因的。由于煤田中的煤层埋藏较浅,处于气水交换活动带,大气中的O_2和N_2同时被地下水带入煤层,而后O_2易与其他物质反应而消耗掉,N_2则赋存在煤层中。天然气中大气来源N_2可用$c(N_2)/c(Ar)$值为38~84加以判别(徐永昌,1976),如果$c(N_2)/c(Ar)$大于84,则说明有其他来源的N_2的加入。

硫化氢(H_2S):H_2S集中分布在碳酸盐岩和硫酸盐岩储集层中,而存在于陆源碎屑岩中的绝大多数都与区域上高硫化氢的碳酸盐岩、蒸发岩地层有着明显联系。目前已知几十个H_2S含量大于10%的气田,包括我国冀中赵兰庄H_2S气藏(H_2S含量达92%),四川盆地的卧7井、卧9井、卧63井,几乎都在碳酸盐岩及蒸发岩中,且绝大多数埋深分布在3 000 m以下。

目前认为H_2S气体的成因主要为生物成因、热化学成因和岩浆成因。自然界中生物作用生成H_2S的过程有两种不同的途径,一是通过微生物同化还原作用和植物的吸收作用形成含硫有机化合物,如含硫的维生素或蛋白质等,而后在一定的条件下分解产生H_2S,这一过程即是腐败作用过程,由于这种腐败作用形成的H_2S仅限于埋深较浅的地层中,其保存条件较差,大量H_2S会逸散掉,故一般来说,这种成因形成的H_2S聚集,其规模和含量都不会很大。生物作用生成H_2S的另一个途径是通过硫酸盐还原作用直接形成H_2S,此类H_2S形成的先决条件是有硫酸盐和硫酸盐还原菌的存在,硫酸盐还原菌进行厌氧的硫酸盐呼吸作用,将硫酸盐还原生成 H_2S。

热化学成因 H_2S 从形成机理上也可以分为两种类型。一是热解成因,即含硫有机化合物在热力作用下,含硫的杂环断裂所形成。在这形成过程中,含硫有机质先转化为含硫烃类和含硫干酪根,当温度增加到一定程度(大约 80 ℃)时,干酪根中的杂原子逐渐断裂,可生成一定量气体,其中包括 H_2S,但浓度较低,当温度继续升高达到深成热解作用阶段(130 ℃)时,开始发生含硫有机化合物的分解,产生大量 H_2S,故这种成因的 H_2S 往往存在于干气中,属热解成因。热化学成因 H_2S 的另一种成因类型是热还原成因,即在高温作用下,有机质或 H_2 使硫酸盐还原生成 H_2S。从高含 H_2S 的气藏大多分布于埋藏深度较大的区域上看,热化学成因对 H_2S 的形成可能具有更大的意义。

岩浆上升过程中也可析出 H_2S 气体。国内外许多学者对火山气的研究已证明了这一成因 H_2S 的存在。例如,那须茶臼岳火山和谢维乌奇火山喷出的气体,扣除水分后,H_2S 含量分别占所剩气体的 37.5% 和 61%(戴金星等,1989)。

3.1.5.6 不同成因类型天然气的识别

正确判别天然气的成因类型是石油天然气地质研究的重要内容。天然气的成因信息主要包含在其气体组分的组成特征中,所以天然气成因类型的识别主要通过分析其气体组分的各种组成特征来进行。

(1) 有机成因和无机成因甲烷的判别

有机成因和无机成因两大类型天然气划分、判识的最主要标志是甲烷的碳同位素组成特征。通常将 $\delta^{13}C_1 > -20‰$ 作为无机成因甲烷的标志之一。戴金星等(1992)提出在无煤系地层存在时,此值可扩展至 $\delta^{13}C_1 > -30‰$,同时应当指出,煤系有机质在热演化程度达到过成熟时生成甲烷的 $\delta^{13}C_1$ 可大于 $-20‰$。

甲烷同系物间碳同位素关系也是两大类烷烃气划分的重要依据,通常有机成因气具有 $\delta^{13}C_1 < \delta^{13}C_2 < \delta^{13}C_3$ 的特征,而无机成因则具有倒转序列,即 $\delta^{13}C_1 > \delta^{13}C_2 > \delta^{13}C_3$。我国松辽盆地芳深 1 井下白垩统登娄库组天然气 $\delta^{13}C_1$ 值为 $-14.1‰ \sim -18.6‰$,$\delta^{13}C_2$ 值为 $-23.2‰$。在俄罗斯希比尼地块与岩浆岩有关的天然气中 $\delta^{13}C_1$ 值为 $-3.2‰$,$\delta^{13}C_2$ 值为 $-9.1‰$,$\delta^{13}C_3$ 值为 $-16.2‰$。美国黄石公园泥火山天然气的 $\delta^{13}C_1$ 值为 $-21.5‰$,$\delta^{13}C_2$ 值为 $-26.5‰$(戴金星等,1989)。以上实例说明无机成因甲烷及其同系物的 $\delta^{13}C$ 值随烷烃气分子碳数增加而减小。

此外无机成因气藏中的气体组成上,常含有较多的非烃气体,包括 CO_2、CO、N_2、H_2 和惰性气体。

(2) 煤型气和油型气的划分依据

煤型气和油型气由于受各自成母质同位素继承效应的制约,导致两大类烷烃气同位素组成特征不同。研究表明,煤系有机质相对于腐泥型有机质常富集 ^{13}C。煤的 $\delta^{13}C$ 值总体在 $-24‰ \pm 1‰$ 的范围内。煤系分散有机质的 $\delta^{13}C$ 一般都大于 $-26‰ \sim -27‰$,而腐泥型有机质则一般富集 ^{12}C,$\delta^{13}C_1$ 值多小于 $-28‰$,相应地煤型气和油型气甲烷系列的碳同位素组成在相同演化阶段,油型气较明显地富集 ^{12}C,而煤型气富集 ^{13}C,例如在 $R_o = 0.8\%$ 时油型气 $\delta^{13}C_1$ 处于 $-42.4‰ \sim -45.5‰$,而煤型气相应的 $\delta^{13}C_1$ 为 $-28.8‰ \sim -33.6‰$,在 $R_o = 1\%$ 时油型气 $\delta^{13}C_1$ 约为 $-41.0‰ \sim -43.4‰$,而煤型气则为 $-28.0‰ \sim -34.5‰$。乙烷的碳同位素在我国广泛作为有机成因气两大亚类的划分准绳,一般将 $\delta^{13}C_2 \geq -28.0‰$(张士亚等,1988)作为煤型气乙烷的判识标准。由于受到多源复合或细菌破坏等因素的影响,天然气的碳同位素组成会出现与一般规律相悖的现象,在实际研究中应加以区分。

斯塔尔(W. J. Stahl,1974)综合研究西北欧和北美的天然气甲烷碳同位素组成及对应源岩有机质类型和热演化程度后,分别建立了腐殖型和腐泥型烃源岩的 R_o 与其形成的天然气的 $\delta^{13}C_1$ 相关方程:

煤型气:
$$\delta^{13}C_1(‰) = 14\log R_o - 28$$

油型气:
$$\delta^{13}C_1(‰) = 17\log R_o - 42$$

上述两个方程内涵是明显的,即烷烃气甲烷同位素组成决定于成气母质特征和母质的热演化程度,随热演化程度增大,甲烷中 ^{13}C 富集程度增大。半对数关系表明这种 ^{13}C 增大的趋势在低演化阶段最明显,随成熟度增大而减缓。斯塔尔的公式既是判别煤型气、油型气的主要依据,也是进行气源岩追索、对比的最主要手段。

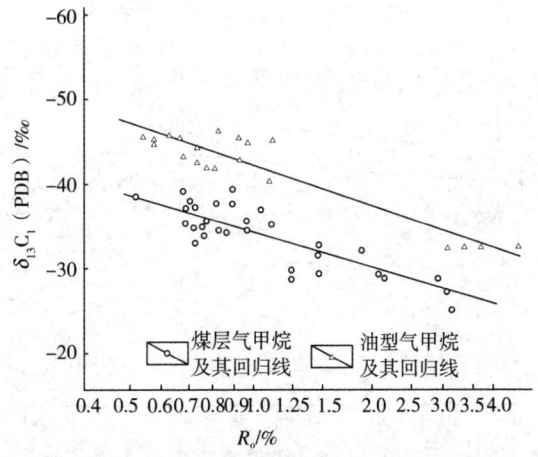

图 3-14 我国煤型气和油型气 $\delta^{13}C_1 - R_o$ 关系图
(据戴金星,1985)

戴金星等(1985,1987)以我国天然气研究大量资料为基础,也提出了类似的相关曲线(图 3-14)和相关方程式:

煤成甲烷回归方程:
$$\delta^{13}C_1(‰) \approx 14.12\lg R_o - 34.39$$

油型甲烷回归方程:
$$\delta^{13}C_1(‰) \approx 15.80\lg R_o - 42.20$$

煤成乙烷回归方程:
$$\delta^{13}C_2(‰) \approx 8.16\lg R_o - 25.71$$

煤成丙烷回归方程:
$$\delta^{13}C_3(‰) \approx 7.12\lg R_o - 24.03$$

(3) 区分有机成因和无机成因 CO_2

高含 CO_2 的天然气在工农业上有广泛的用途。有机成因和无机成因 CO_2 的主要区分标志是碳同位素组成。我国有机成因 CO_2 的 $\delta^{13}C$ 区间值在 $-8‰ \sim -39‰$，主频率段在 $-12‰ \sim -17‰$，无机成因 CO_2 的 $\delta^{13}C$ 区间值一般在 $+7‰ \sim -10‰$，主频率段在 $-3‰ \sim -6‰$。此外，有机成因 CO_2 在天然气藏中的含量很少超过 20%，所以高含 CO_2（大于 20%）的烃类气藏和 CO_2 气藏中的 CO_2 几乎都是无机成因的。戴金星(1989)根据国内外 300 多个不同成因气藏中 CO_2 的 $\delta^{13}C$ 值和百分含量编绘了图 3-15，可作为有机成因与无机成因 CO_2 的鉴别图版。

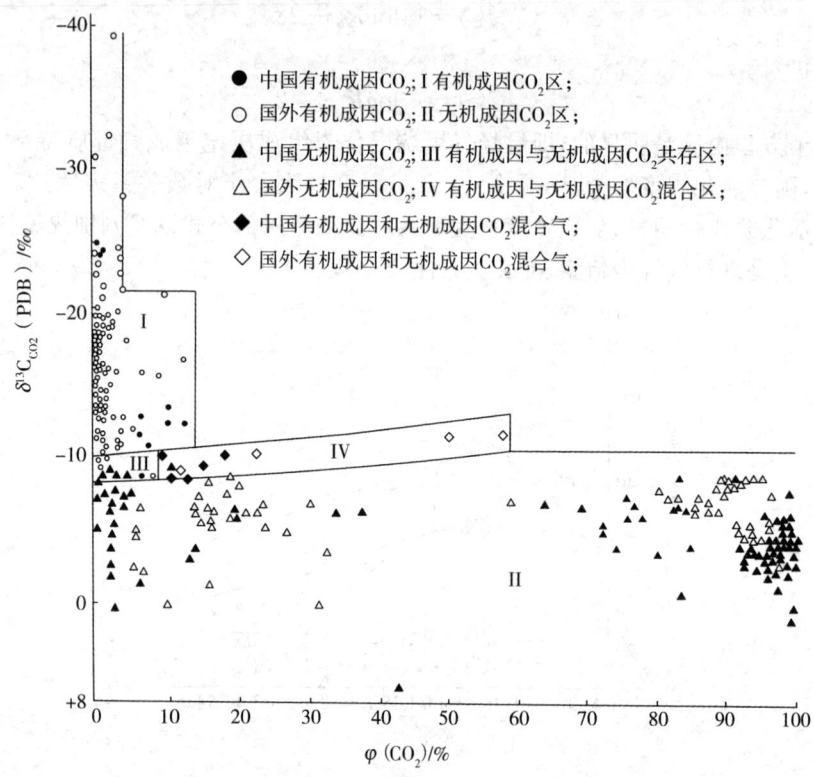

图 3-15　有机成因与无机成因 CO_2 鉴别图
(据戴金星，1989)

3.2　石油和天然气开采

石油和天然气的开采是利用一系列油藏工程技术和措施，使油、气进入储层畅流入井筒，并高效率地将其举升到地面，并对油、气进行分离和计量。

油气田从详探到全面投入开发需要经过一定的工作顺序，大致来讲一般需要经过以下八个步骤。

① 在见油的构造带上布置探井，迅速控制含油面积；
② 在已控制含油面积内，打资料井，了解油层的特征；
③ 分区分层试油，求得油层产能参数；
④ 开辟生产试验区，进一步掌握油层特征及其变化规律；

⑤ 根据岩芯、测井和试油、试采等各项资料进行综合研究,做出油层分层对比图、构造图和断层分布图,确定油藏类型;

⑥ 油田开发设计;

⑦ 根据最可靠、最稳定的油层钻一套基本井网,钻完后不投产,根据井的全部资料,对全部油层的油砂体进行对比研究,然后修改和调整原方案;

⑧ 在生产井和注水井投产后,收集实际的产量和压力资料进行研究,修改原来的设计指标,定出具体的各开发时期的配产、配注方案。由于每个油田的情况不同,开发程序不完全相同。

由于油、气田开发一定时间后,产量将按照一定的规律递减,采油成本会逐渐提高;加之受现有技术水平限制,石油地质储藏不可能被全部开采。为了提高采收率,人们采用了许多先进采油方法,如机械采油、气举采油、注水采油、水平井采油、热力采油、微生物采油法等。随着科技的不断进步,各种高科技手段不断被应用于石油开采中。

下面是油气田开采中所用的主要技术:

(1) 钻井:具有很强的专业技术工程,包括各种探井、油井、水井、取芯井等。

(2) 射孔:采用有枪弹式射孔器和聚能喷流式射孔器进行射孔作业。在钻井完成时,下套管注水泥将井壁固定住,然后下入射孔器,将套管、水泥环直至油(气)层射开,为油、气流入井筒内打开通道。

(3) 试井:通过改变油、气、水井的工作制度,同时进行产量、压力、温度等参数的测试,来分析油、气层的特性,研究油、气藏不同的发展变化规律,它是掌握油、气藏动态的重要手段。

(4) 试油:在钻井发现油、气层后,还需要使油、气层中的油、气流从井底流到地面。通过相关测试而取得油、气层产量,压力等动态资料以及油、气、水性质等。

(5) 油气探井:为勘察地下含油气情况所钻的井称为油气探井。根据用途不同,探井分为四大类:

① 参数井:用于了解一个地区(盆地或凹陷)生油岩和储集岩存在和分布的情况;

② 预探井:用于了解一个圈闭中是否含有油气储集岩分布情况;

③ 评价井:在预探井发现含油气储集层后,用于探明这个圈闭(油气藏)含油气面积和地质储量;

④ 资料井:用于获得油气藏油层参数(主要使用特殊工具在钻井中取得整块,进行检测与分析)。

(6) 固井:向井内下入一定尺寸的套管串,并在其周围注入水泥浆,把套管固定在井壁上,避免井壁坍塌。采用中石油公司先进的固井技术,封隔疏松、易塌、易漏等复杂地层;封隔油、气、水层,防止互相窜漏;安装井口,控制油气流,以利钻井或生产油气。

(7) 钻杆地层测试:使用钻杆或油管把带封隔器的地层测试器下入井中进行试油的一种先进技术,以便尽早掌握油井资源状况和前景。既可以在已下入套管的井中进行测试,也可以在未下入套管的裸眼井中进行测试;既可在钻井完成后进行测试,又可在钻井中途进行测试。

(8) 尾管固井:在上部已下有套管的井内,只对下部新钻出的裸眼井段下套管注水泥进行封固的固井方法。尾管有三种固定方法:尾管座于井底法;水泥环悬挂法;尾管悬挂器悬挂法。

(9) 水平井采油:一般的油井是垂直或倾斜贯穿油层,通过油层的井段比较短,而水平井是在垂直或倾斜地钻达油层后,井筒转达接近于水平,以与油层保持平行,得以长井段的在油层中钻进直到完井。这样的油井穿过油层井段上百米以至二千余米,有利于多采油,油层中流体流入井中的流动阻力减小,生产能力比普通直井、斜井生产能力提高几倍,是近年才发展起来的最新采油工艺之一。

(10) 定向井:是使井身沿着预先设计的井斜和方位钻达目的层的钻井方法。其剖面主要有三类:

① 两段型:垂直段＋造斜段;
② 三段型:垂直段＋造斜段＋稳斜段;
③ 四段型:上部垂直段＋造斜段＋稳斜段＋下部垂直段。

(11) 丛式井:是指在一个井场或平台上,钻出若干口甚至上百口井,各井的井口相距不到数米,各井井底则伸向不同方位。丛式井主要有以下优点:可满足钻井工程上某些特殊需要,如制服井喷的抢险井;可加快油田勘探开发速度,节约钻井成本;便于完井后油井的集中管理,减少集输流程,节省人、财、物的投资。

(12) 机械采油:当油层的能量不足以维护自喷时,则必须人为从地层补充能量,才能把原油举升出井口。目前,国内外机械采油装置主要分有杆泵和无杆泵两大类。有杆泵由地面动力设备带动抽油机,并通过抽油杆带动深井泵。无杆泵是不借助抽油杆传递动力的抽油设备。中国目前采用的是游梁式抽油机深井泵装置,具有结构合理、经久耐用、管理方便、适用范围广的特点。

(13) 油田注水:利用注水井把水注入油层,以补充和保持油层压力。油田投入开发后,随着开采时间的增长,油层本身能量将不断地被消耗,致使油层压力不断地下降,地下原油大量脱气,黏度增加,油井产量大大减少,甚至会停喷停产,造成地下残留大量死油采不出来。采用油田注水技术,可弥补原油采出后所造成的地下亏空,保持或提高油层压力,实现油田高产稳产,并获得较高的采收率。

(14) 井下作业:采取一系列井下施工工艺,在油田开发过程中,根据油田调整、改造、完善、挖潜的需要,按照工艺设计要求,利用一套地面和井下设备、工具,对油、水井采取各种井下技术措施,达到提高注采量,改善油层渗流条件及油、水井技术状况,提高采油速度和最终采收率的目的。

(15) 油气计量:油气计量是指对石油和天然气流量的测定,可以准确掌握油田产油状况。主要分为油井产量计量和外输流量计量两种。油井产量计量是指对单井所生产的油量和生产气量的测定,它是进行油井管理、掌握油层动态的关键资料数据。外输计量是对石油和天然气输送流量的测定,它是输出方和接收方进行油气交接经营管理的基本依据。

(16) 气举采油:当地层供给的能量不足以把原油从井底举升到地面时,油井就停止自喷。为了使油井继续出油,需要人为地把气体(天然气)压入井底,使原油喷出地面,这种采油方法称为气举采油。海上采油,探井,斜井,含砂、气较多和含有腐蚀性成分因而不宜采用其他机械采油方式的油井,都可采用气举采油。气举采油具有井口、井下设备较简单的优点,管理调节较方便。但地面设备系统复杂,投资大,而且气体能量的利用率较低。

(17) 热力采油:热力采油系指向油藏注入热流体或使油层就地发生燃烧形成移动热

流,主要靠利用热能降低原油黏度,以增加原油流动能力的方法。是开采地下黏度大的原油的有效方法。目前用得最普遍的是蒸汽吞吐,蒸汽吞吐又叫周期性注蒸汽、蒸汽浸泡、蒸汽激产等。所谓蒸汽吞吐就是先向油井注入一定量的蒸汽,关井一段时间,待蒸汽的热能向油层扩散后,再开井生产的一种开采重油的增产方法。

(18)三次采油及其方法:通常把利用油层能量开采石油称为一次采油;向油层注入水、气,给油层补充能量开采石油称为二次采油;而用化学的物质来改善油、气、水及岩石相互之间的性能,开采出更多的石油,称为三次采油,又称提高采收率(EOR)方法。中石油公司提高石油采收率的方法很多。

(19)微生物采油法:微生物采油法通常指向油藏注入合适的菌种及营养物,使菌株在油藏中繁殖,代谢石油,产生气体或活性物质,可以降低油水界面张力,以提高石油采收率。

本章将对石油和天然气的主要生产技术和过程做一介绍。

3.2.1 石油开采技术现状

石油开采的技术发展大致经历了以下几个阶段:由提高单井产量发展到集成化油藏经营;由单一学科发展为多学科协同研究;单项技术应用发展为集成技术解决综合性难题;由延时监测与滞后解决向实时监测和实时解决方向发展。

从图 3-16 中可以清晰地看出 20 世纪中期以后,石油开发和开采的技术演变历程。

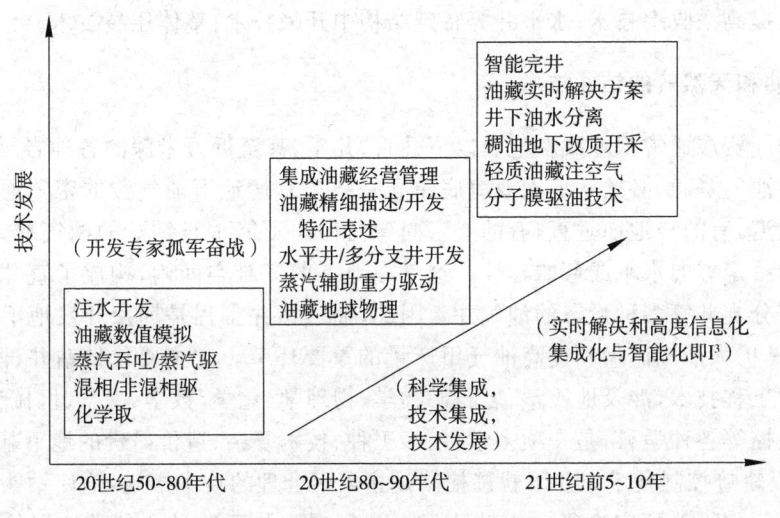

图 3-16 国外油气开发关键技术的发展趋势

3.2.2 中国油气开采技术的发展

虽然中国是石油与天然气发现和利用最早的国家之一,然而由于社会历史原因,在近代和现代石油天然气工业发展的初期,中国石油与天然气工业发展速度却十分缓慢,到 1949 年累积产量仅 210×10^4 t。

20 世纪 50 年代油田开发重点在西北地区的玉门、克拉玛依等油田,是中国现代石油工业完整体系的开始形成和初发展期。它在人才、技术和物质装备上为中国石油工业大发展奠定了基础,开始应用油田注水、有杆抽油、油田维护措施及酸化水力压裂技术等现代开采技术,是中国油气开采技术的开始形成期。

20世纪60～70年代中期是中国石油工业在曲折道路上克服困难、排除干扰的大发展时期。自1959年大庆油田发现和投入开发,中国石油工业进入新的发展期。由于自然灾害和国内、国际政治原因,该时期是在曲折道路上的发展期。继大庆油田之后,胜利油田、大港油田、辽河油田、华北油田和江汉油田相继投入开发。为适应多种类型的油气藏的发现和投入开发,开采技术有了新的发展;为适应中国陆相沉积油层特点,形成了配套的分层开采技术;为开发灰岩油藏和低渗透油藏,发展了较大型的酸化、压裂技术;针对易出砂油藏,开展了防砂技术的研究和应用。

自1976年至今特别是20世纪80年代以来,中国石油工业进入技术上全面进步与发展的时期,加强了技术创新,扩大了技术交流和技术改造以及对外合作,并随着一批稠油油藏和更多的低渗透油藏和沙漠油田及海上油田的相继投入开发以及老油田相继进入中高含水期,开采技术进一步以提高效益为目标的多元化、配套化的全面发展,使中国油气开采技术逐渐接近或达到国际先进水平。

在20世纪80年代发展了以下关键技术:针对稠油油藏的蒸汽吞吐和验油技术;大型酸压及水力压裂技术;油田开发全过程的系统油气层保护技术;为保持原油稳产,发展了中高含水期的提液技术;人工举升技术的配套与完善为大规模采油方式转换提供了技术保障。

20世纪90年代以来发展的新技术主要有:高含水期的油水井调剖堵水技术;以聚合物驱为代表的提高采收率技术;水平井等特殊结构中开采技术;整体压裂技术。

3.2.3 石油和天然气的钻井技术

地下油气资源通常都埋藏在地表以下几百、几千,甚至近万米深的各种岩层内。为了勘探开发这些油气资源,必须从地面或海底建立一条条直达地下油气藏的密闭通道。这种细长的密闭通道,有的与地面垂直,有的要定向弯曲伸向不能垂直钻达的油气藏,有的还要在油气藏内沿一定方向水平或弯曲延伸。这就在地下的三维空间内,构成了直井、定向斜井、水平井和多分支井等多种形态的油气井。因此,油气钻井工程是勘探开发地下油气资源的基本手段,是扩大油气储量和提高油气田产量的重要环节。它主要包括钻井、固井、完井和测井等多种工程技术,涉及地质学、岩石矿物学、物理学、化学、数学、力学、机械工程、系统工程和遥测遥控等各种学科,是一项多学科、多工种、技术复杂、造价昂贵的地下基建工程。

① 井眼轨迹控制技术。井眼轨迹控制是指采用合理的技术措施,迫使钻头在地下二维甚至三维空间内沿着预定途径定向钻达目标油气层。井下钻具和各类地层的相互作用特性,是影响实钻井眼轨迹的直接因素。正确评估和充分利用岩石力学中有关的地层各向异性特征,综合运用管柱力学的基础理论和方法,深入研究管柱在各种井眼(直井,定向井及水平井)中的力学特性,正确预测分析并随钻控制钻头对地层的作用力以及如何精确地监测实钻井眼轨迹,都是井眼轨迹控制中复杂的科学技术问题。因此正确评估地下岩层的各向异性及其与钻头的相互作用,并从井下的实际情况出发,根据受力分析配置有效的下部钻具组合,研制先进的井下工具、测控仪器及相应的软件系统,是解决井眼轨迹控制的技术关键。

② 井壁失稳和井下压力控制技术。地下岩层及其所含流体,在钻井前通常都处于压力平衡状态。钻井以后井壁岩层便失去了原有的支撑力,各种岩层内的孔隙、裂缝及其所含流体,也丧失了原来的密闭性。如果井壁岩层固有的胶结强度较弱,便会失稳垮塌。如果地层

的孔隙压力小于井内的钻井液柱压力,钻井液便会流入岩层发生井漏;如果岩层中的流体压力大于井内的液柱压力,这些流体便会流入井内发生井涌甚至井喷。因此地下岩层固有的力学和理化特性,以及原始地应力的作用,是钻井中不可忽视的重要客观因素。这些因素目前在钻井以前还难于精确预测,只能在钻井过程中或在钻井以后进行分析评估,并以调节钻井液密度等有关性能来稳定井壁岩层和控制地层压力。因此深入研究地下岩层的力学和理化特性,以及井壁的原地应力,正确评估和适时控制地层的孔隙压力、破裂压力和坍塌压力,是有效防止井塌、井漏和井喷等井下复杂故障的技术关键。

③ 高效破岩和洗井技术。提高破岩效率,及时清除岩屑,这是提高钻井速度的关键技术。为此必须正确掌握所钻岩层的力学性能,合理选用与岩层特性相适应的钻头类型,优选钻压、转速和钻井液的性能及其水力参数,充分运用流体力学中的基本理论,深入开展环空水力学、射流动力学和钻井液流变学的试验研究,不断提高水力和机械联合破岩的相互促进作用,以及钻井液冲洗井底和携带岩屑返出井口的能力,以便尽量提高钻井速度。

④ 油气层保护技术。钻开油气层后,为了防止油气流入井内,造成井涌、井喷等严重后果,通常都使井内液柱压力略大于油气层压力。这时井内液体总会在正压力的作用下渗入油气层内,钻井完井液中的固相颗粒也会浸入油气层的孔隙内,增加油气流动阻力,造成对油气层的严重损害,影响油气层日后的正常生产。因此在钻井、固井和完井等各种建井过程中,必须保护油气层,使其不受钻井完井液的损害,这是显著提高油气井工程经济效益的一项重要措施。虽然采用负压欠平衡钻井和负压射孔等技术,使井内液柱压力始终小于油气层压力,可以防止对油气层的严重损害。但在钻井实践中因受上部地质环境和设备条件等限制,这种钻井技术并不能广泛采用。因此长期以来正确诊断油气层损害机理,研究探索保护油气层的有效措施,一直是油气井工程中的重要研究课题。

⑤ 综合优化设计技术。由于地下情况非常复杂,各种地质资料很难在钻井以前确切掌握,因此油气井工程是一项风险性高、耗资巨大的地下建设工程。目前在国际上油气勘探井工程的建井费用,一般要占油气勘探总成本的55%~80%。在中国西部地区,由于油气层埋藏很深(一般都大于5 000 m),1996年的统计结果表明,油气勘探井工程的费用占勘探总成本的80%以上。在中国某些地下情况特别复杂的地区,钻一口深探井的工程费用甚至高达1.3×10^8多元。对于这种存在着许多不确定和不可控因素,且又耗资巨大的地下工程,必须运用系统工程中系统分析和综合优化等技术,不断减少风险,降低工程费用。

⑥ 钻井污染问题。在钻油气井过程中,若因预防措施不力而对井喷失去控制,将会对周围环境造成严重污染。如对废弃的钻井液和其他废弃物处理不当,则会对周围环境或水源产生污染,甚至危及其中的生物。如果钻遇地下硫化氢等有害气体时处理不当,更会殃及人畜的生命。因此近20多年来,世界上已有不少国家纷纷立法,限制油气井工程中的各种污染源。不少钻井科技人员也对减少钻井污染问题进行了广泛深入的研究,已取得不少有效成果。但因世界上各地区各海域的地质和生态环境不同,还有不少环境污染问题尚需进一步研究解决。

在钻井发展方向上,目前在下述方面开展着深入研究工作:

① 深井、超深井技术。完钻井深为4 500~6 000 m的井一般称为深井;完钻井深超过6 000 m的井称为超深井。深井和超深井技术是勘探开发深部油气资源必不可少的工程技术。今后在深井和超深井工程中需要解决的关键技术有:井壁稳定技术、井眼轨迹控制、高

效破岩和洗井技术、钻井与完井液技术、固井技术以及全井的综合优化设计技术等。

② 水平井技术。下部井段定向延伸的井斜角大于86°的井,通称为水平井。由垂直井段向水平井段定向弯曲的斜率和曲率半径不同,水平井可分为长半径水平井、中半径水平井和短半径水平井三大类。由于在油气层内沿着其扩展范围钻水平井,可以增加油气藏的暴露面积,显著提高油气井的产量和油气田采收率,近十多年来钻水平井技术发展很快,研制了多种钻长、中、短半径水平井的井下工具和井眼轨迹的测控装置。

③ 丛式大位移井技术。当与准备开采的地下油气层相垂直的地表位置因有各种障碍而不能铺设井场、安装钻井装备时,只能在远离垂直井位的适当地区,钻建具有一定横向位移的油气井。凡是从井口到井底的测量井深,或井底远离井口的水平位移等于或大于井底实际垂深2倍的定向井或水平井,通称为大位移井。在这种井内的各种井下管柱容易紧靠井壁而产生很大的摩擦阻力,有时甚至会超过管柱自重和钻机的提升能力及其旋转扭矩,严重影响钻具的上下活动和自由转动。因此钻大位移井的关键技术,除一般的平衡地层压力、保持井壁稳定和控制井眼轨迹等重要的技术措施外,还要合理设计井眼轨迹、尽量减少管柱与井壁的接触面积和正压力。

④ 欠平衡钻井技术。欠平衡钻井技术是指钻井过程中通过调节钻井液密度,使井内液柱压力低于地层孔隙压力的钻井技术。在这种情况下,地层流体将在钻井过程中不断进入井内,故在井口需配备控制和分离地层流体的装置。采用欠平衡钻井技术有利于发现低压油气层,避免对油气层的严重损害,并能提高钻井速度和油气井产量。据加拿大的某油公司报道,用欠平衡钻井技术所钻的水平井,其产量比用常规方法钻的水平井提高近10倍。这显然是很有竞争力的一个发展方向。

⑤ 盘管钻井技术。采用长度可达1 000～7 000 m的高强度低碳钢连续盘管,把这种盘管盘绕在大滚筒上运到井场,一端与钻头、导向动力钻具和随钻测量装置等井下钻具相接,另一端与地面钻井泵的高压管线连接,由井口夹持器把盘管和井下钻具送入井内。这样只要转动滚筒,便可像绳索一样连续起下井内钻具,显著提高起下钻换钻头的工作效率,而且在起下钻时还可继续循环钻井液,同时冲洗井筒。

⑥ 随钻测井技术。随钻测量仪器通常都装在钻头或井下动力钻具以上钻柱中的细长管内,测量信息由电缆或钻井液压力脉冲传输到地面,故分为有线随钻测量装置和无线随钻测量装置两大类。有线测量装置因受下井电缆的限制,目前在深井、大位移井和水平井内还难于下入,因此一般都采用无线随钻测量仪。最新的随钻测井技术不仅能精确测定井眼的方位角、井斜角和钻头走向,更能实现有效的"地质导向",即在钻进过程中随时测定地质和油气层参数,引导钻头沿着特定的地层界面和方向钻进。近几年随钻测井的最新发展是随钻地震技术,它是利用钻进过程中的钻头震动作为井下震源。通过安装在钻杆顶部的参考传感器和埋在井口旁的检波器,分别接收沿钻杆和沿地层向上传播的钻头震动波,然后把这些分别采集的参考信息和地震信息进行一系列处理后,从中可获得极有价值的地层信息。

⑦ 成像测井技术。成像测井主要有电成像、声成像和核磁共振成像三大类。

⑧ 钻井机器人技术。油气井工程的核心装置是井下钻井系统。它一般由随钻测量、控制系统和执行机构三大部分组成。井下钻井系统的最终发展目标是地下钻井机器人。随钻测量系统相当于钻井机器人的眼睛和其他感觉器官,控制系统则是机器人的大脑,执行机构便是机器人的手和钻井工具。这种机器人不同于其他行业中地面上的机器人,它必须能在

漆黑一团、环境复杂、工况非常恶劣的地下进行有效的工作。它必须能精确探测前方和周围的地质环境和本身状态,及时做出正确的分析决策,并能自动适应所处的工作环境,沿着预定的途径钻达地下目的层。

3.2.4 钻井过程中的完井工程

在钻井工程中完井是很重要的一个阶段。下面简单介绍其工程的主要内容和工作程序(如图3-17所示)。

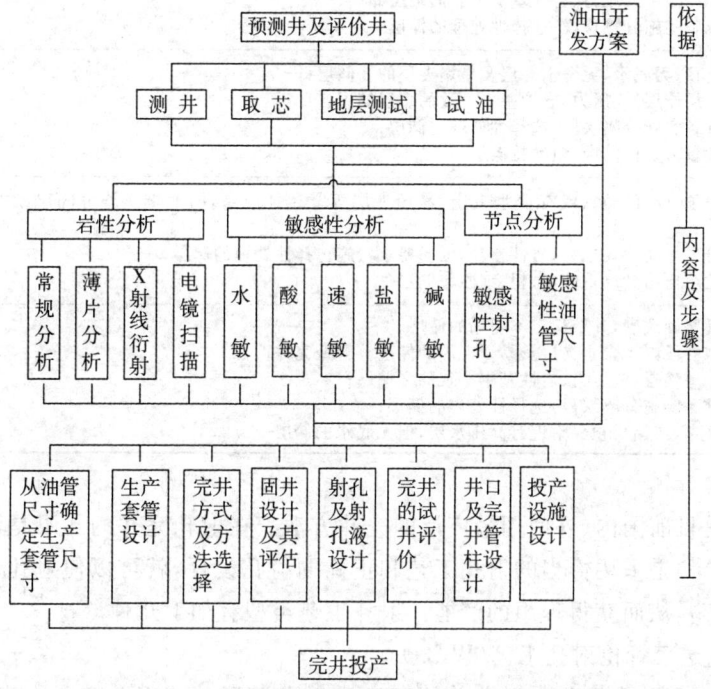

图 3-17 完井工程的工作流程

在完井过程中要针对不同的地质结构采用不同的完井方式,使得油气井获得更高的产量(如表3-8所列)。

完井过程中一个关键的步骤是射孔,就是在油气井的井壁上开凿油气孔道,使得油气能从储层顺利进入油井中,射孔的装置有用射孔枪的,还有其他方式。图3-18是高能气体联动式射孔装置,通过射孔弹的爆炸,穿透油气井套管,完成射孔工作。

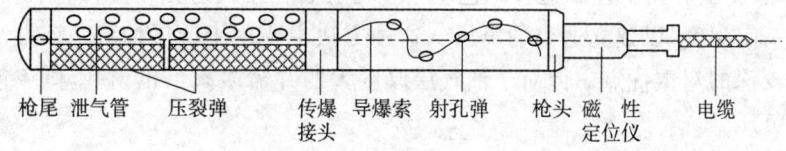

图 3-18 射孔枪与高能气体联动装置结构示意图

表 3-8　　　　　　　　　　　各种完井方式适用的地质条件

完井方式	适用的地质条件
射孔完井	① 有气顶或有底水或含水夹层、易塌夹层等复杂地质条件,要求实施分隔层段的储层; ② 各分层之间存在压力、岩性等差异,要求实施分层测试、分层采油、分层注射孔完水、分层处理的储层; ③ 要求实施大规模水力压裂作业的低渗透储层; ④ 砂岩储层、碳酸盐岩裂缝性储层
裸眼完井	① 岩性坚硬致密,井壁稳定不坍塌的碳酸盐岩或灿岩储层; ② 无气顶、无底水、无含水夹层及易塌夹层的储层裸眼完井; ③ 单一厚储层或压力、岩性基本一致的多层储层; ④ 不准备实施分隔层段,选择性处理的储层
割缝衬管完井	① 无气顶、无底水、无含水夹层及易塌夹层的 3 储层; ② 单一层储层,或压力、岩性基本一致的多层储层; ③ 不准备实施分隔层段,选择性处理的储层; ④ 岩性较为疏松的中、粗砂粒储层
套管砾石填充	① 有气顶、或有底水、或有含水夹层、易塌夹层等复杂地质条件,要求实施分隔层段的储层套管砾石充填; ② 各分层之间存在压力、岩性差异,因而要求实施选择性处理的储层; ③ 岩性疏松出砂严重的中、粗、细砂粒储层
复合型完井	① 岩性坚硬致密,井壁稳定不坍塌的储层; ② 裸眼井段内无含水夹层及易塌夹层的储层复合型完井; ③ 单一厚储层,或压力、岩性基本一致的多储层; ④ 不准备实施分隔层段,选择性处理的储层; ⑤ 有气顶、或储层顶界附近有高压水层,但无底水的储层

射孔完井是目前国内、外使用最广泛的完井方法。在射孔完井的孔眼是沟通产层和井筒的唯一通道。如果采用恰当的射孔工艺和正确的射孔设计,就可以使射孔对产层的伤害最小,完善系数高,从而获得理想的产能。射孔工艺类型有如下几种。

(1) 电缆输送套管枪射孔工艺(WCG)

① 套管枪正压射孔工艺。射孔前用高密度射孔液压井使得井底压力高于地层压力。在井口敞开的情况下,使用电缆下入套管射孔枪。通过接在电缆上的磁性定位器测出定位套管接箍对比曲线,调整下枪深度,对准层位,在正压差下对油、气层部位射孔。取出射孔枪后,下油管并装好井口,进行替喷、抽汲或气举等诱喷或直接采用人工举升的办法,以使油气井投产。常规套管枪正压射孔具有施工简单,成本低和高孔密、深穿透的优点,但正压射孔会使射孔液的固相和液相侵入储层而导致储层伤害。为了减少正压对地层的伤害,特别要求使用优质的射孔液。

② 套管枪负压射孔工艺。这种工艺基本上与套管枪正压射孔相同,只是射孔前将井筒液面降低到一定深度,以建立适当的负压。这种方法主要用于低压油藏。该办法具有负压清洗和穿透较深的双重优点。但对于油气层厚度大的井需多次下枪射孔,则不能保持以后射孔必要的负压。

(2) 油管输送射孔(TCP)

这种无电缆油管输送射孔工艺是利用油管将射孔枪下到油层部位射孔。油管下部连有封隔器、带孔短节和引爆系统,油管内掏空到一定深度在只有部分液柱下进行负压射孔。油管输送射孔的深度校正一般采用放射性测井校深方法。在管柱总成的定位短节内放置一粒放射性同位素,校深仪器下到预置深度(约在定位短节以上100 m),开始下测一条带磁定位的放射性曲线,超过定位短节深度,并在井口利用油管短节进行调整。

油管输送射孔的引爆有多种方式,最简单的是重力引爆。这就是在井口防喷盒内预先装有一圆柱金属棒,射孔时释放该棒,高速下落的投棒撞击枪头的引爆器。投棒有标准投棒,井斜不能过大。

另一种引爆是油管加压引爆。一般用氮气加压将油管内的液面降下一定深度形成负压,但必须将高压氮气在引爆前释放出井口。这就要求在加压氮气和引爆射孔之间有一较长的缓冲时间以释放氮气,这称之为延迟引爆。

第三种引爆是环空加压引爆(压差引爆)。利用封隔器中的转换装置或水力旁通,使环空与油管成为两个不同压力系统。从环空加压造成环空压力与油管压力的压差增加,压差增至预定值,剪断活塞销钉,使活塞与钢丝绳夹板一起带动钢丝绳迅速上移而使点火头拉杆上移,由此使撞针释放而引爆雷管。

还有一种引爆方式称为电能引爆,点火头分为电缆传送电流点火头和电池落棒点火头两种。

油管输送射孔具有高孔密、深穿透的优点,负压值高,易于解除射孔对储层的伤害。一次射孔层段厚度较大,最大可达1 000 m以上。该方法特别适于斜井、水平井和稠油井等电缆难以下入的井并可采用连接油管输送。射孔后即可投入生产,也便于测试、压裂、酸化等和射孔联作,减少压井和起下管柱次数,减少了对油层的伤害和操作作业。

油管输送射孔要求钻井时多留井底口袋,以便存放丢下的射孔枪。有时,射孔井段太长,则射孔枪也太长,即无法将射孔枪丢在井底,只能不丢枪或采取其他的办法。

3.2.5 主要采油技术和油气增产技术

3.2.5.1 油气混合物在井下的流动状态

油气混合物的流动结构是指流动过程中油、气的分布状态,如图3-19所示,也称为流动形态,简称流型。与油气体积比、流速及油气的界面性质有关。不同流动结构的混合物有各自的流动规律,因此,可按其流动结构把混合物的流动分为不同的流动类型。

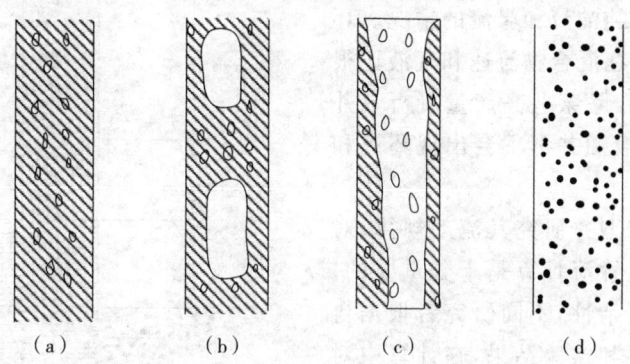

图3-19 气体混合物的流型示意图
(a) 泡流;(b) 段塞流;(c) 环流;(d) 雾流

如图3-19(a)所示,在井筒中从低于饱和压力的深度起,溶解气开始从油中分离出来,这时,由于气量少,压力高,气体都以小气泡分散在液相中,气泡直径相对于油管直径要小很多。这种结构的混合物的流动称为泡流。由于油、气密度的差异和泡流的混合物平均流速小,因此,在混合物向上流动的同时,气泡上升速度大于液体流速,气泡将从油中超越而过,这种气体超越液体上升的现象称为滑脱。泡流的特点是:气体是分散相,液体是连续相;气体主要影响混合物密度,对摩擦阻力的影响不大;滑脱现象比较严重。

当混合物继续向上流动,压力逐渐降低,气体不断膨胀,小气泡将合并成大气泡,直到能够占据整个油管断面时,在井筒内将形成一段油一段气的结构,如图 3-19(b)。这种结构的混合物的流动称为段塞流。出现段塞后,大气泡托着油柱向上流动,气体的膨胀能得到较好的发挥和利用。但这种气泡举升液体的作用很像一个破漏的活塞向上推油。在段塞向上运动的同时,沿管壁还有油相对于气泡向下流动。虽然如此,在油气段塞结构情况下,油、气间的相对运动要比泡流小,滑脱也小。一般自喷井内段塞流是主要的。

随着混合物继续向上流动,压力不断下降,气相体积继续增大。炮弹状的气泡不断加长,逐渐由油管中间突破,形成油管中心是连续的气流而管壁为油环的流动结构,这种流动称为环流,如图 3-19(c)。在环流结构中,气液两相都是连续的,气体举油作用主要是靠摩擦携带。

在油气混合物继续上升过程中,如果压力下降使气体的体积流量增加到足够大时,油管内流动的气流芯子将变得很粗,沿管壁流动的油环变得很薄,此时,绝大部分油都以小油滴分散在气流中,这种流动结构称为雾流,如图 3-19(d)。雾流的特点是:气体是连续相,液体是分散相;气体以很高的速度携带液滴喷出井口;气、液之间的相对运动速度很小;气相是整个流动的控制因素。

根据以上讨论,油井中可能出现的流型自下而上依次为:纯油流、泡流、段塞流、环流和雾流。

图 3-20 所示只是为了说明油井生产时各种流型在井筒中的分布和变化情况的示意图。实际上,在同一口井内,不会出现如图所示的完整的流型变化。特别是在一口自喷井内不可能同时存在纯油流和雾流的情况。环流和雾流只是出现在混合物流速和气液比很高的情况下。因此,除某些高产量凝析气井和含水气井外,一般油井都不会出现环流和雾流。

区分不同的流型并研究其流动规律,对于气—液两相垂直管流计算是十分重要的。但由于其流动的复杂性,不同研究者根据自己在实验中的观察和实验结果,在计算中对流型的描述和划分标准也不尽相同。

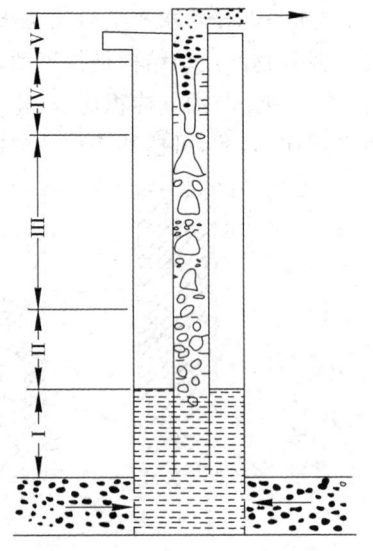

图 3-20 油气沿井筒喷出时的流型变化示意图
Ⅰ——纯油流;Ⅱ——泡流;
Ⅲ——段塞流;Ⅳ——环流;Ⅴ——雾流

3.2.5.2 主要采油技术

将油气从地下开采到地面有许多种方式,但一般归结为两大类,一类称为自喷井,另一类称为人工举升油气井。

(1) 自喷井及采油树

自喷井顾名思义就是在开采井完成后,油气利用地面和地下的设施,通过井筒依靠自身的压力自动喷出的油、气井。自喷井主要由井下管柱、井口装置、地面油气分离和计量系统组成。井下设施主要由井下节流阀、安全阀、油管、套管、喷油嘴等组成,井口装置主要是采油树及其他设施。

油井由多层结构组成,有油管、套管、水泥环、技术套管等,其简单示意如图3-21所示。

采油树是采油过程中最重要的井口设备。因为该装置犹如树的形状,所以得此名。采油树的主要作用是控制和调节油井的油气生产,引导从井中喷出的油气进入油管线。采油树的主要组成部分及其作用如下。

① 总闸门。装在油管头的上面,它是控制油气流入采油树的主要通道,因此,在正常生产时,它都是开着的,只有在需要长期关井或其他特殊情况下才关闭。

② 生产闸门。安装在油管四通或三通的侧面,它的作用是控制油气流向出油管线。正常生产时,生产闸门总是打开的。在更换、检查油嘴或油井停产时才关闭。

③ 清蜡闸门。安装在采油树最上端的一个闸门,它的上面口连接清蜡防喷管等,清蜡或进行井下压力计测压时把它打开,清完蜡或测完压后把它关闭,故叫清蜡闸门。

④ 节流阀。其作用是控制自喷井的产量,有可调式节流阀(针形阀)和固定式节流阀两种。采气树上使用可调式节流阀,采油树上使用固定节流阀(油嘴)。

(2) 人工举升油气井

在人工举升油气井中占主导地位的有杆泵采油,同时还有无杆泵采油方式(其中包括电潜泵采油、射流泵采油、水力活塞泵采油等)。游梁式抽油机是目前应用最为广泛的地面采油设备。

游梁式抽油机的结构示意图如图3-22所示。主要由游梁—连杆—曲柄机构、皮带与减速箱、动力设备和辅助装置等4大部分组成。工作时,动力机械将高速旋转运动通过皮带和减速箱传给曲柄轴,带动曲柄做低速旋转。曲柄通过连杆经横梁带动游梁做上下摆动。挂在驴头上的悬绳器便带动抽油杆柱做往复运动。

游梁式抽油机按结构可分为普通式和前置式。两者的主要组成部分相同,只是游梁和连杆的连接位置不同。普通式多采用机械平衡,支架在驴头和曲柄连杆之间,其上、下冲程的时间相等。前置式多采用气动平衡,且多为重型长冲程抽油机。前置式的上冲程曲柄转角为195°,下冲程为165°,使上冲程较下冲程慢。这种抽油机曲柄旋转方向与普通型相反,当驴头在右侧时,曲柄顺时针转动。

为了节能和提高抽油系统效率等,研制与应用了多种变型的游梁式抽油机,如异相型游梁式抽油机(又称曲柄偏置式游梁抽油机)、双驴头抽油机、二次平衡游梁式抽油机等。

3.2.5.3 油气增产技术

① 注水采油技术。通过向含油地层注水,补充地层能量,保持油层压力,提高采收率和采油速度的技术被称为注水采油技术。该技术是普遍采用的提高油气产量的方式。

根据地质结构的不同,应对注水的水质加以控制,如对水质的pH加以控制,以及添加部分化学药剂,防止注水引起油藏孔隙的堵塞、腐蚀和结垢。

② 水力压裂技术。水力压裂技术主要应用于低渗透油气藏。其技术原理是利用地面

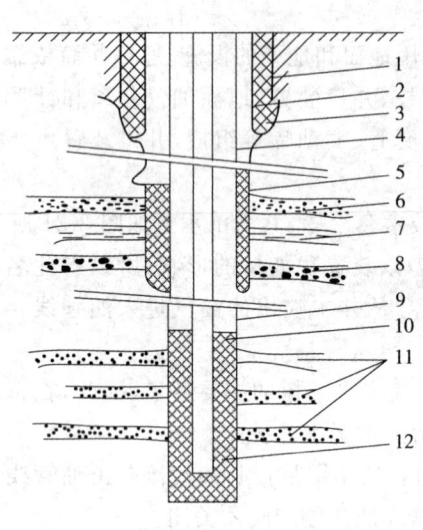
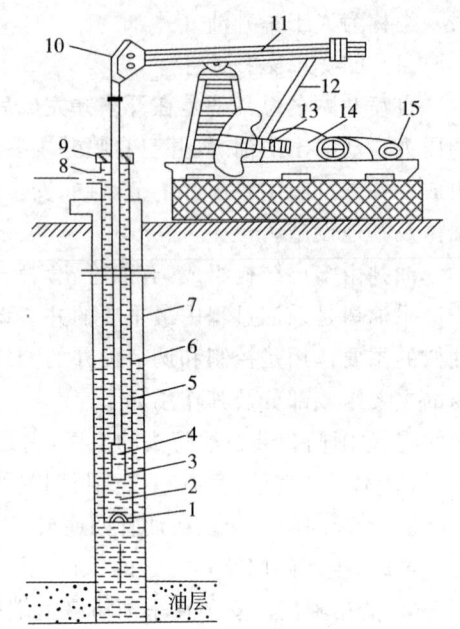

图 3-21 井身结构示意图

1——导管；2——表层套管；3——表层套管水泥环；
4——技术套管；5——技术套管水泥环；
6——可能的高压气层；7——可能的高压水层；
8——易塌地层；9——井眼；10——油层套管；
11——主油层；12——油层套管水泥环

图 3-22 游梁式抽油机有杆泵抽油装置示意图

1——吸入阀；2——泵筒；3——柱塞；
4——排出阀；5——抽油杆；6——油管；
7——套管；8——三通；9——盘根盒；
10——驴头；11——游梁；12——连杆；
13——曲柄；14——减速箱；15——电机

的高压泵，将高黏液体以远远大于地层吸收的排量注入井中，在井底憋起高压，当此压力大于井壁附近的地应力和地层岩石抗张强度时，就会在井底附近的地层产生裂缝。继续注入带有支撑剂的携砂液，支撑剂在高压下沿着裂缝注入，关井后裂缝闭合在支撑剂上，从而在井底附近的地层形成具有一定几何尺寸和导流能力的填砂裂缝，从而达到增产油气的目的。

③ 酸处理技术。酸处理技术是又一种增产油气的技术措施，它是通过酸液对岩石胶结物或地层孔隙、裂缝内堵塞物（黏土、钻井泥浆、完井液）等的溶解和溶蚀，恢复和提高地层孔隙和裂缝的渗透性，从而提高油气的采收率。

常用的酸液有盐酸、甲酸、乙酸、乳化酸、稠化酸、泡沫酸和土酸等。酸液通常要复配添加剂，添加剂主要类型有缓蚀剂、表面活性剂、稳定剂、增黏剂、减阻剂和破乳剂等。

④ 稠油开采技术。稠油开采技术是针对稠油在油层中流动性差采取的一些特殊开采技术。主要有蒸汽吞吐技术、蒸汽驱动技术、水平井辅助重力泄油技术、火烧油层技术、稠油出砂冷采等。

3.3 油气储运技术

油气储运，顾名思义就是油气的储存和运输。其主要任务是采用先进的工艺措施，将油井产物收集起来，经初加工处理，生产出尽可能多的合格原油和天然气，按要求安全、经济地输送到指定地点进行储存或应用。

油气储运工程主要包括矿场油气集输及处理、油气的长距离管道输送、各转运环节的储存和装卸、终端储存和销售、炼油厂和石化厂的储运等环节,如图 3-23 所示。

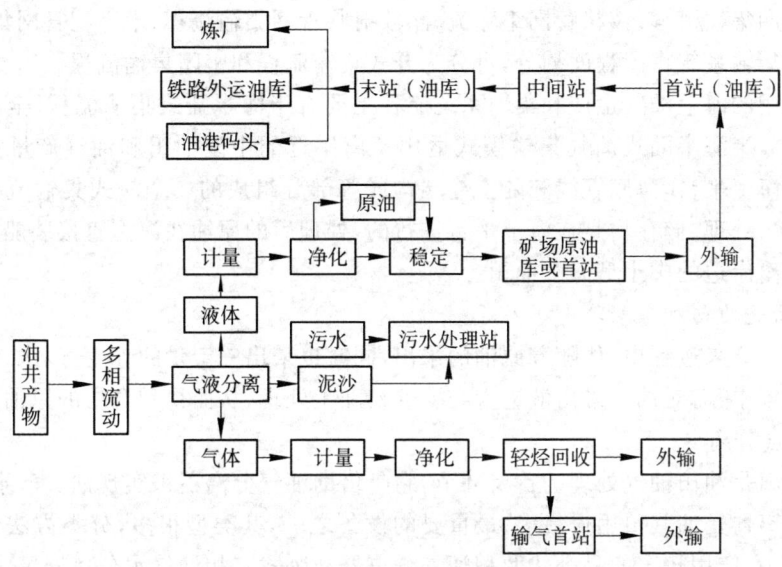

图 3-23 油气的储存和运输流程图

油气储运工程是继油藏勘探、油田开发、采油工程之后的一个非常重要的阶段,是油田地面骨架工程之一,是连接产、运、销各个环节的纽带,是沟通石油工业与国民经济其他各部门的桥梁,是平衡供求领域的杠杆,对保障国家的经济稳定、发展具有非常重要的意义。

3.3.1 油气集输系统简介

3.3.1.1 油气集输系统的任务及内容

简单地讲,油气集输就是油气的收集和运输。它是指把各分散油井所生产的石油及其产品集中起来,经过必要的初加工处理,使之成为合格的原油和天然气,分别送往长距离输油管线的首站(或矿场原油库)或输气管线首站外输的全部工艺过程。

概括地说,油气集输的工作范围是指以油井井口为起点,矿场原油库或输油、输气管线首站为终点的矿场业务。其主要任务就是尽可能多地生产出符合国家质量指标要求的原油和天然气,为国家提供能源保障。它主要包括油气分离、油气计量、原油脱水、天然气净化、原油稳定、轻烃回收、含油污水处理等工艺环节。

3.3.1.2 油气集输流程

油气集输流程是油气在油气田内部流向的总的说明,它包括以油气井井口为起点到矿场原油库或输油、输气管线首站为终点的全部的工艺过程。

在油井的井口和集中处理站之间有不同的布站级数,按布站级数划分,可命名为一级布站流程(指只有集中处理站的流程)、二级布站流程(有计量站和集中处理站)和三级布站流程(包括计量站、接转站、集中处理站)等。

我国油田生产的原油多数是"三高"原油,一般采用加热方式输送。按加热方式的不同,可分为井口加热集输流程、蒸汽拌热集输流程、热水拌热集输流程、掺蒸汽集输流程、掺热油集输流程、掺热水集输流程、掺活性水集输流程、井口不加热集输流程等。

按通往井口管线的根数可分为单管集输流程、双管集输流程和三管集输流程等。此外，还有环形管网集输流程、枝状管网集输流程、放射状管网集输流程、米字型管网集输流程等。

按油气集输系统密闭程度划分，可分为开式集输流程和密闭集输流程。

目前通用的海上油气生产和集输系统流程主要有半海半陆式集输流程、全海式集输流程两种模式。半海半陆式油气集输模式适用于离岸近的中型油田和油气产量大的大型油田。它是由海上平台，海底管线和陆上终端构成等部分组成的。全海式集输流程是指油气的生产、集输、处理、储存均是在海上平台进行的，处理后的原油在海上直接装船外运。此流程适用于远离岸边的中小型海上油田。

3.3.1.3 油气的初加工处理

在石油的开采过程中，伴随着原油的采出，同时也采出一定量的伴生气、水、泥沙等。在实际生产过程中，需对油井采出液进行必要的初加工处理，从而得到合格的原油和天然气。

(1) 油气分离

油气分离是油田油气处理的首要环节，它是借助油气分离器来实现油、气、水、砂等的分离。油气分离器是油气田用得最多、最重要的设备之一，其类型很多，分类方法众多。生产的实际过程中，应用较多的是卧式两相油气分离器和卧式三相油气水分离器等。

① 卧式两相油气分离器。卧式两相油气分离器的结构原理如图 3-24 所示，流体由油气混合物入口进入分离器，经入口分流器后，流体的流向和流速发生突变，使油气得到初步分离。在重力的作用下，分离后的液相进入集液部分，在集液部分停留足够的时间（我国规定：一般原油在分离器内的停留时间为 3 min，起泡原油为 5~20 min），使液相中的气泡上升到液面进入气相，集液部分的液相最后经原油出口流出分离器进入后续的处理环节。来自入口分流器的气体则分散在液面上方的重力沉降部分，使气体所携带的粒径较大的油滴（$>100~\mu m$）靠重力沉降到气—液界面；未沉降下来的油滴则随气体进入除雾器，在除雾器内聚结、合并成大油滴，靠重力沉降到集液部分，脱出油滴的气体经气体出口流出分离器。

② 卧式三相油气水分离器。两相油气分离器只是简单地将油井产物分成气、液两相。实际上，油井产物是油、气、水、砂的混合物。由于它们的密度不同，在油、气分离的同时，也可实现水、砂的分离，这就是油气水三相分离。

卧式三相油气水分离器的结构原理如图 3-25 所示，流体由油气混合物入口进入分离器，入口分流器把油气水混合物大致分成气、液两相。液相由导管引至油、水界面以下进入集液部分，在集液部分油、水实现分离，上层的原油及其乳状液从挡油板上层流出进入油池，经出油口流出分离器。水经挡水板进入水室，通过出水口流出分离器。气体水平通过重力沉降部分，经除雾器后由气出口流出。

(2) 原油净化

石油的开采伴随着产生大量的水。原油中所含的水大都以游离水和乳化水两种形态存在，它们给油气集输、储运乃至石油加工都带来了许多危害，因此，必须对原油进行脱水。

乳化水是水与原油形成的乳状液，其物理性质发生了很大的变化，因而是脱水的主要对象。乳化水通常有两种类型，一种是油包水型(W/O)乳化水，其水为分散相、油为连续相；另一种则是水包油型(O/W)乳化水，其油为分散相、水为连续相。

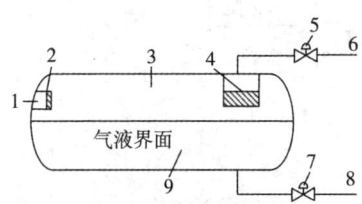
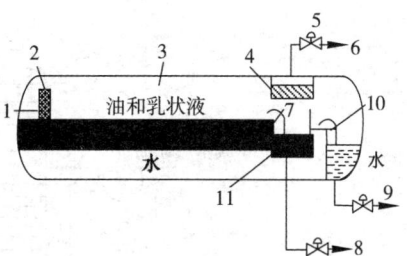

图 3-24　卧式两相油气分离器
1——油气混合物入口；2——入口分流器；
3——重力沉降部分；4——除雾器；
5——压力控制阀；6——气体出口；
7——出油阀；8——原油出口；
9——积液部分

图 3-25　卧式三相油气水分离器
1——油气混合物入口；2——入口分流器；
3——重力沉降部分；4——除雾器；
5——压力控制阀；6——气体出口；
7——挡油板；8——出油口；
9——出水口；10——挡水板；11——油池

原油脱水的方法很多，主要有热沉降脱水、化学脱水、离心法脱水、粗粒化脱水、电脱水等。实际脱水过程中，最常用的是热化学脱水法和电脱水法。

① 热化学破乳脱水。热化学破乳脱水就是将含水原油加热到一定的温度，并向原油中加入少量的化学破乳剂，从而破坏油水乳状液的稳定性，促使水滴碰撞、聚结、沉降，以达到油水分离的目的。

② 原油电脱水。原油电脱水方法适合于处理含水量在 30% 左右的油包水型原油乳状液。它是将原油乳状液置于高压直流或交流电场中，在电场力的作用下，促使水滴的合并、聚结形成较大粒径的水滴，实现油水的分离。

原油电脱水过程中，水滴在电场中是以电泳聚结、偶极聚结、振荡聚结三种方式进行聚结合计的。其中在交流电场中，水滴以偶极聚结、振荡聚结方式为主；在直流电场中，水滴以电泳聚结方式为主，偶极聚结方式为辅。

(3) 原油稳定及轻烃回收

① 原油稳定。原油是多组分的碳氢化合物的混合物。在原油集输过程中，由于操作条件的变化，会使原油中的部分轻组分挥发，造成原油的蒸发损耗。为了降低原油的蒸发损耗，充分利用油气资源，保护环境，提高原油储运过程中的安全性，要采用一系列的工艺措施，将原油中挥发性强的轻组分(主要是 $C_1 \sim C_4$)脱出，降低原油的挥发性和饱和蒸气压，使原油保持稳定，这一工艺过程称为原油稳定。

原油稳定的方法很多，主要有闪蒸稳定法、分馏稳定法、大罐抽气法等。

闪蒸稳定法是将未稳定的原油加热到一定温度，然后减压闪蒸分离得到相应的气相和液相产物。这是目前应用较广的方法。

分馏稳定法是根据原油中各组分挥发度不同的特点，利用精馏的原理将原油中的 $C_1 \sim C_4$ 组分脱出，达到稳定的目的。分馏稳定法的典型流程如图 3-26 所示。分馏稳定法的主要设备是稳定塔，稳定塔是一个完全的精馏塔，塔的上部为精馏段，下部为提馏段，塔顶有回流，塔底有再沸系统。这种方法设备多，流程较复杂，但稳定原油的质量好。

大罐抽气法是利用原油处理站内的沉降脱水油罐，在罐顶安装抽气管线，利用压缩机自罐中抽出油蒸气，经增压、冷却、计量后输送至轻烃回收装置进行回收。

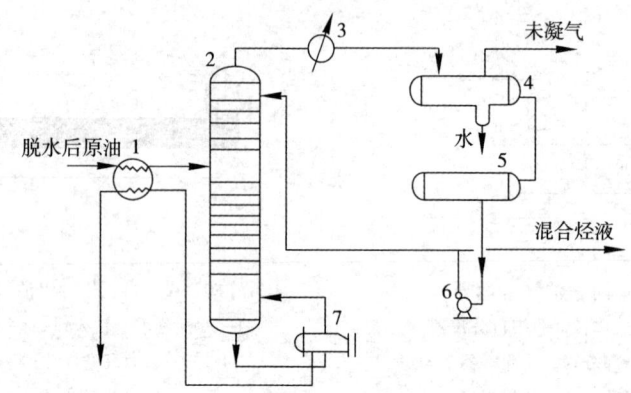

图 3-26 分馏稳定法的典型流程图
1——换热器;2——稳定塔;3——冷凝器;4——分离器;5——回流罐;6——泵;7——重沸器

② 轻烃回收。轻烃是指天然气中所含的 C_3 以上的烃类混合物。它们在天然气中以气态的形式存在,通过不同的工艺方法将它们以液态的形式回收称为轻烃回收。

轻烃回收的方法较多,常用的有固体吸附法、液体吸收法及低温分离法等。

固体吸附法是利用固体吸附剂(如活性炭、活性氧化铝等)对各种烃类的吸附容量不同,而使天然气中的各组分得以分离的方法。液体吸收法是利用天然气中各组分在液体吸收油(如石脑油、煤油等)中的溶解度不同,而使天然气中的各组分得以分离的方法。

这两种方法是早期轻烃回收的较常用的方法,由于其投资高,能耗大,收率低,现已逐步为低温分离法所替代。低温分离法是利用天然气各组分冷凝温度不同的特点,在降温过程中使各组分得以分离的方法。这种方法的特点是使气体获得低温。通常低温获得的方法主要有制冷剂制冷、膨胀机膨胀制冷及两者混合使用的制冷方法等。

(4) 油田气的净化

油田气含有多种杂质,例如砂粒、岩屑等固体杂质,水、凝析油等液体杂质,水蒸气、硫化氢、二氧化碳等气体杂质。固体杂质的存在,将导致管道、设备、仪表等的磨损,严重时会堵塞管道,降低输量,影响生产安全;水汽的存在,不仅减少了管线的输送能力和气体热值,而且当输送压力和环境条件变化时,还可能引起水蒸气从天然气流中析出,形成液态水、冰或天然气的固体水化物,从而增加管路压降,严重时堵塞管道;酸性气体 H_2S 或 CO_2 的存在,会加剧管线、设备的腐蚀,影响化工产品的质量。由此可见,气体净化是油田气长距离输送或进行轻烃回收前必不可少的环节。气体净化主要采用以下四种方法。

① 吸附法。吸附法是利用油田气中的不同组分在固体吸附剂表面上积聚特性不同的原理,分子吸附在固体吸附剂表面,进行脱除的方法。

② 吸收法。吸收法是用适当的液体吸收剂处理气体混合物以除去其中的一种或多种组分的操作方法。如用液态烃吸收气态烃,用水吸收 CO_2,用甘醇脱水或用多乙二醇甲醚脱硫,用碱液吸收 CO_2。在操作过程中,对吸收后的溶液可进行再生,使溶剂得到循环使用。

③ 冷分离法。由于多组分混合气体中各组分的冷凝温度不同,在冷凝过程中高沸点组分先凝结出来,这样就可以使组分得到一定程度的分离。冷却温度越低,分离程度越高。例

如低温分离法脱水,膨胀机制冷脱水等都是冷分离方法。这一方法流程简单,成本低廉,特别适用于高压气体。

④ 直接转化法。直接转化法是通过适当的化学反应,使杂质转化成无害的化合物留在气体内,或者转化成比原杂质易于除去的化合物,达到净化目的。

3.3.1.4 油气计量

油气计量是指对石油和天然气流量的测定。在油气田生产过程中,从井口到外输间主要分为油气井产量计量、交接数量计量和外站流量计量三种。

① 油气井产量计量。油气井产量计量是指对生产井所生产的油量和气量的测定,它是进行油气井管理、掌握油气层动态的关键资料数据。油气井产量计量又可分为单井计量和多井计量。

单井计量是指每口井单独设置一套计量装置,用于产量高的油气井的计量。多井计量适用于产量低的油气井的计量,通常8～12口油井共用一套计量装置,对每口油井生产的油、气、水日产量要定期、定时、轮换进行计量。

油气井产量计量通常采用分离计量法和多相流量计法。前者是利用油气分离器将油井产物分离成气相和液相,或者气相、油和水,然后分别计量各相的流量。后者是自动分析检测油井产物的组成或流量,进而测定油井的产油量、产气量和产液量。

分离计量法的特点是计量精度受到分离质量的影响,由于油气难以完全分离,因此,计量精度差,而且附属设备多,占地面积大。多相流量计法实际上是将分离、计量合成一体完成,具有体积少、精度高、操作方便等特点,是计量发展的方向。

② 外输流量计量。外输流量计量是对石油和天然气输送流量的测定,它是输出方和接收方进行油气交接经营管理的基本依据。计量要求有连续性,仪表精度高。外输原油一般采用高精度的流量仪表连续计量出体积流量,再乘以密度,减去含水量,求出质量流量,综合计量误差一般要求在±0.35%以内。这就要求原油流量仪表要有较高的精度,同时也应定期进行标定。

③ 交接数量计量。交接数量计量是指油田内部各采油单元之间进行的油品输送流量的计量。它是衡量各采油单元完成生产指标情况,进而进行经济核算的依据。从计量方法上看,交接数量计量与外输流量计量基本相似,但由于这种计量是发生在油田内部各采油单元之间的,因此要求其计量精度不如外输流量计量高。

3.3.1.5 含油污水处理

目前,我国多数油田已进入开发晚期,大多采用注水方式开发,从而导致油井采出液含水量升高,有些油田的综合含水率已达90%。油井采出液在初加工处理过程中,将脱出大量的含油污水。如果含油污水处理不合理回注和排放,不仅使油田地面设施不能正常运作,而且会因地层堵塞带来危害,影响油田安全生产,同时也会造成环境污染,因此必须合理地处理利用含油污水。

(1) 含油污水的特点

① 污水含油。污水含油量一般为1 000 mg/L左右,少部分油田污水含油量高达3 000～5 000 mg/L,而且同一污水站瞬时污水的含油量也具有一定的波动性。一般来讲,污水中的含油是以浮油(油珠直径大于100 μm)、分散油(油珠直径为10～100 μm)、乳化油(油珠直径为0.1～10 μm)和溶解油(油珠直径小于0.1 μm)四种形态分布于水中的。

② 污水中含有多种离子。含油污水中含有多种离子，主要包括 Ca^{2+}、Mg^{2+}、K^+、Na^+、Fe^{2+} 等阳离子和 Cl^-、HCO_3^-、CO_3^{2-}、SO_4^{2-} 等阴离子。在一定的条件下，这些离子之间可以相互结合，生成沉淀，如 $CaCO_3$、$MgCO_3$ 沉淀等。这些沉淀悬浮在水中，会使水浑浊；沉积在管壁上，引起管壁结垢。

③ 污水中含有 O_2、H_2S、CO_2 等多种气体。污水中溶解有 O_2、H_2S、CO_2 等多种有害气体。其中 O_2 是很强的去极化剂，它能使阳极的铁离子失去电子，生成 Fe^{2+} 或 Fe^{3+}，进一步生成 $Fe(OH)_3$ 沉淀；同样，H_2S、CO_2 等酸性气体也能与铁离子结合生成 $Fe(OH)_3$ 垢或 FeS 沉淀，这都会大大加剧金属设备的腐蚀。

④ 污水中含有总浮固体。污水中的悬浮固体是指污水中所含的固体悬浮物，其颗粒直径范围在 $1\sim100~\mu m$ 之间，主要包括泥沙、各种腐蚀产物及垢、细菌、胶质、沥青质等。这些悬浮固体悬浮在水中，会使水浑浊；附着在管壁上，会形成沉淀；引起管壁腐蚀；回注于储油层会使孔隙堵塞，影响油井产量。

综上所述，污水中的成分复杂，其显著特点是腐蚀性强、结垢快。生产实际中，应重点针对这类问题加以分析，采取有效措施加以处理。

(2) 含油污水处理流程

含油污水处理工艺流程因污水水质的差异、净化处理要求不同而异。按照主要处理工艺过程，大致可划分为自然除油—混凝沉降—压力过滤流程，压力式聚结沉降分离—过滤流程，浮选式流程及开式生化处理流程等。

① 自然除油—混凝沉降—压力过滤流程。如图 3-27 所示，从脱水转油站送来的含油污水经自然除油初步沉降后，投加混凝剂进入混凝沉降罐进行混凝沉降，然后进入缓冲罐，经提升泵加压后进入压力滤罐进行压力过滤。滤后水再加杀菌剂，得到合格的净化水，外输用于回注；自然沉降罐和混凝沉降罐回收的原油进入污油罐，经油泵加压输送至油站，对压力滤罐进行反冲洗时，反洗水泵从反洗水罐提水，反冲洗排水进入回收水罐，经回收水泵均匀地加入自然除油罐中再进行处理。

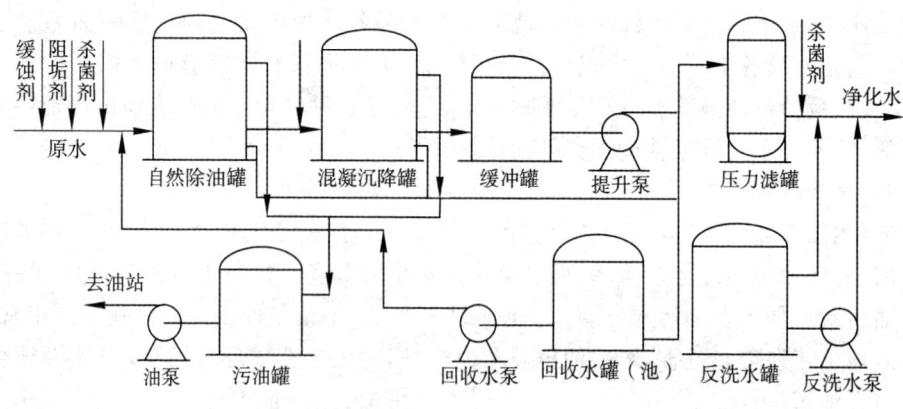

图 3-27　自然除油—混凝沉降—压力过滤流程

该流程处理效果良好，对污水含油量、水量变化波动适应性强。但当处理规模较大时压力滤罐数量较多、操作量大，处理工艺自动化程度稍低。

② 压力式聚结沉降分离—过滤流程。如图 3-28 所示，它加强了流程前段除油和后段

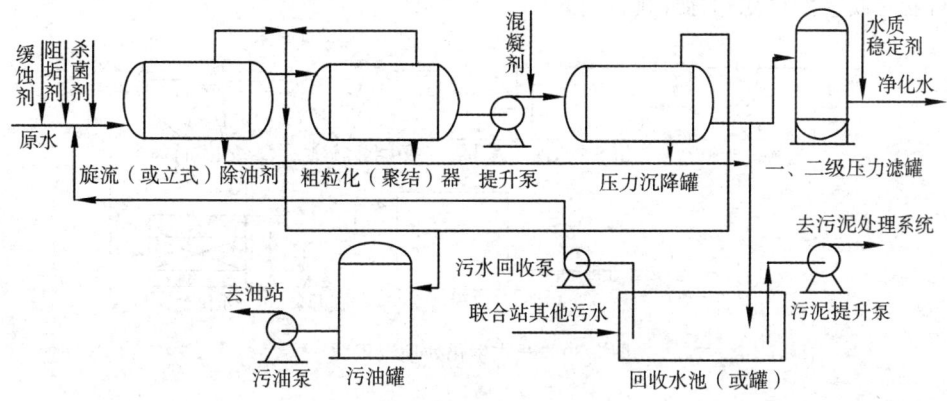

图 3-28 压力式聚结沉降分离—过滤流程

过滤净化。脱水站送来的污水,若压力较高,可进旋流除油器;若压力适中,可进接收罐除油。为了提高沉降净化效果,在压力沉降之前增加一级聚结(亦称粗粒化)除油,使油珠粒径变大,易于沉降分离。也可采用旋流除油后直接进入压力沉降。根据对净化水质的要求也可设置一级过滤和二级过滤净化。

压力式聚结沉阵分离—过滤流程处理净化效率较高,效果良好,污水在处理流程内停留时间较短,系统机械化、自动化水平稍高,但适应水质、水量波动能力稍低。

③ 浮选式流程。如图 3-29 所示,该流程首端大都采用溶气气浮,再用诱导气浮或射流气浮取代混凝沉降设施,后端根据净化水回注要求,可设一级过滤和精细过滤装置。

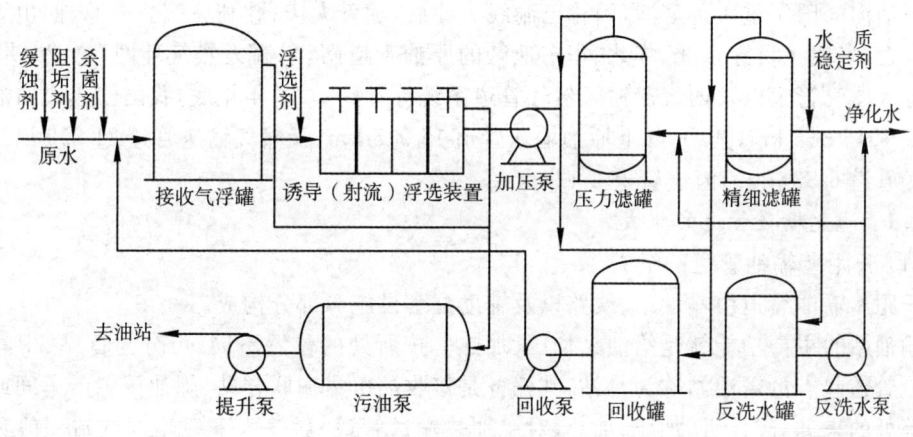

图 3-29 浮选式流程

浮选流程处理效率高,系统自动化程度高,现场预制工作量小。因此,广泛应用于海上采油平台污水系统;在陆上油田,广泛用于稠油污水处理。但该流程动力消耗大,维护工作量稍大。

④ 开式生化处理流程。如图 3-30 所示,它是针对部分油田污水采出量较大,不能完全回注,需要部分处理达标排放的实际设计的。含油污水经过平流隔油池除油沉降,再经过溶气气浮池净化,然后进入曝气池和一级、二级生物降解池和沉降池,最后经提升泵提升至滤

池进行砂滤或吸附过滤达标外排。

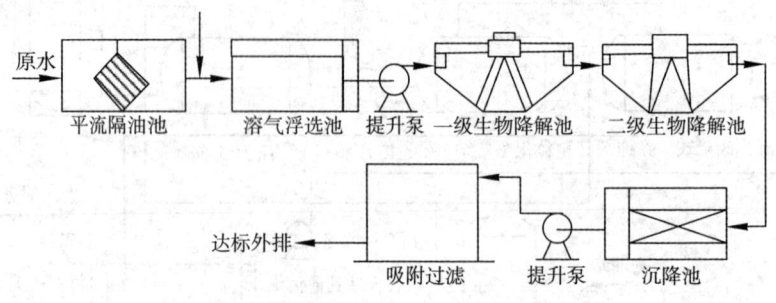

图 3-30 开式生化处理流程图

上述几种流程是目前含油污水较常用的流程。当然,由于各油田污水的具体情况不同上述流程也并非是绝对的,实际应用中,应根据具体的情况选择合适的流程。

3.3.2 油气管道输送

油气管道输送是伴随着石油工业的发展而产生的。早在 1865 年 10 月,美国修建了世界上的第一条输油管道。该管道直径为 50 mm,长约 10 km。1886 年美国又建成了世界上第一条长距离输气管道。该管道从宾夕法尼亚州的凯思到纽约州纳布法罗,全长 140 km,管径为 200 mm。

1958 年我国建设了第一条从新疆克拉玛依油田到独山子炼油厂的原油输送管道。该管道全长 147 km,管径 150 mm。1963 年又建设了第一条天然气输送管道。该管道从重庆巴县石油沟气田至重庆孙家湾,简称巴渝线。此后,随着大庆、胜利、华北、中原、四川等油气田的开发,兴建了贯穿东北、华北、华东地区的原油管道网,川渝天然气环网,忠武、陕京、涩宁兰等天然气管道以及西气东输天然气管道系统等。到 2003 年年底,我国已建成的油气管道总长度 45 865 km,其中,陆上原油输送管道 15 915 km,天然气输送管道 21 299 km,成品油输送管道 6 525 km,海底管道 2 126 km。

3.3.2.1 油气输送管道的组成

(1) 长距离输油管道的组成

长距离输油管道由输油站、线路以及辅助配套设施等部分构成。

输油站的主要功能就是给油品加压、加热。按所处的位置不同,可分为首站、中间站和末站。管道起点的输油站称为首站,其任务是接收油田集输联合站、炼油厂生产车间或港口油轮等处的来油,经计量、加压、加热(对于加热输送管道)后输入下一站。首站一般具有较多的储油设备,加压、加热设备和完善的计量设施。

油品在沿管道的输送过程中,其压力和温度都会不断下降。为了使油品继续向前输送,就必须设置中间输油站,给油品增压、升温。单独增压的输油站称为中间泵站,单独升温的输油站称为中间加热站。泵站与加热站设在一起的称为热泵站。

末站是设在管道终点的输油站,其作用是接收管道来油,向油品用户转运。末站一般设有较多的储油设备、较准确的计量系统和一定的输油设施。

长距离输油管道的线路部分包括管道本身、沿线阀室以及通过河流、山谷等障碍物的穿(跨)越构筑物等。辅助设施包括通信、监控、阴极保护、清管器收发及沿线工作人员生活设施等。

(2) 长距离输气管道的构成

长距离输气管道的构成与长距离输油管道类似,也包括首站、中间站、末站、干线管道以及辅助设施等部分,如图 3-31 所示。

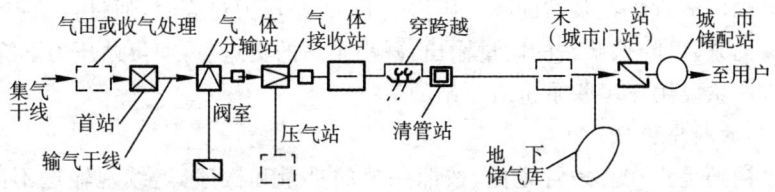

图 3-31　长距离输气管道的构成

输气管道首站的主要功能是对进入管线的天然气进行分离、调压和计量。与输油不同的是,输气管道的首站可能不需增压(可依靠气井压力输至下一站)。如陕京线的第一个增压站就设在离管线起点 100 km 处。

根据功能不同,输气管道的中间站可分为接收站、分输站和压气站等。接收站的功能是接收沿线支线或气源的来气;分输站的功能是向沿线的支线或用户供气;压气站的功能是给气体增压。

输气管道末站的功能是接收管道来气、分离、调压、计量、向用户转输。若末站直接向城市输配气管网供气,末站也可称为城市门站。在有条件的地区,末站应建设地下储气库,以调节供气的不平衡。

3.3.2.2　输油管道的运行控制

(1) 运行参数的调节与控制

在输油管道的运行过程中,由于受到诸多因素的影响,其运行工况将发生一定程度的变化。因此在管道的实际运行过程中,有时需要对参数进行调节和控制。

调节一般以输送量作为对象,控制一般以泵站的进出站压力作为对象。

输送量调节的方法很多,常用的有改变输油泵的转速调节、更换输油泵叶轮调节,拆卸多级离心泵叶轮级数调节、出口节流调节等。

压力调节的目的是保证管道运行过程中的稳定性。其调节的对象是输油站的进出站压力。压力调节的常用措施是改变油泵机组的转速、节流调节和回流调节。

(2) 输油管道中的水击及其控制

输油管道系统正常运行过程中,其流态是稳定的,但在实际生产过程中,需要进行泵的启停、阀门的启闭、流程的切换等操作,这些操作都将会使管道中的流体的流速发生突变,从而引起管内压力的突变,这种现象称为水击。

水击危害主要体现在两个方面:一是超压危害,可能是管系统的压力超过管道的承压能力造成管道的破坏;二是减压损坏,可能是管道系统的压力低于正常工作压力,致使管道失稳变形。与此同时,水击产生的压力波也可能会向上游或下游传播,对上游或下游的泵站产生一定影响。

因此,应采取有效措施对水击危害加以控制。常用的方法主要有泄压保护、调节阀自动调节、泵机组自动停运等保护措施。

泄压保护是在管道可能出现超压的位置，安装专用的泄压阀门。在出现水击超压时，打开泄压阀门从管道中泄放一定数量的液体，从而使管道内压力下降，避免水击危害。

调节阀自动调节保护是根据管道运行压力的变化自动对阀门的开启度进行调节，以满足保护管道系统的要求。调节阀自动调节保护大都与其他保护措施配合使用。

泵机组自动停运就是在泵站的吸入压力过低、出站压力过高时，通过自动控制系统停运一台或多台输油泵，以降低泵站的能量输出，减小泵站的输送量，使出站压力下降、进站压力升高。这种方法主要用于串联泵机组泵站的保护。

3.3.2.3 油品的顺序输送

油品顺序输送是指在一条管道内，按照一定的批量和次序，连续地输送不同种类的油品。油品顺序输送主要特点是由于经常性的变换输油品种，所以在两种油品交替时，在接触界面处产生一段混油。混油产生的因素主要有两个：一是由于在管道横截面上，液流沿径向流速分布不均匀，使后边的油品呈楔形进入前面的油品中；二是由于管道内液体的亲流扩散作用。

(1) 混油的检测

为了指导顺序输送管道的运行管理，需要对两种油品交替过程中的混油情况进行检测。目前常用的混油浓度检测方法有密度法、超声波法、记号法等。

密度检测法是利用混合油品的密度与各组分油品的密度、浓度之间存在线性叠加关系的原理进行的。此法是在管道沿线安装能自动连续测量油品密度的检测仪表，通过连续检测混油密度的变化，检测混油浓度的变化。

在常温条件下，油品的密度越大，声波在油品中的传播速度就越快。混油浓度的超声波法检测，就是根据这一原理，在管道沿线安装超声波检测仪表，通过连续测量声波通过管道的时间，确定管内油流的密度，从而检测混油的浓度。

记号法检测是先将荧光材料、化学惰性气体等具有标志功能的物质溶解在与输送油品性质相近的有机溶剂中，制成标志溶液。使用时，在管道起点两种油品的初始接触区加入少量的标志溶液，该标志溶液随油流一起流动，并沿轴向扩散，在管道沿线检测油流中标志物质的浓度分布，即可确定混油段和混油界面。

(2) 减少混油量的措施

在油品的顺序输送中，我们总是希望尽量减少混油量。控制混油量的措施有很多。可以采用先进、合理的技术工艺措施来减少混油量。例如简化流程，加大交替油品的输量，采用密闭输送流程等。也可以采取一些专门的措施来减少混油量，如机械隔离法和液体隔离法等。

机械隔离法是将一定的机械设施投放于两种油品中间，将两种油品隔离，以减少油品的混合。常用的隔离设施有橡胶隔离球和皮碗形隔离器等。

液体隔离法是在两种交替的油品之间注入隔离液，以减小混油量。常用作隔离液的物质有：与两种油品性质接近的第三种油品、两种油品的混合油、水或油的凝胶体、其他化合物的凝胶体等，其中凝胶体隔离液具有较好的应用特性。

(3) 混油的处理方法

处理混油量的方法主要有两种：一是在保证油品质量标准要求的前提下，分批将混油掺入纯净油中销售或降级使用。如在顺序输送汽油和柴油时，可把汽油浓度高的混油段接收在汽油混油储罐中,柴油浓度高的混油段接收在柴油混油储罐中,将两种混油分别小批量地掺入汽油和柴油的纯净油中销售。这种方法适用于混油程度较轻,且终点两种油品的销售量都较大的情况下。二是将混油就近输至炼油厂加工处理。这种方法适用于混油程度较重,或终点混合油品的纯净油销售量较小的情况下。

(4) 天然气管道与城市燃气输配

天然气管道是陆上输送大量天然气唯一的手段。海上运输天然气的方法之一是将天然气先降到 $-160\ ℃$ 成为液化天然气,然后装船运输。运到目的地以后加温又由液态转为气态,恢复天然气的性能。海上另一种天然气输送方法仍然是敷设海下输气管道。大西洋中的北海油田所产的天然气就是用 1 000 km 的海下管道将天然气输到英国和欧洲大陆的。

天然气的主要成分是甲烷、乙烷、丙烷、丁烷和其他烃类,还有少量硫化氢、二氧化碳和水蒸气,有时气井中还带有冷凝液和水等液体。在进入管道前必须在处理场除去硫化氢和二氧化碳等。

天然气管道有以下几个特点:一是输气管道是个自始至终连续密闭带压的输送系统,不像输油系统有时油品进入常压油罐;二是天然气管道更直接为用户服务,直接供给家庭或工厂;三是天然气密度小,静压头影响小于油品管道,设计时高差小于 200 m 静压头可忽略不计,输气管道几乎不受坡度影响;四是天然气是可压缩的,因此不存在突然停输产生的水击问题;五是天然气管道比输油管道更要重视安全;六是天然气管道与城市煤气管道不同,天然气来自气井起输的压力比城市煤气高,天然气管道进入城市总站以后要减压到城市管网压力才能向城市供气。

一个完整的城市配气系统主要由以下几部分组成。

① 配气站。配气站是城市配气系统的起点和总枢纽,其任务是接受干线输气管的来气,然后对其进行必要的防尘、加臭等处理,根据用户的需求,经计量、调压后输入配气管网,供用户使用。

② 储气站。储气站的任务是储存天然气,用来平衡城市用气的不均衡。其站内的主要设备是各种不同种类的储气罐。实际中,配气站和储气站通常合并建设,合称储配站。

③ 调压站。调压站设于城市配气管网系统中的不同压力级制的管道之间,或设于某些专门的用户之间,有地上式和地下式之分。站内的主要设备是调压器,其任务是按照用户的要求,对管网中的天然气进行调压,以满足用户的需求。

④ 配气管网。配气管网是输送和分配天然气到用户的管道系统。根据形状可分为树枝状配气管网和环状配气管网。前者适用于小型城市或企业内部供气,其特点是每个用气点的气体只可能来自一个方向;环状配气管网可由多个方向供气,局部故障时,不会造成全部供气中断,可靠性高,但投资较大。

3.3.3 油气的储存及天然气的液化应用

3.3.3.1 储油库

用于接收、储存、中转和发放原油或石油产品的企业和生产管理单位就是储油库。它是维系原油及其产品生产、加工、销售间的纽带,是调节油品供求平衡的杠杆,又是国家石油及其产品供应和储备的基地,对于保障国家能源安全、保障人民生活、促进国民经济发展起着非常重要的作用。

(1) 储油库的分类及作用

① 储油库的分类。按管理体制和业务性质不同,可将油库分为如图 3-32 所示独立油库和企业附属油库两类。独立油库是专门从事接收、储存和发放油品作业的独立自主经营核算的企业和生产管理单位。企业附属油库是各企业为了满足本部门生产、经营需要而设置的油库,如油田的原油库(首站)等。

根据油库的储油能力不同,可将油库分为一级、二级、三级、四级和五级油库等。其划分标准见表 3-9。

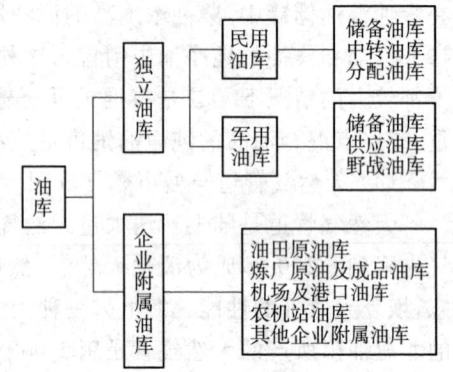

图 3-32 独立油库和企业附属油库

表 3-9　　　　　　　　石油库的等级划分

等　级	一级油库	二级油库	三级油库	四级油库	五级油库
总容量/m³	≥100 000	30 000~100 000	10 000~300 000	1 000~10 000	<1 000

除以上的分类外,还可按主要的建库形式分为地面油库、地下油库、半地下油库、山洞油库、水封石洞油库和海上油库;按运输方式将油库分为水运油库、陆运油库和水陆联运油库等;按照储存油品的种类将油库分为原油库、成品油库、润滑油库等。

② 储油库的作用。油库的性质不同,其作用也不同,大体可分为以下四个方面:

(ⅰ) 作为原油生产基地,用于集积和中转油品。矿场原油库、海上油库是一种集积和中转性质的油库,其业务特点是储存品种单一,收发量大,周转频繁。

(ⅱ) 作为油品供应基地,用于协调消费流通领域的平衡。销售企业的分配油库和部队的供应油库都是直接面向油品消费单位的流通部门,其特点是油品周转频繁,经营品种较多,每次数量相对较少,一般是铁路或油轮(水运油库)来油,桶装、汽车箱车或油驳向外发油。

(ⅲ) 作为企业附属部门,用于保证生产。炼油厂的原油库、成品油库以及机场、港口等油库是企业附后油库,其主要任务是保证生产的正常进行。

(ⅳ) 作为石油战略储备基地,保证国家非常时期的需要。石油战略储备油库的主要任务是为国家储存一定数量的战略油料,以保证市场稳定和紧急情况下的用油。因储备库大多具有重要的战略意义,对油库本身的防护能力和隐蔽要求都较高,因此储备库大都建成地下库或山洞库。

(2) 储罐的分类、结构和用途

① 储罐的分类。储罐是目前应用最普遍的一种油气储存设备,其种类繁杂。

(ⅰ) 按照储罐的建筑特点,可分为地上储罐、地下储罐、半地下储罐和山洞罐。

(ⅱ) 按照储罐的材质,可分为金属储罐和非金属储罐两类。金属罐是用钢板焊成的储存设备,具有施工方便、安全可靠、耐用,适宜储存各类油品等优点。非金属罐类型很多,如砖砌储罐、石砌储罐、钢筋混凝土储罐等,主要用于储存原油和重质油料,其特点节省钢材,抗腐蚀性好,但施工周期长。

(ⅲ) 根据储罐的形状，可分为立式圆柱形、卧式圆柱形和球形三类。立式圆柱形储罐按罐顶的结构又可分为固定顶储罐和活动顶储罐两类。固定顶储罐主要有锥顶罐和拱顶罐。活动顶储罐又可分为外浮顶和内浮顶两类。

(ⅳ) 按储罐的设计压力，可分为常压储罐（最高设计压力为 6 kPa）、低压储罐（最高设计压力为 103.4 kPa）和压力储罐（设计压力大于 103.4 kPa）。常压储罐主要用于储存原油、汽油、柴油等液体油料；压力储罐主要用于储存液化石油气、液化天然气等气体燃料，低压储罐用来储存常温下饱和蒸气压较高的轻石脑油等。

③ 几种常用储罐的结构和用途

(ⅰ) 立式圆柱形钢油罐。立式圆柱形钢油罐由底板、壁板、顶板及一些油罐附件组成。按照罐顶的结构形式，立式圆柱形钢油罐又分成很多种，其中目前应用最广泛的是拱顶罐和内、外浮顶油罐。

拱顶罐结构如图 3-33 所示。其罐顶为球缺形，球缺半径一般为油罐直径的 0.8～1.2 倍。罐底由厚度为 5～12 mm 的钢板焊接而成，直接铺在基础上。罐壁由若干层圈板焊接而成。拱顶罐主要用于储存低蒸气压油料。为了保证储油安全、方便操作，拱顶罐还需设置许多附件，如呼吸阀、通气管、测量仪表、量油孔、人孔、投光孔、阻火器、空气泡沫产生器等。

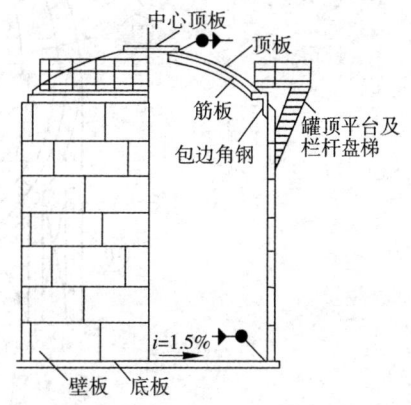

图 3-33 拱顶罐结构示意图

浮顶罐的罐壁、罐底与拱顶罐相同，其罐顶浮在液面上，消除了油品上部的气体空间，减少了油品的蒸发损耗。

内浮顶罐是在拱顶罐内加装内浮顶构成的，内浮顶罐油罐附件比外浮顶罐少得多。由于有固定顶盖的遮挡，浮盘上不会聚积雨水，而且可以避免风沙、尘土对油品的污染，因而不必设置排水折管、紧急排水口等。

(ⅱ) 卧式圆柱形钢储罐。卧式圆柱形钢储罐主要由筒体和封盖组成，如图 3-34 所示。其特点是能承受较高的正压和负压，有利于减少油品蒸发损耗；可在工厂成批制造，然后直接运往工地安装；便于搬运和拆迁，机动性较大。这种储罐在油田常用作脱水器、分离器、分离缓冲罐、放空罐等。

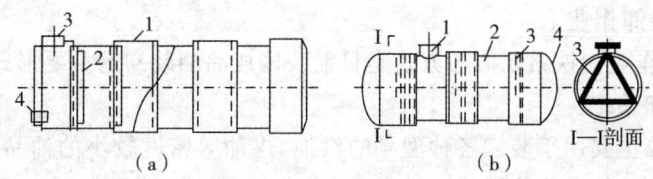

图 3-34 卧式罐示意图
(a) 平封头卧式罐：1——筒体圈板；2——加强圈；3——人孔；4——进出油管
(b) 蝶形封头卧式罐：1——人孔；2——筒体圈；3——三角支撑；4——蝶形封头

(ⅲ）球罐。如图 3-35 所示，球罐主要由球壳、支柱及附件组成。主要用于储存液化石油气、丙烷等石油化工原料。其特点是承压能力强，节省钢材，占地面积少，密封性能好，所储油料的蒸发损耗少。

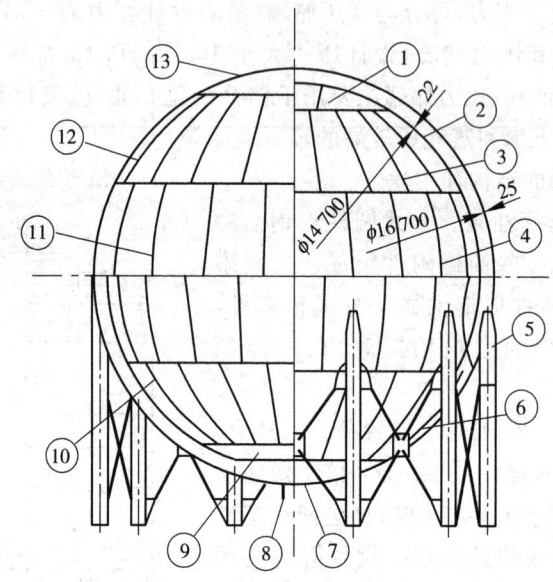

图 3-35 球罐结构示意图

1——内上极带；2——绝热体；3——内上温带；4——内赤道带；5——支柱；
6——外下温带；7——外下极带；8——管路系统；9——内下极带；
10——内下温带；11——外赤道带；12——外上温带；13——外上极带

（ⅳ）常压低温储罐。常压低温储罐主要用来储存液化石油气和液化天然气。目前应用较多的是双金属式低温罐和预应力混凝土低温罐两种类型。

图 3-36 所示为储存液化天然气的双拱顶双壳体的金属罐。内罐壳体通常采用耐低温镍钢材料，外罐壳体采用普通碳钢，内外层之间填充珍珠岩绝热层。其内罐是封闭的，因而消除了因超装或地震引起的液体外溢问题。

吊顶双壳体预应力混凝土储罐如图 3-37 所示。其外壳用混凝土代替金属壳，储罐的内罐提供了一个"吊顶"。这种储罐仅有一个压力源，运行安全，操作方便，是目前广泛应用的形式之一。

（3）油品的装卸作业

① 铁路装卸作业。铁路装卸油方式是目前我国成品油装卸的主要形式，主要有轻油装卸系统和黏油装卸系统。

轻油装卸系统主要用于装卸各种型号的汽油、煤油等密度较小的油品。它主要由装卸油鹤管、抽真空设备、放空扫线设施以及集、输油管道等组成，如图 3-38 所示。

黏油装卸系统主要用于装卸各种型号的润滑油、燃料油等黏度较大的油品。该系统多采用下部装卸，如图 3-39 所示。

铁路油罐车是散装油品铁路运输的专用车辆。按其装载油品的性质，可分为轻油罐车、枯油罐车、液化气罐车三种类型。轻油罐车是运输汽油、煤油、柴油等油品的专用车，罐体外

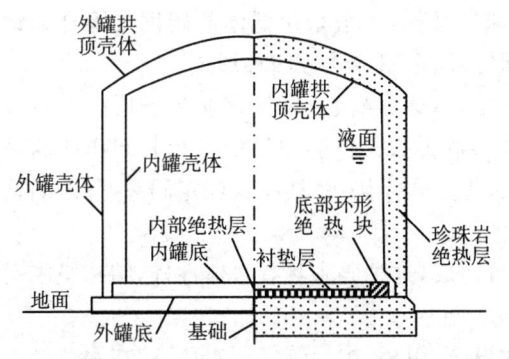
图3-36 双拱顶双壳体的金属罐

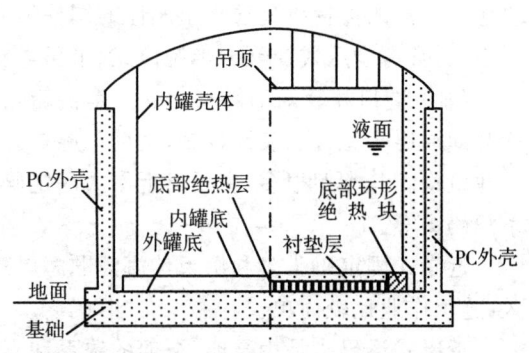
图3-37 吊顶双壳体预应力混凝土储罐

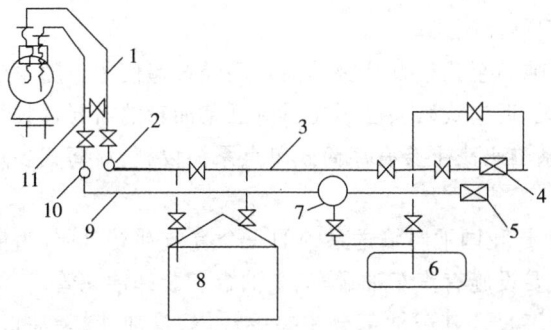
图3-38 轻油装卸系统
1——装卸油鹤管；2——集油管；3——输油管；4——输油泵；
5——真空泵；6——放空罐；7——真空罐；8——零位油罐；
9——真空管；10——扫舱总管；11——扫舱短管；

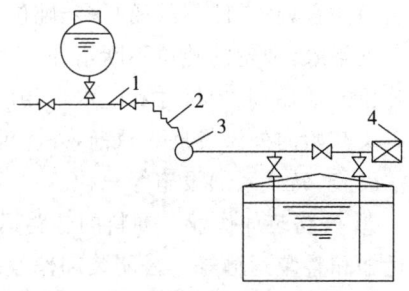
图3-39 黏油装卸系统
1——油罐车下卸器；2——软管；
3——集油管；4——油泵

一般涂成银白色。黏油罐车用于运送原油、润滑油等黏度较大的油料。大多数黏油罐车设有加热装置和排油装置。一般运输原油的罐车外表涂成黑色，运送成品黏油的罐车外表涂成黄色。液化气罐车用于运送常温下加压液化的石油烃类产品，如丙烷、丙烯等。

栈桥是铁路油罐车装卸油品作业的操作平台，其桥面一般高于轨面3～5 m，宽1.5～2 m，上部设置安全护栏，两端和沿栈桥每隔60～80 m处，设置上、下栈桥的梯子。栈桥有单侧操作和双侧操作两种。

鹤管是铁路油罐车上部装卸油品的专用设备。目前常用的有固定式万向鹤管、Dg100—Ⅰ型轻油装卸鹤管、气动鹤管、卸油臂等。鹤管一般布置在栈桥两侧，鹤管间距一般为6 m或12 m。

② 水路装卸作业。油品的水路运输具有载运量大、能耗少、成本低、投资少的特点。下面介绍几种水路装卸油设施。

（ⅰ）油船。油船是油料水上运输的主要工具。根据油船有无自航能力可将其分为油轮和油驳。油轮带有动力设备，可以自航，一般还设有输油、扫舱、加热以及消防等设施。油驳是指自身不带动力设备，依靠拖船牵引并利用油库的油泵和加热设备进行装卸和加热的油船。

（ⅱ）LNG（LPG）运输船。LNG（LPG）运输船是运送液化天然气（液化石油气）的专用船舶。其上的液货舱是独立于船体的圆柱形或球形结构,一般采用低温的碳钢或镍合金钢制作,通常有全压式、半压/半制冷式、半压/全制冷式、全制冷式等四种形式。

(ⅲ)港口和装卸油码头。港口是供船舶进出、运输、停泊及装卸作业的场所。主要包括装卸油码头、泊位、装卸设施、辅助设施等。装卸油码头是供船舶停泊进行装卸作业的水工建筑物。其类型很多,主要有近岸式固定码头、近岸式浮码头、栈桥式固定码头、外海油轮系泊码头等。

近岸式固定码头多利用天然海湾顺海岸建筑而成,这种码头具有整体性好,结构坚固耐久,施工作业比较简单。

近岸式浮码头是由趸船、趸船的锚系和支撑设施、引桥、护岸等部分组成,建在水位经常变动的港口,船舶可随水位涨落而升降。

栈桥式固定码头主要由引桥、工作平台和靠船墩等部分组成。这种码头借助引桥将泊位引向深水处,它停靠的船只多、吨位大,但修建困难。

近年来,油轮的吨位不断增加,十几万吨乃至几十万吨级的油轮已经普遍使用。随着油轮吨位的增加,船型尺寸和吃水也相应加大,近岸式码头已不能适应巨型油轮的需要,因此,油码头开始向外海发展。目前,外海油轮系泊码头主要有浮筒式单点系泊设施、浮筒式多点系泊设施、岛式系泊设施等三种。

③ 公路装卸作业。油料的公路运输也是我国油料输送系统的一个有效补充,可分为散装运输和整装运输等。公路装卸作业的主要设施有汽车油罐车、装油台和装卸油鹤管。

汽车油罐车是散装油品公路运输专用工具。其载油部分主要由罐体、量油孔、装油口、人孔、安全阀、排水阀、排油阀等部件组成,可用于装载各种油料和液化石油气等,载重量为3~20 t不等。

装油台是为汽车油罐车灌装的工作平台,主要有通过式、倒车式和圆亭式等结构形式。装油台一般设有加油栓和流量表。

向汽车油罐车装汽油、煤油和轻柴油等油品时,应采用能插到油罐车底部的灌油鹤管,这样既可减少油品的蒸发损耗,又可减少静电积聚。汽车油罐车装卸油鹤管与铁路罐车的基本类似。

(4) 储油库安全技术

① 储油库的"五防"。储油库的"五防"主要是指防火、防爆、防雷电、防静电和防毒等。

油气都是易燃易爆物质,在储运过程中,要特别注意防火、防爆。防火、防爆历来是储油库防控的重点,其措施很多,主要有制定防火安全规章制度、加强防范意识、加强火种管理、规范操作程序、完善消防设施等。

雷击也是危及油气站库安全的一大隐患。雷击不仅会造成建筑物及各种设施的损坏,还可能引起火灾、爆炸事故,造成人员伤亡等,后果是严重的。其危害可分为直接雷击、间接雷击和雷电波侵入等。目前,常用的防雷装置有避雷针、避雷线、避雷网、避雷带、避雷器等,其中,在储油罐上广泛应用的是避雷针。避雷针的保护范围与避雷针的高度、数目、相对位置、雷云高度以及雷云对避雷针的位置等因素有关。

在油气储运过程中,介质的流动、搅拌、沉降、过滤、冲刷、映射、灌注、飞溅、剧烈晃动以及发泡等相对运动,会引起静电的产生。若静电荷不能有效释放,就会积聚放电,引起可燃气体的燃烧或爆炸。其中,危害较大的有接地容器内部的静电引爆、喷射含微粒气体时的静电引爆、灌装绝缘容器时的静电引爆等三种情况。防静电危害的措施主要有控制介质流速、采用合适的加油方式、保证良好的接地、添加抗静剂、加速静电的泄流等。

油品及其蒸气都具有一定的毒性,特别是含硫油品及添加四乙基铅的汽油,毒性更大,可造成呼吸系统的损害、视觉系统的损伤、局部皮肤的损伤等。因此工作中,应做好防毒工作。其措施主要有加强油品的管理,减少油蒸气的挥发,加大检查、监督的力度,及时进行设备的维修和保养,改进和加强工作区域的通风,降低油蒸气浓度等。

② 储油库消防技术。储油库储存大量的油品,库容一般较大,一旦发生火灾,情况复杂,危害较大;而且油罐火灾也不同于其他火灾,有其自身的特点,例如火灾的突发性、高辐射性、燃烧和爆炸交替进行等,因此应高度重视储油库消防技术。下面重点介绍几种常用的油罐灭火系统。

(ⅰ)泡沫灭火系统。泡沫灭火系统是利用泡沫灭火剂来扑灭油罐火灾的方法。目前常用的是空气泡沫灭火系统。按灭火设备的布置情况,可分为固定式空气泡沫灭火系统、半固定式空气泡沫灭火系统、移动式空气泡沫灭火系统等。

固定式空气泡沫灭火系统主要由泡沫液泵、泡沫液储罐、泡沫液比例混合器、泡沫产生器及泡沫管道等部分组成,各部分设备都是相对固定的,如图 3-40 所示。此系统灭火时不需铺设管线和安装设备,操作简单,启动迅速,出泡沫快;但一次性投资大,且当油罐塌陷或爆炸,安装在油罐上的泡沫发生器遭到破坏时,整个系统将失效。

半固定式空气泡沫灭火系统在油罐上没有固定的泡沫产生器及部分附属管道,其他设施是可移动的。使用时,将装有泡沫液的消防车开赴现场,自蓄水池或消防栓取水,临时铺设水龙带向固定在油罐上的泡沫产生器供应泡沫混合液,实施灭火。

移动式泡沫灭火系统是由泡沫枪、泡沫泵或泡沫钩管、泡沫管架等设备代替固定在油罐上的泡沫产生器,使用灵活、投资少,但操作复杂,灭火的准备时间长。

(ⅱ)烟雾自动灭火。烟雾自动灭火是将烟雾剂装在漂浮于油面上的发烟容器内,当油罐着火时,通过自动控制系统使烟雾剂进行燃烧反应,同时产生大量云雾状惰性气体喷射在油面上,从而切断油蒸气向燃烧区扩散,阻止氧气向燃烧区补充,以达到窒息灭火。

烟雾自动灭火装置主要由发烟器和浮漂两部分组成,如图 3-41 所示。发烟器主要由头盖、筒体和烟雾剂盘三部分组成。头盖上装有探头、喷孔、密封面膜、导火索和导流板。探头内装有导火索,用探头帽罩住,再用低熔点合金封闭。当油罐起火后,罐内温度达到 110 ℃左右,探头帽自行脱落,导火索即将烟雾灭火剂引燃。

③ 储油库的消防冷却系统。消防冷却系统的作用,一是冷却着火罐,使其温度降低,火势减弱,确保罐壁不因钢板软化而坍塌;二是冷却着火罐的邻近罐,确保其不因热辐射而着火或爆炸。消防冷却系统主要由消防栓、水龙带、消防泵和水枪等设备组成。

3.3.3.2 天然气的储存

储存天然气是调节天然气的生产、运输、销售及应用等各环节之间不平衡的必要手段。

(1) 储气罐储气

储气罐储气是利用储罐等设施来储存天然气,主要用于加气站、配气站等,调节短期内民用气量的不平衡。常用的储气罐按储气压力可分为低压储气罐和高压储气罐两种。

低压储气罐的特点是其容积随储气量的变化而变化,储气压力不变。按密封方式不同,低压储气罐可分为湿式储气罐和干式储气罐两种。高压储气罐的储气容积不变,储气压力

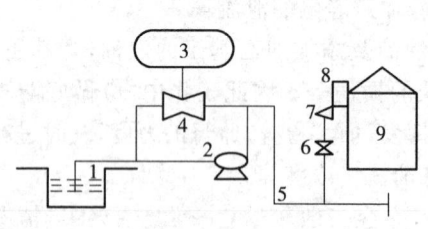
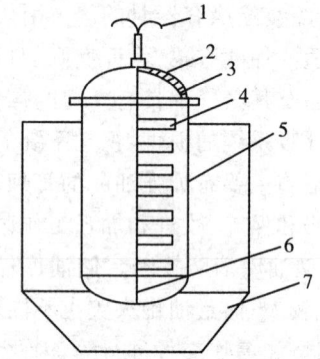

图 3-40 固定式空气泡沫灭火系统示意图
1——蓄水池;2——泡沫液泵;3——泡沫液储罐;
4——比例混合器;5——泡沫混合液管道;6——阀门;
7——空气吸入口;8——泡沫产生器;9——油罐

图 3-41 烟雾自动灭火装置构造示意图
1——探头;2——发烟器头盖;3——喷孔;
4——烟雾剂盘;5——发烟器筒体;
6——导火索;7——浮漂

随储气量的变化而变化,按其形状可分为立式圆柱形、卧式圆柱形和球形三种;这种储气罐没有活动部件,其结构比较简单。

(2) 地下储气库储气

由储气罐构成的储气站储气量小,调节能力差,一般只能调节用气量在一天中不同时间内的不均衡。对于用气量在一年中不同季节内的用气量不均衡,可通过改变油(气)田的产气量、建造大型储气库来解决。

① 地下储气库的类型。根据其作用的不同,可将地下储气库分为现场储气库和市场储气库两类。其中现场储气库多建于产气区或接近输气干线的首站,主要起补充气源,使管道在平稳量下运行的作用;市场储气库,通常建在天然气消费城市附近,用于城市季节用气不平衡的调峰。

按照建库的地质条件或地层特点的不同,可将地下储气库分为多孔介质储气库和洞穴储气库两类。多孔介质的储气库是利用砂岩晶体及多孔碳酸盐之间的天然孔隙储存天然气,如建在枯竭的油田、气田、凝析气田和含水层的储气库。洞穴储气库是利用地下岩层等建造的储气库。

② 地下储气库的构成。主要由地下储气层、与地面集输管线系统相连的注采井、压缩机站和脱水站、与上游气源和下游城市用气相连接的输气干线、观察井、分离器、加臭设施、压力调节及计量设施等部分构成。

地下储气库内的气体主要由气垫气、工作气、未动用气三部分组成的。气垫气也称基本气、垫底气或缓冲气,其作用是使储气库保持一定的压力,保证调峰季节储气层能够提供所需的供气量;同时,也可减缓库内水的推进,提高产量,降低压缩机站的功率。工作气也称顶部气、循环气或有效气,是随着采注季节的交替而不断注入或采出的气体。多数储气库并不总是在满负荷下运行,根据当地条件和运行压力可以储存额外的天然气,这部分气体即为未动用气。

3.3.3.3 天然气的液化应用

在常温常压下,天然气是以气态的形式存在的。在一个大气压下,冷却至大约 −162 ℃

时,天然气由气态转变成液态,称为液化天然气(Liquefied Natural Gas,简称 LNG)。LNG 无色、无味、无毒且无腐蚀性,其体积约为气态天然气体积的 1/600,质量仅为原质量的 45% 左右,是优质的化工原料和工业及民用燃料。

(1) 液化天然气的特点

① 便于运输。天然气液化后的体积与质量都减小了,运输的经济性和可靠性也相应地提高了。目前,天然气从产地到市场的运输方法有两种:一种是通过输气管道将天然气直接送往用户,其输送管径大,设备多,距离长,管理难度大,运行成本高。另一种是先将天然气经过净化处理(除去其中的氧气、二氧化碳、硫化物和水汽等)、在 −162 ℃ 的低温下使其变成液态,成为液化天然气;再用专门的 LNG 槽车、轮船等运输工具将其运往使用地区,在使用地区建设接收终端,将 LNG 重新还原为气态,通过配气管道将天然气送往用户。这种方法使边远、沙漠、海上等油气田天然气的远距离运输成为现实,安全可靠,适应性强,投资少,风险性小。

② 储存效率高。由于天然气液化后的体积变为原体积的 1/600,其储存成本大幅度降低。据统计,按储存相同的标准气体体积计算,建设液化天然气储存设备的投资仅为建设天然气储存设备投资的 1/80。

③ 可调节用气负荷。城市居民冬季与夏季用气量的不平衡,以天然气为原料的化工厂检修或输气管网出现故障等,都会造成定期或不定期的供气不平衡,建设 LNG 储站可起到削峰填谷的作用。

④ 可实现能源综合利用。液化天然气生产过程中释放出的冷量可回收利用。例如可将 LNG 汽化时产生的冷量,用作冷藏、冷冻、温差发电等。按目前 LNG 生产的技术水平,可回收利用天然气液化生产过程所耗能量的 50%。另外,低温液化还可分离 C_2、C_3、C_4、C_5 等轻烃类,以及 H_2S、H_2 等化工原料。

⑤ 燃料性能好。LNG 是优质的车用燃料。与汽油相比,它具有辛烷值高、抗爆性好、燃烧完全、排气污染少、发动机寿命长、降低运输成本等优点;与压缩天然气(CNG)相比,它具有储存效率高,加一次气行驶路程远,车装钢瓶压力小、重量轻,建站不受供气管网限制等优点。

⑥ 生产使用安全。LNG 的燃点是 650 ℃,比汽油高 230 ℃ 左右;爆炸浓度范围为 4.7%~15%,比汽油的 1%~5% 高出 2.5~4.7 倍;密度为 0.47 左右,比汽油密度 0.7 左右低 30% 多,与空气相比更轻,稍有泄漏立即飞散,不致引起自燃、爆炸。正是由于 LNG 具有低温、轻质、易蒸发的特性,其使用的安全性较高。

⑦ 有利于环境保护。现代城市的污染物大量来自烧煤和车辆排放的尾气。若汽车改烧 LNG,其有害物的排放大为减少。据测试资料,LNG 汽车与汽油车相比:碳氢化合物减少 72%,NO_x 减少 39%,CO 减少 24%,SO_2 减少 90%。

(2) 天然气液化的工艺流程

液化天然气工艺主要包括天然气的脱杂处理、液化、储存、运输、利用五个环节。即将天然气经过脱水、脱烃、脱酸性气体等净化处理后,通过膨胀制冷工艺,使其在 −162 ℃ 下变为液体;天然气在液体状态下完成从生产地到使用地的运输,在使用地重新还原为气体后向用户配气。

在以上工艺过程中,天然气的液化是关键环节。目前,多采用膨胀制冷液化工艺,如图

3-42 所示。该工艺利用天然气输送干线管网的剩余压力,先将天然气送至换热器 1 冷却;被冷却后的天然气,大部分进入涡轮膨胀机膨胀制冷,降温后的气体进入换热器 2;与没有减压的天然气混合换热后,经节流阀 3 节流膨胀,降压液化后进入储罐 4 储存,与此同时,储罐 4 上部蒸发的天然气,由压缩机压缩到输气管网,与涡轮膨胀机出来的天然气混合进入换热器作为冷媒,最后流经换热器 2 和 1 送入管网。

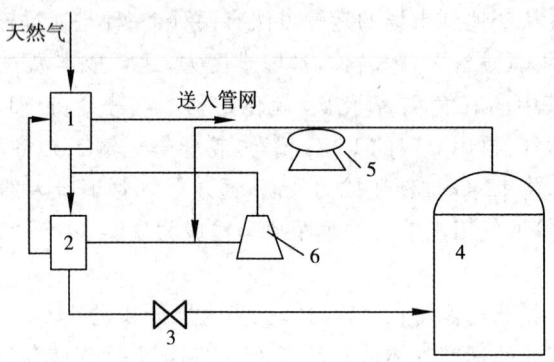

图 3-42 膨胀法制冷工艺流程

1,2——换热器;3——节流阀;4——储罐;
5——压缩机;6——涡轮膨胀机

4 水能开发与利用

4.1 水循环与水能资源

水是重要的自然资源,也是环境不可分割的组成部分,是维系生命和保证生态系统健康发展的关键因素。人类许多伟大文明正是因为有了水才得以蓬勃发展。

地球上的水约有 97% 留在海洋中;在其余的 3% 中,储存于冰河与冰层中的水约占 75%,地下水约占 24%,剩余的 1% 则分别存在于湖泊(20%)、河流(20%)、土壤(38%)和大气(22%)中。

4.1.1 地球上的水循环

4.1.1.1 水文循环

地球上现有约 $13.9\times10^8\,km^3$ 的水,它以液态、固态和气态分布于地面、地下和大气中,形成河流、湖泊、沼泽、海洋、冰川、积雪、地下水和大气水等水体,构成一个浩瀚的水圈。水圈处于永不停息的运动状态,水圈中各种水体通过蒸发、水汽输送、降水、地面径流和地下径流等水文过程紧密联系,相互转化,不断更新,形成一个庞大的动态系统。在这个系统中,海水在太阳辐射下,蒸发成水汽升入大气,被气流带至陆地上空,在一定的天气条件下,形成降水落到地面。降落的水一部分重新蒸发返回大气,另一部分在重力作用下,或沿地面形成地面径流,或渗入地下,形成地下径流,通过河流,汇入湖泊,或注入海洋。从海洋或陆地蒸发的水汽,上升凝结,在重力作用下直接降落在海洋或陆地上。

水的这种周而复始,不断转化、迁移和交替的现象称为水文循环。海洋上或陆地上蒸发的水汽,进入大气层后,直接变为降水,降落到海洋和陆地上,称为水文小循环。海洋上蒸发的水汽,随大气环流的运动,进入大陆上空,然后凝结为雨雪,降落地面,产生径流,汇入江河,再流入海洋,称为水文大循环。水文大循环示意如图 4-1 所示。

在地面以上平均约 11 km 的大气对流层顶至地面以下 1~2 km 深处的广大空间,无处不存在水文循环的行踪。不同纬度带的大气环流使一些地区成为水汽源地,那里蒸发大于降水,而使另一些地区成为水汽富集区,那里降水大于蒸发;不同规模的跨流域调水工程能够改变地面径流的路径,全球任何一个地区或水体都存在着各具特色的区域水文循环系统,各种时间尺度和空间尺度的水文循环系统彼此联系着、制约着,构成了全球水文循环系统。

全球每年约有 577 000 km³ 的水参加水文循环。水文循环的内因是水在自然条件下能进行液态、气态和固态三相转换的物理特性,而推动如此巨大水文循环系统的能量是太阳的辐射能和水在地球引力场所具有的势能。

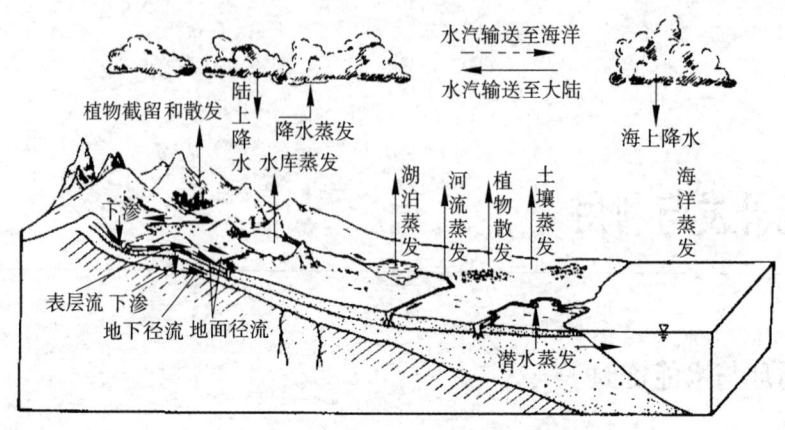

图 4-1 水循环示意图

4.1.1.2 地球上的水量平衡

在一定的气候条件下,从长时期(数十年乃至数百年)考察全球水文循环,可以看到,水文循环的各个要素的水量基本是恒定的。就多年平均而言,全球陆地的年入海水量基本不变,全球的年蒸发量与年降水量大体相等;而在任一局部地区和时段内,收入的水量恒等于支出的水量与蓄水变量之和。水文循环过程中,蒸发、降水、径流等要素间的这种数量关系叫做水量平衡,它是物质不灭定律在水文循环过程中的体现,也是水文科学最基本的原理之一。

水文循环过程中,对任一地区、任一时段进入的水量与输出的水量之差,必等于其蓄水量的变化量,这就是水量平衡原理,是水文计算中始终要遵循的一项基本原理。

4.1.1.3 水循环的结果及意义

地球上的水在不断运动和循环。水圈中各种水体的水通过水文循环,得到更新。水循环的主要结果是:

① 影响地区气候变化。通过蒸发进入大气的水蒸气,是产生雾、霜、云、雨等现象的基础物质。在水蒸发为水汽,水汽凝结成雨雪的过程中,吸收或放出大量热量,影响调节着地面气温、湿度,地区空气中的水汽含量,影响地区气候的湿润或干燥程度。

② 形成可再生的水资源。水文循环造成巨大的江河、湖泊与地下水体等可再生的淡水资源,相应的水域环境,以及水电能源。它使人类可能获得取之不尽的水量资源、水域环境资源和水电能资源。

③ 改变地表形态。降水形成的径流,冲刷和侵蚀地面,形成沟溪江河;水流可夹带搬运大量泥沙,沉积到下游形成冲积平原和土地资源;渗入地下的水,溶解岩层中的物质,对易溶解的岩石受到水流的侵蚀和溶解作用,可形成奇异的钟乳石和岩石溶洞等地貌。

④ 提供一切生物生存不可缺少的水分和养分。大气降水把天空中游离的氮素带到地面,滋养植物;水和植物是动物和人类生存的主要食物来源;陆地上的径流又把大量的有机质送入海洋,供养海洋生物;而海洋生物又是人类食物和制造肥料的重要来源。

⑤ 造成洪涝干旱等灾害。由于水文循环的不均匀性和随机性,它对地球的某个局部地区会造成难于抗拒的洪灾、涝灾和旱灾,给人类和生物的生存造成严重的威胁。自古以来,

人们把突发特大洪水带来的灾难,视为"洪水猛兽"。现代水利科学技术的发展,对水文循环规律的认识,人类正在通过水库存蓄、引水调配、堤防保护、遥感监测、预报调度等手段,力求把洪水与干旱灾害的危害损失降低到最低程度。

4.1.2 水量资源

4.1.2.1 基本概念

海洋的水量约占地球总水量的97%,人类所能利用的淡水只占地球水量的3%。在地球的有限淡水中又有75%被束缚在南北极的冰川和大陆的冰块中,因此实际上只有不足1%淡水可供利用了。

水是生产和生活不可缺少的自然资源,其使用价值表现为水量、水质和水能三个方面。

水量是指考虑水的可利用数量,一般指陆地上每年可以恢复更新的淡水,如大气降水,江河、湖泊、水库中的地表水和土壤、地下含水层中的淡水(含盐量<0.1%)。这部分水参与全球水循环,每年可以得到更新,并且在多年之间可以保持数量的动态平衡。

一个地区人类可利用的淡水资源是有限的。两极冰盖和永久冻土中的淡水,被直接利用的机会极少;岩石中的结晶水很难被利用;冰川和高山积雪只在融化为液态水后,才容易被利用;海水可用于养殖及航运,或引至陆地用作冷却用水;海水淡化后,也可供生产或生活使用,但成本较高,目前尚不能大量被利用;土壤水分散在地表层包气带土壤孔隙中,含有一定的养分和盐分,难于集中开采,通常是配合种植业加以利用;海水和其他咸水中所含的化学物质,可以提炼利用,一般是当做矿产资源利用。

由于大气降水是水量资源的总补给来源,因此从广义上讲,地区总降水量,就是地区水资源总量。

4.1.2.2 世界水量资源

世界各地自然条件不同,世界各洲降水和径流相差很大,水量资源差别很大,全球陆地上的多年平均年降水量为800 mm。

降水形成河川径流,同时有少部分降水入渗补给地下水,形成地下径流,并最终汇入河川径流,成为河流的基流。因此河川径流量可作为评价某一地区水资源总量的指标。

全球各大洲年平均降水量和年平均径流量的情况见表4-1。年降水量以大洋洲(不包括澳大利亚)的诸岛最多;其次是南美洲,那里大部分地区位于赤道气候区内,水循环十分活跃,降水量和径流量均为全球平均值的2倍以上。欧洲、亚洲、北美洲的水资源条件中等,年降水量接近全球陆地平均值。而非洲大陆是世界上最为干燥的地区之一,虽然其降水量与世界平均值相接近,但由于沙漠面积大,蒸发强烈,年径流量仅为151 mm。南极洲的降水量很少,年平均只有165 mm,没有一条永久性河流,然而却以冰川的形态储存了地球淡水总量的62%。澳大利亚大陆水资源最贫乏,平均年降水量约456 mm,相对其径流量仅为40 mm,有2/3的面积年降水量不足300 mm,为无永久性河流的荒漠、半荒漠。

4.1.2.3 我国水量资源

我国多年平均年降水量约为628 mm(折合每年降水$6.0\times10^{12}\,m^3$),比全球平均值少22%。其中约$3.2\times10^{12}\,m^3$通过土壤蒸发和植物散发又回到了大气中,余下的约有$2.8\times10^{12}\,m^3$形成地表水和地下水。因此,我国的淡水资源总量为$2.8\times10^{12}\,m^3$,占全球水资源的7%,仅次于巴西、俄罗斯、加拿大、美国和印度尼西亚,名列世界第六位。我国水资源总量丰富,但由于人口众多,按 2004 年人口数计算,我国人均水资源占有量却只有 2 185 m³/a,不足世界平均水平的 1/4。

表 4-1　　　　　　　　　　　全球各大洲年降水和年径流状况

区　　域	面积/km²	年降水量/mm	年径流量/mm	径流系数
亚洲	4 347.5×10⁴	742	332	0.45
非洲	3 012.0×10⁴	742	151	0.20
北美洲	2 420.0×10⁴	756	339	0.45
南美洲	1 780.0×10⁴	1 600	660	0.41
南极洲	1 398.0×10⁴	165	165	1.00
欧洲	1 050.0×10⁴	789	306	0.39
澳洲	761.5×10⁴	456	40	0.09
大洋洲(诸岛)	133.5×10⁴	2 700	1 566	0.58
全球陆地	14 902.5×10⁴	800	315	0.39

我国水资源还存在着十分严重的分布不均匀性。水资源分布的趋势是东南多西北少,相差悬殊。南方长江流域、珠江流域、浙闽台诸河片和西南诸河四个流域片的耕地面积只占全国耕地面积的 36.59%,但水资源占有量却占全国总量的 81%,人均水资源量约为全国平均值的 1.6 倍,平均每公顷耕地占有的水资源量则为全国平均值的 2.2 倍。而北方的辽河、海河、黄河、淮河四个流域片耕地很多,人口密度也不低,但水资源占有量仅为全国总量的 19%,人均水资源占有量约为全国平均值的 19%,平均每公顷耕地占有的水资源量则为全国平均值的 15%。

另一方面,由于我国大部分地区的降雨主要受季风气候影响,降水量的年度、季度变化也很大,因而造成水旱灾害频繁。全国大部分地区在汛期四个月左右的径流量占据了全年降雨量的 60%～80%,集中程度超过欧美大陆,与印度相似。这就导致了年内的分布不均,甚至出现连续丰水年或连续枯水年的情形。

我国江河众多,全国大小河流总长达 42×10⁴ km。流域面积在 100 km² 以上的河流有 50 000 多条,1 000 km² 以上的约有 1 500 多条,如图 4-2 所示。受气候和地形的影响,河流分布很不均匀,绝大部分河流分布在我国的东部湿润、多雨的季风区。西北内陆气候干燥、少雨,河流很少。

4.1.2.4　水资源时空分布不均匀性

水资源时空分布通常指降水量、径流量的地区分布、年际变化、年内分配及丰枯遭遇情况,对平原地区还包括地下水补给量和水位埋深的动态情况。

地球上水资源地区分布很不均匀,各地的降水量和径流量差异很大。全球约有 1/3 的陆地少雨干旱,而另一些地区在多雨季节易发生洪涝灾害。我国因受海陆分布和地形等因素的影响,降水量在地区上分布很不均匀,由东南沿海向西北内陆递减。

地球上水资源时间分布很不均匀,水量资源在各年和年内各月之间分布变化幅度很大。在北半球,由于海陆位置的不同,降水量的年内分布一般有四季均匀型、冬雨夏干型和夏雨

4 水能开发与利用

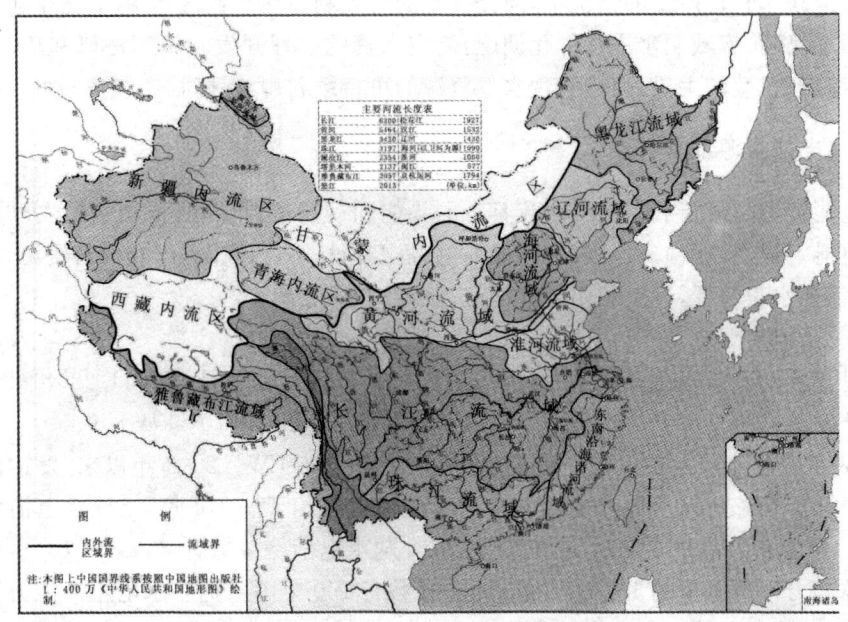

图 4-2 我国水系分布图

冬干型三种类型。江河径流量的年内分布大致与降水量的分布相应。我国受太平洋和印度洋的东南季风和西南季风的影响,降水多集中在 4~10 月。长江以南地区,4~7 月的降雨量可占全年雨量的 50%~60%。华北、东北和西南地区,6~9 月多雨季节的降雨量可占全年降水量的 70%~80%。冬春季则降水很少。

由于降水量和径流量在时空分布的不均匀性,使得各地洪涝和干旱灾害频繁发生。

4.1.2.5 水量资源的利用

水量资源被人类广泛用于城乡居民生活、农业灌溉、工业生产,也用于水电、航运、养殖、旅游、娱乐和生态环境等方面。随着世界人口急剧增长、社会生产力的发展,人类对水的各方面需求日渐增长。

20 世纪 50~70 年代,全球用水量增长 1 倍以上。1950 年全球用水量为 1.1×10^{12} m³,1970 年增为 2.6×10^{12} m³,不少地区出现了供水不足的紧张局面。人们开始认识到水资源并不是取之不尽、用之不竭的,开始寻求解决缺水危机、科学用水的途径。

随着工农业生产的发展和人口的增加,我国总用水量不断增加。1980 年全国总用水量 4437×10^8 m³,人均用水 450 m³;2001 年增加到 5567×10^8 m³,人均用水 436 m³。20 a 间用水增长了 1130×10^8 m³,年增长率 1.04%。另一方面,用水结构发生了变化,农业用水所占的比重下降,工业和生活用水比重增大(见表 4-2)。

表 4-2 我国用水比例关系变化情况

年 份	农业用水	工业用水	生活用水
1980 年	3699×10^8 m³(占 83.4%)	457×10^8 m³(占 10.3%)	280×10^8 m³(占 6.3%)
2001 年	3826×10^8 m³(占 68.7%)	1142×10^8 m³(占 20.5%)	600×10^8 m³(占 10.8%)

在当今缺水日益严重的情况下,应提高水的有效利用率和重复利用率,污水经处理加以回收利用,实施跨流域调水进行优化调配,制定水资源合理开发利用的法律和法规,同时运用技术、经济、行政的手段,促进实现水量资源的可持续利用,保障社会经济的可持续发展。

4.1.3 水电能资源及其特点

水电能资源一般指利用江河水流具有的势能和动能下泄做功,推动水轮发电机转动发电产生电能。煤炭、石油、天然气和核能发电,需要消耗不可再生的矿物燃料资源,而水力发电,并不消耗水量资源,而是利用了江河流动所具有的能量。

4.1.3.1 全球水电能资源

全世界江河水能资源蕴藏量总计为 50.5×10^8 kW,年发电量可达 44.28×10^{12} kW·h;技术可开发的水能资源为 22.6×10^8 kW,年发电量可达 9.8×10^{12} kW·h。

1878 年法国建成世界上第一座水力发电站,装机 25 kW。2003 年以来,发达国家和发展中国家都加快了建设水力发电能力的步伐。从 2009 年到 2010 年,全球水电消费量增长了 5%,达到历史最高水平。截至 2010 年底,全球水电消费量共计 3.427×10^{12} kW·h,大约占全球电力消费总量的 16.1%。迄今,全球共有 150 个国家拥有水电生产能力,其中,亚太地区占 2010 年全球电力生产总量的 32%,而非洲仅占 3%。2010 年,全球水力发电量最多的国家依次为中国、巴西、美国、加拿大和俄罗斯,上述 5 国的水电生产能力约占全球水电装机总量的 52%。

中国目前是,而且预计近期仍将是全球最大的水电生产国。2010 年,中国水电生产量为 $7\,210\times10^8$ kW·h,约占国内电力消费总量的 17%。截至 2010 年底,中国水电装机总量为 213 GW,排名世界第一,其中,仅 2010 年当年,即新增装机量 16 GW,预计到 2015 年,还将增加 140 GW。目前,全球总共拥有三个装机量超过 10 GW 的水电站,即中国的三峡水电站、巴西的伊泰布(Itaipu)电站以及委内瑞拉的古里(Guri)电站。

4.1.3.2 水电能资源的特点

水电能资源是一种可再生,清洁廉价,便于调峰,兼有一次与二次能源双重功能,能促进地区社会经济可持续发展,具有防洪、航运、旅游等综合效益的电能资源。

① 它是再生能源,虽有丰枯年差别,但没有用完的顾虑;而火电、核电消耗的是有限的油、煤、气、铀等资源。水电能源是随自然界的水文循环而重复再生的,可周而复始供人类持续利用。人们用"取之不尽,用之不竭"来生动描述水电能源的可再生性。

② 水电能源在生产运行中,不消耗燃料,不排泄有害物质,其管理运行费与发电成本费以及对环境的影响远比燃煤电站低得多,是成本低廉的绿色能源。

③ 水电机组起停灵活,输出功率增减快,可变幅度大,可作为电力系统理想的调峰、调频、调相和事故备用。因此水电能源具有调节性能好、启动快,在电网运行中担任调峰作用。可确保供电安全,在非常情况和事故情况下减少电网的供电损失。

④ 水电有防洪、灌溉、航运、供水、养殖、旅游等众多社会效益,火电的社会效益相对较少。

⑤ 效率高,大中型水电站为 80%~90%,而火电厂 30%~50%;厂内用电率,水电站为 0.3%,而火电厂为 8.22%。

然而水电也有负面影响。水电开发修建水库,改变了局部地区的生态环境,一方面需要淹没部分农田土地、城镇古迹,造成移民搬迁;对鱼类产卵,回游产生影响;淹没地段容易产生滑坡;高坝容易诱发地震。另一方面,它可修复该地区的小气候,形成新的水域生态环境,有利于生物生存,有利于人类进行防洪、灌溉、旅游和发展航运。因此,权衡生态环境得失,在水电工程规划中,应精心设计,把对生态环境的不利影响减少到最低程度。

事实证明,一个水电工程的开发,必然使该地区的社会经济发展,并形成一个新的城市和经济强势区。因此,应把水电开发规划和地区可持续发展规划结合进行。

水电能开发利用是流域水资源综合利用的重要组成部分,对江河流域综合开发治理具有极大的促进作用。当今世界各国都采取优先开发水电的政策,使得许多国家的电力工业中水电开发占据很大的比重。

4.2 水电能资源利用原理

在天然河流上,修建水工建筑物和控制设备,集中水头,通过一定的流量将"载能水"输送到水轮机中使水能转换为旋转机械能,带动发电机发电,经变压器、开关站和输电线路等设备送往用户。这种利用水能资源发电方式称为水力发电,水力发电的转换原理如图 4-3 所示。

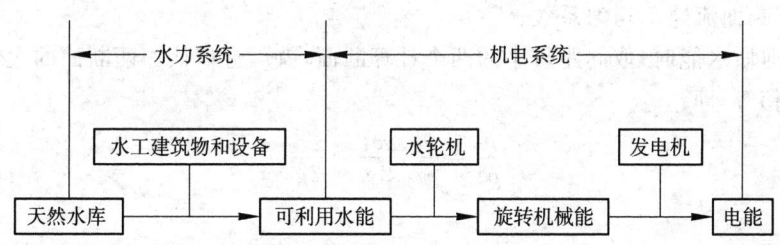

图 4-3 水力发电的转换原理

在水力发电的过程中,为了实现电能的连续产生需要修建一系列水工建筑物,如进水闸、引水隧洞、厂房、排水隧洞等,安装水轮发电机组及其附属设备和变电站。水力发电站是开发利用水电能资源的工程设施,是水、机、电的综合体,是把江河、湖泊、海洋水体中蕴藏的因重力形成的势能和动能转变为电能的设施。它包括水电站的各种建筑物及设备。

4.2.1 水电能资源蕴藏量估算

4.2.1.1 水能计算基本方程

河水在重力作用下由上游流向下游,河水能量消耗于克服沿途的摩擦阻力、挟带泥沙和冲刷河床。

如图 4-4 所示,河流上、下游断面水体 W 的能量 E_1、E_2 根据水力学的伯努利方程,分别

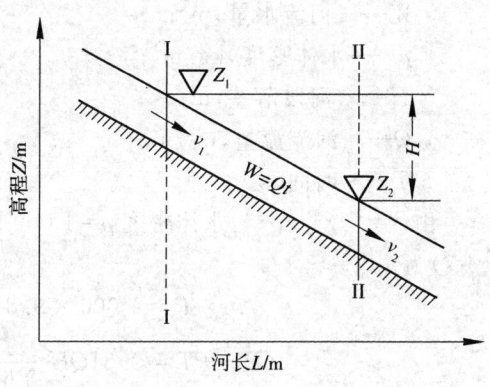

图 4-4 河段水能计算图

表示为

$$E_1 = \rho g W \left(Z_1 + \frac{p_1}{\rho g} + \frac{\alpha v_1^2}{2g} \right) \tag{4-1}$$

$$E_2 = \rho g W \left(Z_2 + \frac{p_2}{\rho g} + \frac{\alpha v_2^2}{2g} \right) \tag{4-2}$$

上、下游断面的能量差为

$$E = E_1 - E_2 = \rho g W \left(Z_1 - Z_2 + \frac{p_1}{\rho g} - \frac{p_2}{\rho g} + \frac{\alpha v_1^2}{2g} - \frac{\alpha v_2^2}{2g} \right) \tag{4-3}$$

式中 E_1, E_2——上、下游断面水体的能量，J；

ρ——水体密度，kg/m^3；

W——水体体积，m^3；

Z_1, Z_2——上、下游断面水面高程水头，m；

g——重力加速度，m/s^2；

$\dfrac{p_1}{\rho g}, \dfrac{p_2}{\rho g}$——上、下游断面大气压力水头，m；

$\dfrac{\alpha v_1^2}{2g}, \dfrac{\alpha v_2^2}{2g}$——上、下游断面水体流速水头，m；

α——断面流速不均匀系数。

在估算河段水能时，取间距较小的两个计算断面，就可近似认为两断面的大气压力水头和流速水头相等，即

$$\frac{p_1}{\rho g} = \frac{p_2}{\rho g}, \frac{\alpha v_1^2}{2g} = \frac{\alpha v_2^2}{2g}$$

则

$$E = \rho g W (Z_1 - Z_2) = \rho g W H \tag{4-4}$$

$$P = \frac{E}{T} = \rho g \frac{W}{T} H = \rho g Q H \tag{4-5}$$

式中 E——能量，是 T 时段内水体流过河段所做的功，J；

P——出力，单位时间内水量所做的功，W；

W——河流水量，m^3；

ρ——水体密度，kg/m^3；

H——河段落差，m；

Q——河流流量，m^3/s；

T——时间，s。

由 $g = 9.81 \text{ m/s}^2$，水体密度 $\rho = 1\,000 \text{ kg/m}^3$，得出河流水能计算基本方程式(4-6)和式(4-7)为

$$P = 1\,000 \times 9.81 Q H = 9.81 Q H \text{ (kW)} \tag{4-6}$$

$$E = PT = 9.81 Q H \frac{T}{3\,600} = 0.002\,72 W H \text{ (kW·h)} \tag{4-7}$$

式中 P——河段水流理论出力，kW；

Q——河段流量，m^3/s；

H——河段两断面间水面高程差，m；

E——河段水流理论发电能量,kW·h;
W——水体体积,m³;
T——时间,s。

水电站的装机容量、出力和发电量等是水电站的重要指标。有关水电站出力、发电量和其他参数的计算称为水能计算。在规划设计阶段,进行水能计算的目的主要是选择和水电站及其水库有关的参数,如水电站装机容量、正常蓄水位、死水位等。在运行阶段,水电站的规模已经确定,进行水能计算的目的主要是为了确定水电站在电力系统中最有利的运行方案。

实际出力和发电量需考虑水轮机组、发电机组、传动设备的运行中的摩阻损失,应加入效率系数 η,按水力发电或水能利用基本方程式(4-8)和式(4-9)计算

$$P_\mathrm{p} = \frac{P}{n} = \frac{1}{n} 9.81\eta Q H = 9.81\eta Q_\mathrm{p} H \tag{4-8}$$

$$E = P_\mathrm{p} T = 9.81\eta Q_\mathrm{p} H \frac{T}{3\,600} = 0.002\,72 \eta W_\mathrm{p} H \tag{4-9}$$

式中 P_p——水电站平均出力,kW;
n——计算时段数;
η——水电站机组工作效率系数,大型水电站一般采用0.82～0.90;
Q_p——n个时段发电引用平均流量,m³/s;
H——设计发电工作水头,m;
E——水电站平均发电量,kW·h;
W_p——发电引用平均水体容积,m³。

4.2.1.2 水电能资源蕴藏量估算方法

根据世界动力会议统一规定,某一河流、地区或国家的水电能资源蕴藏量应等于其全部水力资源的理论出力之和。水电能蕴藏量取决于河流的落差及径流。估算水能蕴藏量时,计算流量 Q 采用多年平均流量,或具有历时保证率为95%、50%时相应的年径流量;计算水头 H 采用与引用流量相应的河段水面落差。

我国地势由西南部的青藏高原向东逐步下降,而降水量则由东南向西北逐步减少,西部地区河流落差大,南部地区径流丰富。因此,水能资源以西南地区最多,约占全国的60%,华北最少,只占1.8%。

由于河流的坡降与流量沿程是变化的,因此需要沿河分段计算河流的出力值,然后逐段累加求得全河流总的水流出力和水能蕴藏量。分段断面位置一般选在较大支流的注入处、河流纵坡显著变化处或有利于水能开发的位置。估算水能蕴藏量需要的资料有河流径流、河流长度、集水面积、各断面水面高程、沿河坡降变化等资料。这些资料需要进行测量调查落实,根据式(4-8)和式(4-9),分项列表计算汇总,即可得到河流水电能资源蕴藏量。

4.2.1.3 计算举例

某河长253 km,水面高程从260 m降落到145 m,落差115 m,分为4个河段,流量由6 m³/s 增加到50 m³/s,列表计算水能理论蕴藏量,得出累积理论出力为24 279 kW,如表4-3所示。

表 4-3　　　　　　　　　　　某河流水电能资源蕴藏量

断面序号	断面水面高程 Z/m	相邻断面水面落差 H/m	断面间距离 L/km	断面处流量 Q /(m³·s⁻¹)	河段平均流量 Q_p /(m³·s⁻¹)	河段理论出力 P_0/kW	单位河长水流出力 (N/L) /(kW·km⁻¹)	累积理论出力 P/kW
1	260	45	120	6	9	3 973	33	3 973
2	215	25	38	18	21	5 150	135	9 123
3	190	30	60	24	30	8 829	147	17 952
4	160	15	35	36	43	6 327	180	24 279
5	145			50				

4.2.2 河川径流的水文特征

4.2.2.1 河川径流量指标

径流是指大气降水到达陆地后,除了蒸发而余存在地表或地下,从高处向低处流动的水流。径流可分为地表径流和地下径流。

河川径流是指从地表和地下汇入河川后,向流域出口断面汇集的水流。

① 流量(Q):指单位时间内通过某过水断面的水的体积,单位为 m³/s;

$$Q = Av \tag{4-10}$$

流量 Q 是指某时刻某断面实测的瞬时平均流速 v 与过水断面积 A 的乘积。或按断面已知的水位流关系曲线,由观测到的水位推求得到 Q。为了表示河川径流的特征,通常还需统计为日平均流量、月平均流量、年平均流量、多年平均流量等指标。

② 径流总量(W):指在一定时段内通过某一横断面的总水量,单位为 m³;

$$W = QT \tag{4-11}$$

计算 T 时段内洪水流量过程线下的面积,可得到某洪水过程的径流总量。

③ 径流深度(R):指单位流域面积上的径流总量,即把径流总量平铺在整个流域面积上所得到的水层深度,单位为 mm。

$$R = \frac{W}{F} \times \frac{1}{1\,000} \tag{4-12}$$

式中　W——径流总量,m³/s;
　　　F——流域面积,km²;
　　　1/1 000——单位换算系数。

④ 径流模数(M):是指单位流域面积上产生的流量,单位为 dm³/(s·km²)。

$$M = \frac{Q}{F} \times 1\,000 \tag{4-13}$$

式中　Q——流量,m³/s;
　　　F——流域面积,km²;
　　　1 000——单位换算系数,1 m³=1000 dm³。

⑤ 径流系数(a):指某一时段的径流深度(或径流总量)与该时段的降水量(或降水总量)之比。

$$a = R/P \tag{4-14}$$

式中 R——径流深度,mm;

P——降水量,mm。

4.2.2.2 径流过程线

描述河川径流流量随时间变化的过程曲线,称为径流过程线。过程线的数学式为 $Q=f(t)$。径流流量过程线是水能计算、径流调节计算的基础和依据,也是进行工程设计、水电站发电、防洪调度和运行管理的基本依据。

当最小时段采用日,统计日平均流量,则可绘出日平均径流过程线。若按月求日流量的平均值,得到月平均流量,则可绘出月平均径流过程线。同理,可绘出年平均径流过程线,以及不同典型洪水过程的洪水径流过程线。

4.2.3 径流调节及水电能计算

4.2.3.1 径流调节分类

径流调节是指用水库来改变和控制河流的流量,为发电、防洪、供水、航运等服务,消除或减轻灾害,有效利用水资源。通常,把用水库调蓄洪峰流量减轻洪灾,称为洪水调节;把为满足发电、灌溉及航运等要求的流量调节,称为兴利调节,简称径流调节。水库由库空到蓄满再到库空的循环时间称为一个调节周期。按调节周期分类,有无调节、日调节、周调节、年(季)调节、多年调节。

① 无调节、日调节、周调节。为短期调节,一般用于水电站水库。无调节水电站,不对流量进行控制,来水量为发电用水量;日调节水电站控制径流,在 24 h 内,水库完成一次由库空到蓄满再到库空的循环过程,称为径流的日调节。在一昼夜中,夜间用电负荷低,控制水电站流量小于日平均来水量,使水库蓄水;白天用电负荷高,控制用水流量大于日平均来水流量,使水库供水。径流日调节的流量、水位变化示意如图 4-5 所示;周调节控制径流,在一周中,休假日(周六,周日)用电负荷低,控制流量小,使水库蓄水;周一~周五用电负荷高,控制流量使水库供水。进行周调节的水电站也可以同时进行日调节。在夏季,来水流量大于白天最大用水流量,水电站可无调节满负荷工作,不进行周、日调节。

② 年(季)调节。当水电站以一年(季)为循环周期,对丰枯季径流重新分配,称为径流年(季)调节。年调节水库把洪水季多余的来水存储到水库中,待到冬天枯水季时供水发电。当水库已经蓄满,来水仍大于用水时,将发生弃水。这种仅能存蓄部分洪水量的径流调节,称为不完全年调节(或季调节)。不完全年调节的流量、水位变化如图 4-6 所示;能把全年来水量完全按用水要求重新分配,不发生弃水的径流调节,称为完全年调节。

③ 多年调节。当水电站处年平均流量各年不等,有的年份低于多年平均值,有的年份高于多年平均值,调节库容足够大时,可把丰水年的多余水量存储到库中,补充到枯水年时供水使用。径流多年调节的循环周期为数年。龙羊峡、新安江水电站都是多年调节的水电站,调节周期最长达 10 a。

定义库容系数 β,$\beta=V_兴/W_年$ 为兴利调节库容 $V_兴$ 和多年平均径流量 $W_年$ 的比值,来反映和判别水库的调节性能。

当 $\beta \geqslant 30\% \sim 50\%$ 时,一般可进行多年调节,当 $3\% \sim 5\% < \beta \leqslant 20\% \sim 30\%$ 时,一般可进行年调节,当 $\beta < 2\% \sim 3\%$ 时,一般可进行日调节。

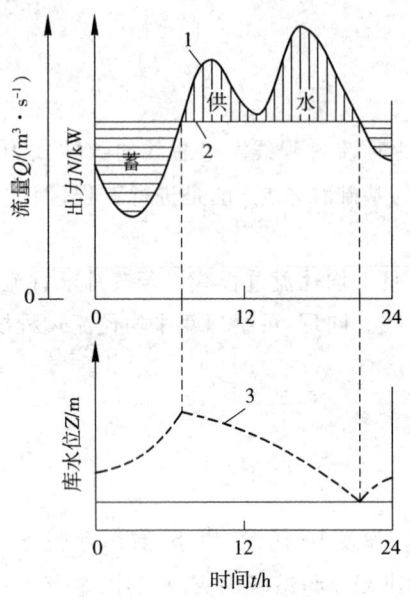
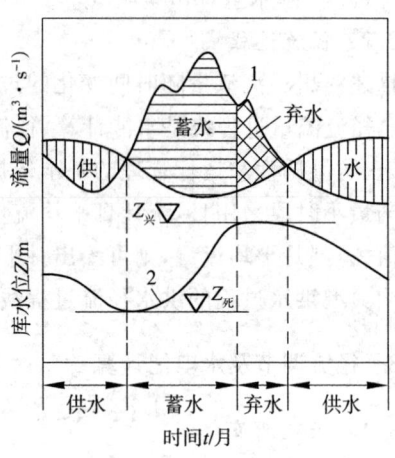

图 4-5 径流日调节示意图
1——用水流量；2——天然日平均流量；
3——库水位变化过程线

图 4-6 径流年调节示意图
1——天然流量过程；2——库水位变化过程线

4.2.3.2 年调节水电站水能计算

① 年调节水电站的保证出力计算。年调节水电站的保证出力通常指相应于设计保证率的设计枯水年供水期的平均出力 P_p。

$$P_p = 9.81 \eta Q_p H_p \tag{4-15}$$

$$Q_p = (W_供 + V_利)/T_供 \tag{4-16}$$

式中 P_p——保证出力，kW；

Q_p——设计供水期的调节流量，m^3/s；

$W_供$——供水期天然来水量，$(m^3/s) \cdot 月$；

$V_利$——水库兴利库容，$(m^3/s) \cdot 月$；

$T_供$——供水时间；

H_p——供水期的平均水头，等于上下游水位差，扣除水头损失 H_w，即

$$H_p = Z_上 - Z_下 - H_w；$$

η——水电站水轮机和发电机组总效率系数，可根据机组大小和传动方式分析确定。

年调节水电站的保证出力计算常采用时历表法，对设计枯水年供水期进行等流量调节，求出供水期各月的出力后，再求平均值，作为年调节水电站的保证出力。

② 多年平均年发电量计算。由于河川径流变化具有随机性，水电站每年提供的发电量都在变化，其多年平均值趋于稳定。计算多年平均年发电量是衡量水电站动能效益的重要指标。

多年平均年发电量需根据长系列水文资料，每年的发电量 $E_年$ 为 12 个月的发电量之和，即：

$$E_{年} = \sum_{i=1}^{12}(P_i \times 730) = 730 \times \sum_{i=1}^{12} P_i \qquad (4-17)$$

式中 $\sum_{i=1}^{12} P_i$ ——一年各月平均出力之和,kW;

730——一个月的小时数,h。

多年平均年发电量 $E_{p年}$,为系列中各年发电量的平均值,即

$$E_{p年} = (\sum_{1}^{n} E_{年})/n \qquad (4-18)$$

式中 $\sum_{1}^{n} E_{年}$——系列各年发电量和,kW·h;

n——系列的年数。

用式(4-17)、式(4-18)计算多年平均年发电量,计算较精确,但工作量较大,在规划阶段常选择丰年、平年、枯年三个典型年分别计算其年发电量,再取它们的平均值,近似作为年调节水电站的多年平均年发电量 $E_{p年}$。

$$E_{p年} = (E_{丰年} + E_{平年} + E_{枯年})/3 \qquad (4-19)$$

③ 水电站装机容量的确定。水电站的装机容量 P_y 为水电站多年平均年发电量 $E_{p年}$ 和装机的年利用小时数 $t_{装}$ 的比值。

$$P_y = E_{p年}/t_{装} \qquad (4-20)$$

式中 $t_{装}$——装机的年利用小时数,与地区的水力资源情况、系统负荷特性、系统内水火电比重、水库调节性能、水电站的运行方式及水库综合利用要求等因素有关。

4.3 水电能资源开发的基本方式

由于河流落差沿河分布,采用人工方法集中落差开发水电能资源,是开发水电能资源必要的途径。根据集中落差方法的不同,一般有筑坝式开发、引水式开发、混合式开发、梯级开发等基本方式。

4.3.1 筑坝式开发

拦河筑坝,修建水库,坝上下游形成一定的水位差,使原河道的水头损失集中于坝址。用这种方式集中水头,在坝后建的水电站厂房称为坝后式水电站。这是最常见的一种开发方式,如图 4-7 所示。

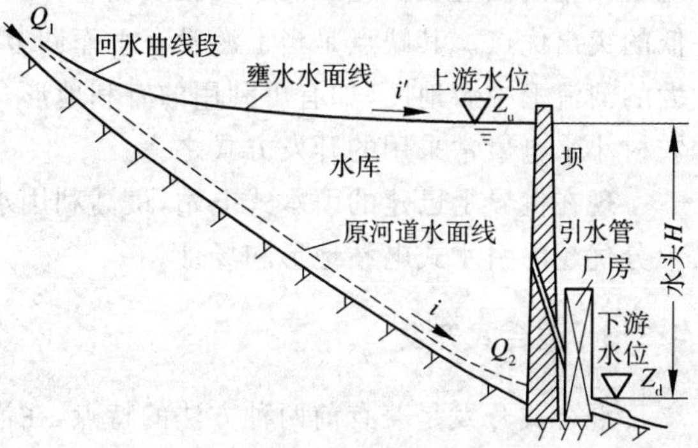

大坝修筑越高,集中的水头越大,水电站发电量也越大,但水库淹没损失也越大。

筑坝式开发水电,优点是可利用水库

图 4-7 筑坝式水电开发示意图

进行径流调节,发电水量利用率稳定,并能结合防洪、供水、灌溉、航运,综合开发利用程度高,但建设工期长、造价高,水库淹没损失多和造成的生态环境影响大,因此工程建设需统筹

兼顾,综合规划,科学决策。

4.3.2 引水式开发

引水式开发是在河道上布置一个低坝,进行取水,修筑引水隧洞或引水渠,在引水末端形成水头差并布置水电站厂房进行发电。

引水式按引水道中水流的流态分为无压式引水式和有压式引水式。其引水道为无压明渠时,称为无压引水式水电站,如图 4-8 所示。引水道为有压隧洞时,称为有压引水式水电站,如图 4-9 所示。

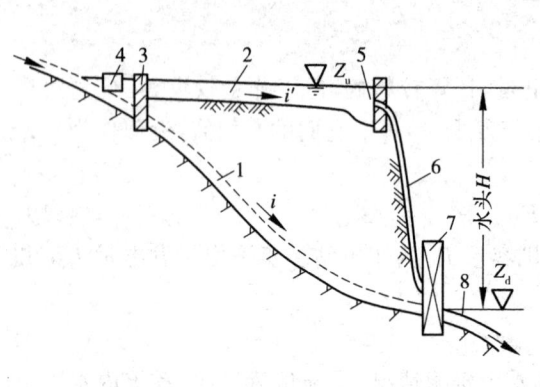
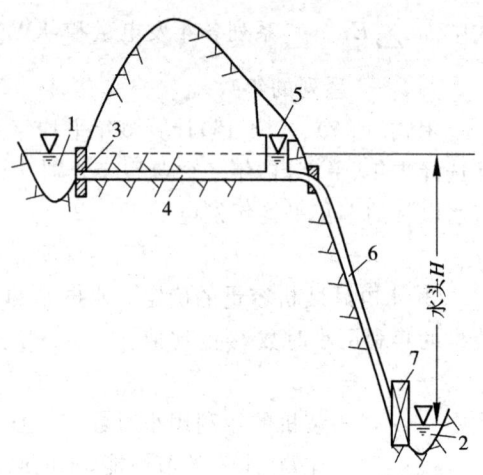

图 4-8　无压引水式开发示意图
1——原河道;2——明渠;3——取水坝;
4——进水口;5——前池;6——压力水管;
7——水电站厂房;8——尾水渠

图 4-9　有压引水式开发示意图
1——高河或河弯上游;2——低河或河弯下游;
3——进水口;4——有压隧道;5——调压室;
6——压力钢管;7——水电站厂房

由于引水式电站主要依靠引水形成落差发电,引水式水电开发的淹没和移民问题较小,且现代隧洞掘进支护施工技术比较成熟,因此,引水式水电开发具有工程简单、投资造价较低的突出优点。其缺点是当上游没有水库调节径流时,引水发电用水利用率较低。在坡降大的河流上中游地区,如有可利用的有利地形,修建引水式水电站是比较经济的,因此它是农村小水电最常采用的开发方式之一。

现在世界上已建的引水式电站,最高利用水头已达 2 000 多米,我国具有许多开发条件十分优越的引水式电站地形和场址。

4.3.3 混合式开发

混合式开发是兼有前两种方法的特点,在河道上修筑水坝,形成水库集中落差和调节库容,并修筑引水渠或隧洞,形成高水头差,在引水末端建设水电站进行发电,如图 4-10 所示。

这种混合式水电开发方式,既可用水库调节径流,获得稳定的发电水量,又可利用引水获得较高的发电水头,在合适的地质地形条件下,它是水电站较有利的开发方式。

在有瀑布、河道大弯曲段、相邻河流距离近高差大的地段,采用引水式开发,更为有利。

4.3.4 梯级开发

水电开发受地形、地质、淹没损失、工程投资、施工技术等因素的限制,往往不宜集中水头修建高坝大库,一般把河流分成几级,分级利用其落差,建设梯级水电站,如图4-11所示。

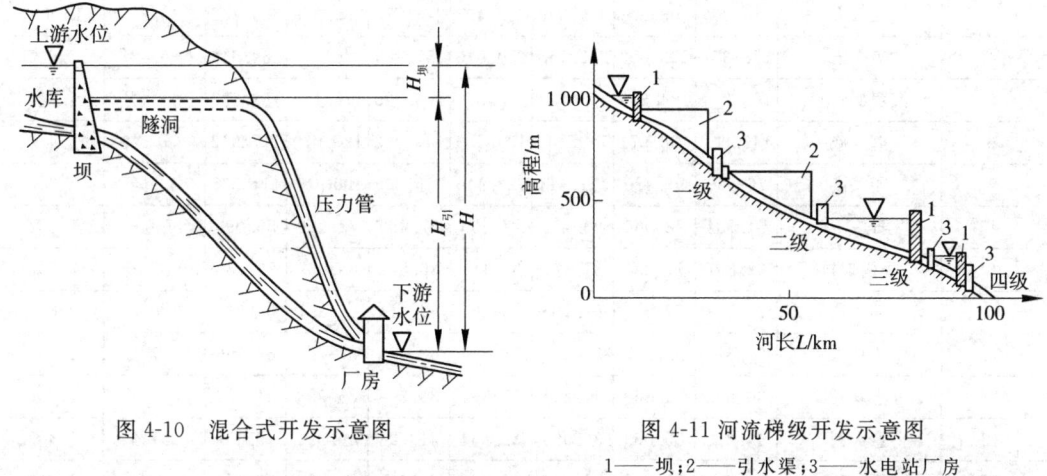

图 4-10 混合式开发示意图　　　　图 4-11 河流梯级开发示意图
　　　　　　　　　　　　　　　　　1——坝;2——引水渠;3——水电站厂房

由于水电梯级开发,就需要确定开发次序,逐步投入建设资金。水电梯级开发局部改变了河流两岸的生态环境,因水库淤积、库岸滑塌、影响鱼类种群、诱发地震等负面影响而付出代价。从长远和突发灾害考虑,还存在溃坝灾害的安全对策问题。

水电梯级开发需从可持续发展的原则出发,使用系统工程方法权衡利弊,选择最优开发方案。通常还需注意以下几点:

① 尽量充分开发利用水能资源,尽可能减少开发的级数。梯级水库的上一级水电站的尾水位,与下一级水库的正常水位衔接或有一定的重叠,以利用下一级水库消落时所空出的一段水头。

② 对梯级开发的每一级和整个梯级从技术、经济、施工条件、淹没损失、生态环境等方面进行单独和整体的综合评价,选择最优开发利用方案,实现梯级开发的可持续性。

③ 对于梯级的最上一级"龙头水库",最好采用筑坝式或混合式开发,并且最好选择为第一期工程开发,以便改善下游各级水库的施工导流条件和运行状况,利用水库调节径流,提高整个梯级的施工进度、发电能力和综合效益。

我国水电梯级开发如江西赣南上游梯级开发,共开发建成了龙潭、上犹江、南河、仙人陂、罗边、章江等共6级电站。

4.4 我国水电能资源现状

水电能源是一种可再生的清洁能源,据《世界能源统计回顾2011》统计数据显示,2010年世界水电发电量 34 277.19×10^8 kW·h,比上年增长 5.3%。其中中国水电发电量就占世界总额的 21.0%,达到 7 210.20×10^8 kW·h,同比增长 17.1%,高居世界第一,见表4-4。

表 4-4　2010年世界水电发电量排行(《世界能源统计回顾2011》,单位:10^9 kW·h)

排名	经济体	2000	2005	2006	2007	2008	2009	2010	2010/2009	2010占比
1	中国	222.455	397.017	435.786	485.264	585.190	615.640	721.020	17.1%	21.0%
2	巴西	304.457	337.457	348.805	374.015	369.556	390.988	395.987	1.3%	11.6%
3	加拿大	356.871	362.800	354.630	369.496	376.770	369.379	366.282	-0.8%	10.7%
4	美国	278.357	273.052	292.168	250.010	257.405	276.207	269.646	-6.0%	7.6%
5	俄罗斯联邦	165.334	174.538	175.214	178.979	166.728	176.134	168.335	-4.4%	4.9%
6	挪威	142.247	138.571	119.805	135.289	140.522	127.070	117.942	-7.2%	3.4%
7	印度	76.990	97.420	112.411	122.410	115.006	106.188	111.378	4.9%	3.2%
8	日本	81.754	78.966	90.135	77.539	77.489	72.729	85.093	17.0%	2.5%
9	委内瑞拉	62.897	77.231	81.599	83.163	86.841	85.962	76.780	-10.7%	2.2%
10	瑞典	78.584	72.852	61.728	66.265	69.211	65.897	66.884	1.5%	2.0%
11	法国	67.811	52.063	56.234	58.363	60.389	57.783	63.399	9.7%	1.8%
12	土耳其	30.883	39.560	44.244	35.851	33.270	35.958	51.889	44.3%	1.5%
13	意大利	44.212	36.069	36.994	32.834	41.623	49.234	49.449	0.7%	1.4%
14	西班牙	34.236	17.872	25.583	27.225	23.505	26.386	42.449	60.9%	1.2%
15	哥伦比亚	30.706	39.576	42.772	41.822	46.168	40.897	40.237	-1.6%	1.2%
16	阿根廷	28.845	34.785	43.408	37.671	37.236	40.726	40.633	-0.2%	1.2%
17	墨西哥	33.075	27.611	30.305	27.042	38.892	26.445	36.738	38.9%	1.1%
18	瑞士	36.841	31.230	30.962	35.253	36.040	35.727	36.044	0.9%	1.1%
19	奥地利	41.847	33.940	31.847	33.878	35.056	36.026	34.657	-3.8%	1.0%
20	巴基斯坦	17.558	30.699	30.194	31.569	26.964	28.180	28.268	0.3%	0.8%
欧洲及欧亚其他地区		76.820	84.154	80.847	76.457	79.847	86.674	98.379	13.5%	2.9%
中南美其他地区		81.004	80.988	81.572	85.433	85.850	85.055	91.268	7.3%	2.7%
非洲其他地区		56.803	73.484	74.647	75.684	77.380	83.700	86.839	3.7%	2.5%
亚太其他地区		21.656	25.893	27.801	28.257	29.899	30.053	32.551	8.3%	0.9%
中东其他地区		4.323	5.013	5.226	4.627	3.865	3.024	3.818	26.2%	0.1%
亚太地区合计		515.836	724.336	798.988	849.447	940.699	963.421	1088.801	13.0%	31.8%
欧洲及欧亚地区合计		833.483	796.014	781.922	792.193	804.553	813.318	865.761	6.4%	25.3%
中南美地区合计		550.777	621.309	653.958	673.407	679.996	697.628	694.695	-0.4%	20.3%
北美地区合计		668.303	663.463	677.103	646.548	673.067	672.031	662.668	-1.4%	19.3%
非洲地区合计		72.394	87.386	88.942	93.888	93.104	97.998	102.448	4.5%	3.0%
中东地区合计		8.106	18.067	23.736	22.631	11.330	9.496	13.346	40.5%	0.4%
世界总计		2648.899	2910.577	3024.650	3078.114	3202.750	3253.892	3427.719	5.3%	100.0%
其中:经合组织		1370.648	1304.514	1323.319	1290.324	1332.937	1322.953	1367.617	3.4%	39.9%
非经合组织		1278.250	1606.063	1701.330	1787.790	1869.813	1930.940	2060.102	6.7%	60.1%
欧盟		361.604	307.292	307.643	309.489	322.857	327.528	366.996	12.1%	10.7%
前苏联		230.236	247.127	245.878	249.403	238.895	248.373	247.013	-0.5%	7.2%

我国各省区水能资源可开发量地域分布不均,西南地区占总量的61.4%,中南地区占17.8%,西北地区占11.2%,华东地区占4.7%,东北地区占3.1%,华北地区占1.8%,见表4-5。可以看出,我国水电开发的主要任务位于西南。

表 4-5　　　　　　　我国各省区可开发水能资源量

编号	地区	容量/kW	占比/%	年发电量/kW·h	占比/%
	全国	37 853.24×10⁴	100	19 233.04×10⁸	100
1	华北地区	691.98×10⁴	1.8	232.25×10⁸	1.2
2	东北地区	1 199.45×10⁴	3.1	383.91×10⁸	2.0
3	华东地区	1 790.22×10⁴	4.7	687.94×10⁸	3.6
4	中南地区	6 743.49×10⁴	17.8	2 973.65×10⁸	15.4
5	西南地区	23 234.3×10⁴	61.4	13 050.36×10⁸	67.9
6	西北地区	4 193.77×10⁴	11.2	1 904.93×10⁸	9.9

全国水电装机容量从1949年的$16.3×10^4$ kW,至1999年底达$7 297×10^4$ kW,占可开发装机容量的19.3%,2000年全国水电装机容量达$7 935×10^4$ kW,占可开发水电容量的21.0%,占电力工业总装机容量的24.8%。我国从"八五"计划开始,执行12大水电基地建设计划,计划总装机容量为$2.1×10^8$ kW,占水电可开发容量的55.6%;年发电量$1×10^{12}$ kW·h,占可发电量的52.1%。现已开工和完成了一批大、中型水电站。例如,2000年在建的大中型水电站装机容量$2 424×10^4$ kW,其中包括三峡水电站,装机容量$1 820×10^4$ kW。12大水电基地建设的完成,将会根本改变我国的水电能源状况。我国1949~2000年水电资源累计开发装机容量和年发电量,以及水电占电力工业总装机容量和年发电量的比重,见表4-6。

表 4-6　　　　　　我国 1949~2000 水电占电力工业的比重表

编号	年份	水电开发 容量 ×10⁴ kW	水电开发 容量 %	水电开发 电量 ×10⁸ kW·h	水电开发 电量 %	电力工业 容量 ×10⁴ kW	电力工业 电量 ×10⁸ kW·h	比重 容量 %	比重 电量 %
	总量	37 853	100	19 233	100	—	—	—	—
1	1949	16.3	0.4	7.1	0.03	184.8	43.1	8.8	16.5
2	1950	16.5	0.4	7.8	0.03	186.6	45.5	8.8	17.1
3	1960	194.1	0.5	74.1	0.4	1 191.8	594.3	16.3	12.5
4	1970	623.5	1.6	204.6	1.1	2 377.0	1 158.6	26.2	17.7
5	1980	2 031.8	5.4	582.1	3.0	6 586.9	3 006.3	30.8	19.4
6	1990	3 604.6	9.5	1 263.5	6.6	13 789.	6 213.2	26.0	20.3
7	2000	7 935	21.0	2 403.5	12.5	31 900	13 685	24.8	17.5

在我国电力建设快速发展的同时,全国电力系统联网建设按照"全国联网、西电东送、南

北互供"的发展战略,形成以三峡电力系统为核心,向东、西、南、北四个方向辐射,2020 年前实现全国电力网互联的格局。三峡水电站 2003 年已开始供电,其电力主要输送方向是华中、华东和广东。向中,通过 500 kV 交流输电工程向华中送电;向东,建设三峡龙泉—江苏政平和三峡右岸—上海两项各为 300×10^4 kW 的直流输电工程,加上已有的葛沪直流工程,向华东送电 720×10^4 kW;向西,通过三峡—万县—长寿交流输变电工程,实现川渝与华中联网,并将四川季节性电能通过华中电网转送华东和广东;向南,建设三峡—广东直流输电工程,向广东送电 300×10^4 kW,并实现华中与南方直流联网;向北,建设新乡—邯东联网工程,实现华中与华北联网。

在我国 12 大水电能源基地中,西部地区的 9 个大水电能源基地的开发,对于我国实施可持续发展和西部大开发战略,以及形成全国电力系统联网,具有十分重要的地位。它们的开发建设,将形成以南、中、北三条通道为主线的"西电东送"的总体格局。这三条通道规划的简略情况如下。

(1) 南通道

南通道是以红水河、澜沧江、乌江和金沙江中游等四个水电能源基地为主进行开发。

红水河水电能源基地共 11 个梯级水电站,总装机容量 $1\,312\times10^4$ kW,年发电量 564×10^8 kW·h。

澜沧江水电能源基地共 14 个梯级,总装机容量 $2\,137\times10^4$ kW,年发电量 $1\,094\times10^8$ kW·h。

乌江水电能源基地共有 10 个梯级,总装机容量为 $1\,093.5\times10^4$ kW,年发电量 337.94×10^8 kW·h。

金沙江中游水电能源基地规划的一库八级方案,总装机容量 $2\,058\times10^4$ kW,年发电量 883×10^8 kW·h。

(2) 中通道

中通道是以长江上游、金沙江下游、大渡河、雅砻江等 4 个水电能源基地为主进行开发。2020 年前,中部通道实现向华中送电 $1\,100\times10^4$ kW 左右(川渝 150×10^4 kW、金沙江 860×10^4 kW、贵州三板溪 100×10^4 kW),向华东送电 $2\,400\times10^4$ kW 左右(川渝 700×10^4 kW、金沙江 $1\,000\times10^4$ kW、三峡 720×10^4 kW)。

长江上游水电能源基地干流 5 个梯级、支流清江 3 个梯级,共计装机容量 $2\,831\times10^4$ kW,年发电量 $1\,360\times10^8$ kW·h。目前葛洲坝、隔河岩、高坝洲、三峡、水布垭水电站已投产,总规模达到 $2\,397\times10^4$ kW。

金沙江下游水电能源基地共 4 个梯级,装机容量共 $3\,626\times10^4$ kW。

大渡河干流水电能源基地开发方案为 2 库 17 个梯级,总装机容量共 $1\,772\times10^4$ kW,年发电量 966.42×10^8 kW·h。

雅砻江干流水电能源基地两河口至江口段的梯级开发方案为 11 级,总装机容量 $2\,045\times10^4$ kW,年发电量 $1\,156.75\times10^8$ kW·h。

(3) 北通道

北通道以黄河上游和中游北干流水电能源基地为主进行开发,建成规模达到 $1\,750\times10^4$ kW,配合一定的火电建设,2020 年前实现向华北和山东电网送电 300×10^4 kW 以上。

上游水电能源基地 25 个梯级,总装机容量 $1\,700\times10^4$ kW,年发电量 597×10^8 kW·h,

目前已建成龙羊峡、李家峡、刘家峡、盐锅峡、八盘峡、大峡、青铜峡共7座水电站553.45×10^4 kW；公伯峡、小峡电站在建；规划开工拉西瓦、苏只、乌金峡3座水电站，以后再开工积石峡、直岗拉卡等水电站。2020年前，争取建成规模达到 1 400×10^4 kW 左右，并加快黑山峡河段的规划工作。

中游北干流水电能源基地规划开发6个梯级，总装机容量 653×10^4 kW，年发电量 193×10^8 kW·h。

除上述水电能源基地开发建设外，西部各省区的其他水能资源，例如各地区的中小型河流水电资源，也将随着地区经济发展逐步得到开发。预计至2020年西部地区水电建设的开发程度，将达到45%左右。

4.5 三峡水电站介绍

三峡水电站，也称三峡水利枢纽工程。它是长江水资源综合开发利用及治理的主要工程，是长江中下游防洪体系的核心控制工程，是开发长江水电资源的骨干工程。

水电站大坝高程 185 m，蓄水高程 175 m，水库长 600 余千米。三峡水电站是当前世界最大的水电站工程，它的总装机容量 1 820×10^4 kW，年平均发电量 846.8×10^8 kW·h，相当于10个大亚湾核电站发电量的总和。

4.5.1 三峡水电站工程特性

三峡水电站位于湖北省宜昌市西陵峡内三斗坪河段，坝址距葛洲坝水利枢纽约 40 km。控制集水面积 100×10^4 km^2，约占全流域面积的 56%。坝址平均年径流量 4 510×10^8 m^3，约为长江入海平均流量 9 500×10^8 m^3 的一半。

4.5.1.1 水文特征

① 长江。三峡水电站建于长江干流上。长江是我国最大的河流，发源于青藏高原唐古拉山北麓，格拉丹东雪山群西南侧，流经青、藏、川、滇、渝、鄂、湘、赣、皖、苏、沪等11个省市自治区，在上海市汇入东海。干流全长 6 300 km，是世界第三大河（长度次于尼罗河 6 632 km、亚马逊河 6 400 km），流域面积 180×10^4 km^2，占全国陆地面积的 18.8%。

② 长江流域。长江流域地势西高东低并呈现三大阶梯状。第一级阶梯包括青海南部高原、川西高原和横断山高山峡谷区，一般高程 3 500～5 000 m；二级阶梯为秦巴山地、四川盆地、云贵高原和鄂黔山地，一般高程 500～2 000 m；三级阶梯由淮阳山地、江南丘陵和长江中下游平原组成，一般高程均在 500 m 以下。处于第一、二级阶梯过渡带的金沙江、雅砻江、大渡河，处于第二、三级阶梯过渡带的长江三峡、汉江、沅江、清江等均为水力资源最富集的河段。

长江水系庞大，流域面积 1 000 km^2 以上的支流有 437 条；10 000 km^2 以上的有 49 条；80 000 km^2 以上的有雅砻江、岷江、嘉陵江、乌江、湘江、沅江、汉江、赣江等 8 条，其中嘉陵江最大，流域面积 160 000 km^2，汉江次之，流域面积 159 000 km^2。支流长度以汉江最长，为 1 577 km，嘉陵江 1 571 km 次之。水量以岷江年水量 877×10^8 m^3 为最丰，嘉陵江为 704×10^8 m^3 居第二。

长江河段划分：湖北宜昌以上称为上游，长约 4 500 km，控制流域面积 100×10^4 km^2，气候分属青藏高寒区和亚热带季风区，水量主要源于高原融雪和降雨，主要支流有雅砻江、岷江、嘉陵江、乌江等；宜昌至江西省湖口为中游，长 938 km，流域面积 68×10^4 km²，其中湖北省枝城至湖南省城陵矶河段，称荆江，荆江河道蜿蜒曲折，又称"九曲回肠"；湖口至长江口为下游，长 835 km，流域面积 13×10^4 km²。长江中下游为海拔较低的丘陵和平原，主要支流有汉江，洞庭湖水系的湘、资、沅、澧"四水"，鄱阳湖水系的赣、抚、信、饶、修"五水"，巢湖水系和青弋江。长江在河口附近接纳黄浦江后，至崇明岛以东汇入东海。

长江流域水能资源极为丰富，水能蕴藏量在 10 000 kW 以上的支流有 1 090 条，水能蕴藏量达 2.68×10^8 kW，可开发的水能资源 1.97×10^8 kW，年发电量 1×10^{12} kW·h。已建成的主要水电站有：长江三峡，长江葛洲坝，清江隔河岩，沅水五强溪，汉江丹江口、安康、石泉，大渡河龚嘴、铜街子，乌江乌江渡、东风，白龙江宝珠寺、碧口，耒水东江，资水柘溪，酉水凤滩，赣江万安等。

4.5.1.2 枢纽工程布置

三峡工程整个工程包括一座混凝土重力式大坝、泄水闸、一座堤后式水电站、一座永久性通航船闸和一架升船机。三峡工程建筑由大坝、水电站厂房和通航建筑物三大部分组成。大坝坝顶总长 3 035 m，坝高 185 m。通航建筑物位于左岸，永久通航建筑物为双线五包连续级船闸及早线一级垂直升船机。

坝址处河谷开阔，便于布置枢纽建筑物的 26 台大型水轮发电机组电站厂房、大流量泄洪坝和大型通航船闸，有利于工程施工场地的平面布置和施工导流分期安排。枢纽布置示意如图 4-12 所示。

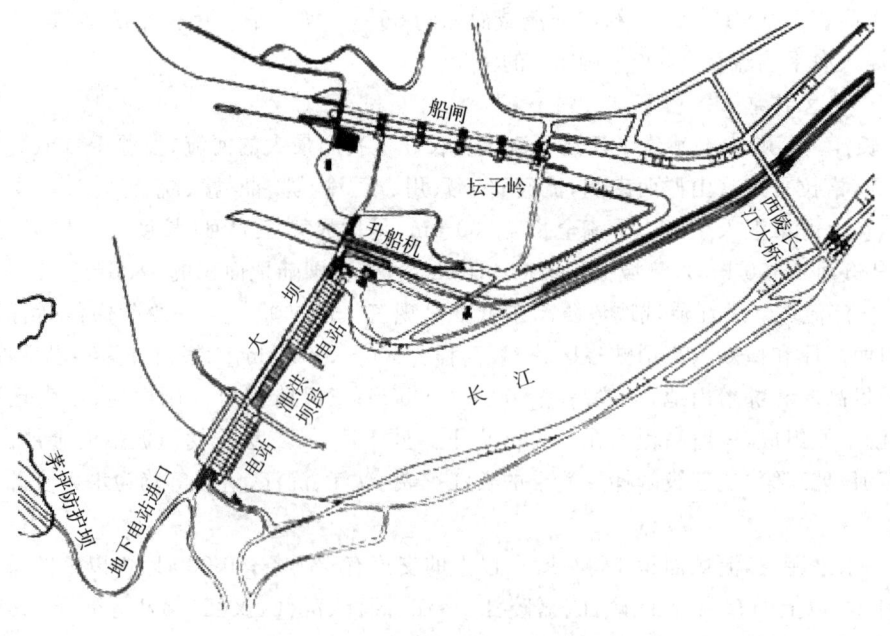

图 4-12 三峡水电站枢纽布置示意图

大坝分为三段，非溢流坝段、左右岸厂房坝段和泄洪坝段。泄洪坝段位于中部河床的原主河槽部位，两侧为厂房坝段和非溢流坝段。

水电站厂房位于两侧厂房坝段的坝后，在右岸布置后期扩机的地下水电站厂房。

永久性五级船闸、临时船闸、升船机、上下游引航道等通航建筑物均布设于左岸。

水电站采用坝后式布置方案，设有左、右两组厂房，共安装26台水轮发电机组。其中左岸厂房全长643.6 m，安装14台水轮发电机组；右岸厂房全长584.2 m，安装12台水轮发电机组。水轮机为混流式(法兰西斯式)，机组单机额定容量$70×10^4$ kW。水电站以500 kV交流输电线向华中、川东送电，以正负600 kV直流输电线向华东送电。电站出线共15回。右岸留有地下厂房为后期扩机6台水轮发电机组(总装机容量$420×10^4$ kW)的位置。

4.5.2 三峡水电站工程效益

三峡水电站工程具有名列世界首位的水电装机容量和相应的发电效益，同时具有防洪、航运、旅游、环境等一系列巨大的综合效益。

① 防洪效益。三峡水库总库容$393×10^8$ m³，防洪库容$221.5×10^8$ m³，可控制长江上游$100×10^4$ km²流域面积产生的洪水，其防洪作用是可削减洪峰，拦蓄部分洪量，发挥一定的防洪效益。

② 发电效益。三峡水电站地处我国内陆腹地，对我国华中、华东等经济发达地区供电，输电距离在500 km以内，对华北、华南负荷中心供电距离在1 000 km左右，成为"西电东送"的核心供电点，它调峰能力巨大，运行稳定，有利于全国各大电网的联网，并可与全国的火、水、核电互补，大范围提高电网运行质量，产生巨大的经济效益和社会效益。

③ 航运效益。现今，长江水系的年货运量和货物周转量，分别占全国内河航运量的80%和90%。长江宜昌至重庆江段，长660 km，落差120 m，沿程有滩险139处，单航段46处，重载货轮需牵引段25处，年单向航运能力不足$1 000×10^4$ t。

三峡建坝后，将淹没所有滩险、单航段和牵引段，航道平均扩宽至1 100 m，年单向航运能力提高到$5 000×10^4$ t。大型客货船舶可昼夜双向航行，万吨级船队可直达重庆港，或直接入海，航运运输成本可降低35%～37%。

④ 旅游效益。三峡建坝后，坝前水位抬高110 m。在海拔高达1 000余米山脉之间的瞿塘峡和巫峡江段，水位分别抬高38～46 m。三峡风光依旧。

由于航运和陆地交通条件的改善，小三峡、神农架、溶洞群、神农溪、大足石刻、高岚、格子河石林、屈原祠、张飞庙等自然历史景观和两座现代化的世界一流水利工程——葛洲坝和三峡大坝的人文景观，必将引起国内外五湖四海的大量旅游宾客的兴趣，获得可观的旅游效益。

⑤ 环境效益。三峡水电站年均发电约$847×10^8$ kW·h，相当于每年节约$5 000×10^4$ t原煤。每年将减少二氧化碳、二氧化硫、氮氧化合物、一氧化碳及大量废水和废渣的排放，可减轻对大气环境的污染。

⑥ 其他效益。三峡水电站还将促进水库渔业和休闲娱乐旅游业，改善长江中下游河段枯季水质和生态用水，提供为南水北调工程供水的条件。还在灌溉、供水、养殖、修复生态环境、南水北调、开发性移民、发展库区经济等方面发挥巨大的综合经济效益和社会效益。

4.6 小水电开发与利用

4.6.1 小水电的定义范围

由于不同时期,不同国家的国情、水电开发历史、科学技术水平和地域经济要求等条件的差异,对于小水电装机容量定义范围大小,各个国家不尽相同。例如,美国的小水电规定为 15 000 kW 及以下;日本、挪威规定为 10 000 kW 及以下;土耳其规定为 5 000 kW 及以下;其他各国一般把装机容量 5 000 kW 以下的水电站定义为小水电站。在 1980 年的第二次国际小水电学术会议上,通过文件建议,小水电定义如下:装机容量 1 001~12 000 kW 为小水电站;101~1 000 kW 为小小水电站,100 kW 及以下为微型水电站。

根据我国现行《水利水电枢纽工程等级划分及设计标准》规定,水电站按发电规模可以分为大型水电站、中型水电站和小型水电站三种主要类型。电站总装机容量 25×10^4 kW 以上的称为大型水电站,其中大于 75×10^4 kW 的为大Ⅰ型,在 25×10^4~75×10^4 kW 之间的称为中大Ⅱ型;电站总装机容量为 2.5×10^4~25×10^4 kW 的称为中型水电站;电站总装机容量小于 2.5×10^4 kW 的称为小型电站,其中在 0.05×10^4~2.5×10^4 kW 之间的称小Ⅰ型,0.05×10^4 kW 以下称小Ⅱ型。

人类开发利用水电资源就是从小水电开始的,在开发利用江河干支流的大中型水电站的同时,人们注意到小水电的开发利用是一个不可忽视的部分。在我国,由于小水电多分布在广大农村地区,江河上游中小支流上,因此所谓的小水电常指的是"农村小水电"。

4.6.2 小水电特点

小水电资源主要分布在边远山区、民族地区和革命老区。这些地区国土辽阔,人烟稀少,用电负荷分散,大电网难以覆盖,也不适宜大电网长距离输送供电,所以它既是农村能源的重要组成部分,也是大电网的有力补充。

我国小水电站设备中,小型水轮机分 500 kW 以下和 500~10 000 kW 两类。主要机型有反击式和冲击式两大类。反击式小型水轮机又分为轴流式、混流式和贯流式等三种,冲击式小型水轮机又分为水斗式、斜击式和双击式三种。小水电资源的特点如下:

① 小水电工程建设规模适中、投资省、工期短、见效快,不需要大量水库移民和淹没损失,有利于调动多方面的积极性,适合国家、地方、集体、企业、个人开发。

② 农村小水电资源分散在广大的农村地区,适合于农村和农民组织开发,吸收农村剩余劳动力就业,有利于促进较落后地区的经济发展。

③ 小水电系统服务地区,分散开发,就地成网,就近供电,发供电成本低,是大电网的有益补充,有不可替代的优势,适合各种投资渠道开发,符合先进的分散分布式供电战略方向。

④ 小水电规模较小,位置分散,工程量小,可以因地制宜,就地取材。小型调节水库的引水渠道、电站前池、压力水管、电站厂房等建筑物,多选择当地材料修建,以降低工程造价。

⑤ 小水电资源是清洁可再生能源,不排放温室气体和有害气体,符合水资源可持续利用的原则,有利于人口、资源、环境的协调发展。因此,世界各国,特别是发展中国家,对农村小水电资源的利用,给予特别的重视,并获得迅速的发展。

4.6.3 我国小水电资源的分布

我国小水电资源十分丰富,据初步调查,小水电资源总蕴藏量约为 1.3×10^8 kW,其中可开发利用量 $8\,700\times10^4$ kW,居世界第一,占全国水能资源总蕴藏量 6.76×10^8 kW 和可开发利用量 3.78×10^8 kW 的 19.3% 和 23%。

我国可开发小水电资源分布在全国 2 300 多个县的 1 600 多个县中。其中 1 104 个县的小水电资源量超过 10 000 kW;471 个县为 10 000~30 000 kW;499 个县为 3×10^4~10×10^4 kW;134 个县超过 10×10^4 kW。

从资源的地区分布看,我国长江以南雨量充沛,河流陡峻,是小水电资源分布的主要地区。黄河与长江之间,小水电资源主要在大别山区、伏牛山区、秦岭南北、甘肃南部和青海省的部分地区。新疆、西藏的喜马拉雅山脉、昆仑山脉及天山南北、阿尔金山南麓为小水电资源比较集中的地区。华北及东北的小水电资源主要集中在太行山、燕山、长白山及大兴安岭等地区。

具体来说,在可开发小水电资源量 $8\,700\times10^4$ kW 中,西南部的广西、重庆、四川、贵州、云南、西藏等 6 省市和湖北恩施州、湖南湘西州是我国小水电资源蕴藏量最丰富的地区,可开发资源量约 $4\,474\times10^4$ kW,占 51.4%。

西北部的内蒙古、陕西、甘肃、宁夏、青海、新疆等 6 省区,小水电可开发资源量有 $1\,354\times10^4$ kW,占 15.6%。

中部地区的湖南、湖北山区,小水电可开发资源量有 $1\,437\times10^4$ kW,占 16.5%。

东部地区的浙江、福建、广东山区,小水电可开发资源量有 $1\,435\times10^4$ kW,占 16.5%。

4.6.4 我国小水电发展分析

目前,世界电力工业的发展正在从以往的以解决缺电为主的需求型开发,发展到以促进社会可持续发展为目的的清洁优质能源建设。由于大型水电工程对土壤、流水、植被、生物、气候及人类活动的影响,以及常常缺少必要的、与整个流域的环境相协调的保护措施,目前全世界水电在电力总装机中的比重,以及大水电在水电总装机中的比重逐年下降。同时,美国、欧盟又相继宣布了 15 MW 以上的水电不再认为是可再生能源,进一步使得水电开发由大水电转到了小水电。当前世界范围内新一轮以小水电为主的水电建设的高潮正在兴起,小水电成了新时期世界水电建设主战场中的主角。在这种大的趋势下,小水电行业创新有了一个非常好的外部环境。

① 发展小水电有了新的动力。近年来,由于环境保护日益成为全球关注的问题,可再生能源的开发越来越受到人们的重视。为了鼓励利用可再生能源,不少国家对可再生能源发电都给予扶持。人们对社会可持续发展的关注已成了小水电发展新的动力。

② 小水电发展和改革的外部环境有了很大的变化。电力工业反对垄断、放松管制的改革给小水电发展带来了难得的机遇。这种改革的最终受益者是消费者和电力工业本身。

当前,我国小水电建设有以下主要任务:

① 发挥小水电的优势,实现分散方式的农村电气化。我国政府对小水电在促进社会可持续发展中的作用一向十分重视,为此,国务院决定在已经建成了以小水电供电为主的 652 个农村电气化县的基础上,在"十五"期间由中央政府安排专项资金建设 400 个标准更高的

农村水电电气化县,解决境内无电乡村的用电和当地人民的生活用能问题。

② 实现送电到乡,改变边远地区贫困落后状况。根据普查,我国的无电人口主要分布在川、青、新、藏地区。到 2000 年底,我国仍有 16 509 个无电村,约 2 800 万人口没有用上电。送电到乡计划是一项面向西部无电贫困地区执行的农村能源和环境保护项目。该项目以小水电开发为主要内容,推动山、水、林、路综合治理,发展经济,保护农村环境,从而促进贫困山区社会、经济与环境的协调发展。

③ 保护生态环境,实施小水电代燃料工程,促进边远地区可持续发展能源的建设。根据调查,一户居民,平均 4 口人,一般一年用于做饭、烧水、取暖的烧柴量约需 2~3.5 t,消耗十分惊人,给当地带来了很大的生态问题。与此相对的是,小水电的廉价电能如果用于煮饭、取暖的话,可以使森林覆盖率上升,涵养水源,减少水土流失。为此,国家实施了以小水电代燃料工程,以便促进当地社会、经济的全面发展。

④ 适应世界水电开发的战略转移,大力建设各种经济类型的小水电厂。小水电是新时期代表电力工业改革发展方向的一种优质电源。由于资源多、分布广,通过大量投资者所有的独立小电厂的建设,可以发展当地经济,打破电力垄断,改善电力工业传统的大机组、长高压输电线的发、输、配、供电为一体的运行方式,逐步发展以自用为主、多余上网为特点的新颖的分布式供电模式,以便提高效益,实现资源的最优配置。因此,在促进社会可持续发展方面,它比其他形式的电源更值得发展,更便于实行清洁发展机制。

⑤ 实施小水电走出去战略,积极参与国际竞争。经过几十年的发展,我国小水电的设计、施工和设备制造能力得到了长足发展。全国小水电行业现有从业人员约 66×10^4 人,其中技术人员和农村电工约 30×10^4 人,能建成任何类型的小水电工程。我国的主要设备制造厂家也达到了 80 多家,可以生产各种各样的小水电设备。因此,我国已经具备了完成任何国外小水电工程的能力。探索走出去的途径,通过一些小水电工程的成功建设,不但可以创造经济效益,而且还能扩大国际影响。

⑥ 推动及参与电力体制改革。由于历史原因,长期以来在我国形成了大电大网国家办,小电小网地方建的局面,各自具有一定的供电区,这种分治的供电管理方式,改革中需要解决的问题很多。一方面,小水电行业作为反垄断的主要力量,应努力促成政府职能转变,取消行业部门对市场的微观控制;打破公司垄断,改变电力公司垂直一体化的经营方式;建立竞争性市场,形成以用户为市场主体、由市场决定交易方式和价格的新机制,实现电力工业与社会的协调发展等等。另一方面,作为改革的对象,要充分研究以大厂、大电网为特点的集中供电企业与小型、成片的分散方式供电的农村电力企业之间的差别;研究实行厂网分开、取消特许供电区的改革对于多个农村水电站成片供电的农村电力系统的影响,使小水电行业在改革中得到更大的发展。

⑦ 办好国际小水电中心,为世界人民服务。国际小水电中心在我国的成立是我国改革开放的一大成果,也是世界需要小水电的一个象征,反映了我国小水电开发的成绩和在国际上赢得的地位。中心建设创造了发展中国家、发达国家和国际组织三方合作的南南合作新模式,并在 60 多个国家发展了小水电的成员组织,这是继由地方政府、小水电公司及大电代管等方式之外的一种新的行业管理方式,有利于发展形成新时期小水电的开发、管理体制,并可利用中心的多边合作渠道走出去,开展对外的小水电经济技术合作活动。

5 新能源开发

5.1 核能开发

核能(或称原子能),是 20 世纪出现的一种新能源,是通过转化其质量从原子核释放的能量。核能释放有三种方式:自然的很慢的核裂变形式(包括 α 衰变、β 衰变、γ 衰变)、核聚变、核裂变。自然的核裂变形式释放的能量密度很小,无法应用,核聚变应用的技术难度很大,还无法商业化,目前的核能开发主要是指核裂变的形式。核电站就是利用可易裂变物质铀—235(^{235}U)发生连锁裂变反应释放能量,把水变成蒸汽来发电的。

1942 年 12 月 2 日 15 点 20 分,美国著名物理学家艾立科·费米点燃了世界第一座原子反应堆,为人类打开了利用核能的大门。1954 年前苏联建成了世界第一座原子能电站。据国际原子能机构 2011 年 1 月公布的数据,目前世界上正在运行的核电机组 442 个,其中美国 104 个、法国 59 个、日本 55 个、俄罗斯 13 个、韩国 20 个、英国 19 个、加拿大 18 个、德国 17 个、印度 17 个、乌克兰 15 个、中国 11 个(6 座核电站),美国电力需求的 21% 来自核电站。核电发电量约占全球发电量的 16%,正在建设的核电机组 65 个,预计到 2030 年,全球运行的核电站可能会在目前基础上增加 300 座。

5.1.1 核裂变

5.1.1.1 核裂变基础

核裂变即为原子序数高的核吸收了一个中子后形成的激发复合核碎裂为两个较轻的核,并释放大量的原子能。两个较轻的核被称为裂变碎片。

目前发现的主要有三种核素(铀—233、铀—235 和钚—239)可以由任何能量的中子引起裂变。这三种核素中,只有铀—235 存在于自然界中,其他两种则需用人工方法分别从钍—232 和铀—238 中生产出来,即该两种核素通过钍—232 和铀—238 俘获中子后经过两级放射性衰变而生成。

从利用核能的角度看,裂变的重要意义在于:① 裂变过程中每单位质量的核燃料释放出巨大能量;② 核裂变释放出的中子被其他核燃料吸收引起新的核裂变,并不断产生新的能量和中子,维持裂变持续下去。以上裂变过程被称为自持链式反应(链式核裂变)。一旦借助于某个外中子源使少数几个核发生裂变反应,就可以由该反应中产生的中子维持其他核的裂变反应。只有易裂变核素(可由任何中子引起裂变的核素)才能形成自持链式反应。钍—232、铀—238 不能保持链式裂变。

单个铀—235 核的裂变过程释放 210 MeV 的能量,而完全燃烧一个碳—12 原子放出约

4 eV 的能量,铀裂变产生的能量相当于同样质量的碳燃烧所产生能量的 300×10^4 倍。也就是说,1 kg 铀—235 全部裂变放出的能量相当于 2 700 t 的标准煤所能产生的能量。

裂变能的 80%以裂变碎片的动能形式出现,并且立即表现为热能形式。其余 20%的能量以受激裂变碎片发射瞬发 γ 射线的形式释出,或以裂变中子的动能形式释出,在核反应堆中,这部分能量几乎全部都转化成热。剩余的裂变能则由放射性裂变产物在其整个衰变期内所放出的 β 粒子、中微子和 γ 射线带走。β 粒子和 γ 射线因为同物质发生相互作用并被其吸收,其能量最后也以热能的形式出现。铀—235 裂变能的分布见表 5-1。这个分布可近似应用于三种重要的易裂变核素。

表 5-1　　　　　　　　　　　　每次裂变能量的近似分布

裂变碎片的动能	瞬发 γ 射线能量	裂变中子的动能	裂变产物放出的 β 粒子	裂变产物放出的 γ 射线	中微子	总裂变能
26.9 pJ	1.1 pJ	0.8 pJ	1.1 pJ	1.0 pJ	1.6 pJ	>32 pJ
168 MeV	7 MeV	5 MeV	7 MeV	6 MeV	10 MeV	>200 MeV

由于每次裂变放出 2~3 个中子,而维持裂变链只需要 1 个中子,因此似乎在一定质量的易裂变物质以内,裂变反应一旦发生,它就很容易自行维持。然而实际情况并非如此简单,因为正如前所述不是所有裂变中产生的中子都能用于维持裂变链的。一些中子损失于同各种附加物质甚至易裂变核素本身发生的非裂变反应(主要是辐射俘获)中,而另一些中子则干脆从裂变系统中泄漏。中子由于泄漏出几何边界而损失的份额可以用增大易裂变物质尺寸(或质量)的办法解决。维持裂变链所需要的易裂变物质的最小数量叫做临界质量。一座反应堆所需要的易裂变物质的多少即临界质量取决于各种条件,尽管对于任何一个特定的反应堆系统,它总是具有一个确定的值。例如,铀—235 的临界质量可在小于 1 kg 到多于 200 kg 的范围内变动,前者是含 90%左右易裂变同位素的铀盐溶液系统的临界质量,后者是嵌入石墨基体内的 30 000 kg 天然铀中所含的铀—235 质量。

5.1.1.2　核电站

(1) 压水反应堆核电站

压水反应堆(Pressurized Water Reactor,缩写 PWR)是利用轻水(普通水,H_2O)作为冷却剂和中子慢化剂的一种反应堆。冷却剂的作用是把核裂变发生的热量传递出去,产生蒸汽驱动蒸汽轮机。慢化剂的作用是让核裂变产生的中子减速,以增加中子在反应堆内滞留时间,降低逃逸率。

压水反应堆的堆芯近似为圆柱形,其高约 4.2 m,直径约 3.4 m。它由 4 000 根左右的燃料棒组成。每 200 根左右的棒组合成一个燃料组件,组件的横截面为正方形,边长约为 0.2 m。燃料是低浓缩铀—235 的二氧化铀,做成圆柱形芯块,典型的尺寸是长 15 mm,直径约 9.4 mm。芯块用陶瓷工艺制造,包括粉末状物质的烧结和压缩。燃料芯块堆叠在锆合金管中,此锆合金管称为包壳。一座电功率约为 1 000 MW 的商用压水堆中的燃料总质量约为 100 000 kg 左右。

在一部分燃料棒组件内,为插入控制棒用的导管留有空间。24 根左右的控制棒组合成一组棒束,整个堆芯分布有 60 组左右的这种棒束。每一根棒都是由不锈钢(或因科镍合金)

管内装中子吸收体构成,中子吸收体或者是压实的碳化硼(B_4C)粉末,或者是更常用银、铟、镉合金。控制棒束通过堆芯上方的驱动机构操作。

如图5-1所示,反应堆芯被一个钢制"堆芯吊篮"或"围筒"所包围,并被支撑在一个壁厚为200~230 mm的圆柱形压力容器中,压力容器可以高达13.7 m,内径为4.6 m,它是能承受高压的。反应堆压力容器中充满作为冷却剂、慢化剂和反射层的水。为了防止水在堆芯中沸腾,水的压力保持在15.5 MPa下,因为此压力下水的沸点是345 ℃。加热以后典型的水温是329 ℃左右。加热后的水通过一个热交换器(或蒸汽发生器)时释放一部分热用于产生蒸汽,然后被抽回到反应堆容器中。水从比堆芯略高的位置进入容器,并且通过堆芯吊篮(围筒)和容器壁之间的叫做"下降段"的环形区域向下流动。到达堆芯底部后,水反向流动,向上流过堆芯,从而将裂变热带出。

目前常用的压水堆会并联有2~4条独立的蒸汽发生器环路。15.5 MPa的反应堆水从一次侧流过,而7.6 MPa的水从二次侧流过,在那里它变为291 ℃左右的蒸汽。蒸汽在透平中膨胀,然后被冷凝成液态水并作为补给水返送到蒸汽发生器中。这样就有两套完全分开的循环水闭合回路:从堆芯带出热量的一次回路(反应堆冷却剂回路)和接受冷却剂中热量并把它传递给透汽轮机的二次回路(蒸汽发生回路)。

(2) 沸水反应堆核电站

沸水反应堆(Boiling Water Reactor,缩写BWR)是与压水反应堆相比,主要差别在于沸水堆允许在堆芯中形成蒸汽,并将一次蒸汽直接送至汽轮机,离开汽轮机的蒸汽经过冷凝器凝结为液态水,回流至反应堆。

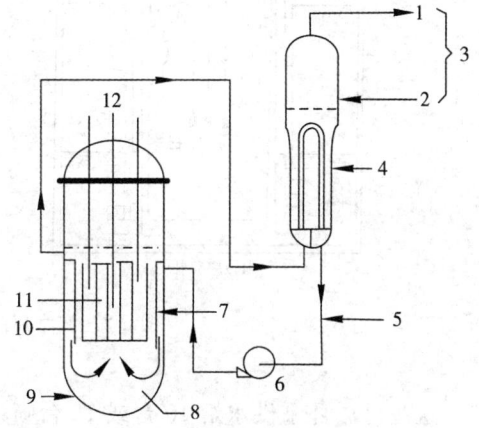

图5-1 压水堆(PWR)蒸汽供应系统示意图
1——蒸汽(至汽轮机);2——给水(凝汽器来);
3——二次回路;4——蒸汽发生器;5——一次回路;
6——泵;7——下降段;8——水;9——反应堆容器;
10——围筒;11——堆芯;12——控制棒

沸水反应堆的堆芯也是由4 000根左右装有低浓度铀—235二氧化铀燃料芯块的锆合金包壳燃料棒组成。燃料棒组件每个正方截面包含62根棒。燃料芯块较压水反应堆的要大,长约18 mm,直径约10.6 mm。除燃料棒粗大以外,棒间间隙也大。所以其堆芯直径比压水反应堆的大,约为4.8 m但其高度只有3.8 m左右。一座电功率为1 000 MW的沸水反应堆中的燃料总质量约为150 000 kg。包围堆芯的钢围筒一直延伸到水平面以上。

沸水反应堆压力容器的内径约为6.4 m,高约22 m。为了使水在堆芯中发生受控沸腾,容器中的压力保持在7.24 MPa左右,因而容器壁的厚度比压水反应堆中小一些,大约为170 mm。

如简图5-2所示,燃料棒中释放的裂变热使堆芯上部的冷却剂——水产生沸腾。一般来说,离开堆芯的水—蒸汽混合物中含有14%质量的蒸汽,其余是水。上升的湿蒸汽进入一排蒸汽分离器后,再进入位于反应堆容器上部的"干燥器"。在分离器和干燥器中,大部分的液态水从蒸汽中被除去,液体返回容器,而蒸汽则送往汽轮机。蒸汽的温度和压力变化情况与压水堆系统中的大体相同,它在透平中膨胀,乏蒸汽以通常的方式被冷凝。然后,其凝结水作为补给水直接返回反应堆容器,其入口在略高于堆芯的上方处。与压水反应堆不同,沸水反应堆只经过一套循环回路就将堆芯中的热传递给透平。堆芯中未被蒸发的水与补给水一起,借助于两台循环泵作再循环。

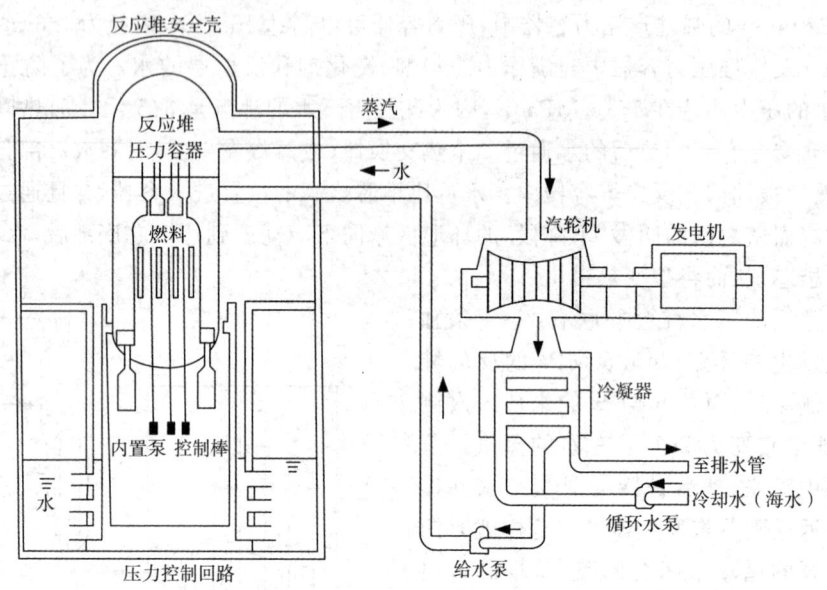

图 5-2 沸水反应堆核电站系统示意图

这些再循环泵供水给 10 台或 12 台喷射泵。后者从顶部吸入附加的水,并经过出口(或扩散段)将水排向反应堆容器底部的空腔。然后,水被强迫在堆芯中的燃料棒之间向上流动作必要的再循环。再循环泵除了导引水流动以外,还能部分地控制反应堆的功率。这是因为大约在额定功率的 75%～100% 范围内运行时,沸水堆的功率水平可以通过调整再循环系统中水的流率而自动维持稳定。这种调整可以通过改变马达的转速或利用阀门来实现。如果透平需要的蒸汽量增加,则再循环流率自动增加。结果堆芯的气泡体积减小,慢化剂密度增加,使热功率水平上升,满足了蒸汽量要求。与此同时,堆芯蒸汽体积逐渐增加又使反应性减少,这样就建立了一个新的稳定状态。当蒸汽供应量超过透平需要量时,这一过程逆转进行。

(3) 重水反应堆核电站

重水反应堆是以重水作为慢化剂的核反应堆,直接利用天然铀作为核燃料,可以利用轻水或重水作为冷却剂。重水(Heavy Water)是指由氘和氧组成的化合物(D_2O),相对分子质量 20.0275,比普通水(H_2O)的相对分子质量 18.0153 高出 11%,因此叫重水。天然水中重水含量约占 0.015%,由于氘与氢的性质差别很小,因此重水与普通水的性质很相近。坎杜反应堆(CANDU,加拿大氘铀)是世界上仅有的几个成熟的、进入商业化运行的民用重水反应堆型之一。坎杜反应堆的重水冷却剂与重水慢化剂之间相互分开,形成两套完全独立的回路。

如图 5-3 所示为 CANDU-PHW 的简化流程图。反应堆本体是一个大型水平放置的圆筒形容器,通称排管容器。里面盛有低温低压的重水慢化剂。在容器内贯穿许多根水平管

5 新能源开发

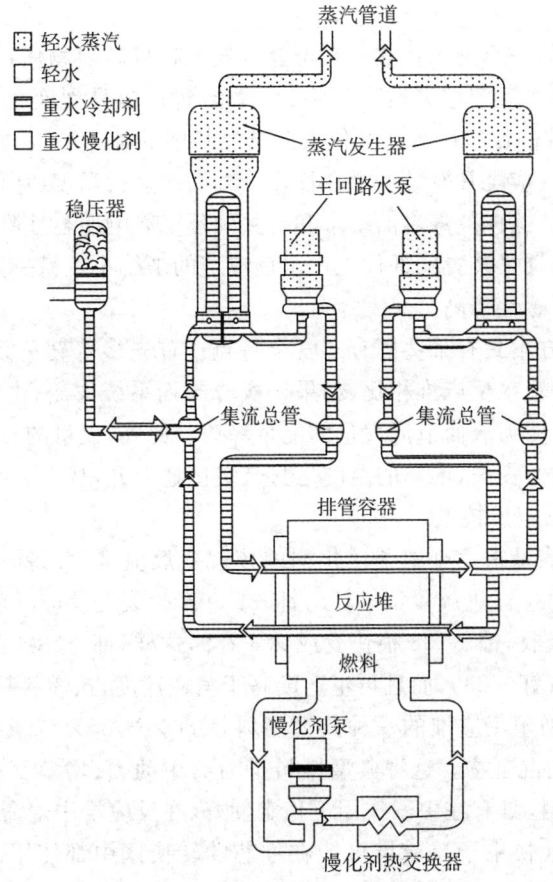

图 5-3 CANDU 型反应堆简化流程图

道,称为燃料管道,其中装有天然铀燃料棒束和高温高压重水冷却剂。主泵压送冷却剂,经燃料管道,将燃料的热量带出来,然后经过蒸汽发生器,利用此热量产生蒸汽,供汽轮机做功发电。蒸汽发生器和冷却剂泵安装在反应堆的两端,以便使冷却剂自反应堆的一端流进堆芯的一半燃料管道,而从另一端以相反的方向,流入另一半燃料管道。冷却系统设有稳压器,以维持较高的系统压力。回路压力高就意味着允许提高冷却剂温度,蒸汽压力也随之提高,从而得到较高的汽轮机循环效率。

(4) 高温气冷反应堆核电站

高温气冷反应堆是以石墨作慢化剂、以氦气作冷却剂的反应堆。氦气在堆芯中被加热后,经过一个热交换器,然后回到反应堆中。这就构成了高温气冷堆的一次回路。蒸汽在热交换器的二次回路内产生,如同压水反应堆一样,蒸汽在透平中膨胀,然后冷凝,最后以液态水的形式返回热交换器。

氦气是一种惰性气体,石墨在高温下具有良好的力学性能。此外由于冷却剂在反应堆中不可能发生相变,所以这种系统可以在高温下运行而不需要加压。一回路冷却剂可以达到比水冷反应堆中高得多的温度,而气体压力只需提高到使堆芯热量易于带出的程度。从而所形成的蒸汽温度(513 ℃)、压力(250 MPa),都能使其热效率同最好的化石燃料动力装置相比较。

高温气冷反应堆的一个突出特点是有可能有效地将可转换物质钍—232转化为易裂变物质铀—233。高温气冷反应堆更适合于将钍—232转化成易裂变物质。以这种方式生产的铀—233可用来代替高温气冷堆或其他反应堆燃料中的铀—235。以石墨为慢化剂、氦气为冷却剂的高温气冷反应堆具有一些潜在优点。较高的运行温度(从而蒸汽温度也高)使热效率比水反应堆更高。这样冷却水的要求和有关的环境影响明显地降低。由于这种堆能够产生过饱和蒸汽,所以透平装置的部件也比水反应堆的来得小。另一方面,预计燃料装载的成本较高,从而经济敏感性较高。

高温气冷反应堆方案具有某些固有的安全特点。首先多普勒负系数很大,这有助于反应堆的稳定。其次,与轻水反应堆相比,如果一次冷却剂系统失压,由于它不存在冷却剂的相变问题,所以它不会因喷放而造成大量的能量释放。此外,大量的石墨能提供相当大的热容量,因此一旦冷却能力丧失,堆芯的温度也只是缓慢地上升,从而有时间采取补救措施。

(5) 快中子增殖反应堆核电站

快中子增殖反应堆是指没有中子慢化剂的核裂变反应堆。以钚—239作燃料,在堆心燃料钚—239的外围再生区里放置铀—238,钚—239产生裂变反应时放出来的快中子,被外围再生区的铀—238吸收,铀—238很快变成钚—239,这样,钚—239裂变产生能量的同时,又不断将铀—238变成钚—239,而且再生速度高于消耗速度,核燃料越烧越多,快速增殖。

液态金属快中子增殖反应堆的一种典型燃料是80%~85%二氧化铀—238和15%~20%二氧化钚—239的混合物。这种典型燃料是为商用动力、增殖反应堆设计的第二代快中子增殖反应堆的燃料,具有在中子作用下稳定性好、在反应堆中寿命长且能在更高的温度下工作等优点。第三代快中子反应堆可能在堆芯的转换区中都使用碳化物即UC和PuC燃料以提高增殖效率,因为一个碳原子比两个氧原子所引起的中子慢化还小。二氧化物燃料棒由内装混合二氧化物陶瓷芯块的薄不锈钢长管构成。

快中子反应堆堆芯紧凑,通常选用液态钠为冷却剂。钠在流经反应堆堆芯的过程中由于俘获中子而具有放射性。作为一种安全措施,离开堆芯的钠要经过一个中间热交换器,在那里它将热量传递给一个非放射性的钠回路,然后用加热后的非放射性钠到另一个热交换器中去产生水蒸气。液态金属快中子增殖反应堆系统具有三个相互隔离的传热流体循环回路。一次放射性钠回路将热量从堆芯传递给非放射性钠;中间非放射性钠回路将热量传递给水;第三回路将热量带给汽轮机。液态金属快中子增殖反应堆动力装置的热效率可望达到40%左右。

5.1.2 核聚变

目前核能一般是指核裂变能。广义地说,核能包括核裂变能和核聚变能两种。

5.1.2.1 核聚变与聚变能

两个或两个以上轻原子核结合成一个较重的原子核的核反应叫做核聚变反应,简称核聚变。核聚变会释放出能量,因为生成核的质量比原始核的质量之和小,在核聚变的过程中会发生质量亏损。核聚变放出的能量叫做核聚变能,简称聚变能。聚变能比裂变能更为强大。现在世界上一些国家正在研究聚变能的受控释放,这项研究工作被称为"受控核聚变"或"受控热核反应"。这一目标迄今尚未实现。一旦实现这一目标,人类将会得到一种实际上取之不尽的新能源。

氢的同位素氘(^2_1H,重氢,符号为 D)和氚(^3_1H,超重氢,符号为 T)是基本的核聚变材料。最有希望的核聚变材料是氘。氘与氘之间,以及氘与氚之间发生的核聚变反应是最重要的核聚变反应,如下所示:

$$^2_1H + ^2_1H \longrightarrow ^3_2He + n + 3.27 \text{ MeV}$$

水实际上有两种,一种是由两个氢原子(H)和一个氧原子(O)结合生成的水分子 H_2O,这是普通水,叫做轻水;另一种是由两个重氢(氘)原子(D)与一个氧原子(O)结合生成的重水分子 D_2O,称为重水。在这两种同位素中,氘的丰度只有0.015%,也就是说每6 700个氢原子(H)中才有一个氘原子(D)。但由于地球上有巨大数量的水,所以可利用的核聚变材料几乎是取之不尽、用之不竭的。聚变材料通过核聚变释放出的能量,比同等质量的可裂变材料通过核裂变反应释放出的能量大得多。一般情况下,氘氚发生聚变反应所释放出的能量是同质量的裂变核燃料发生裂变反应释放能量的4~5倍。1 kg氘氚混合物全部发生聚变,将释放出 5.8×10^4 t TNT 当量的能量。每1 L海水中含30 mg氘,这30 mg氘聚变产生的能量相当于300 L汽油燃烧产生的能量。因此,就这个意义上说,1 L海水等于300 L汽油。据估计,全世界海水中所含的氘达 45×10^{12} t,这些氘通过核聚变释放的聚变能,可供人类在很高的消费水平下使用 50×10^8 a。更为可贵的是,聚变能不像裂变能那样产生放射性,它是一种清洁的能源。

5.1.2.2 核聚变的条件

核聚变是由两种聚变材料的原子核碰在一起发生的,由于原子核都带正电,根据"同性相斥"的电学原理,两个原子核难以碰撞在一起。因此,核聚变是很难发生的。

核聚变反应的发生涉及两种力,一种叫静电力,一种叫核力。静电力又叫库仑力,是两个带电体之间的相互作用力,其特点是同性电荷相互排斥,异性电荷相互吸引,静电力的作用距离很长,其大小与电荷量成正比,与距离平方成反比,两个带电体越靠近,静电力作用越强。

核力是核子与核子之间相互束缚在一起形成原子核的作用力,与静电力不同的是,无论是什么核子,它们之间的核力都是吸引力。核力比静电力强得多,约为静电力的100倍,但其作用范围却很小,当两个粒子的距离小于 10^{-13} cm 时,核力就起作用,使其强烈地吸引在一起,但当它们之间距离超过该值时,核力就不起作用了。

因此,为了使核聚变发生,必须使两个原子核充分地靠近。为了克服静电斥力,必须使原子核的速度非常大,约为每秒几千公里到10 000 km。为了产生这样高速的原子核,必须具有几千万度甚至上亿度的高温。只要把这些超高温的、高速的原子核约束起来,例如装在某种容器里不让它们逃掉,那么所有的原子核就都在这个密闭的容器里以极高的速度互相碰撞,从而产生核聚变。

发生核聚变反应的必要条件是在能够发生热核反应的极高温度下,所有参加反应的原子的核外电子都被剥离出去成为自由的电子,原子核裸露出来,所有的核聚变材料成为由带正电的原子核和带负电的自由电子组成的高度电离的气体,其正负电荷的总量相等,这种正负电荷总量相等的高度电离的气体叫做等离子体。

5.1.2.3 核聚变的燃料

为了使核聚变发生,必须克服聚变材料或称聚变燃料的原子核间的静电斥力,静电斥力越小越好,原子核的电荷越少,静电斥力越小。因此,原子核所带正电荷最少的氢(H)及其同位素氘(D)和氚(T),就成为核聚变的首选燃料。

在自然界中,氢的蕴藏量最丰富,水是由氢和氧构成的,从水中获得氢也并不困难。但是,氢原子核的聚变反应速度太慢,1 g氢发生核聚变在1 s内只能放出几十尔格(1 J=10⁷尔格)的能量,相当于一支1 W的灯泡1 s内消耗电能的几十万分之一。显然,氢在实际上是不能作为核聚变的材料的。

氘原子核带有一个单位的正电荷,它在海水中的绝对含量是相当多的,从海水中分离出重水(D_2O)并制备氘也并不困难,而且氘原子核聚变释放能量的速度很快,所以氘是一种极为重要的聚变材料。氘原子核与氚原子核之间的聚变释放能量的速度也很快。氚是放射性的,它在自然界中极为稀少,但它可以通过中子与锂(Li)原子核作用而制造出来。

$$n + {}_3^6Li \longrightarrow {}_2^4He + {}_1^3H + 4.8 \text{ MeV}$$
$$n + {}_3^7Li + 2.8 \text{ MeV} \longrightarrow {}_2^4He + {}_1^3H + n$$

相对而言,氘核与氚核的反应比氘核与氘核的反应容易一些,氘核与氘核发生聚变反应的温度应不低于5×10^8 ℃,氘核与氚核发生聚变反应的温度应不低于1×10^8 ℃。因此,氘与氚是在地球上发生核聚变反应首选的材料。

与核裂变一样,核聚变的应用首先也是用于军事方面,即用来制造氢弹。由于发生氘—氚聚变所需的上亿度的高温,只能通过原子弹的爆炸来获得,所以氢弹要用原子弹来引爆。目前核聚变能的唯一应用就是制造破坏力极其巨大的氢弹。

核聚变分为不受控核聚变和受控核聚变两种。氢弹爆炸的核聚变是不受控核聚变。氢弹的爆炸可以用到大规模的工程上去,如开凿运河,挖掘隧道,修建港口和改造沙漠等。但即使做到这些氢弹的非军事应用,还是无法供给人类在其他各种生产活动和生活中所需要的能量,因此它不能代替将聚变能转化为电能或其他形式能的受控核聚变。

受控核聚变又叫受控热核反应。为了实现受控核聚变,人们设想,能否制造出一些规模很小的"小氢弹",它的爆炸威力不是那么排山倒海,而是小到可以控制,使这些叫做"靶丸"的小氢弹一个接一个地爆炸,在这个过程中将它们的能量收集起来,再转化为热能或电能加以使用。于是人们在不断寻求这种受控核聚变的途径。

5.2 太阳能开发

太阳能一般指太阳光的辐射能量。在太阳内部进行的由"氢"聚变成"氦"的原子核反应,不停地释放出巨大的能量,并不断向宇宙空间辐射能量。太阳内部的这种核聚变反应,可以维持几十亿至上百亿年的时间。太阳向宇宙空间发射的辐射功率为38×10^{22} kW的辐射值,其中1/2 000 000 000到达地球大气层。到达地球大气层的太阳能,30%被大气层反射,23%被大气层吸收,其余的到达地球表面,其功率为8×10^{13} kW,也就是说太阳每秒钟照射到地球上的能量就相当于燃烧500×10^4 t煤释放的热量。广义上的太阳能是地球上许多能量的来源,如风能、化学能、水的势能等等。狭义的太阳能则限于太阳辐射能的光热、光电和光化学的直接转换。

5.2.1 太阳能热发电系统

太阳能热发电技术可分为两大类:一类是利用太阳能直接发电,如利用半导体材料或金属材料的温差发电,真空器件中的热电子和热离子发电,碱金属的热电转换以及磁流体发电等。其特点是发电装置本体无活动部件,但功率很小,尚未进入商业化应用,在此不做介绍。另一类是太阳能热动力发电,利用太阳集热器将太阳能收集起来,加热水或其他介质,使之产生蒸汽,驱动热力发动机,再带动发电机发电。这种类型已达到实际应用水平,美国等国家已建成具有一定规模的实用电站。

利用太阳能进行热发电的能量转换过程,首先是将太阳辐射转换为热能,然后再将热能转换为机械能,最后是将机械能转换为电能。整个系统的效率也将由这3部分的效率所组成。为使读者得到关于太阳能热发电系统的基本概念,下面首先介绍一下理想热机的卡诺循环。它是法国工程师卡诺于1824年首先提出的,故称为卡诺循环。该循环是由绝热压缩(工质温度由 T_2 提高至 T_1)、定温吸热(工质在 T_2 下从同温度的高温热源吸取热量 Q_1)、绝热膨胀(工质温度从 T_1 降至 T_2)、定温放热(工质在 T_2 下向外部低温热源定温排出热量 Q_2)4个过程组成的一个可逆循环(如图5-4)。在相同的界限温度(T_1 和 T_2)间,卡诺循环热效能最高 $\eta = 1 - \dfrac{T_2}{T_1}$。任何实际的热力循环由于不可逆损失与非定温传热,不可能达到如此高的热效率,故卡诺循环是一个理想的循环。卡诺循环的研究,使热能转变为功的过程成为可能,并对提高实际循环的热效率提出了方向。

将热能转换为机械功的条件及理论上可得到的最大转换功率,已由热力学第二定律和上面的卡诺循环原理所阐明。热力学第二定律表明,任何热机都不可能从单一热源吸取热量并使之全部变为机械功。所以,热机从热源吸取的热量中必有一部分要传递给另一低于热源温度的物体,称之为冷源,如图5-5所示。

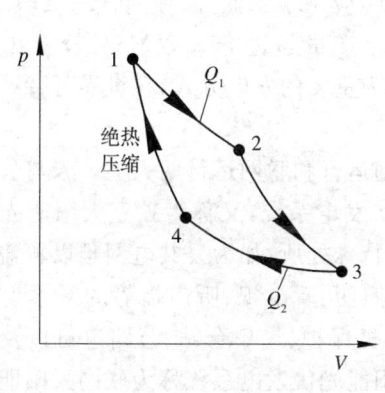

图5-4 卡诺循环图

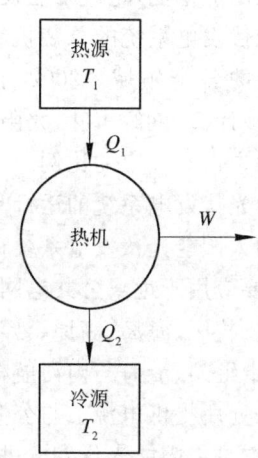

图5-5 理想热机示意图

理想热机的效率与热源、冷源的温度之间的关系,可由卡诺循环定理给出:

$$\eta_m = \dfrac{W}{Q_1} = 1 - \dfrac{Q_2}{Q_1} = 1 - \dfrac{T_2}{T_1}$$

式中 η_m——理想的热机效率;

W——热机输出的机械功;

Q_1——热源向热机供给的热量;

Q_2——热机向冷源排出的热量;
T_1——热源温度,K;
T_2——冷源温度,K。

由上式可知,要提高热机效率 η_m,热源的温度应尽可能高,冷源温度应尽可能低,对于太阳能热发电系统来说,冷源(即冷凝器)的温度主要取决于环境,而在实际应用中冷源的温度是很难低于环境温度的。因此,提高热机效率的主要途径,是提高热源的温度,这就需要采用聚光集热器。但温度过高也会带来诸多问题,如对结构材料的要求苛刻,对聚光跟踪的精度要求高,集热器的热效率随着温度的增加而减少等,所以过提高热源的温度也并非总是有利的。

太阳能热发电系统的总效率 η_s 为集热器效率 η_c、热机效率 η_m 和发电机效率 η_e 的乘积,即

$$\eta_\mathrm{s} = \eta_\mathrm{c} \eta_\mathrm{m} \eta_\mathrm{e}$$

由于太阳能的不稳定性,系统中必须配置蓄能装置,以便夜间或雨雪天时提供热能,保证连续供电。也可考虑组成太阳能与常规能源相结合的混合型发电系统,用常规能源可补充太阳能的不足。

5.2.2 太阳能光伏发电系统

通过太阳能电池(又称光伏电池)将太阳辐射能转换为电能的发电系统称为太阳能电池发电系统(又称太阳能光伏发电系统)。太阳能光伏发电目前工程上广泛使用的光电转换器件晶体硅太阳能电池,生产工艺技术成熟,已进入大规模产业化生产。截止到2002年底,世界太阳能光伏发电系统的总装机容量约达 2 200 MW,应用于工业、农业、科技、文教、国防和人民生活的各个领域。2002年世界太阳能电池年产量超过 559.3 MW,较上年增长 39.34%。预计21世纪中叶,太阳能光伏发电将发展为重要的发电方式,在世界可持续发展的能源结构中占有一定的比例。

太阳能光伏发电系统的运行方式主要可分为离网运行和联网运行两大类。未与公共电网相连接的太阳能光伏发电系统称为离网太阳能光伏发电系统,又称为独立太阳能光伏发电系统,主要应用于远离公共电网的无电地区和一些特殊处所,如为公共电网难以覆盖的边远偏僻农村、牧区、海岛、高原、沙漠的农牧渔民提供照明、看电视、听广播等的基本生活用电,为通信中继站、沿海与内河航标、输油输气管道阴极保护、气象台站、公路道班以及边防哨所等特殊处所提供电源。与公共电网相连接的太阳能光伏发电系统称为联网太阳能光伏发电系统,它是太阳能光伏发电进入大规模商业化发电阶段,成为电力工业组成部分之一的重要方向,是当今世界太阳能光伏发电技术发展的主流趋势。特别是其中的光伏电池与建筑相结合的联网屋顶太阳能光伏发电系统,是众多发达国家竞相发展的热点,发展迅速,市场广阔,前景诱人。

为给农村不通电乡镇及村落广大农牧民解决基本生活用电和为特殊处所提供基本工作电源,经过30来年的努力,离网太阳能光伏发电系统在我国已有一定的发展,到2002年底全国总装机容量约达 40 MW 左右,并将继续快速发展。但联网太阳能光伏发电系统在我国处于试验示范的起步阶段,远远落后于美国、欧洲、日本等发达国家。我们应制定规划,采取措施,积极加以发展。

5.2.3 大规模使用太阳能发电的问题

太阳能利用已有 40 余年历史,它虽有一系列优点,但发展至今,年产量不到 200 MW,与人们的期望值相差甚远,人们目前主要关心如下一些问题:

(1) 影响发展的几个根本问题:

① 要覆盖大量地面。太阳能每年发电 10^8 kW·h 的电量需覆盖地面 1.25×10^4 km²。近年提出的屋顶太阳能电站可能是解决的办法。

② 发电不稳定,储电投资太大,且需要维护。

③ 电池材料所需巨大。根据计算,满足全球发电需要需 64×10^4 km² 电池,即 4.57×10^8 t 太阳电池级硅。

④ 发电成本高,估计比火电高出 10 倍多。

(2) 当前研究的主要问题:

① 材料与器件结构的研发。包括研究电池材料、提高器件的转换效率、使用薄膜技术和剥离技术、大规模生产技术等。

② 改善跟踪和聚光技术。使太阳能电池板自动正对太阳;使用聚光技术,升高太阳能电池温度。

③ 建立空间发电站,使发电不受昼夜和天气的影响。

④ 与风能发电、海洋能发电形成组合发电和并网。

⑤ 与建筑业结合,大规模发展屋顶太阳能电站。

5.3 风能开发

在太阳向地球投射的太阳辐射中,大约有 20%(为 2×10^{16} W)被地球大气层所吸收,这些能量使大气加热,并促成大气的对流运动。按照专家估算,风能约为 2×10^{13} W,这相当于 1972 年全世界能量消耗量的 3 倍。如果这一能量的 1/100 可资利用,则相当于世界能量消耗量的 3%,如把它用于发电,则可生产世界总发电量的 8%～9%。可是实际上由于风速变化多端,能够被利用的风能很有限。

利用风能的历史是悠久的。10 世纪波斯出现风磨;12 世纪欧洲也出现用于抽水、碾磨谷物的风车,这时风车的功率已达 50 马力(36.75 kW)。此后风车一直是主要动力机械之一,只是在 19 世纪中叶蒸汽机问世之后,风力发动机的发展才缓慢下来。但是自从 1973 年出现石油危机以后,这种古老的获能手段重新又被人们所注意,并用现代科学技术开发风能。

我国对风能的利用先于欧洲,早在后汉刘熙所著《释名》中就记有"随风张幔曰帆",说明在 1 700 多年以前已能具体利用风力作为原动力。明崇祯十年(1637 年)完成的《天工开物》上有"扬郡以风帆数扇,俟风转车,风息则止"的记载,说明那时已经掌握将气流的直线运动转变为风车轴的旋转运动,在利用风能上显然又进了一步。在近代,我国沿海各省如冀、鲁、苏、浙农村都有用风车作为排水的动力,只不过发展很慢。目前国内外风能发展的方向有两方面:一是着重于中小容量风能发电装置的研制,这种机组多是为农村成分散的孤立用电户而设计,其特点是工作风速范围大(从每秒几米到十几米),可用于各种恶劣气候条件下,能防砂、防水,维修简便,寿命长。一般说这类机组较成熟,不少型式已成批生产进入商业市场。其中江苏启东县的"海丰型"、浙江"FD—13"型、吉林白城的"3—22"型都是运行很好的风能电站。目前浙江还在研制 40 kW 风能发电机组,福建也在着手设计 50 kW 机组。总之,因地制宜地在适当的地区开发利用风能资源是会有很大经济效益的。另一方面是发展可与火电网并网运行的大型风能发电机组,以缓和能源紧张局势。

风能发电成本与整个装置的总效率、容量和年平均风速有关,特别是风速影响很大。如年平均风速为 11 m/s 时 592 kW 的机组,每度电成本为 0.52 便士,但如风速为 4.5 m/s 时,同容量机组的电成本要上涨到 1.55 便士。通常容量较大时电成本较低。不过它比火电成本高,然而在大量引进新技术和增大容量后,它将具有更大的竞争能力。

风力发电技术近年来有了长足发展,发电成本在过去 10 a 里有了明显下降。这主要是因为:

① 塔座高大的大型风轮机得到应用,带动较大型发电机成为可能,高大的大型风轮机可使同等发电能力的风力电站用较小的风场,甚至将风场建立在浅海滩。

② 低价格、大功率发电机的应用。5 a 前,风力发电机功率一般均在 500 kW 以下,目前德国正在开发发电机功率为 5 000 kW 的大型风力发电机组,据说美国还有 10 000 kW 以上的风力发电机。

③ 风力发电的若干关键技术逐步得到解决,如传动效率、蓄能技术、稳定输出电压和频率的技术等。

④ 较大量的分布区域分散的小型风力电站可给电网得到相对稳定的电能。缓解了风力电站蓄能的压力。

⑤ 能源短缺和环保要求的压力日增,政府加大了对风能发电的支持。

⑥ 风力发电站建设周期短,装机规模灵活。

5.3.1 风力机的种类

尽管风力机多种多样,但归纳起来,可分为两类:水平轴风力机,风轮的旋转轴与风向平行;垂直轴风力机,风轮的旋转轴垂直于地面或气流方向。

水平轴风力机可分为升力型和阻力型两类。升力型旋转速度快,阻力型旋转速度慢。对于风力发电,多采用升力型水平轴风力机。大多数水平轴风力机具有对风装置,能随风向改变而转动。对小型风力机,这种对风装置采用尾舵,而对于大型的风力机,则利用风向传感元件及伺服电动机组成的传动机构。风力机的风轮在塔架前面的称上风向风力机,风轮在塔架后面的则称下风向风力机。水平轴风力机的式样很多,有的具有反转叶片的风轮;有的在一个塔架上安装多个风轮,以便在输出功率一定的条件下减少塔架的成本;有的利用锥型罩,使气流通过水平风轮时集中或扩散,因此加速或减速;还有的水平轴风力机在风轮周围产生旋涡,集中气流,增加气流速度。

垂直轴风力机在风向改变时无需对风,在这点上相对水平轴风力机是一大优点,它不仅使结构设计简化,而且也减少了风轮对风时的陀螺力。

利用阻力旋转的垂直轴风力机有几种类型,其中有利用平板和杯子做成的风轮,这是一种纯阻力装置;S 型风机具有部分升力,但主要还是阻力装置。这些装置有较大的启动力矩,但尖速比较低,在风轮尺寸、重量和成本一定的条件下,提供的功率输出较低。

5.3.2 风力发电系统的构成及运行分析

5.3.2.1 独立运行的风力发电系统

(1) 直流系统

如图 5-6 为一个由风力机驱动的小型直流发电机经蓄电池蓄能装置向电阻性负载供电的电路图。当风力减小,风力机转速降低,致使直流发电机电压低于蓄电池组电压时,则发电机不能对蓄电池充电,而蓄电池却要向发电机反向送电。为了防止这种情况出现,在发电机电枢电路与蓄电池组之间装有由逆流继电器控制的动断触点,当直流发电机电压低于蓄电池组电压时,逆流继电器动作,断开动断触点 J 使蓄电池不能向发电机反向供电。

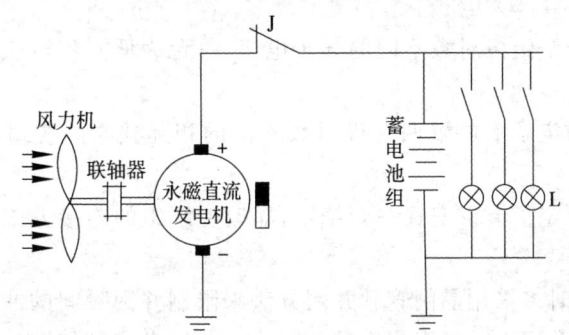

图 5-6 独立运行的直流风力发电系统
L——电阻性负载(如照明灯等),J——逆流继电器控制的动断触点

蓄电池容量的选择与选定的风力发电机的额定数值(容量、电压等)、日负载(用电量)状况以及该风力发电机安装地区的风况等有关;同时还应按 10 h 放电率电流值的规定来计算蓄电池组的充电及放电电流值,以保证合理地使用蓄电池,延长蓄电池的使用寿命。

(2) 交流系统

如图 5-7 中的逆变器可以是单相逆变器,也可以是三相逆变器,视负载为单相或三相而定。照明及家用电器(如电视机、电冰箱等)只需单相交流电源,选单相逆变器;对于动力负载(如电动机等),必须采用三相逆变器,对逆变器输出的交流电的波形按负载的要求可以是正弦波形或方波。

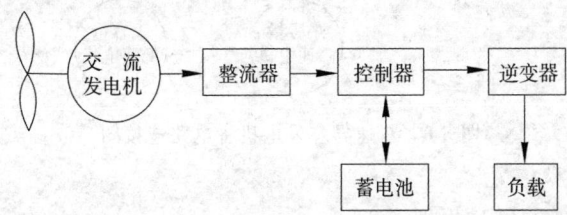

图 5-7 交流发电机向交流负载供电

5.3.2.2 并网运行的风力发电系统

(1) 双速异步发电机

双速异步发电机系指具有两种不同的同步转速(低同步转速及高同步转速)的电机,异

步电机的同步转速与异步电机定子绕组的极对数及所并联电网的频率有如下关系,即

$$n_s = \frac{60f}{p}$$

式中　n_s——异步电机的同步转速,r/min;
　　　p——异步电机定子绕组的极对数;
　　　f——电网的频率,我国电网的频率为 50 Hz。

因此并网运行的异步电机的同步转速是与电机的极对数成反比的,例如 4 极的异步电机的同步转速为 1 500 r/min,6 极的异步电机的同步转速为 1 000 r/min,可见只要改变异步电机定子绕组的极对数,就能得到不同的同步转速。如何改变电机定子绕组的极对数呢?可以有以下三种方法:

① 采用两台定子绕组极对数不同的异步电机,一台为低同步转速的,一台为高同步转速的;

② 在一台电机的定子上放置两套极对数不同的相互独立的绕组,即是双绕组的双速电机;

③ 在一台电机的定子上仅安置一套绕组,靠改变绕组的连接方式获得不同的极对数,即单绕组双速电机。

异步发电机并网时多采用晶闸管软并网方法来限制并网瞬间的冲击电流,双速异步发电机是通过晶闸管软并网方法来限制启动并网时的冲击电流,同时也在低速(低功率输出)与高速(高功率输出)绕组相互切换过程中起限制瞬变电流的作用,双速异步发电机通过晶闸管软切入并网的主电路,如图 5-8 所示,双速异步发电机启动并网及高低输出功率的切换信号皆由计算机控制。

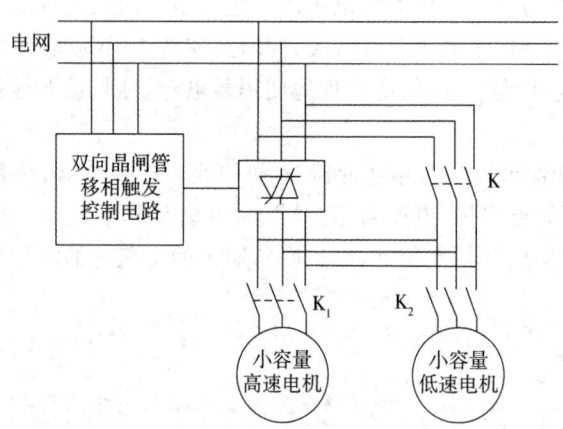

图 5-8　双速异步发电机主电路连接图

双速异步发电机的并网过程如下:

当风速传感器测量的风速达到启动风速(一般为 3.0~4.0 m/s)以上,并连续维持达 5~10 min 时,控制系统计算机发出启动信号,风力机开始启动,此时发电机被切换到小容量低速绕组(例如 6 极,1 000 r/min),根据预定的启动电流值,当转速接近同步转速时,通过晶闸管接入电网,异步发电机进入低功率发电状态。

若风速传感器测量的 1 min 平均风速远超过启动风速,例如 7.5 m/s,则风力机启动

后,发电机被切换到大容量高速绕组(例如4极,1 500 r/min),当发电机转速接近同步转速时,根据预定的启动电流值,通过晶闸管接入电网,异步发电机直接进入高功率发电状态。

双速异步发电机的运行状态,即高功率输出或低功率输出(在采用两台容量不同发电机的情况下,即是大电机运行或小电机运行),是通过功率控制来实现的。

当小容量发电机的输出在一定时间内(例如5 min)平均值达到某一设定值(例如当小容量发电机额定功率的75%左右),通过计算机控制将自动切换到大容量电机。为完成此过程,发电机暂时从电网中脱离出来,风力机转速升高,根据预先设定的启动电流值,当转速接近同步转速时通过晶闸管并入电网,所设定的电流值应根据风电场内变电所所允许投入的最大电流来确定。由于小容量电机向大容量电机的切换是由低速向高速的切换,故这一过程是在电动机状态下进行的。

当双速异步发电机在高输出功率(即大容量电机)运行时,若输出功率在一定时间内(例如5 min)平均下降到小容量电机额定容量的50%以下时,通过计算机控制系统,双速异步发电机将自动由大容量电机切换到小容量电机(即低输出功率)运行,必须注意的是当大容量电机切出,小容量电机切入时,虽然由于风速的降低,风力机的转速已逐渐减慢,但因小容量电机的同步转速较大容量电机的同步转速低,故异步发电机将处于超同步转速状态下,小容量电机在切入(并网)时所限定的电流值应小于小容量电机在最大转矩下相对应的电流值,否则异步发电机会发生超速,导致超速保护动作而不能切入。

(2) 滑差可调的绕线式异步发电机

滑差可调异步发电机从结构上讲与串电阻调速的绕线式异步电动机相似,其整个结构包括绕线式转子的异步电机、绕线转子外接电阻、由电力电子器件组成的转子电流控制器及转速和功率控制单元。

在采用变桨距风力机的风力发电系统中,由于桨距调节有滞后时间,特别在惯量大的风力机中,滞后现象更为突出,在阵风或风速变化频繁时,会导致桨距大幅度频繁调节,发电机输出功率也将大幅度波动,对电网造成不良影响;因此单纯靠变桨距来调节风力机的功率输出,并不能实现发电机输出功率的稳定性,利用具有转子电流控制器的滑差可调异步电机与变桨距风力机配合,共同完成发电机输出功率的调节,则能实现发电机电功率的稳定输出。具有转子电流控制器的滑差可调异步发电机与变桨距风力机配合时的控制原理如图5-9所示。

如图5-9的控制原理图,变桨距风力机—滑差可调异步发电机的启动并网及并网后的运行状况如下:

① 当风速达到启动风速时,风力机开始启动,随着转速的升高,风力机的叶片节距角连续变化,使发电机的转速上升到给定转速值(同步转速),继之发电机并入电网。

② 当发电机并入电网后,发电机的转速由于受到电网频率的牵制,转速的变化表现在电机的滑差率上,风速较低时,发电机的滑差率较小,当风速低于额定风速时,通过转速控制环节、功率控制环节及RCC控制环节将发电机的滑差调到最小,滑差率在1%(即发电机的转速大于同步转速1%),同时通过变桨距机构将叶片攻角调至零,并保持在零附近,以便最有效地吸收风能。当风速达到额定风速时,发电机的输出功率达到额定值。

③ 当风速超过额定风速时,如果风速持续增加,风力机吸收的风能不断增大,风力机轴上的机械功率输出大于发电机输出的电功率,则发电机的转速上升,反馈到转速控制环节

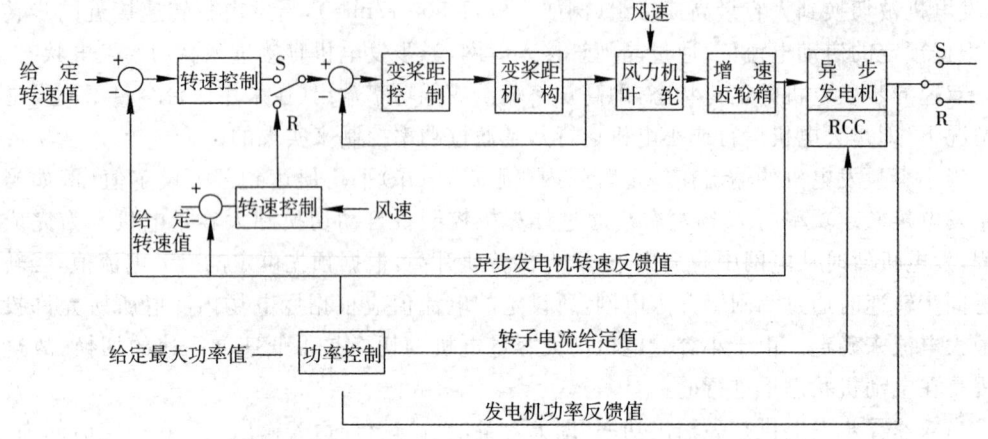

图 5-9 变桨距风力机—滑差可调异步发电机控制原理框图
S 代表机组启动并网前的控制方式(转速反馈控制)
R 代表发电机并网后的控制方式(功率控制方式)

后,转速控制输出将使变桨距机构动作,改变风力机叶片攻角,以保证发电机为额定输出功率不变,维持发电机在额功率下运行。

④ 当风速在额定风速以上,风速处于不断的短时上升和下降的情况时,发电机输出功率的控制状况如下:当风速上升时,发电机的输出功率上升,大于额定功率,则功率控制单元改变转子电流给定值,使异步发电机转子电流控制环节动作,调节发电机转子回路电阻,增大异步发电机的滑差(绝对值),发电机的转速上升,由于风力机的变桨距机构有滞后效应,叶片攻角还未来得及变化,而风速已下降,发电机的输出功率也随之下降,则功率控制单元又将改变转子电流给定值,使异步发电机转子电流控制环节动作,调节转子回路电阻值,减小发电机的滑差(绝对值)使异步发电机的转速下降。根据上述的基本工作原理可知,在异步发电机转速上升或下降的过程中,发电机转子的电流将保持不变,发电机输出功率也将维持不变,可见在短暂的风速变化时,借助转速恒定,从而减少了对电网的扰动。必须指出,正是由于转子电流控制环节的动作时间远较变桨距机构的动作时间要快(也即前者的响应速度远较后者为快),才能实现仅仅借助转子电流控制器就能实现发电机功率的恒定输出。

(3) 变速双馈异步发电机

现代兆瓦级以上的大型并网风力发电机组多采用风力机叶片桨距可以调节及变速运行的方式,这种运行方式可以实现优化风力发电机组内部件的机械负载及优化系统内的电网质量。风力机变速运行时将使与其连接的发电机也作变速运行,因此必须采用在变速运转时能发出的恒频恒压电能的发电机,才能实现与电网的连接。将具有变频器及控制技术绕线转子的双馈异步发电机与应用最新电力电子技术的 IGBT 变频器及 PWM 控制技术结合起来,就能实现这一目的,也即是变速恒频发电系统。

由变桨距风力机及双馈异步发电机组成的变速恒频发电系统与电网的连接情况如图 5-10 所示。当风速变化时,系统工作情况如下:

当风速降低时,风力机转速降低,异步发电机转子转速也降低,转子绕组电流产生的旋转磁场转速将低于异步电机的同步转速 n_s,定子绕组感应电动势的频率 f 低于 f_1(50 Hz),

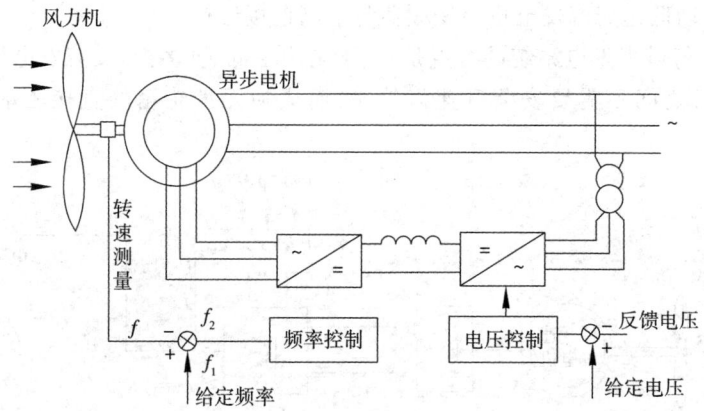

图 5-10　变速风力机—双馈异步发电机系统与电网连接图

与此同时转速测量装置立即将转速降低的信息反馈到控制转子电流频率的电路,使转子电流的频率增高,则转子旋转磁场的转速又回升到同步转速 n_s,这样定子绕组感应电势的频率 f 又恢复到额定频率 f_1(50 Hz)。

同理,当风速增高时,风力机及异步电机转子转速升高,异步发电机定子绕组的感应电动势的频率将高于同步转速所对应的频率 f_1(50 Hz),测速装置会立即将转速和频率升高的信息反馈到控制转子电流频率的电路,使转子电流的频率降低,从而使转子旋转磁场的转速回降至同步转速 n_s,定子绕组的感应电动势频率重新恢复到频率 f_1(50 Hz)。必须注意,当超同步运行时,转子旋转磁场的转向应与转子自身的转向相反,因此当超同步运行时,转子绕组应能自动变换相序,以使转子旋转磁场的旋转方向倒向。

当异步电机转子转速达到同步转速时,此时转子电流的频率应为零,即转子电流为直流电流,这与普通同步发电机转子励磁绕组内通入直流电是相同的。实际上,在这种情况下双馈异步发电机已经和普通同步发电机一样了。

变速恒频发电系统有能力控制异步发电机的滑差在恰当的数值范围内变化,因此可以实现优化风力机叶片的桨距调节,也就是可以减少风力机叶片桨距的调节次数,这对桨距调节机构是有利的。由于风力机是变速运行,其运行速度能够在一个较宽的范围内被调节到风力机的最优化效率数值,使风力机的 C_p 值得到优化,从而获得高的系统效率。这种变速恒频系统内的变频器的容量取决于发电机变速运行时最大滑差功率,一般电机的最大滑差率为 $\pm(25\sim35)\%$,因此变频器的最大容量仅为发电机额定容量的 1/4~1/3。

(4) 变速交流发电机经变频器与电网连接运行

在这种风力发电系统中,风力机可以是水平轴变桨距控制或失速控制的定桨距风力机,也可以是立轴的风力机。

在这种系统中,由于交流发电机是通过整流—逆变装置与电网连接,发电机的频率与电网的频率是彼此独立的,因此通常不会发生同步发电机并网时由于频率差而产生的冲击电流或冲击力矩问题,是一种较好的平稳的并网方式。

这种系统的缺点是需要将交流发电机发出的全部交流电能经整流—逆变装置转换后送入电网,因此需采用大功率高反压的晶闸管,电力电子器件的价格相对较高,控制也较复杂,此外,非正弦形逆变器在运行时产生的高频谐波电流流入电网,会影响电网的电能质量。

(5) 直接驱动低速交流发电机经变频器与电网连接运行

这种并网运行风力发电系统的特点是:由于采用了低速(多极)交流发电机,因此在风力机与交流发电机之间不需要安装升速齿轮箱,而成为无齿轮箱的直接驱动型,如图 5-11 所示。

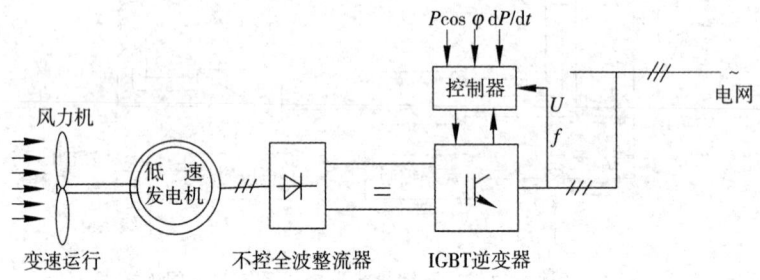

图 5-11 无齿轮箱直接驱动型变速恒频风力发电系统与电网连接图

这种系统中的低速交流发电机,其转子的极数大大多于普通交流同步发电机的极数,因此这种电机的转子外圆及定子内径尺寸大大增加,而其轴向长度则相对很短,呈圆环状,为了简化电机的结构,减小发电机的体积和质量,采用永磁体励磁是有利的。

由于 IGBT(绝缘栅双极型晶体管)是一种结合大功率晶体管及功率场效应晶体管两者特点的复合型电力电子器件,它既具有工作速度快,驱动功率小的优点,又兼有大功率晶体管的电流能力大、导通压降低的优点,因此在这种系统中多采用 IGBT 逆变器。

无齿轮箱直接驱动型风力发电系统的优点主要有以下几点:

① 由于不采用齿轮箱,机组水平轴向的长度大大减小,电能生产的机械传动路径被缩短了,避免了因齿轮箱旋转而产生的损耗、噪声以及材料的磨损甚至漏油等问题,使机组的工作寿命更加有保障,也更适合于环境保护的要求。

② 避免了齿轮箱部件的维修及更换,不需要齿轮箱润滑油以及对油温的监控,因而提高了投资的有效性。

③ 由于发电机具有大的表面,散热条件更有利,可以使发电机运行时的温升降低,减小发电机温升的起伏。

(6) 变速经滑差连接器驱动同步发电机

风力机驱动同步发电机与电网并联时,当风速变化风力机变速运行时,同步发电机输出端将发出变频变压的交流电,是不能与电网并联的。如果在风力机与同步发电机之间采用电磁滑差连接器来连接,则当风力机做变速运行时,借助电磁滑差连接器,同步发电机能发出恒频恒压的交流电,实现与电网的并联运行,这种系统的原理性图如图 5-12 所示。

电磁滑差连接器是一个特殊的电力机械,它起着离合器的作用,它由两个旋转的部分组成,一个旋转部分与原动机相连,另一个旋转部分与被驱动机械相连,这两个旋转部分之间没有机械上的连接,而是以电磁作用的方式来实现从原动机到被驱动机械之间的弹性连接并传递力矩。从结构上看,电磁滑差连接器与滑差电机相似,由电枢、磁极、励磁绕组、滑环及电刷组成。其励磁绕组由晶闸管整流器供给电流,励磁电流的大小则由晶闸管控制。

5 新能源开发

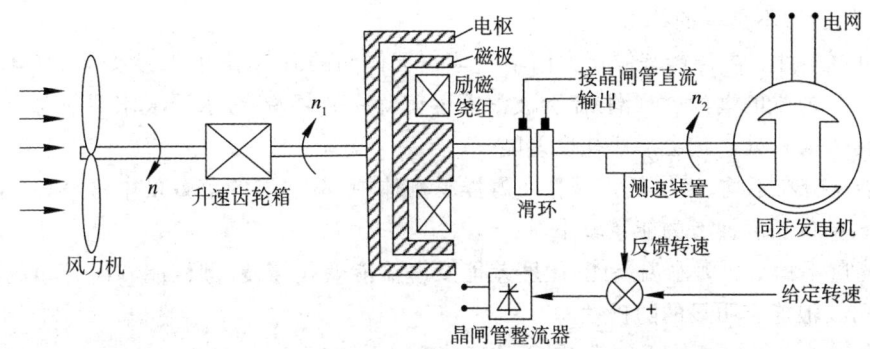

图 5-12 采用电磁滑差连接器的变速恒频风力发电系统原理图

5.3.3 我国风力发电发展预测

风力发电近些年在我国得到发展,已经建成了一批大型风力发电场,风电总装机仅为 22.36×10^4 kW,仅占全国电力总装机容量的不到 0.1%。其中,乌鲁木齐电网中并网运行的风电装机容量为 6.36×10^4 kW,约占电网装机容量的 3.3%。1997~1998年,我国风电场投产209台机组,合计容量114 200 kW,全部为进口,设备价格高,风电场每千瓦造价约8 000~9 000元,其中机组占投资的 75%~80%。风电成本为 0.45~0.70 元/(kW·h)(目前国内大中型水电站每千瓦造价为 7 000~8 000元,火电站加上脱硫环保设施,每千瓦造价也要超过 7 000元)。

风电的优点是蕴藏量大、可再生、无污染、不淹地、占地少、建设周期短、投资灵活、自动控制水平高、运行管理人员少等。缺点是它是一种密度小的随机性能源。我国许多地方,冬春季枯水期间水电出力不足,正是风力强劲的季节,风电和水电配合使用,尤为可取。

我国政府十分重视风力发电产业,1996年就制订的《乘风计划》,旨在鼓励提高中大型风力发电机制造技术和国产化率,"十五"期间原计划在风力发电产业投资 15×10^8 元,并网风力发电装机容量要达到 120×10^4 kW。

5.4 海洋能开发

5.4.1 海洋能特点

海洋是人类巨大的资源宝库,人类将会越来越依靠海洋提供各种资源,这里只介绍海洋可能提供的能源资源。海洋能是指海洋所特有的依附于海水的可再生能源,并可以在一定条件下转化为电能或机械能,并具有开发价值的能源。

海洋能是海洋所具有的能,即是衡量海水各种运动形态的大小尺度。它既不同于海底或海底下储存的煤、石油、天然气、热液矿床等海底能源资源,也不同于溶存于海水中的铀、锂、重水、氘、氚等化学能源资源,它主要是以波浪、海流、潮汐、温度差、盐度差等方式,以动能、势能、热能、物理化学能的形态,通过海水自身所呈现的可再生能源,它是波浪能、潮汐能、海水温差能、海(潮)流能和盐度差能的统称。蕴藏于海水中的海洋能不仅十分巨大,而且具有其他能源不具备的特点：

① 可再生性。海洋能来源于太阳辐射能与天体间的万有引力,只要太阳、月球等天体与地球共存,海水的潮汐、海(潮)流和波浪等运动就周而复始;海水受太阳照射总要产生温差能;江河入海口处永远会形成盐度差能。

② 能流分布不均、密度低。尽管在海洋总水体中,海洋能的蕴藏量丰富,但单位体积、单位面积、单位长度拥有的能量较小。

③ 能量不稳定。海水温差能、盐度差能及海流能变化缓慢;潮汐能和海(潮)流能变化有规律,而波浪能有明显的随机性。

④ 海洋能开发对环境无污染,属于洁净能源。

5.4.2 海洋能分类

① 波浪能。波浪能是由风引起的海水沿水平方向周期性运动所产生的能量。大浪对 1 m 长的海岸线所做的功,每年约为 100 MW。全球海洋的波浪能达 7×10^7 MW,可供开发利用的波浪能为 $(2\sim3)\times10^6$ MW,每年发电量可达 9×10^{13} kW·h。其中我国波浪能约有 7×10^4 MW。

② 潮汐能。潮汐能是海水在月球和太阳等天体引力作用下,所进行的有规律的升降运动产生的能量。世界海洋潮汐能蕴藏量约为 27×10^8 kW,若全部转换成电能,年发电量可达 1.2×10^{12} kW·h。我国潮汐能蕴藏量丰富,约为 1.9×10^8 kW,若全部转换成电能,年发电量近 618×10^8 kW·h。

③ 海水温差能。海水温差能又称海洋热能。在热带和亚热带海区,由于太阳照射强烈,使海水表面大量吸热,温度升高,而在海面以下 40 m 以内,90% 的太阳能被吸收,所以 40 m 水深以下的海水温度很低。热带海区的表层水温高达 25～30 ℃,而深层海水的温度只有 5 ℃左右。

5.4.3 海洋能发电的趋势

① 潮汐能发电。潮汐能发电工程技术正向着中型、大型发展。到 2020 年,全世界潮汐发电量将达 $(1\sim3)\times10^{11}$ kW·h。

② 波浪能发电。波浪能发电技术日趋成熟,正向着实用化、商品化发展。由于波浪能发电站适用于岛屿、航标灯浮标、航标灯船,因此具有广阔的应用前景。

③ 海洋温差发电。到 2010 年,全世界可能有 1 030 个海洋温差发电站问世,其中 10% 的发电功率达 100 MW 以上,50% 的发电功率在 10 MW 以下。

海洋能开发技术发展的总趋势为：

① 规模大型化。海洋能作为可再生新能源,在未来的社会发展中,愈来愈引起人们的关注,着眼点是用海洋能发电解决海岛居民的生活及工农业用电问题。其关键是电站的发电能力要提高,这就要求电站的规模大型化,对发电技术的要求也相应提高。从潮汐能、波浪能、海洋温差能等发电技术看,电站向着大规模发展的趋势是不可避免的。

② 产品商用化。世界上一些发达国家业已注意到海洋能发电技术的潜在市场。因为常规能源使用寿命是有限的,为了今后的经济可持续发展,必须开发新能源。沿海发展中国家的海洋能资源较丰富,是一个强大的技术输出市场。

③ 用途综合化。海洋能发电在经济上与常规能源比较,成本还是较高的。为了提高竞争力,必须降低发电成本。这不仅要求发电技术必须进一步改进,而且要走综合开发利用之路,如潮汐发电与海水养殖和旅游业相结合;海洋温差发电与淡水生产、海水养殖和深海采矿相结合,波能发电与建造防波堤相结合。这是今后发展的重要方向。

5.4.4 海洋能开发利用的制约因素

① 社会成本。使用常规能源时会产生污染,减少污染就会增加能源的成本;而海洋能的利用刚好与此相反,很少产生或根本不产生大气污染。虽然海洋能开发利用成本高,也可能会产生其他环境影响,但通过适当的设计或采取某些措施,便可最大限度地减少或避免这些不利的环境影响。因此海洋能要想较大幅度地进入能源市场,必须具备能与常规能源竞争的能力,必须减少上述的社会成本问题。

② 经济成本。由于海洋中的能量密度低,低温热力循环和许多波浪能装置的效率低以及潮汐能发电的间歇性等,因而提取波浪能、潮汐能和海洋能的装置体积庞大,价格昂贵,投资成本高。但在任何情况下,海洋能装置的运行成本均很低,而且不存在燃料成本问题。

③ 风险影响。投资强度大,由于使用期内获得的利润并不比成本高出很多,再加上未来的事件及燃料价格的不确定性,因此投资强度大的项目在财政上不会有很强的生命力。

5.5 天然气水合物

天然气水合物(Natural Gas Hydrate,简称 Gas Hydrate),又称笼形包合物(Clathrate),它是在一定条件(合适的温度、压力、气体饱和度、水的盐度、pH 等)下由水和天然气组成的类冰的、非化学计量的笼形结晶化合物,它遇火就可燃烧。组成天然气水合物的成分有烃类(CH_4、C_2H_6、C_3H_8、C_4H_{10} 等同系物)及非烃类气体(CO_2、N_2、H_2S 等),这些气体赋存于水分子笼形格架内。由于形成天然气水合物的气体主要是甲烷,因此通常将甲烷分子质量分数超过 99% 的天然气水合物称为甲烷水合物(Methane Hydrate)。

天然气水合物在自然界广泛分布于大陆、岛屿的斜坡地带,活动大陆边缘的隆起处,极地大陆架以及海洋和一些内陆湖的深水环境。在标准状况下,1 m³ 的天然气水合物分解最多可产生 164 m³ 的甲烷气体。天然气水合物具有能量密度高、分布广、规模大、埋藏浅、成藏物化条件优越等特点,被公认为 21 世纪新型洁净高效能源。其总能量约为煤、油、气总和的 2~3 倍。20 世纪 60 年代以来,人们陆续在冻土带和海洋深处发现天然气水合物,日益引起科学家和世界各国政府的关注。

虽然天然气水合物有巨大的能源前景,然而是否能对其进行安全开发,使之不会导致甲烷气体的泄露、产生温室效应、引起全球变暖、诱发海底地质灾害,也是天然气水合物研究的重要内容之一。

5.5.1 天然气水合物的资源分布

天然气水合物的形成一般需要具备三个条件:低温(0~10 ℃)和高压(>10 MPa);充足的烃类气体连续补给和水的供应;足够的生长空间。

天然气水合物中的烃类气体主要为有机成因。有机成因的烃类气体又可分为生物气和热解气。前者是指沉积物在堆积成岩早期,有机质在细菌的生物化学作用下转化形成的气体;后者是指沉积物在埋深加大、温度进一步升高的条件下,有机质受热演化作用形成的热解气。

天然气水合物的形成严格受温度、压力、水、气组分相互关系的制约。一般来说,天然气水合物形成的最佳温度是 0~10 ℃,压力则应大于 10.1 MPa。但具体到高纬度地区和海洋中的情况是不同的。在极地,因其温度低于 0 ℃,天然气水合物形成的压力无需太高,如阿拉斯加、加拿大和俄罗斯北部陆地的永久冻土带与大陆架海区均可出现天然气水合物,在永久冻土带天然气水合物的成藏深度可达 150 m;在海洋中,因为水层的存在水位压力相应增加,导致天然气水合物可形成于稍高的温度条件下,通常是在水深 500~4 000 m 处(约 5~40 MPa),相应温度 15~25 ℃,天然气水合物仍然可以形成并稳定存在,成藏上限为海底面,下限为海底面以下 650 m,甚至深达 1 000 m。世界上许多大陆坡及海底高原就具有这类环境,在其中的许多地方已经找到了天然气水合物。

天然气水合物在地球上广泛存在,大约有 27% 的陆地是可以形成天然气水合物的潜在地区,而在世界大洋水域中约有 90% 的面积也属这样的潜在区域。海底天然气水合物主要产于新生代地层中,天然气水合物矿层厚度达数十厘米至上百米,分布面积数千至数万平方千米;天然气水合物储集层为粉砂质泥岩、泥质粉砂岩、粉砂岩、砂岩及沙砾岩,储集层中的水合物含量最高可达 95%;天然气水合物广泛分布于内陆海和边缘海的大陆架(限于高纬度海域)、大陆坡、岛坡、水下高原,尤其是那些与泥火山、盐(泥)底辟及大型构造断裂有关的海盆中。此外,大陆上的大型湖泊,如贝加尔湖,由于水深且有气体来源,温压条件适合,同样可以生成天然气水合物。到 2000 年全球在海底共已发现 82 处天然气水合物矿点。

储存在天然气水合物中的碳至少有 1×10^{13} t,约是当前已探明的所有化石燃料(包括煤、石油和天然气)中碳含量总和的 2 倍。

中国海域适宜天然气水合物形成的地区主要包括南海西沙海槽、东沙群岛南坡、台西南盆地、笔架南盆地、南沙海域以及东海冲绳海槽南部。上述地区水深大(最小水深在 300 m 以上)、沉积厚度大(新生代地层厚度一般在 3 000~6 000 m)、沉积速率高、具有天然气水合物存在的地球物理和化学标志。在陆地,我国青藏高原永久冻土带也可能蕴藏大量的天然气水合物。

5.5.2 天然气水合物的开发

与煤炭、石油等传统型能源开发不同,天然气水合物在开发过程中会发生相变。水合物在陆地永久冻土层和洋底埋藏是固体,在开采过程中分子构造发生变化,从固体变成气体。并且,天然气水合物如果开发不当,将会对环境造成灾难性影响。因此天然气水合物的开发目前仍是个巨大难题。

目前天然气水合物分解开采技术和工艺还只停留在理论和实验阶段,主要有以下三种开采方法:

① 热激发法(热解法)。热激发法是对含天然气水合物的地层加热,以提高局部温度使天然气水合物溶解。该方法主要是将蒸汽、热水、热盐水或其他热流体从地面泵入天然气水合物地层,也可采用开采重油时使用的火驱法或利用钻进加热器。总之,只要能促使温度上升达到天然气水合物分解的方法都可称为热激发法。热开采技术主要的不足之处是会造成

大量的热损失,效率很低,特别是在永久冻土区,即使利用绝热管道,永冻层也会降低传递给天然气水合物储集层的有效热量。

② 化学试剂法(抑制剂法)。某些化学试剂,诸如盐水、甲醇、乙醇、乙二醇、甘油等可以改变天然气水合物形成的相平衡条件,降低天然气水合物的稳定温度。当将上述化学试剂从井孔泵入后,就会引起天然气水合物的分解。化学试剂法比热激发法作用缓慢,但确有降低能源消耗的优点。它最大的缺点是费用昂贵,而且会带来很多环境问题。大洋中天然气水合物所处的压力较高,不宜采用此方法。

③ 减压法。通过降低压力能达到分解的目的。由热激发或化学试剂作用人为形成一个天然气囊来降低天然气水合物的压力,使天然气水合物变得不稳定并且分解为天然气和水。减压法最大的特点是不需要昂贵的连续激发,有可能成为将来大规模开采天然气水合物的有效方法之一。

以上各种方法目前仍处于理论和实验研究阶段,要真正做到大规模和商业化的生产还需要进一步的研究,而且单采用上述某一种方法来开采天然气水合物是不经济的,只有结合不同方法的优点才能达到对天然气水合物的有效开采。

5.5.3 天然气水合物研究现状与利用趋势

国内外学者对天然气水合物形成与分解的物理化学条件、产出条件、分布规律、形成机理、勘察技术方法、取样设备、开发工艺、经济评价、环境效应及环境保护等方面进行了深入的研究。在开采技术方面,提出了热激化法、化学试剂法和降压法等技术。美国、日本、加拿大、德国和印度等国家在天然气水合物调查、勘探、开发、实验和研究等领域保持领先地位。

天然气水合物作为潜力巨大的新型能源,各国近些年虽然投入颇大,但由于研究涉及多学科知识,就地测量其特性费时又昂贵,并且天然气水合物深入研究总体说来时间不长,因此在天然气水合物成藏动力学、成藏机理和资源综合评价等方面还有待进一步研究,调查勘探技术与综合评价技术尚未成熟,目前还没有十分有效的找矿标志和客观的评价预测模型,也尚未研制出经济、高效的开采技术。

天然气水合物的基础物理化学性质、传递过程性质、热力学相平衡性质、生成/分解动力学问题等一直是国际上的研究重点,今后也将是研究的热点。在实验室利用多种仪器设备合成天然气水合物,进而研究其物化性质,用实测数据模拟其地质背景也是一种切实可行的途径。

因此,天然气水合物研究将需要进一步加大资金投入以及国际间合作,突出创新性,综合多学科知识,以期在不远的将来取得突破性进展。

目前,许多国家制定了获取浅层天然气水合物的钻井目标。可以预见,随着科学技术的飞速发展和能源需求的快速增长,天然气水合物这一巨大的非常规天然气资源将会发挥出其应有的经济效益。

天然气水合物的主要用途可分为化工原料和能源用途两大类。只要能够对天然气水合物进行有效的开采、运输、储存和分解,就可以对其主要成分甲烷进行有效的利用。天然气水合物的利用目前尚处于基础研究阶段,只有在能够进行大规模商业开采以后,才有望实现天然气水合物的商业化应用。

5.6 地热能开发

5.6.1 概述

地热能是来自地球深处的热能,它源于地球的熔融岩浆和放射性物质的衰变。地下水的循环和来自深处的侵入地壳的岩浆,把热量从地下深处带至近地表层。地热能开发利用的物质基础是地热资源。全世界的地热资源达 1.26×10^{27} J,相当于 4.6×10^{16} t 标准煤,即超过世界技术和经济力量可采煤储量含热量的 70 000 倍。地球内部蕴藏的巨大热能,通过大地的热传导、火山喷发、地震、深层水循环、温泉等途径不断地向地表散发,平均年流失的热量约达 1×10^{21} kJ。但是,由于目前经济上可行的钻探深度仅在 3 000 m 以内,再加上热储空间地质条件的限制,因而只有地热能运移并在浅层局部富集时,才能形成可供开发利用的地热田。深部地下水的循环和来自深处的岩浆侵入到地壳后,把热量从地下深处带至近地表层。严格地说,地热能不是一种可再生的资源,而是像石油一样,是可开采的能源,最终的可回收量将依赖于所采用的技术。如果将水重新注回到含水层中,使含水层不枯竭,可以提高地热的再生性。

近年来地热能还被应用于温室、热泵和供热。在商业应用方面,利用过热蒸汽和高温水发电已有几十年的历史。利用中等温度(100 ℃)水通过双流体循环发电设备发电的技术现已成熟。地热热泵技术也取得了明显进展。由于这些技术的进展,地热资源的开发利用得到较快的发展。研究从干燥的岩石中和从地热增压资源及岩浆资源中提取热能的有效方法,可进一步增加地热能的应用潜力。

5.6.2 地热资源

5.6.2.1 地热资源的分类及特性

一般说来,深度每增加 100 m,地球的温度就增加 3 ℃左右。这意味着地下 2 km 深处的地球温度约 70 ℃;深度为 3 km 时,温度将增加到 100 ℃,依此类推。然而在某些地区,地壳构造活动可使热岩或熔岩到达地球表面,从而在技术可以达到的深度上形成许多个温度较高的地热资源储存区。要提取和实际应用这些热能,需要有一个载体把这些热能输送到热能提取系统。

地质学上常把地热资源分为蒸汽型、热水型、地压型、干热岩型和岩浆型五类。

① 蒸汽型。蒸汽型地热田是最理想的地热资源,它是指以温度较高的饱和蒸汽或过热蒸汽形式存在的地下储热。形成这种地热田要有特殊的地质结构,即储热流体上部被大片蒸汽覆盖,而蒸汽又被不透水的岩层封闭包围。

② 热水型。热水型是指以热水形式存在的地热田,通常既包括温度低于当地气压下饱和温度的热水和温度高于沸点的有压力的热水,又包括湿蒸汽。

③ 地压型。这是目前尚未被人们充分认识的一种地热资源。它以高压高盐分热水的形式储存于地表以下 2~3 km 的深部沉积盆地中,并被不透水的页岩所封闭,可以形成长 1 000 km、宽几百千米的巨大的热水体。

④ 干热岩型。干热岩是指地层深处普遍存在的没有水或蒸汽的热岩石,其温度范围很

5 新能源开发

广,温度在 150～650 ℃之间。干热岩的储量十分丰富,比蒸汽、热水和地压型资源大得多。

⑤ 岩浆型。岩浆型是指蕴藏在地层更深处处于动弹性状态或完全熔融状态的高温熔岩,温度高达 600～1 500 ℃。在一些多火山地区,这类资源可以在地表以下较浅的地层中找到,但多数则是深埋在目前钻探还比较困难的地层中。

上述五类地热资源中,目前应用最广的是热水型和蒸汽型。虽然至今尚难准确计算地热资源的储量,但它仍是地球上能源资源的重要组成部分。据估计,能量最大的为干热岩地热,其次是地压地热和煤炭,再次为热水型地热,最后才是石油和天然气。可见地热作为能源将会对人类的生活起着重要的作用。随着科学技术的不断发展,地热能的开发深度还会逐渐增加,为人类提供的热量将会更大。

5.6.2.2 温度分级与规模分类

根据《地热资源地质勘查规范》(GB 11615—2010)规定,地热资源按温度分为高温、中温、低温三级,按地热田规模分为大、中、小三型(见表5-2、表5-3)。

地热资源的开发潜力主要体现在具体的地热田的规模大小。

表 5-2　　　　　　　　　　　地热资源温度分级

温度分级		温度(t)界限/℃	主要用途
高温地热资源		$t \geqslant 150$	发电、烘干、采暖
中温地热资源		$90 \leqslant t < 150$	烘干、发电、采暖
低温地热资源	热　水	$60 \leqslant t < 90$	采暖、理疗、洗浴、温室
	温热水	$40 \leqslant t < 60$	理疗、洗浴、温室、采暖、养殖
	温　水	$25 \leqslant t < 40$	洗浴、温室、养殖、农灌

表 5-3　　　　　　　　　　　地热田规模分级

地热田规模	高温地热田		中、低温地热田	
	热能/MW	保证开采年限/a	热能/MW	保证开采年限/a
大　型	>50	30	>50	100
中　型	10～50	30	10～50	100
小　型	<10	30	<10	100

5.6.2.3 地热资源研究状况

① 热液资源。热液资源的研究主要为储层确定、流体喷注技术、热循环研究、废料排放和处理、渗透性的增强、地热储层工程、地热材料开发、深层钻井、储层模拟器研制。近年来,地质学、地球物理和地球化学等学科取得了显著的进步,已开发出专门用于测定地热储层的勘探技术。通过采用能对断裂地热储层的特征进行分析的新方法和能仿真预报储层对开采的新方法,热液储层的确定技术和开采工程也取得了很大的发展。

② 地压资源。开展这种研究的目的是为了弄清开发这种资源的经济可行性和增进对这种储藏的储量、产量和持久性的了解。

③ 干热岩资源。美国洛斯·阿拉莫斯(Los Alamos)国家实验室自 1972 年起就在美国

新墨西哥州芬顿山进行了长期的干热岩资源的研究工作。初步的研究结果证明,从受水压激励的低渗透性结晶型干热岩区以合理的速度获取热量,在技术上是可行的。二期地热储层项目后期工作的主要目标是确定能否利用干热岩资源持续发电。在1986年地热储层二期工程的30 d初步热流试验中,生产出190 ℃的热水,其热功率约相当于10 MW。

5.6.2.4 地热开采技术

地热资源的开发从勘探开始,即先圈划和确定具有经济可开发的温度、储量和可及性的资源的位置。利用地球科学(地质学、地球物理学和地球化学)来确定资源储藏区,对资源状况进行特征判别及最佳地选择井位等。

地热开发中所用的钻井技术基本上是由石油工业派生出来的。为了适应高温环境下的工作要求,所使用的材料和设备不仅需要满足高温作业要求,还必须能适应在坚硬、断裂的岩层构造中和多盐的、有化学作用的液体环境中工作。因此,现已在钻探行业中形成了专门从事地热开发的分支行业。研究人员正在努力研究能适应高温、高盐度相有化学作用的地热环境的先进方法和材料,以及能预报地热储藏层情况的更好方法。

大部分已知的地热储藏是根据像温泉那样的地表现象发现的,而现在则是越来越依靠技术,例如火山学图集、评估岩石密度变化的重力仪、电阻率法、地震仪、化学地热计、次表层测绘、温度测量、热流测量等。虽然重力测量有助于解释那些情况不明区域的地质学结构,但在勘探初期并不常用,它们主要用于监测地下流体运动情况。电阻率法测量是主要的方法(现在用得越来越多的是磁力普查),其次是化学地热测量法和热流测量法。

5.6.2.5 地热资源的生成与分布

① 地热资源的生成。地热资源的生成与地球岩石圈板块发生、发展、演化及其相伴的地壳热状态有着密切的内在联系,特别是与构造应力场、热动力场有着直接的联系。从全球地质构造观点来看,大于150 ℃的高温地热资源带主要出现在地壳表层各大板块的边缘,如板块的碰撞带、板块开裂部位和现代裂谷带,小于150 ℃的中、低温地热资源则分布于板块内部的活动断裂带、断陷谷和凹陷盆地区。地热资源赋存在一定的地质构造部位,有明显的矿产资源属性,因而对地热资源要实行开发和保护并重的科学原则。

② 全球地热资源的分布。从全球构造看,中国中西部的大部分地区处在欧亚板块内部地壳隆起区和地壳沉降区,分别形成板内隆起断裂型及板内沉降盆地型中低温地热资源。滇西、川西及藏南地处欧亚板块和印度洋板块的碰撞边界,对形成板缘岩浆活动型高温地热资源极为有利。在一定地质条件下的地热系统和具有勘探开发价值的地热田都有它的发生、发展和衰亡过程。作为地热资源的概念,它也和其他矿产资源一样,有数量和品位的问题。就全球来说,地热资源的分布是不平衡的。明显的地温梯度每千米深度大于30 ℃的地热异常区,主要分布在板块生长、开裂带和大洋扩张脊及板块碰撞、衰亡、消减带部位。环球性的地热带主要有下列四个:

(i)环太平洋地热带。它是世界上最大的太平洋板块与美洲、欧亚、印度板块的碰撞边界。世界许多著名的地热田,如美国的盖瑟尔斯、长谷、罗斯福,墨西哥的塞罗、普列托,新西兰的怀腊开;中国的台湾马槽,日本的松川、大岳等均在这一带。

(ii)地中海—喜马拉雅地热带。是地球内热活动在陆地表面的主要显示带之一。沿欧亚板块与非洲、印度板块等大陆板块碰撞的地带展布,与地中海—喜马拉雅地震带一致。西起地中海北岸的意大利,东南经土耳其、巴基斯坦进入中国境内阿里地区的西南部,向东经雅鲁藏布江两岸至怒江,而后和四川省西部以及云南省西部地热活动带相接。意大利拉德瑞罗、土耳其克孜勒代尔及中国西藏羊八井等世界著名的地热田都分布在这一地热带上,热储温度在150～200 ℃以上。

(ⅲ) 大西洋中脊地热带。这是大西洋海洋板块开裂部位。冰岛的克拉弗拉、纳马菲亚尔和亚建尔群岛等一些地热田就位于这个地热带。

(ⅳ) 红海—亚丁湾—东非裂谷地热带。包括吉布提、埃塞俄比亚、肯尼亚等国的地热田。

除了在板块边界部位形成地壳高热流区而出现高温地热田外,在板块内部靠近板块边界部位,在一定地质条件下也可形成相对的高热流区。如中国东部的胶辽半岛、华北平原及东南沿海等地。

5.6.3 地热能的利用

5.6.3.1 地热发电

地热发电是地热利用的重要方式。高温地热流体应首先应用于发电。地热发电和火力发电的原理是一样的,都是利用蒸汽的热能在汽轮机中转变为机械能,然后带动发电机发电。所不同的是,地热发电不像火力发电那样要备有庞大的锅炉,也不需要消耗燃料,它所用的能源就是地热能。地热发电的过程,就是把地下热能首先转变为机械能,然后再把机械能转变为电能的过程。要利用地下热能,首先需要有载热体把地下的热能带到地面上来。目前能够被地热电站利用的载热体,主要是地下的水蒸气和热水。按照载热体类型、温度、压力和其他特性的不同,可把地热发电的方式划分为蒸汽型地热发电和热水型地热发电两大类。

5.6.3.2 地热供暖

热能直接用于采暖、供热和供热水是仅次于地热发电的地热利用方式。因为这种利用方式简单、经济性好,因此备受各国重视,特别是位于高寒地区的西方国家,其中冰岛开发利用得最好。冰岛早在1928年就在首都雷克雅未克建成了世界上第一个地热供热系统。现今这一供热系统已发展得非常完善,每小时可从地下抽取7 740 t、80 ℃的热水,供全市11万居民使用。由于没有高耸的烟囱,冰岛首都雷克雅未克被誉为世界上最清洁无烟的城市。此外,利用地热给工厂供热,如用作干燥谷物和食品的热源,用作硅藻土生产、木材、造纸、制革、纺织、酿酒、制糖等生产过程的热源也是大有前途的。目前世界上最大的两家地热应用工厂是冰岛的硅藻土厂和新西兰的纸浆加工厂。我国利用地热供暖和供热水的发展也非常迅速,在京津地区已成为地热利用中最理想的方式。

5.6.3.3 地热务农

地热在农业中的应用范围十分广阔。如利用温度适宜的地热水灌溉农田,可使农作物早熟增产;利用地热水养鱼,在28 ℃水温下可加速鱼的育肥,提高鱼的出产率;利用地热建造温室,育秧、种菜和养花;也可以利用地热给沼气池加温,提高沼气的产量等。将地热能直接用于农业在我国日益广泛,北京、天津、西藏和云南等地都建有面积大小不等的地热温室。各地还利用地热大力发展养殖业,如培养菌种,养殖非洲鲫鱼、鳗鱼、罗非鱼、罗氏沼虾等。

5.6.3.4 地热行医

地热在医疗领域的应用有诱人的前景,目前热矿水就被视为一种宝贵的资源,世界各国都很珍惜。由于地热水从很深的地下提取到地面,除温度较高外,常含有一些特殊的化学元素,从而使它具有一定的医疗效果。如含碳酸的矿泉水供饮用的可调节胃酸、平衡人体酸碱度;含铁矿泉水饮用后,可治疗缺铁贫血症;含氢泉水、含硫氢泉水洗浴可治疗神经衰弱、关节炎、皮肤病等。由于温泉的医疗作用及伴随温泉出现的特殊的地质、地貌条件,使温泉常常成为旅游胜地,吸引大批疗养者和旅游者。日本有1 500多个温泉疗养院,每年吸引10^8人次到这些疗养院休养。我国利用地热治疗疾病历史悠久,含有各种矿物元素的温泉众多,因此充分发挥地热的行医作用,发展温泉疗养行业是大有前途的。

5.6.4 影响地热能利用的因素

地热发电市场的发展水平和发展速度在很大程度上取决于以下四个关键因素:

① 与地热资源相竞争的燃料的价格,特别是石油和天然气的价格。燃料价格会对地热能资源的商业应用产生相当大的影响,其影响波及许多方面,从公用部门对电力的购买率到私人投资的积极性以及政府对研究和开发的支持程度。

② 对环境代价的考虑。与常规能源技术有关的很多环境代价都未计算在发电成本之内,也就是说它们并没有完全计入这些技术的市场价格中。可再生能源技术在空气污染影响、有害废物产生、水的利用和污染、二氧化碳的排放等方面,具有常规发电技术不可比拟的明显优点。地热田所在地域通常比较偏远,它们中有的自然风光秀丽,也有的位于沙漠中。但无论哪种情况,几乎都有人反对建设新的地热发电站。

③ 未来的技术发展速度。通过开展研究,将降低能源的成本,而且也可能降低地热田性能的不确定度,这种不确定度现在仍然制约着地热能的快速发展。

5.6.5 我国地热能发展现状和发展趋势

我国已建立了一套比较完整的地热勘探技术方法和评价方法;地热开发利用工程勘探、设计、施工已有资质实体;设备基本配套,国产化,有专业制造厂家;监测仪器基本完备并国产化。

根据我国地热开发利用现状、资源潜力评估、国家和地区经济发展预测,地热产业规划目标是:高温地热发电装机达到75～100 MW;主要勘探开发藏滇高温地热200～250 ℃以上深部热储;力争单井地热发电装机潜力达到10 MW以上,单机发电装机10 MW以上;地热采暖达到$(2.2～2.5)×10^7$ m^2,主要在京、津、冀地区;环渤海经济区、京九产业带、东北松辽盆地、陕中盆地、宁夏银川平原地区也应大力发展地热采暖和地热高科技农业,建立地热示范区;单井地热采暖工程力争达到$1.5×10^5$ m^2。热能利用总计约相当于$1.5×10^7$ t标准煤当量。

存在的主要障碍表现为:

① 地热管理体制和开发利用工程、项目适合市场经济的运行机制还没有建立起来,旧的计划经济管理体制和运行机制还没有完成改变,影响地热产业快速健康发展。

② 地热资源的勘探、开发是具有高投入、高风险和知识密集的新兴产业,化解风险的机制和社会保障制度尚未建立起来,影响投资者、开发者的信心,影响了地热产业的发展。

③ 系统的技术规程、规范和技术标准尚不健全和完善。

5.7 生物质能开发

5.7.1 概述

生物质是指由光合作用而产生的各种有机体,包括动植物和微生物。光合作用是绿色植物通过叶绿体,利用太阳能把二氧化碳和水合成为储存能量的有机体,并释放出氧气的过程。

生物质能是太阳能以化学能形式储存在生物中的一种能量形式,是以生物质为载体的能量,它直接或间接地源于植物的光合作用。在各种可再生能源中,生物质能是独特的,它是储存的太阳能,为一种可再生的碳源,可转化成常规的固态、液态和气态燃料。生物质所含能量的多少与品种、生长周期、繁殖与种植方法、收获方法、抗病灾性能、日照时间与强度、环境温度与湿度、雨量、土壤条件等因素有密切的关系。光合作用效率通常是最低的,太阳能的转化率约为 $0.5\%\sim5\%$。生物质能潜力很大,在提供理想的环境与条件下,光合作用的最高效率可达 $8\%\sim15\%$。

世界上生物质资源数量大、形式多,按照来源的不同,把可以作为能源利用的生物质分为农业生物质资源、林业生物质资源、城市固体废弃物、生活污水和工业有机废水、畜禽粪便五个类别。

与风能、水能、太阳能相比,生物质能是以实物的形式存在的一种可储存和运输的可再生能源。生物质能转化利用途径主要包括燃烧、热化学法、生化法、化学法和物理法等,如图 5-13 所示。经过上述工艺,生物质能可转化为二次能源,分别为热量或电力、固体燃料(木炭或成型燃料)、液体燃料(生物柴油、生物原油、甲醇、乙醇和植物油等)和气体燃料(氢气、生物质燃气和沼气等)等。

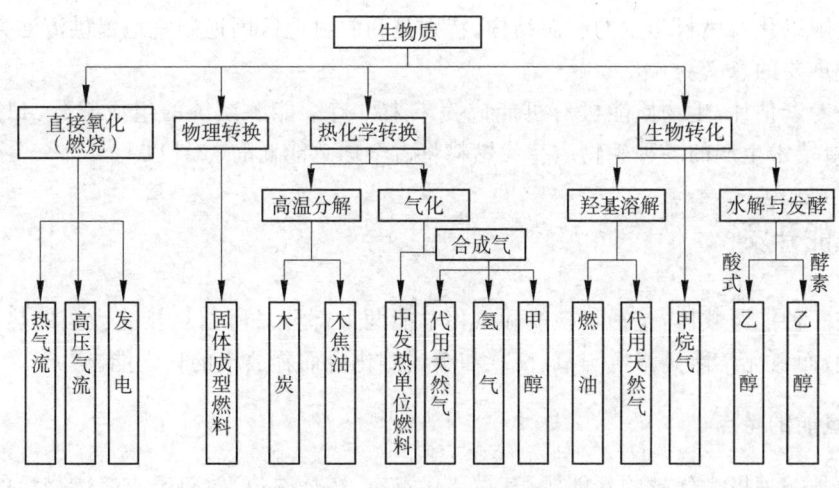

图 5-13 生物质能转化利用途径

生物质分布十分分散,形态各异,能量密度低,给收集、运输、存储和利用带来了一定的困难,必须采取一定的预处理措施或转化技术,才能使其达到实用程度。与化石能源相比,生物质能目前尚缺乏商业竞争能力，限制了生物质能源的大规模商业推广应用。在生物质作为能源利用的过程中，生物质在整个生命周期中 CO_2、SO_2、NO_x 排放量与化石能源相比很低，如表 5-4 所示，这说明生物质能是一种洁净能源。

表 5-4　　　　　　　　　生物质能源与化石能源主要污染物排放量比较

能源类型	主要污染物排放量		
	$CO_2/[g \cdot (kW \cdot h)^{-1}]$	$SO_2/[g \cdot (kW \cdot h)^{-1}]$	$NO_x/[g \cdot (kW \cdot h)^{-1}]$
能源作物（现在）	12～27	0.07～0.16	1.1～2.5
能源作物（未来）	15～18	0.06～0.08	0.35～0.51
煤炭（最佳）	955	11.8	4.3
石油（最佳）	818	14.2	4.0
天然气	430	—	0.5

5.7.2　生物质能源的发展展望

生物质能属于低碳能源，对于逐步改变我国以化石燃料为主的能源结构具有重要作用。我国的能源生产及消费结构的共同特点是：煤炭在能源结构中长期占绝对主导地位，一般占70％以上；石油、天然气、水电等优质能源在一次能源中的比重一直在25％左右，而且随着能源供应量的增长优质能源比重近年来还有所下降。

能源危机以后，工业发达国家曾研究发展能源林来替代矿物燃料的技术。因为，生物质资源量丰富且可以再生，其含硫量和灰分都比煤低，而含氢量较高，因此比煤清洁。若把它变成气体或液体燃料，使用起来清洁、方便。

因此，随着国际社会对温室气体减排联合行动付诸实施，大力开发生物质能源资源，对于改善我国以化石燃料为主的能源结构，特别是为农村地区因地制宜地提供清洁方便能源，具有十分重要的意义。

有关专家估计，生物质能极有可能成为未来可持续能源系统的组成部分，到本世纪中叶，采用新技术生产的各种生物质替代燃料将占全球总能耗的40％以上。

5.8　氢能开发

氢是一种能源载体，包括氢核能和氢化学能两大部分。所谓氢核能为氢的热核反应释放的能量；而氢化学能是指氢与氧、卤族和金属等化合而释放出的化学能。

5.8.1　氢能的特点

氢能是一种极为优越的新能源，其主要优点有：燃烧热值高，每千克氢燃烧后的热量，约为汽油的 3 倍，酒精的 3.9 倍，焦炭的 4.5 倍。燃烧的产物是水，是世界上最干净的能源。资源丰富，氢气可以由水制取，而水是地球上最为丰富的资源，演绎了自然物质循环利用、持续发展的经典过程。

与常见的化石燃料煤、石油和天然气相比，氢气不仅像上述化石燃料一样可以作为燃料,而且可以作为能源的载体,在能量的转换、储存、运输和利用过程中发挥独特的作用。

氢气与电力、蒸汽一样,都是能源载体,它们的异同见表 5-5。如果生产电能、蒸汽和氢气的一次能源是清洁能源,则电能、蒸汽和氢气对环境都是友好的。它们之间最大的差别在于氢气可以大规模存储,而且存储方式多种多样,这就决定了氢能是比电能和蒸汽更方便应用的能源载体。

表 5-5　　　　　　　　　　电、蒸汽和氢气作为能源载体的比较

项　　目	电　能	蒸　汽	氢　气
来　　源	一次能源＋发电机	一次能源＋锅炉	一次能源＋反应器
载能种类	电能	热能	化学能
输出的能量	电能	热能	电能和热能
输送方式	电缆	保温管道	管道、容器(气液固)
输送距离	不限	短距离	不限
输送能耗	大	大	小
存　　储	小量存储(电容器)	很难存储(蓄热器)	大规模存储(存储方式多样化)
能量密度	取决于电压	取决于蒸汽温度	取决于气压
使用终端	电动机(电能)、电阻器(热能)	热机(机械能)、发电机(电能)	热机(机械能)、燃料电池(电能、热能)、锅炉(热能)
再生性	可 以	可 以	可 以
最终生产物	—	水	水
发现年代	19 世纪	18 世纪	18 世纪
工业应用年代	19 世纪	18 世纪	19 世纪

5.8.2　氢气的制备

5.8.2.1　用水制氢

① 水电解制氢。水电解制备氢气是一种成熟的制氢技术,到目前为止已有近 100 a 的生产历史。水电解制氢是氢与氧燃烧生成水的逆过程,因此只要提供一定形式的能量,则可使水分解。

水电解制氢的工艺过程简单,无污染,其效率一般为 75%～85%,但消耗电量大,每立方米氢气的电耗为 4.5～5.5 kW·h,电费占整个水电解制氢生产费用的 80% 左右,使其与其他制氢技术相比不具有竞争力,仅占总制氢量的 4% 左右。目前仅用于高纯度、产量小的制氢场合。

② 高温热解水制氢。高温热解水制氢是将水加热到 3 000 ℃ 以上时,将水分解为氢气和氧气的反应。高温热解水制氢的难点是高温下的热源问题、材料问题等,技术难题是高温和高压。

③ 热化学制氢。水的热化学制氢是指在水系统中,在不同的温度下,经历一系列不同但又相互关联的化学反应,最终分解为氢气和氧气的过程。在这个过程中,仅消耗水和一定

的热量,参与制氢过程的添加元素或化合物均不消耗,整个反应过程构成一个封闭的循环系统。与水的直接高温热解制氢相比较,热化学制氢的每一步反应温度均在800~1 000 ℃,相对于3 000 ℃而言为较低的温度下进行,能源匹配、设备装置的耐温要求和投资成本等问题也相对容易解决。热化学制氢的其他显著优点还有能耗低(相对于水电解和直接高温热解水成本低)、可大规模工业生产(相对于再生能源)、可实现工业化(反应温和)、有可能直接利用核反应堆的热能、省去发电步骤、效率高等。

5.8.2.2 化石燃料制氢

目前世界上商业用的氢大约有96%是从煤、石油和天然气等化石燃料制取的。化石燃料制得的氢主要作为石油、化工、化肥和冶金工业的重要原料,如烃的加氢、重油的精炼、合成氨和合成甲醇等。

① 煤制氢。煤制氢技术主要以煤气化制氢为主,此技术发展已经有200 a 的历史,在我国也有近百年的历史,可分为直接制氢和间接制氢。煤的直接制氢包括:煤的干馏,在隔绝空气条件下,在900~1 000 ℃制取焦炭,副产品焦炉煤气中含氢气55%~60%、甲烷23%~27%、一氧化碳6%~8%,以及少量其他气体;煤的气化,煤在高温、常压和加压下,与气化剂反应,转化成气体产物,气化剂为水蒸气或氧气(空气),气体产物中含有氢气等组分,其含量随不同气化方法而异。煤的间接制氢过程,是指将煤首先转化为甲醇,再由甲醇重整制氢。

② 气体燃料制氢。天然气和煤层气是主要的气体形态化石燃料。气体燃料制氢主要是指天然气制氢。天然气的主要成分是甲烷。天然气制氢的主要方法有天然气水蒸气重整制氢、天然气部分氧化重整制氢、天然气催化裂解制氢等。

③ 液体化石燃料制氢。液体化石燃料如甲醇、轻质油和重油也是制氢的重要原料,常用的工艺有甲醇裂解—变压吸附制氢、甲醇重整制氢、轻质油水蒸气转化制氢、重油部分氧化制氢等。

(ⅰ)甲醇裂解—变压吸附制氢。甲醇与水蒸气在一定的温度、压力和催化剂存在的条件下,同时发生催化裂解反应与一氧化碳变换反应,生成氢气、二氧化碳及少量的一氧化碳,同时由于副反应的作用会产生少量的甲烷、二甲醚等副产物。甲醇加水裂解反应是一个多组分、多反应的气固催化复杂反应系统。甲醇裂解—变压吸附制氢技术具有工艺简单、技术成熟、初投资小、建设周期短、制氢成本低等优点,是制氢厂家欢迎的制氢工艺。

(ⅱ)甲醇重整制氢。甲醇在空气、水和催化剂存在的条件下温度处于250~330 ℃时进行自热重整,甲醇水蒸气重整理论上能够获得的氢气浓度为75%。甲醇重整的典型催化剂是$Cu-ZnO-Al_2O_3$,这类催化剂也在不断更新使其活性更高。这类催化剂的缺点是其活性对氧化环境比较敏感,在实际运行中很难保证催化剂的活性,使该工艺受到商业化推广应用的限制,寻找可替代催化剂的研究正在进行。

(ⅲ)轻质油水蒸气转化制氢。轻质油水蒸气转化制氢是在催化剂存在的情况下温度达到800~820 ℃时进行如下主要反应:

$$C_nH_{2n+2} + nH_2O \longrightarrow nCO + (2n+1)H_2$$

$$CO + H_2O \longrightarrow CO_2 + H_2$$

用该工艺制氢的体积浓度可达74%。生产成本主要取决于轻质油的价格。我国轻质油价格高,该工艺的应用在我国受到制氢成本高的限制。

（ⅳ）重油部分氧化制氢。重油包括常压渣油、减压渣油及石油深度加工后的燃料油。部分重油燃烧提供氧化反应所需的热量并保持反应系统维持在一定的温度，重油部分氧化制氢在一定的压力下进行，可以采用催化剂，也可以不采用催化剂，这取决于所选原料与工艺。催化部分氧化通常是以甲烷和石脑油为主的低碳烃为原料，而非催化部分氧化则以重油为原料，反应温度在 1 150～1 315 ℃。重油部分氧化包括碳氢化合物与氧气、水蒸气反应生成氢气和碳氧化物。

5.8.2.3 生物质制氢

生物质能的利用主要有微生物转化和热化工转化两类。微生物转化主要是产生液体燃料，如甲醇、乙醇和氢气；热化工转化是在高温下通过化学方法将生物质转化为气体或液体，主要为生物质裂解液化和生物质气化，产生含氢气的气体燃料或液体燃料。生物质制氢技术具有清洁、节能和不消耗矿物质资源等突出优点。作为一种可再生资源，生物体又能进行自我复制、繁殖，还可以通过光合作用进行物质和能量的转换，这种转换系统可在常温、常压下通过酶的催化作用而获得氢气。从能源的长远战略角度看，以水为原料利用太阳光的能量制取氢气是获取一次能源的最理想的方法之一。许多国家正投入大量财力和人力对生物质制氢技术进行研发，以期早日实现生物制氢技术向商业化生产的转变，也将带来显著的经济效益、环境效益和社会效益。

5.8.2.4 其他制氢方法

随着氢气作为 21 世纪的理想清洁能源受到世界各国的普遍重视，许多国家重视制备氢气的方法和工艺的研究，使新的制氢工艺和方法不断涌现出来。除上述介绍的制氢方法和工艺以外，近年来还出现了氨裂解制氢、新型氧化材料制氢、硫化氢分解制氢、太阳能直接光电制氢、放射性催化剂制氢、电子共振裂解水制氢、陶瓷与水反应制氢等制氢技术。但这些技术都还处于研究阶段，距商业化应用还有较大的距离。

目前，全世界各种工艺的氢气主要以化学法制氢为主，其制备量每年达到 5×10^{11} m³，所分布的行业如表 5-6 所示。

表 5-6　　　　　　　　　　全世界化学法氢气制备量

制备方法	天然气和石油脑蒸汽裂解	重油部分氧化	汽油裂解	乙烯生产	其他化学工业	氯碱电解	煤气化
数量/Tm³	19.0	12.0	9.0	3.3	0.7	1.0	5.0

5.8.3 氢气的纯化

不论哪种制氢方法，所获得的氢气中都含有杂质，很难满足高纯度氢气应用的要求，需要对制氢过程中获得的氢气进一步进行纯化处理。氢气的工业纯化方法主要有低温吸附法、低温分离法、变压吸附法和无机膜分离法等。

在低温吸附法中，是使待纯化的氢气冷却到液氮温度以下，利用吸附剂对氢气进行选择性吸附以制备含氢量超过 99.999 9% 的超纯氢气。为了实现连续生产，一般使用两台吸附器，其中一台运行，另一台处于再生阶段。吸附剂通常选用活性炭、分子筛、硅胶等，选择哪种吸附剂，要视氢气中的杂质组分和含量而定。

在低温分离法中,可在较大氢气体积浓度30%~80%范围内操作,与低温吸附法相比,具有产量大、纯度低和纯化成本低的特点。

在变压吸附法中,利用固体吸附剂对不同气体的吸附选择性和气体在吸附剂上的吸附量随压力变化的特点,在一定的压力下吸附,再降低被吸附气体分压使被吸附气体解吸,达到吸附氢气中的杂质气体而使氢气纯化的目的。变压吸附法要求待纯化的氢气中的氢含量要在25%以上。

在无机膜分离法中,无机膜在高温下分离气体非常有效。与高分子有机膜相比,无机膜对气体的选择性及在高温下的热膨胀性、强度、抗弯强度、破裂拉伸强度等方面都有明显的优势。同时,对于混合气体中某一气体的单一选择性渗透吸附,无机膜也具有很高的选择渗透性。采用无机膜分离技术中的钯合金膜扩散法,可以获得体积浓度超过99.999 9%的超高纯度的氢气。钯合金无机膜存在渗透率不高、机械性能差、价格昂贵、使用寿命短等缺点,需要开发具有高氢选择性、高氢渗透性、高稳定性的廉价复合无机膜。

5.8.4 氢气的运输和存储

按照运输时氢气所处的状态不同,可以分为气氢输送、液氢输送和固氢输送。目前大规模使用的是气氢输送和液氢输送。根据氢气的输送距离、用氢要求和用户的分布情况,气氢可以用管网输送,也可以用储氢容器装在车、船等运输工具上进行输送。管网输送一般适用于用量大的场合,而车、船运输则适用于用户数量比较分散的场合。液氢一般利用储氢容器用车、船进行输送。

氢能工业对储氢的要求总体来说是储氢系统要安全、容量大、成本低和使用方便。具体到氢能的终端用户不同又有很大的差别。氢能终端用户可分为两类:一类是民用和工业用气源,需要特大的存储容量,几十万立方米;另一类是交通工具的气源,要求较大的储氢密度,达到质量密度6.5%,体积密度62 kg/m^3。目前的储氢技术主要有加压气态储存、液化储存、金属氢化物储存、非金属氢化物储存等。氢气可以像天然气一样用低压储存,使用巨大的水密封储罐。氢气加压储存方法适合于大规模存储气体时使用。由于氢气的密度太低,所以实际应用很少。氢气液化储存时,由于液氢与环境之间存在很大的传热温差(因氢气的沸点为20.38 K,汽化潜热为0.91 kJ/mol),很容易导致液氢气化,即使储存液氢的容器采用真空绝热措施,仍然使液氢难以长时间储存。金属氢化物储氢和非金属氢化物储氢主要用于交通工具的气源,其储氢性能还无法完全满足交通工具对气源的要求,新型储氢合金等储氢材料正在进行研究,有望在近几年内达到商业化应用技术水平。

5.8.5 氢气的利用技术

① 汽车和飞机的换代燃料。汽车和飞机的换代燃料氢是一种高效燃料,其每千克燃烧后产生的能量为120 MJ,是同样质量的汽油燃烧后放出的能量的3倍左右,且氢燃烧的生成物主要是水,还有少量的氮氧化物,但无一氧化碳、二氧化碳和二氧化硫等污染环境的有害物质。因此,如能用氢替代汽油柴油,用之于各种动力,将大大改善人类的生存环境。

② 航天器的动力推进燃料。在火箭或航天发动机中,燃烧中的液氢能产生巨大的推力,使庞大的火箭载着各种宇航飞行器升上太空。由于氢的能量密度高,是汽油的3倍,即一定质量的氢可代替为其3倍质量的汽油燃料,因而可大大减轻燃料重量,增加火箭的荷质

比,使航天器能顺利升入太空。如果没有氢能,而仅使用石油或煤炭,航天器是不可能升入太空的。

③ 氢能发电利用。氢能发电主要有两种方法。一是采用火箭型的内燃发动机,组成氢氧发电机组,构成常规电网的调峰电站。这种电站类似于火电站,只是用氢作燃料代替煤、石油等化石燃料,用火箭燃烧室蒸汽发生器代替传统的蒸汽锅炉,使氢和氧在其内燃烧,同时向其喷洒水以产生蒸汽,驱动汽轮发电机组发电。这种发电机组开停方便,在电网低负荷时,可吸收多余的电来电解水,生产氢和氧,到高峰负荷时再用所得的氢和氧燃烧发电,使电网得到调节。

另一种是利用氢作燃料,通过燃料电池发电。燃料电池与普通电池一样,它也是将化学能直接转变成电能的电化学装置。20世纪70年代以来,各种燃料电池技术发展迅速,第一代磷酸盐型的燃料电池早已商业化运行,发电成本已接近常规火电。第二代融熔碳酸盐型燃料电池也已基本过关,已有10 kW级小型发电装置,效率已达55%,发电成本也与第一代差不多。第三代固体氧化物型燃料电池,发电效率可达60%,发电成本可望更低,目前正在加紧研究。

5.8.6 氢能的发展前景

氢能所具有的清洁、无污染、高效率、储存及输送性能好等诸多优点,赢得了全世界各国的广泛关注。氢能作为能源使用时,除了需要制氢的生产装置,还必须向氢能消费地区和氢能使用装置转移、储存,形成了一个氢能生产、运输、储存、转化直到终端使用的氢能体系。因此,在规划和实施氢能发展战略时,要具有综合大系统的理念。要根据氢能终端用户的特点和要求,选择合适的氢能生产、储运和转化的技术路线,降低氢能系统的供能成本。

氢能在21世纪有望成为起主导地位的新能源,即它将在21世纪起到战略能源的作用。掌握了氢能的应用技术,就占领了新能源的战略制高点,就会对经济可持续发展提供可持续的能源供应。鉴于此,世界各国都把氢能的开发和利用作为新世纪的战略能源技术投入大量的人力和物力,这也加快了氢能的商业化应用进程,使氢能作为战略能源早日占据21世纪能源的主导地位,促进可持续生态经济在全球早日实现。

参考文献

[1] 程林.能量之源:能源卷[M].济南:山东科技出版社,2007.
[2] 朱德仁.煤炭开发中的清洁生产技术[J].煤炭环境保护,1995,9(1):18-25.
[3] 崔继宪.煤炭开采土地破坏及其复垦利用技术[C]//《煤矿环境保护》编辑委员会.煤矿环境保护优秀论文集1.北京:煤炭工业出版社,1999:141-145.
[4] 苏亚欣,毛玉如.新能源与可再生能源概论[M].北京:化学工业出版社,2006.
[5] 张超.水电能资源开发利用[M].北京:化学工业出版社,2005.
[6] 于万春,姜世强,贺如泓.水资源管理概论[M].北京:化学工业出版社,2007.
[7] 陈国新,翟正昌,刁一云.我国能源资源[M].北京:科学普及出版社,1991.
[8] 何俊仕,林洪孝.水资源规划及利用[M].北京:我国水利水电出版社,2006.
[9] 毛宗强.氢能[M].北京:化学工业出版社,2006.
[10] 王革华.能源与可持续发展[M].北京:化学工业出版社,2005.
[11] 姚强.洁净煤技术[M].北京:化学工业出版社,2005.
[12] 赖向军,戴林.石油与天然气——机遇与挑战[M].北京:化学工业出版社,2005.
[13] 马栩泉.核能开发与应用[M].北京:化学工业出版社,2005.
[14] 张希良.风能开发利用[M].北京:化学工业出版社,2005.
[15] 罗运俊,何梓年,王长贵.太阳能能开发利用[M].北京:化学工业出版社,2005.
[16] 姚向君,田宜水.生物质能资源清洁转化利用技术[M].北京:化学工业出版社,2005.
[17] 刘时彬.地热资源及其开发利用和保护[M].北京:化学工业出版社,2005.
[18] 褚同金.海洋能资源开发利用[M].北京:化学工业出版社,2005.
[19] 汪集旸,孙占学.神奇的地热[M].北京:清华大学出版社,2001.
[20] 唐风.新能源战争[M].北京:中国商业出版社,2008.
[21] 陈听宽,章燕谋,温龙.新能源发电[M].北京:机械工业出版社,1982.
[22] 北京市建设委员会.新能源与可再生能源利用技术[M].北京:冶金工业出版社,2006.
[23] 李业发,杨廷柱.能源工程导论[M].合肥:中国科学技术大学出版社,1999.
[24] 陈丹之.氢能[M].西安:西安交通大学出版社,1990.
[25] EDWARD S CASSEDY.可持续能源的前景[M].段雷,黄永梅,译.北京:清华大学出版社,2002.
[26] 王家臣.厚煤层开采理论与技术[M].北京:冶金工业出版社,2009.
[27] 张超编.水电能资源开发利用[M].北京:化学工业出版社,2005.
[28] 王成孝.核能与核技术应用[M].北京:原子能出版社,2002.
[29] 中国产业地图编委会,中国经济景气监测中心.中国能源产业地图(2006—2007)[M].北京:社会科学文献出版社,2006.

[30] 徐永圻.煤矿开采学[M].徐州:中国矿业大学出版社,1999.
[31] 高虹,张爱黎.新型能源技术与应用[M].北京:国防工业出版社,2007.
[32] 左然,施明恒,王希麟.可再生能源概论[M].北京:机械工业出版社,2007.
[33] 周伟国,马国彬.能源工程管理[M].上海:同济大学出版社,2007.
[34] 吴治坚.新能源和可再生能源的利用[M].北京:机械工业出版社,2006.
[35] 王革华.新能源概论[M].北京:化学工业出版社,2006.
[36] 黄素逸,高伟编.能源概论[M].北京:高等教育出版社,2004.
[37] 翟秀静,刘奎仁,韩庆.新能源技术[M].北京:化学工业出版社,2005.
[38] 吴宗鑫,陈文颖.以煤为主多元化的清洁能源战略[M].北京:清华大学出版社,2001.
[39] 王承煦,张源.风力发电[M].北京:中国电力出版社,2003.
[40] 孙艾茵,刘蜀知,刘绘新.石油工程概论[M].北京:石油工业出版社,2008.
[41] 中国石油勘探开发研究院廊坊分院.天然气[M].第3卷第1册.北京:石油工业出版社,2007.
[42] 李士伦.天然气工程[M].北京:石油工业出版社,2008.
[43] 陈耕.天然气资源[M].北京:石油工业出版社,2007.
[44] 王成孝.核能与核技术应用[M].北京:原子能出版社,2002.
[45] 日本新电气事业讲座编辑委员会.核能发电[M].唐树范,高巍,译.北京:水利电力出版社,1986.
[46] 王君一,徐任学.太阳能利用技术[M].北京:金盾出版社,2012.
[47] 杨贵恒,强生泽.太阳能光伏发电系统及其应用[M].北京:化学工业出版社,2011.
[48] 叶舟.技术与制度:水能资源开发的机理研究[M].北京:中国水利水电出版社,2007.
[49] 黄强.水能利用[M].北京:中国水利水电出版社,2009.
[50] 钱伯章.水力能、海洋能和地热能技术与应用[M].北京:科学出版社,2010.
[51] 朱家玲.地热能开发与应用技术[M].北京:化学工业出版社,2006.
[52] 钱伯章编.氢能和核能技术与应用[M].北京:科学出版社,2010.